中国石油勘探开发研究院出版物

精细油藏描述

陈欢庆 著

石油工业出版社

内 容 提 要

本书通过大量文献调研分析，并主要结合松辽盆地火山岩、准噶尔盆地西北缘砂砾岩和辽河盆地砂岩储层等实例，从精细油藏描述研究现状和进展、研究内容、研究方法技术和目前精细油藏描述研究思考与对策等方面对精细油藏描述进行了介绍和探索。

本书可以为从事油气田勘探开发以及相关专业的管理人员、科研人员和工程技术人员提供参考。

图书在版编目（CIP）数据

精细油藏描述／陈欢庆著 .—北京：石油工业出版社，2019.5
ISBN 978-7-5183-3271-7

Ⅰ. ①精… Ⅱ. ①陈… Ⅲ. ①油藏-研究 Ⅳ. ①P618.130.2

中国版本图书馆 CIP 数据核字（2019）第 055481 号

出版发行：石油工业出版社
（北京安定门外安华里 2 区 1 号　100011）
网　　址：www.petropub.com
编辑部：（010）64253017
图书营销中心：（010）64523633
经　　销：全国新华书店
印　　刷：北京中石油彩色印刷有限责任公司

2019 年 5 月第 1 版　2019 年 5 月第 1 次印刷
787×1092 毫米　开本：1/16　印张：14.75
字数：370 千字

定价：120.00 元
（如发现印装质量问题，我社图书营销中心负责调换）
版权所有，翻印必究

前　言

精细油藏描述研究是油田开发基础工作之一，其研究精度的不断提高，极大地促进了油田开发水平的提升。精细油藏描述研究成果应用于老油田滚动扩边、开发调整与综合治理、油田开发基础年和注水专项治理、二次开发、重大开发试验和水平井规模应用等方案的制订和实施，取得了十分显著的效果。

从 2003 年笔者参与鄂尔多斯盆地延长组油藏精细描述研究至今，经历了 16 年的快速发展，精细油藏描述在研究内容、方法技术等方面已经取得了长足进步，与发展之初大不相同，因此很有必要对其进行系统总结，以适应油气田开发的现实需求，为油气田开发生产实践提供参考。自 2009 年至今，笔者作为主要研究人员相继参加了"十一五"国家科技重大专项"大型油气田及煤层气开发"项目 16 "含 CO_2 天然气藏安全开发与 CO_2 利用技术"、中国博士后科学基金面上资助项目、中国石油勘探开发研究院中青年创新基金项目，以及大庆火山岩、新疆砂砾岩和辽河稠油等多个生产实践项目的研究工作，对精细油藏描述研究相关方法技术进行了探索实践。2014 年起又主要从事中国石油天然气股份有限公司精细油藏描述项目研究，查阅了大量国内外相关文献，做了归纳和梳理。同时，多次前往油田现场调研，对目前各油田精细油藏描述研究现状和存在的问题有了一定了解和思考，本书即是对上述各项成果总结的一部分。精细油藏描述是一项系统工程，研究内容几乎涉及油田开发地质学所有方面。根据资料掌握情况和研究目标，精细油藏描述所使用的方法技术也多种多样。要想在一本书中都将其解释清楚，难度很大。本书根据大量文献调研的成果，结合笔者对松辽盆地徐东地区营城组火山岩、新疆准噶尔盆地西北缘下克拉玛依组砂砾岩和辽河盆地西部凹陷沙河街组一段砂岩储层相关研究实例，详细介绍了精细油藏描述目前研究现状、内容、关键方法技术、发展趋势。

基于文献调研和科研实践，全面总结了高含水、低渗透和复杂岩性 3 类油藏精细描述关键问题和研究现状，指出精细油藏描述阶段重点研究内容；将高分辨率层序地层学理论应用至地层精细划分与对比中，首次提出单层划分的 8 项原则，并明确了高分辨率层序地层学研究成果与传统地层划分与对比地层界线的对应关系；综合多种信息精细刻画火山岩储层裂缝发育规律，为开发方案的编制提供指导；对冲积扇砂砾岩沉积储层开展沉积相研究基础上的构型表征，使得单砂体刻画更加精细；建立了相应的不同级次构型分类体系，并与传统的沉积学研究体系对应，突出岩性分析在储层构型表征中的作用。从微观角度，对储层孔隙结构进行成因分类评价，并分析其对油田开发的影响；系统介绍了储层非均质性研究方法和渗透率非均质性特征等内容；在地质成因分析基础上定性分析和定量分类相结合，实现储层综合评价；通过聚类分析和判别分析，进行储层流动单元研究，为稠油油藏从蒸汽吞吐转为蒸汽驱热采方式的转换提供技术支持；以多点地质统计学为核心，基于研究实例，介绍了精细油藏描述中的地质建模技术；对剩余油研究现状系统总结，详细分析了剩余油表征的各种方法及其优缺点；最后对目前精细油藏描述研究存在的问题进行思考，指出了相应的对策。

项目完成过程中，得到中国石油勘探开发研究院胡永乐教授、石成方教授、靳久强教授、田昌炳教授、李保柱教授、朱怡翔教授、高兴军教授、叶继根教授、赵应成教授、冉启全教授、张虎俊教授等专家的指导和帮助，在此表示特别感谢！同时，感谢中国石油勘探开发研究院大庆火山岩项目组闫林博士、童敏博士、王拥军博士、张晶博士等，新疆砂砾岩项目组李顺明博士、蒋平博士等，辽河稠油项目组王珏工程师、杜宜静工程师、姚尧工程师，精细油藏描述项目组洪垚硕士、隋宇豪硕士等的指导和帮助！

项目完成过程中，得到中国石油大庆、新疆、辽河、长庆、吉林、大港、冀东、华北、青海、玉门、吐哈、塔里木等油田相关领导专家的大力支持和帮助，在此表示衷心感谢！特别感谢中国石油长庆油田分公司李松泉总地质师，中国石油勘探与生产分公司胡海燕副总地质师、吴洪彪副处长、曹晨高级主管等专家的指导和帮助！

感谢西北大学曲志浩教授、朱玉双教授、李文厚教授和梅志超教授等专家提供的指导和帮助！

承蒙胡永乐教授、石成方教授等专家在百忙之中审阅书稿，并提出了许多宝贵意见，在此表示衷心感谢！

书中涉及内容比较广泛，由于笔者水平有限，疏漏和错误之处在所难免，敬请批评指正！

目 录

第一章 精细油藏描述研究现状 …………………………………………………… (1)
第一节 精细油藏描述国内外研究概况 ……………………………………… (1)
第二节 高含水油田精细油藏描述研究现状 ………………………………… (4)
一、高含水油田精细油藏描述关键问题 ………………………………… (6)
二、高含水油田精细油藏描述研究发展趋势 …………………………… (13)
第三节 低渗透油田精细油藏描述研究现状 ………………………………… (20)
一、低渗透油田的概念及精细油藏描述研究现状 ……………………… (21)
二、低渗透油田精细油藏描述核心内容 ………………………………… (22)
三、低渗透油田精细油藏描述研究发展趋势 …………………………… (30)
第四节 复杂岩性油藏精细油藏描述研究现状 ……………………………… (33)
一、复杂岩性油藏精细油藏描述研究现状和存在的主要问题 ………… (33)
二、复杂岩性油藏精细油藏描述核心内容 ……………………………… (35)
三、复杂岩性油藏精细油藏描述研究发展趋势 ………………………… (43)

第二章 精细油藏描述研究内容特征 …………………………………………… (49)
第一节 开发初期精细油藏描述研究内容 …………………………………… (49)
第二节 开发中—后期精细油藏描述研究的重点内容 ……………………… (50)
一、小断层和微构造精细研究 …………………………………………… (52)
二、高分辨率层序地层学理论指导下的地层精细划分与对比 ………… (53)
三、沉积微相研究基础上的储层构型表征 ……………………………… (55)
四、储层微观孔隙结构定量评价 ………………………………………… (57)
五、储层流体非均质性研究 ……………………………………………… (58)
六、油藏开发过程中的储层变化规律分析 ……………………………… (59)
七、多点地质统计学等地质建模方法探索 ……………………………… (60)
八、多信息综合剩余油描述技术 ………………………………………… (61)

第三章 精细油藏描述研究方法技术 …………………………………………… (64)
第一节 高分辨率层序地层学指导下地层精细划分与对比 ………………… (64)
一、辽河盆地西部凹陷某区于楼油层地质概况 ………………………… (65)
二、高分辨率层序地层学研究需要坚持沉积成因指导 ………………… (65)
三、地层划分与对比方案需满足生产实践需求 ………………………… (66)

四、单层划分对比原则 …………………………………………………… (66)
　　五、井震结合大尺度等时地层格架的建立 …………………………… (67)
　　六、高分辨率层序地层学需要与传统的地层划分对比方法紧密结合 …… (69)
　　七、高分辨率层序地层学研究 ………………………………………… (69)
第二节　多信息综合火山岩储层裂缝表征 ………………………………… (73)
　　一、松辽盆地徐东地区营城组一段火山岩气藏地质概况 …………… (74)
　　二、裂缝表征的研究思路 ……………………………………………… (74)
　　三、研究区目的层裂缝分类 …………………………………………… (75)
　　四、多信息综合火山岩储层裂缝表征 ………………………………… (76)
　　五、裂缝的成因及影响因素 …………………………………………… (80)
第三节　基于沉积微相划分的储层构型研究 ……………………………… (86)
　　一、储层构型研究进展 ………………………………………………… (86)
　　二、准噶尔盆地西北缘某区下克拉玛依组冲积扇构型特征 ………… (93)
第四节　储层孔隙结构成因分类和定量描述 ……………………………… (108)
　　一、孔隙结构研究进展 ………………………………………………… (110)
　　二、辽河盆地西部凹陷某区于楼油层孔隙结构特征 ………………… (118)
第五节　储层非均质性研究 ………………………………………………… (123)
　　一、储层非均质性研究进展 …………………………………………… (124)
　　二、辽河盆地西部凹陷某区于楼油层非均质性特征 ………………… (135)
第六节　地质成因分析基础上的储层综合定量评价 ……………………… (142)
　　一、储层评价研究进展 ………………………………………………… (142)
　　二、辽河盆地西部凹陷某区于楼油层储层分类评价特征 …………… (151)
第七节　储层流动单元分类研究 …………………………………………… (158)
　　一、辽河盆地西部凹陷某区于楼油层油藏地质和开发概况 ………… (160)
　　二、储层流动单元研究思路 …………………………………………… (162)
　　三、储层流动单元分类参数的确定 …………………………………… (162)
　　四、储层流动单元划分结果 …………………………………………… (163)
第八节　多点地质统计学建模技术 ………………………………………… (169)
　　一、地质建模研究现状 ………………………………………………… (170)
　　二、多点地质统计学建模研究现状、原理及其与传统地质建模方法的差异 …… (171)
　　三、多点地质统计学建模实例 ………………………………………… (175)
　　四、多点地质统计学研究存在的问题和发展趋势 …………………… (177)
第九节　剩余油表征技术 …………………………………………………… (182)
　　一、剩余油研究现状 …………………………………………………… (182)

二、剩余油表征的重点内容 ………………………………………………（183）
　　三、剩余油表征方法技术 …………………………………………………（185）
　　四、剩余油研究存在的问题和发展趋势 …………………………………（191）

第四章　精细油藏描述研究问题思考与对策 ……………………………（194）
　第一节　精细油藏描述研究面临的困难 ……………………………………（194）
　第二节　精细油藏描述研究对策 ……………………………………………（195）
　　一、科学谋划基础资料录取 ………………………………………………（195）
　　二、合理设置研究项目 ……………………………………………………（196）
　　三、突出重点研究内容 ……………………………………………………（196）
　　四、注重研究成果在生产中的应用实效 …………………………………（198）
　　五、数字化油藏建设提高精细油藏描述研究信息化水平 ………………（199）
　　六、加强研究过程和成果的质量控制 ……………………………………（200）
　　七、利用新方法新技术降本增效 …………………………………………（201）
　　八、充分重视经济有效性问题 ……………………………………………（201）

参考文献 …………………………………………………………………………（202）

第一章　精细油藏描述研究现状

油藏描述是20世纪30年代萌芽，70年代发展起来的用于油气田勘探和开发的一项新技术。这项技术自"七五"引进我国以来，发展迅速，受到油气勘探开发研究者的极大重视。目前这项新技术已在生产中广泛应用，获得了显著经济效益和社会效益（张一伟等，1997；陈欢庆等，2008；贾爱林，2010）。

第一节　精细油藏描述国内外研究概况

裘怿楠等（1996）将油藏描述定义为一个油（气）藏发现后，对其开发地质特征所进行全面的综合描述，其主要目的是为合理开发这一油（气）藏制订开发战略和技术措施提供必要的和可靠的地质依据。简而言之，就是对油藏进行综合研究和评价。师永民等（2004）认为油田开发中—后期精细油藏描述是指油田进入中—高含水期、特高含水期后，随着油藏开采程度加深和生产动态资料的增加，为了使油田经济有效地开发，提高石油采收率，以搞清油田剩余油分布特征、规律及其控制因素为目标进行的旨在不断完善储层地质模型和量化剩余油分布的油田精细地质研究。本书认为，精细油藏描述是指油田投入开发后，随着油藏开采程度的提高和动态、静态资料的增加进行的精细地质研究与剩余油描述，并不断完善已有地质模型和量化剩余油分布所进行的研究工作。对于开发中—后期的老油田而言，开展精细油藏描述研究，有助于全面认识开发中—后期的储层地质特征，对提高石油采收率和剩余油挖潜等均具有十分重要的生产实践意义。

在国外，Larry 等（1986）编著了《储层表征》论文集，详细介绍了当时储层表征研究的最新进展。Emily L. Stoudt 等（1995）出版专著《油气储层表征——地质格架和流动单元建模》，内容主要包括利用层序地层学和综合岩石学以及工程数据进行储层描述和表征，利用露头资料提高对储层性质的认识、白云化碳酸盐岩斜坡储层流体流动表征、地质统计学碳酸盐岩浅斜坡三维建模、储层地质表征对流动单元建模的影响研究等。Richard A. Schatzinger 等（1999）主编了 AAPG 专辑《储层表征——近期进展》。Rajesh J. Pawar 等（2001）以加利福尼亚州卡平特里亚地区为例，利用地质统计学方法对成熟老油田复杂地质条件含油储层进行了精细表征。研究中使用了大量数据综合统计分析，以减小储层预测的不确定性。Masoud Nikravesh 等（2001）对智能储层表征技术的研究现状和发展趋势进行了综合分析。总结指出智能研究包括专家系统、人工智能、神经网络、模糊逻辑、遗传算法、概率推理和并行处理技术等，并提出了智能集成化油藏表征的研究流程（图1-1）。Lars Holden 等（2003）对储层随机结构建模进行了详细分析对比，研究中对断层和层位一致性建模进行了阐述。除地震数据外，可以利用井上数据确定岩石学、地层和断裂平面发育特征。Abdelkader Kouider El Ouahed 等（2005）利用人工智能方法对阿尔及利亚哈西迈萨乌德油田天然断裂带进行了研究，工作中获取的二维裂缝发育强度图很好地刻画出主要断裂的发育趋势和部位。Isha Sahni 等（2005）利用多分辨率小波分析技术显著提高了储层描述的效果。Hisafumi Asaue 等

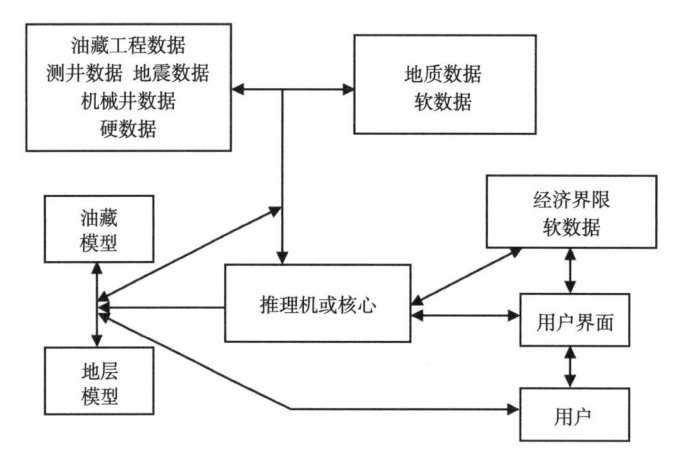

图 1-1　智能集成化油藏表征流程（据 Masoud Nikravesh 等，2001）

（2006）以日本西南部 Mt. Aso 火山西部边缘地热储层为例，分析了大地电磁电阻率模型在储层三维表征中的应用。该方法对确认深部储层结构具有十分明显的效果。Mohammad Zafari 等（2007）对利用集合卡尔曼滤波评价储层描述中的不确定性和储层物性预测进行了分析，该方法可以很容易与储层模拟相联合。F. Jerry Lucia（2007）出版专著《碳酸盐岩储层表征——一种综合研究方法（第二版）》，书中对储层岩石物理性质、岩石结构分类、电测井特征、沉积结构和岩石学特征、储层建模和数值模拟、石灰岩储层、白云岩储层等均进行了详细的阐述。K. Remeysen 等（2008）对利用微焦点计算机断层扫描技术表征碳酸盐岩储层的可能性和局限性进行了分析。该技术可以获取沉积储层矿物和孔隙结构的三维图像而对储层本身不会造成损坏，与传统的二维薄片分析进行矿物和孔隙结构研究相比具有十分明显的优势。M. J. Pyrcz 等（2009）提出了一种适用于冲积扇沉积体系基于事件的构型随机建模方法。A. Khidir 等（2010）以加拿大艾伯塔省大陆前缘 Scollard 层序河流沉积砂岩为例，对储层进行了详细表征。结果表明，成岩作用对储层性质影响巨大，储层储集油气的能力与成岩作用发育史紧密相关。H. Darabi 等（2010）以帕西油田天然断裂储层为例，利用人工智能工具建立了断裂储层三维模型。研究中使用了多层感应和径向基函数这两种神经网络。成果显示，径向基函数对刻画断裂指标具有更好的效果。Thomas Ramstad 等（2010）利用格子玻尔兹曼方法对储层岩石中两相流进行了模拟。E. Artun 等（2011）对高分辨率储层表征中智能地震反演的工作流程进行了分析，研究中利用井点数据约束地震数据完成反演。Emilson Pereira Leite 等（2011）利用地震反演和神经网络技术对储层三维孔隙结构进行了预测，研究中首先利用地震反射数据建立储层岩石物理模型。A. Qazvini Firouz 等（2012）以伊朗波斯湾海岸阿斯马里储层为例，研究了生产指数与扩散系数之间的关系，同时对它们在储层描述中的应用进行了分析。M. Chekani 等（2012）对伊朗某油田碳酸盐岩储层进行了综合表征。研究中利用流动指标（FZI）和原始含水饱和度等指标对岩石类型进行了划分，同时利用扫描电镜照片、孔喉半径、粒度分析数据和岩石薄片等资料对研究结果进行验证，吻合很好。Saurabh Datta Gupta 等（2012）以印度坎贝盆地为例，对应用于岩性和流体分类中的测井数据和地震数据岩石物理模板进行了分析，结果表明，岩石物理模板对于确认未钻井地区油气异常和辅助地震储层预测和评价工作而言，是一项十分有效的工具。Rahim Kadkhodaie-Ilkhchi 等（2013）以澳大利亚西部珀斯盆地 Whicher Range 地区 Willespie

组致密砂岩储层为例，对不同储层流动单元内的测井相进行了分析，研究中提出的方法使得利用测井曲线响应特征分析储层流动单元成为可能。通过分析国外储层表征（油藏描述）研究，发现目前研究的重点已由常规的野外露头分析、实验分析、数值模拟向地震反演储层预测、微地震方法储层表征、人工智能神经网络等新技术新方法转变，研究对象也由传统的砂岩和碳酸盐岩向致密油、致密气储层转变。研究方法中综合性、地震技术以及计算机技术进一步加强。从研究内容来看，非均质性一直是储层表征中关注的焦点。目前对其研究已经从最初的非均质性对孔隙度和渗透率等储层性质影响深化为储层非均质性对油气田开发生产实践的影响。对于地震资料的应用，最初只是简单的储层反演预测，目前已经发展到利用三维或者四维地震资料对油气藏开发活动过程进行监测分析。在储层表征最初发展阶段，利用克里金和各种地质统计方法来表征储层，而目前更加侧重于建立各种形式的模型，通过模拟来实现对储层性质的深入认识。对于地质特征明显、研究难度较大的储层，也有了相应的专项研究，例如具天然裂缝储层表征。

国内对于精细油藏描述的研究是从学习借鉴国外有关精细油藏描述方面的先进经验开始的。裘怿楠等（1993）翻译出版了《国外储层描述技术》，从地质统计技术、地震技术和测井技术三方面介绍了当时国际上油藏描述的最新进展，对我国油藏描述研究产生了积极的影响。张一伟等（1997）出版专著《陆相油藏描述》，书中从油藏模型与储层模型、勘探阶段油藏描述、开发早期阶段油藏描述、开发中—后期油藏描述等方面全面介绍了具有中国特色的陆相油藏描述技术。穆龙新等（1999）出版专著《不同开发阶段的油藏描述》，书中详细介绍了不同开发阶段油藏描述的主要特点、技术要求和重点内容，同时介绍了油藏描述的主要技术。李中冉等（2004）利用测井约束反演技术对低渗透油藏进行描述，成果显示，该方法可以实现跟踪储层预测，合理指导钻井运行，及时调整井位，提高开发方案的实施效果。兰立新（2006）以南堡油田为例，对储层地质建模在油藏描述中的重要作用进行了阐述。陈欢庆等（2008）对精细油藏描述中的沉积微相建模进展进行了总结，详细介绍了沉积微相建模中广泛使用的利用地质、地球物理、油田开发动态数据等信息基于目标和基于象元的各种随机建模方法和构型分析法、井间地震等建模新技术。徐安娜等（2009）以南堡1号构造东营组一段油藏为例，对地震、测井和地质综合一体化油藏描述与评价方法进行了详细介绍。贾爱林等（2010）建立了一套数字化精细油藏描述程序方法。张淑娟等（2011）以任丘碳酸盐岩潜山油藏为例，形成了一套独具特色的潜山开发后期精细油藏描述方法与技术。甘利灯等（2012）将地震油藏描述关键技术总结为五项，分别是地震岩石物理分析、井控地震资料处理、井控精细构造解释、井震联合地震反演和地震约束油藏建模和数值模拟。刘显太等（2013）对具低级序断层油藏进行了精细描述，研究中集中介绍了相干体、多尺度分频、曲率属性、地震属性融合与RGB显示这四种有效的低级序断层描述技术。通过总结国内的油藏描述研究，发现目前已经从最初的简单模仿学习国外油藏描述研究方法，发展形成了一整套较为成熟的精细油藏描述程序和方法，研究内容也比较全面完善，几乎涵盖了储层地质研究的各个方面。同时砂砾岩、稠油热采储层以及低渗透储层精细油藏描述研究也已有相关的著作问世（张善文等，2003；夏庆龙等，2010；张林等，2013），虽然方法和内容与常规储层研究没有太大的差别，但至少说明上述领域已经为研究者所关注和重视。

从研究内容而言，目前精细油藏描述两大关注点分别是构造精细解释和储层准确预测。从研究目的来看，精细油藏描述的关键问题还是剩余油分布规律刻画。通过上述文献调研并结合自身科研实践（Larry W. Lake等，1986；Larry W. Lake等，1989；曲志浩等，1994；

穆龙新等，1999；Masoud Nikravesh等，2001；沈平平等，2003；Abdelkader Kouider El Ouahed等，2005；徐守余，2005；K. Remeysen等，2008；陈欢庆等，2008；徐安娜等，2009；Ahmed Adeniran等，2010；程启贵等，2010；A. Qazvini Firouz等，2012；贾爱林等，2012；Julianne Fic等，2013；尹大庆等，2013；陈欢庆等，2015），对比了国内外精细油藏描述的优势和不足（表1-1）。虽然国内精细油藏描述研究在系统性方面具有很明显的优势，但在研究深度上还需要向国外专家多学习。通过文献查阅（林承焰，2000；郭平等，2004；肖武，2004；Wayne Narr等，2006；Mohammad Zafari等，2007；A. Khidir等，2010；Thomas Ramstad等，2010；吴胜和，2010；Emilson Pereira Leite等，2011；陈欢庆等，2011；Saurabh Datta Gupta等，2012；Rahim Kadkhodaie-Ilkhchi等，2013；陈欢庆等，2013a；陈欢庆等，2013b；陈欢庆等，2013c；陈欢庆等，2014a；陈欢庆等，2014b；窦之林，2014c；陈欢庆等，2015a；陈欢庆等，2015b；陈欢庆等，2016），结合科研实践，认为目前国内外精细油藏描述研究工作差异较大（表1-1）。为了更加细致地全面了解国内外精细油藏描述研究现状和进展，本书从高含水油田、低渗透油田和复杂岩性油藏三方面对相关研究进行总结。

表1-1 目前国内外精细油藏描述研究状况对比

对比	优势	不足
国外	（1）对储层孔隙度、渗透率和含水饱和度等进行实验机理研究比较深入成熟； （2）对精细油藏描述中各种数学、地质统计学等算法研究深入透彻； （3）对人工神经网络技术等充分体现计算机技术的新方法、新技术研究较多； （4）利用四维地震技术对开发中—后期油藏进行动态监测研究较多； （5）利用核磁共振测井等新技术研究储层性质较多、较成熟； （6）对致密油、重油等非常规储层研究已经取得了重大的成果	（1）对精细油藏描述中地层精细划分与对比工作的重视程度不够； （2）精细油藏描述工作程序化、系统化重视不够
国内	（1）对储层地质属性研究较深入； （2）利用高分辨率层序地层学建立高精度等时地层格架研究较成熟； （3）精细油藏描述研究体系和研究内容系统化、程序化； （4）对剩余油研究充分重视	（1）精细油藏描述研究中实验机理研究较弱； （2）数理统计分析等不深入； （3）人工神经网络技术、四维地震、核磁测井等新技术和新方法应用太少； （4）对于致密油、稠油等非常规储层研究还刚刚起步，研究方法和技术不完善； （5）对类似于低渗透、天然裂缝等具有鲜明特征的油藏开展精细油藏描述研究特色未凸显

第二节 高含水油田精细油藏描述研究现状

高含水油田精细油藏描述与开发初期和中期的精细油藏描述不同，它是在开发井网比较完善的油田进入高含水期（综合含水在80%以上），以测井和油藏动态资料为主的油藏描述。高含水期油藏描述的精度要求高，不仅要建立比较完善的三维油藏地质模型，还要确定剩余油空间分布，提出控水稳油的具体措施，以达到提高采收率的目的（宋万超，2003）。对于我国陆相沉积油藏而言，原油黏度普遍较高。比如，东部主力产油区绝大多数油田的原油黏度全部高于 5mPa·s。受该因素影响，这些油田较大一部分可采储量须在高含水阶段采出（王乃举等，1999）。冈秦麟（1999）也指出，我国高含水油田 40%~60% 的可采储量要在含水 80%~98% 阶段采出。因此高含水油田精细油藏描述对于油田生产实践具有特别重要的意义。本书旨在通过全面梳理目前高含水油田精细油藏描述研究进展，为促进该类油田精细油藏描述技术发展和提高油田开发水平提供参考。

对于高含水油田精细油藏描述，国内外众多研究者均十分关注。Kris U. Raju 等（2010）基于数学模型研究了碳酸盐岩高含水油田水平井中阻垢剂处理问题。结果表明，加入膦酸酯可以有效防止碳酸钙结垢。R. Manichand 等（2010）对 Tambaredjo 稠油油田聚合物驱试验区进行了初步评价。研究中选择了苏里南陆上区块一个反五点法井组开展试验，经过一年的持续注入，产油量上升，含水下降，取得了一定的生产效果。Satyajit Taware 等（2011）以巨厚的高含水碳酸盐岩储层为例，探索形成了一种利用网格粗化和流线反演进行历史拟合的实用数值模拟方法。Arnab Ghosh 等（2012）以印度西海岸盆地大孟买油田东南部尼兰地区为例，对高含水老油田利用多维核磁共振技术优化地层测试器取样和射孔位置等进行了研究。结果表明，地层流体的识别至关重要，多维核磁共振技术可以通过储层物性在纵向上深度的变化观察来有效优化碳酸盐岩储层取样和射孔的位置。国内众多研究者以大庆、胜利、新疆、大港、江汉等油田为例，开展了较深入的研究工作。宋万超（2003）出版专著《高含水期油田开发技术和方法》，以胜利油田济阳坳陷为例，系统总结了高含水期油田精细油藏描述技术、提高水驱采收率技术、化学驱油技术三部分内容。高宝国等（2013）以渤南油田义 11 井区为例，提出了低渗透油田特高含水期开发技术对策，主要包括不稳定注水、单井采液强度优化、完善注采井网、提高非主力油层储量动用程度等。刘宗堡等（2014）以松辽盆地杏南油田北断块葡萄花油层为例，对油田高含水期断层边部剩余油富集规律及挖潜方法进行了研究。王玉普等（2014）按照含水率划分标准，将中国陆相砂岩油田开发划分为四个阶段（表 1-2）。杨超等（2015）对高含水老油田注采连通判别及注水量优化方法进行了研究，成果在冀东油田高 5 断块进行应用，取得了较好的效果。朱丽红等（2015）以大庆喇萨杏油田为例，对大型陆相多层砂岩油藏特高含水期三大矛盾特征及对策进行了分析，成果在大庆喇萨杏油田 6 个特高含水期老油田水驱精细挖潜示范区得到成功应用。郑小杰等（2015）以塔河 1 区三叠系下油组为例开展精细数值模拟剩余油综合研究。目前，国内对于高含水油田精细油藏描述主要集中在剩余油表征与挖潜、水淹层测井解释和优势渗流通道研究等方面，研究方法包括地质、实验、数值模拟和物理模拟等，总体研究目标都是稳油控水和挖潜剩余油。通过高含水油田精细油藏描述，为井网加密调整、水平井部署设计、老油田滚动扩边以及聚驱等三次采油的方案和措施实施提供依据。

国内许多油田从 20 世纪 80 年代进入高含水期，因此对于高含水油田相关的研究也有数十年的历史，取得了一定的进展。也有学者对该类型油田开发存在的问题进行了总结（张玉等，2016）。本书认为目前对于高含水油田精细油藏描述，存在的问题主要包括以下几方面：(1) 在资料大幅度增加基础上的构造精细解释和储层预测存在较大问题。高含水油田大多经历了 30 年以上的开发历程，积累了大量的动态、静态资料，这给研究带来便利的同时

表1-2 按照含水率划分的油田开发阶段分类结果（据冈秦麟，1999；宋万超，2003；王玉普等，2014）

类别	含水率（%）	油田 国内	油田 国外
低含水期	0~20		
中含水期	20~60	长庆	
高含水期	60~90	玉门、吐哈、新疆、大港、辽河、吉林、延长、河南、江汉	印度西海岸盆地大孟买油田、俄罗斯罗马什金油田、俄罗斯杜马兹油田、俄罗斯阿尔兰油田、俄罗斯萨莫特洛尔油田、美国东得克萨斯油田
特高含水期	>90	大庆、胜利、中原	阿曼Marmul油田、加拿大Rapdan油田、美国Yates油田、德国Hankesbuetted油田

也增加了工作的难度。以断裂体系解释为例，高含水期构造解释一般应该达到四级或五级才能满足开发工作的需求，但由于地震资料还是以二维或者老三维资料为主，构造解释成果准确性和精度很难与密井网资料匹配，存在很大问题。储层预测中也存在井震不一致的问题。由于储层预测准确性的影响，水平井的优化设计受到很大的制约。（2）地下油水运动规律复杂，存在优势渗流通道。经过长期的注水开发，地下油气水分布和运动规律复杂，准确认识难度大。同时受陆相沉积储层强非均质性的影响，存在优势渗流通道，形成注入水无效循环，增加了注水有效开发的难度。（3）开发过程中受压裂、注入水配伍性等因素影响，储层性质发生变化，造成储层伤害，给后续开发工作造成很大困难。（4）陆相沉积相变快，储层非均质性强烈，断裂体系发育，成岩作用加之早期开发措施的影响，导致剩余油在储层中的分布规律复杂，准确表征难度大。（5）高含水油田静态和动态资料丰富，经历了长时间的注水开发。这些资料中多数为纸质，如何建立统一的数据库，实现这些资料信息化管理和应用，建成精细油藏描述数据、成果管理和应用平台，全面提高精细油藏描述研究的效率和研究水平难度很大。

一、高含水油田精细油藏描述关键问题

精细油藏描述是一项系统工程，涉及的研究内容方方面面，对于高含水油田更是如此。在当前低油价背景下，各油田均坚持"降本增效"的原则。在投资大幅度缩减的情况下，更有必要对高含水油田精细油藏描述研究的关键问题梳理分析，重点攻关。笔者结合自身的研究实践，认为目前高含水油田精细油藏描述研究的关键问题主要包括以下五方面。

1. 地层精细划分与对比

地层精细划分与对比是进行精细油藏描述研究一切工作的基础，对于高含水油田而言，也是如此。高含水油田储层成因类型众多，从碎屑岩、碳酸盐岩到其他岩类都有（邓宏文等，1997；邢志贵等，1998；邓宏文等，2002；赵汉卿，2005；淡卫东等，2007；郑荣才等，2010；纪友亮等，2012）。对于开发中—后期的高含水油田而言，小层级别的地层划分单元，已经很难满足油田开发生产实践的要求。这就需要对地层进行更加细致的划分，而传统的"旋回对比，分级控制"地层划分对比方法，很难实现这一目标。高分辨率层序地层学理论通过地质成因分析和对于不同等级地层基准面旋回在空间上的划分和对比，一方面在理论上使得地层划分与对比具有地质成因意义，更加符合地下地质实际，另一方面在技术实现上可以使地层划分与对比精细至单层级别（陈欢庆等，2014），对应单砂体，满足了目前

高含水油田精细油藏描述研究的要求（图1-2）。从目前高含水油田精细油藏描述研究中地层精细划分与对比的实践来看，高分辨率层序地层学理论和方法技术还没有真正有效地发挥作用。原因主要包括资料基础、工作的延续性和习惯、研究力量投入不足、经费制约等，同时还有高分辨率层序地层学理论本身的问题，比如高分辨率层序地层学中地层分级与传统地层分级体系的对应问题等。笔者认为，虽然高分辨率层序地层学在中国陆相沉积地层精细划分对比研究中应用时，还存在着诸多问题，但是我们更多地还是要看到其先进性，在工作中不断完善和创新，使得该理论和方法技术在中国高含水油田精细油藏描述研究中发挥其应有的作用，为整个油藏描述研究水平的提高打下坚实的基础。

2. 储层非均质性研究

储层非均质性一直是储层地质学研究的核心内容，因此也是精细油藏描述研究的重点问题。储层非均质性研究涉及内容比较丰富，主要包括流场非均质性和流体非均质性两大类（陈永生，1993）。其中流场非均质性主要包括层间非均质性、层内非均质性、平面非均质性和孔隙非均质性（吴胜和等，1998），流体非均质性主要是指储层中储集的石油、天然气和水等各方面性质的差异。目前在储层非均质性研究中研究者主要工作大多集中于流场非均质性研究，而对于流体非均质性涉及甚少。对于储层流场非均质性研究最多的是利用测井精细解释的渗透率成果计算变异系数、突进系数和级差等参数，通过分析这些参数在空间上的变化规律来定量表征储层流场非均质性特征。虽然测井资料具有定量化和易获取等优点，但受储层物性测井解释精度的限制，上述参数的准确性在一定程度上受到质疑。

对于高含水油田而言，由于开发生产实践的深入进行，层间矛盾和层内矛盾日益凸显，这就要求研究者在工作的精细程度方面有大幅度的提高。研究认为，简单的通过计算渗透率特征非均质性参数来刻画储层流场非均质性的做法已经远远满足不了生产实践的要求。工作的重点应该放在不同小层或单层之间，或内部的隔层或夹层上（图1-3）。由于层位划分更加细致，在油层组时的许多层内夹层当分层级别变成小层或者单层时，都变成了层间隔层，此时隔层的空间规模和纵向上的厚度均明显变小。与此同时，层内夹层也变得更加零散分布。本书认为，对于高含水油田而言，隔夹层的研究应该重点关注以下几个问题：（1）隔夹层有效性的评价，应该重点刻画在空间上有效封隔油气水等流体的隔夹层。不同岩性的隔夹层封隔性有较大的差异，不同的油田或者油区有不同的标准。目前隔夹层有效性评价的主要方法包括室内试验、物理模拟或者数值模拟等多种，当然比较简单有效的还是建立在生产实践基础上的经验总结。（2）隔夹层对地下油水（气）等运动规律的影响分析。由于研究精细化程度的提高，隔夹层刻画的工作量急剧增加。工作中应该在隔夹层有效性评价的基础上重点关注对注水（或注汽、注聚）等开发措施产生较大影响的隔夹层，而对于那些只是使得地下流体运动轨迹复杂化、对生产实践活动没有实质性影响的小规模隔夹层不应该投入过多的精力。

目前流体非均质性研究还很薄弱，在高含水油田精细油藏描述研究中，应该尝试利用水分析等各种分析测试资料以及各种地球化学方法，刻画油、气、水等储层流体在空间，特别是纵向上的变化规律和非均质性，为开发后期各种剩余油挖潜和提高石油采收率措施的实施提供依据。本书认为，流体非均质性是储层非均质性今后十分重要的发展趋势和方向。

3. 开发过程中储层变化规律研究

在油田开发过程中，随着注水或注汽等措施的实施，储层发生一系列的变化，主要包括孔隙结构、黏土矿物性质，以及其引起的储层渗透率的变化等，储层流体性质也发生相应的

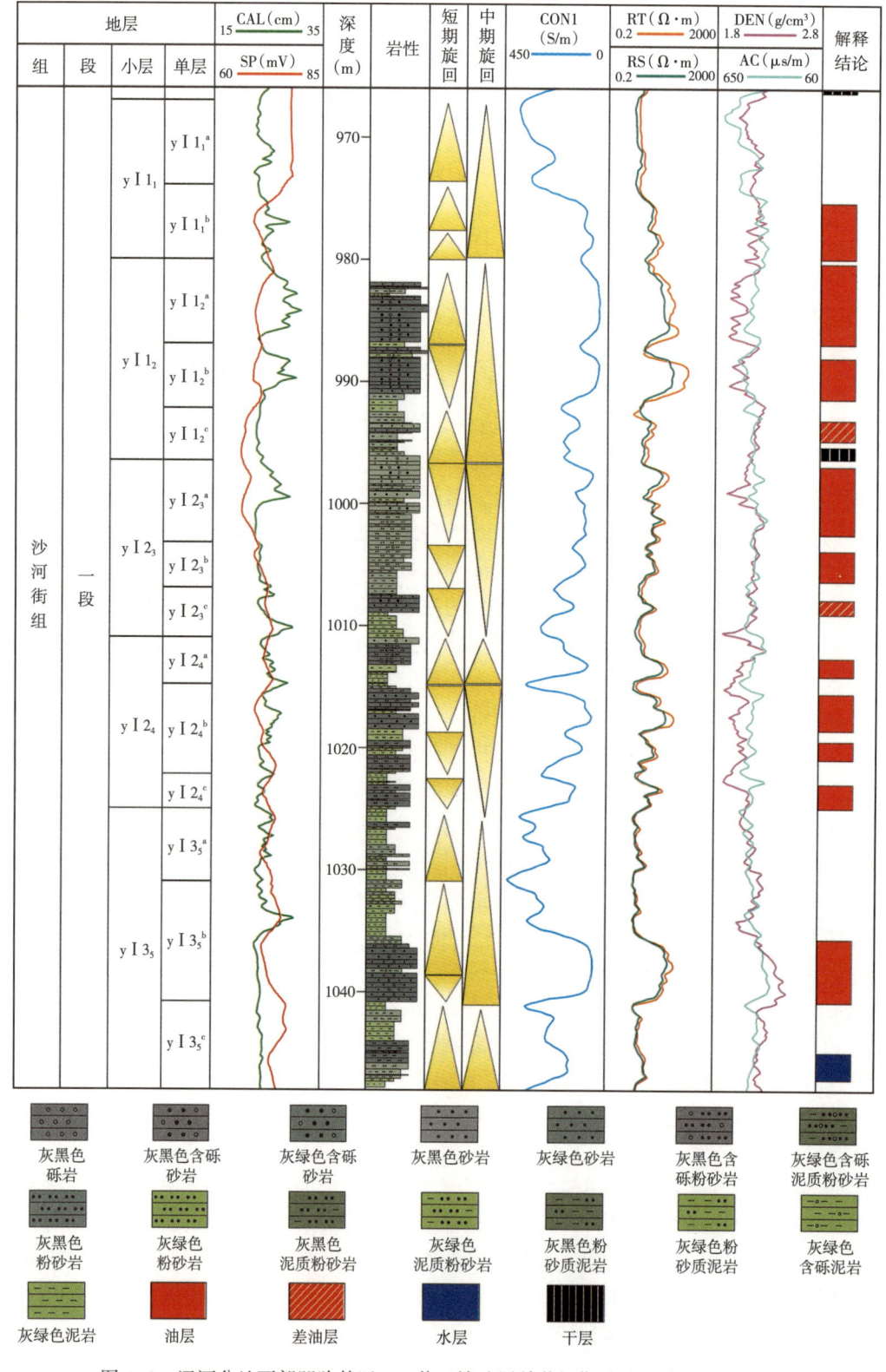

图1-2 辽河盆地西部凹陷某区W3井于楼油层单井短期基准面旋回响应模型

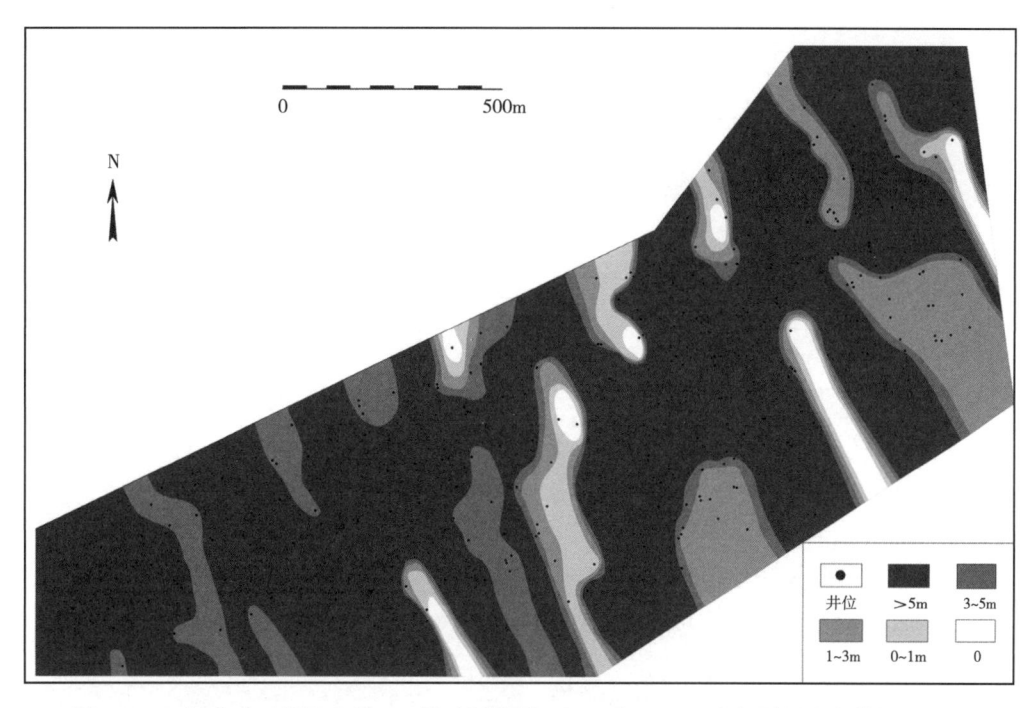

图 1-3　辽河盆地西部凹陷某区于楼油层单层 y I 3$_6^c$ 与 y II 1$_1^a$ 之间隔层发育特征平面图

变化。在高含水油田精细油藏描述中，应该充分认识这种变化，努力减少开发实践对储层的伤害，为剩余油挖潜和提高石油采收率服务。王志章等（1999）出版专著，以双河油田水驱油藏和克拉玛依油田九区汽驱油藏为例，对开发中—后期油藏参数变化规律及变化机理进行了详细分析。Dario Grana 等（2015）以挪威海某区的实际资料为例，利用地震数据进行贝叶斯转换预测储层性质的静态和动态变化，结果表明，储层中烃类的变化可以通过地震数据反映出来。本书利用扫描电镜资料，对辽河盆地西部凹陷某区蒸汽驱前后储层变化规律进行分析（图 1-4）。蒸汽驱之前和之后，黏土矿物含量均大幅增加，特别是高岭石的含量增加最为明显。对比蒸汽驱之后与蒸汽驱之前的储层，前者主要为一种较稳定的黏土矿物，而后者多以伊/蒙混层等不稳定的黏土矿物为主。蒸汽驱前后，黏土矿物等的含量大幅度增加，导致其堵塞孔隙和喉道，储层孔隙度和渗透率降低，对比发现，蒸汽驱之后孔隙度和渗透率的减小更甚。

4. 多信息综合剩余油表征技术

确定高含水油田剩余油分布特征是精细油藏描述研究的核心内容，也是目前研究的热点和难点，因此也必将成为今后攻关的重点方向（徐守余，2005）。韩大匡（2010）认为，高含水油田剩余油体现"总体高度分散，局部相对富集"的格局。林承焰等（2013）以葡北油田葡I油组窄、薄砂体特高含水期注水开发油藏为例，提出了基于单砂体的剩余油分布规律、挖潜单元以及相对应的挖潜技术对策。赵军龙等（2013）对中—高含水期剩余油测井评价技术进行了总结，将剩余油饱和度测井划分为裸眼井测井和套管井测井两大类，并详细介绍了不同测井方法及其适用的条件（表 1-3，表 1-4）。严科（2014）以东营凹陷胜坨油田沙二段 8^1 层三角洲前缘储层为例，利用岩心分析资料以及剩余油饱和度测井资料，系统揭示了储层原始含油性以及特高含水后期的剩余油分布特征。文浩等（2015）以赵凹油田

图1-4 辽河盆地西部凹陷某区于楼油层蒸汽驱前后储层变化规律研究

（a）W2井，蒸汽驱前，砂岩，伊/蒙混层，957.69m；（b）W41井，蒸汽驱后，砂岩，高岭石，758.4m；（c）W2井，蒸汽驱前，砂岩，孔隙发育，1000.76m；（d）W41井，蒸汽驱后，砂岩，孔隙发育中等，739.53m

安棚区核桃园组三段4^2层为例，对高含水期油藏剩余油分布规律进行了定量评价。目前研究剩余油的方法有许多种，包括地质方法、油藏工程、试井以及数值模拟方法，室内实验技术，各种动态监测方法等。对于高含水油田开展剩余油分布规律研究，本书认为最关键还是在重视数值模拟的同时，重点利用好密闭取心井资料，加强相关的室内实验研究，注重各种动态监测和生产资料信息的挖掘。同时应该加强储层地质成因模式和微构造（特别是小断层）识别等地质研究。近几年，大庆油田在断层附近部署加密调整井，挖潜剩余油，取得了良好的效果，这对于高含水油田精细油藏描述研究中剩余油表征就是一个很好的启示。

表1-3 裸眼井剩余油饱和度测井方法适用条件及方法特点（据Reed A. J.等，1992；丁娱娇等，2000；赵明等，2002；赵培华，2003；何琰等，2005；孙玉红等，2006；翟营莉，2008；赵军龙等，2013；王滨涛等，2014；蔡军等，2016）

测井方法	适用条件及方法特点	不足	应用实例
电阻率测井	应用广泛，是储层含油性评价的主要手段	受注入水性质和水淹程度的影响	丹佛盆地西罗油田，辽河盆地西部凹陷
介电测井	适用于低矿化度地层水储层，介电常数受地层水矿化度变化影响很小；地层孔隙度大于8%对油和水就有一定的区分能力，孔隙度越大对油水层的识别精度越高	探测深度较浅	二连盆地吉尔嘎朗图凹陷宝饶构造带，胜利孤岛油田中11-016井，大港油田西2-6-3井、西3-7-1井

续表

测井方法	适用条件及方法特点	不足	应用实例
激发极化—自然电位组合测井	能够逐点求出地层水矿化度和地层水电阻率，并在求取含水饱和度时消除黏土对饱和度的影响	只适用于淡水钻井液、地层水矿化度低（低于30000mg/L）的砂泥岩剖面。在非均质严重、渗透率变化大及高矿化度条件下应用效果较差	冀东油田，辽河盆地欢喜岭油田齐40块
氯能谱测井	在套管井和裸眼井中均适用，且简单、快捷、价格低廉，能克服泥岩含量高的低阻油层以及高渗透地层因钻井液侵入过深（超过了仪器的探测深度）引起的裸眼测井解释结论不可靠的弊端	如果储层含Ca元素，测量结果将受影响。同时，该方法适用于Cl^-矿化度>40000mg/L的高盐油田，地层孔隙度须大于10%	中原油田卫城油田、江汉油田钟6-15井、大庆油田喇嘛甸油田喇8-B井
电磁波传播测井	对地层水矿化度不敏感，适用于未知矿化度或矿化度异常的情况下，但其探测范围较小，与电阻率法相结合，效果更佳	探测范围较小	中国南海西部东方区块
核磁共振测井	测量与岩性无关，T_2弛豫时间反映了含油（或水）孔隙大小分布以及不同大小孔隙中的流体含量。通过对T_2弛豫时间分布分析，可以直观地认识不同孔径孔隙内微观剩余油的分布，对含油量进行精确计算	因为地层氢的核磁性质是由流体本身的性质及其与固相相互作用来决定的，所以研究岩石的核磁共振时，需知道岩石中流体的核磁性质	辽河油田沈84—安12块调整井静67-541井、准噶尔盆地L3-8井

表1-4 套管井剩余油饱和度测井方法适用条件及方法特点（据赵伟等，2007；徐春华等，2008；范小秦等，2009；张锋等，2009；王建江等，2013；赵军龙等，2013）

测井方法	适用条件及方法特点	不足	应用实例
中子寿命测井	特别适用于高矿化度地层。中子伽马测井在这些方面显示出它的优越性，易于推广应用	测井资料解释时需计算τ和Σ两个参数，使问题复杂化；测井成本高	江汉油田习II3-11井
硼中子寿命测井	满足低矿化度地层；俘获截面大，解释精度高	对压井、洗井作业的要求较高	胜利现河庄油田河143-斜52井、河68-24井、河51-斜100井、史8-斜110井、河146-45井、河2-斜4井、河146-55井
钆中子寿命测井	中子俘获截面大，精确度高；用量少，成本低，施工方便，最大限度地减少了对地层的伤害，钆的溶解性比硼好，可进行低温配制	漏失层和强水淹层不易区分、未渗钆层难以识别	克拉玛依油田百口泉油田百21井区9285井、1427井

续表

测井方法	适用条件及方法特点	不足	应用实例
脉冲中子—中子测井	高孔隙度、低矿化度油藏水的俘获截面（孔隙度大于5%，矿化度5000mg/L左右）	确定储层含水饱和度时，测井解释结果受地层水矿化度影响较大	青海油田
碳氧比测井	不受地层水矿化度变化的影响，尤其在注入水和地层水矿化度不同的情况下，碳氧比具有其独特的优点；对高孔隙度（>15%）地层能取得良好效果	探测深度浅，受侵入的钻井液滤液、井眼尺寸、井中流体矿化度、俘获本底值、中子脉冲周期及中子管等因素影响	辽河油田19-123井，大庆油田喇嘛甸油田
碳氧比能谱测井	经济、有效、快捷、直观，且准确率较高	仅对地层孔隙度大于20%地层适用；纵向分辨率差，大约在0.8m；薄、差层响应较差	胜坨油田1-2-153井，大庆油田喇嘛甸油田
脉冲中子衰减测井	受岩性影响较小；适用于孔隙度大于10%的地层；能区别油和低矿化度的水层；对井筒要求不高，可过油管测量	开发中—后期油层受水淹影响，仪器所测的含水饱和度值与裸眼井资料相比偏高，测井仪器成本偏高	孤东7-36-346井
RMT测井	不受地层水矿化度变化影响，具多种测量模式，应用范围广	不适用于低孔隙度（<8%）的地层	克拉玛依油田陆梁油田Lu2025井，准噶尔盆地西北缘检552井
过套管电阻率测井	采用推靠方式，不需要进行洗井、刮井作业，节约了大量的占井时间和作业费用；探测深度深；测量时每点可多次测量；测量的动态范围较大，可探测地层电阻率范围是0~300Ω·m；地层分辨能力较强，围岩的影响相对较小	用直流方式记录信号困难；固井质量对测井质量影响很大；未射孔段可能出现较大段的负差异；咸水钻井液和注入水矿化度变化对解释和评价结论产生较大影响；薄层分辨率低；测井测量井段一般小于400m	克拉玛依油田彩南油区C2285井、C1103井

5. 高含水油藏三次采油相关研究

随着老油田进入开发中—后期，在高含水、特高含水条件下，依靠老油田整体调整和常规方法挖潜提高采收率的余地越来越小，难度越来越大。因此要大幅度提高石油采收率，实现油田的持续稳定发展，必须通过多种途径来增加可采储量，探索新的开发方式以提高油田开发水平。理论和矿场实际表明：三次采油既能扩大波及体积，又能提高驱油效率，可以大幅度提高石油采收率，是一种经济可行的有效途径（宋万超，2003）。要开展三次采油，必须深刻认识高含水期油田的开发地质特征。因此开展针对三次采油相关的开发地质特征研究，也就成为高含水油田精细油藏描述研究的重要发展方向。苏建栋等（2013）以河南油区双河油田北块H3IV1-3层系为例，提出了改善聚合物驱效果的过程控制技术。要改善水驱和实现聚驱、汽驱、热采、微生物驱等三次采油技术提高采收率（岳湘安等，2007）。本书认为精细油藏描述中主要需做好两方面的研究工作：第一，聚驱、注汽等三采措施与水驱机理差异很大，需要开展聚驱相关的储层孔隙结构和驱油机理等研究，为三采方式和驱油剂的选择提供依据（图1-5）。同时，开展三采对储层伤害等相关的理论分析和室内实验研究。第二，油气水分布和运动规律研究。油田高含水阶段，经历了较长时间的开发生产实践，地下油气水的分布和运动规律与开发初期相比已发生巨大变化。要合理制定、规划和实施好三采措施，首先必须准确认识地下油气水的分布和运动规律。对于三采开展相关的基础研究，进一步拓宽了高含水油田精细油藏描述研究的领域，提升对应的研究技术水平，为进一步提高石油采收率奠定了坚实的基础。

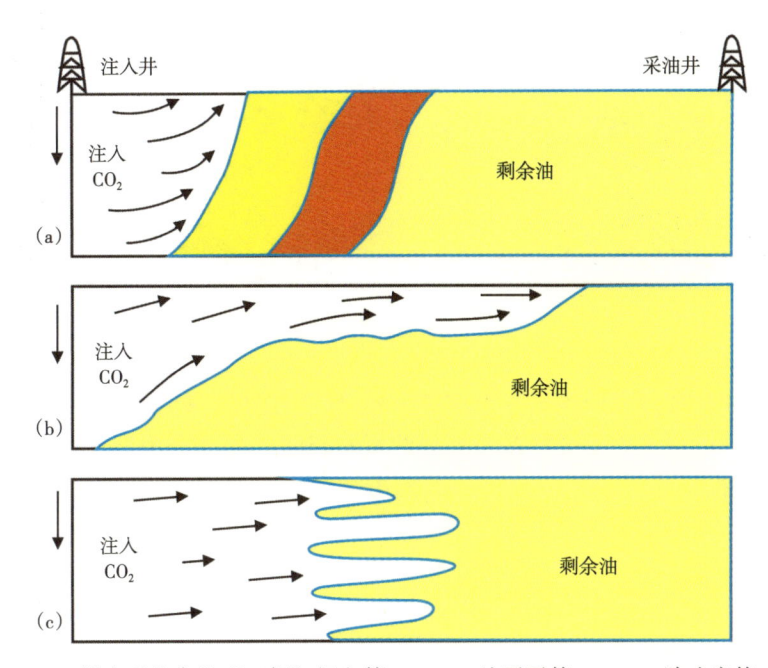

图1-5 CO_2提高采收率机理（据江怀友等，2008；沈平平等，2009；陈欢庆等，2012）

(a) 在很低的黏滞力与重力比R_{vg}情况下，体现驱替的特点是气体超覆运动的重力舌进；(b) 在高一些的黏滞力与重力比R_{vg}情况下，驱替的特点仍然是气体的重力舌进，但垂向波及情况已不取决于特定的黏滞力与重力比R_{vg}，直到达到极限；(c) 驱扫效率随黏滞力与重力比R_{vg}的增加而急剧增加，最后达到一个黏滞力与重力比值R_{vg}，此时驱替情况完全被横剖面的多个指进控制，并且横向驱扫效率不取决于特定的黏滞力与重力比R_{vg}

二、高含水油田精细油藏描述研究发展趋势

1. 断裂体系精细解释

目前，断裂体系在我国各大油田广泛存在。不管是东部的大庆、大港、胜利，还是西部的新疆、塔里木等，都可以看到。特别是对于高含水油田，复杂断裂体系的存在，导致注采井之间油水分布对应关系复杂化，剩余油分布规律的刻画难度急剧增加。王乃举等（1999）指出，影响油藏注水开发的主要是四级断层或更次一级的断层。这些断层的产状，除受区域大断裂体系的控制外，局部构造因素对其影响也很大，级次愈低，后者的影响愈大。因此断裂体系的精细刻画，对于高含水油田剩余油刻画和提高石油采收率具有十分重要的意义。本书认为，在高含水油田精细油藏描述中，有三个问题需要特别注意。第一，井震资料紧密结合断裂体系剖面精细解释和平面组合（图1-6）。根据资料的精度和开发生产实践的需求，对于中—浅层油藏，应该识别出断距5m以上的五级断层，深层油藏应该识别出断距10m以

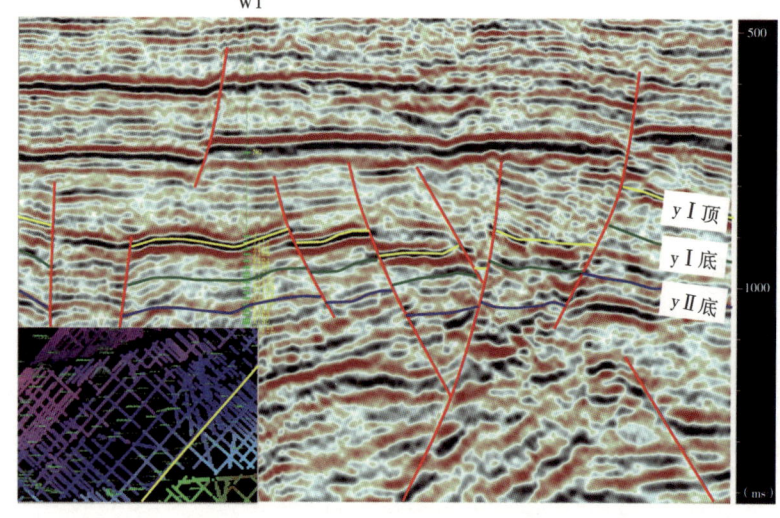

图1-6 辽河盆地西部凹陷某区于楼油层断裂体系剖面解释成果

上的四级断层，超深层应该识别出三级或四级断层。三级以上断层的准确解释是断裂体系精细解释的基础。目前在油田生产实践中断裂体系解释时，往往沿用勘探或评价阶段的成果。而这两个阶段受资料状况和研究程度以及研究者认识的局限，有可能会出现一些错误，这样导致在精细油藏描述研究中断裂体系解释成果每年都发生变化，有时大的构造格局甚至会出现变化。这种情况很大程度上制约了油田精细油藏描述研究水平的提高。本书认为，在进行断裂体系解释时，首先应该尽可能地综合多种资料进行断裂体系地质成因分析，对已有的解释成果进行验证和分析，确保二级和三级等较大规模断裂体系解释成果的准确性，然后再进行四级和五级断裂解释。关于四级和五级断层的分类特征及识别标志，李阳等（2007）在专著《油藏开发地质学》中有详细的介绍。第二，微构造（特别是小断层）的识别和刻画。对于开发中—后期油田而言，因为剩余油刻画成为精细油藏描述十分重要的目标之一，而小断层和微构造又对剩余油的分布起着控制作用，所以研究中应该特别重视小断层和微构造的精细刻画。李雪松等（2015）以大庆油田为例，在井震结合断层精细刻画的基础上，创新了以密井网约束三维速度场时深转换、"井断点引导"小断层解释为特色的井震结合精细构造描述技术，准确刻画了断层空间展布特征。该研究为特高含水老油田断层附近高效井优化设计提供了坚实依据。第三，断层封闭性的研究。经历了较长的开发阶段，油田进入高含水期。此时油田油水关系复杂，注采井之间的对应关系成为开发生产实践中需要关注的焦点问题之一，而断裂体系的存在又是注采井之间对应关系十分重要的决定因素，因此有必要加大对断层封闭性研究的力度。陈欢庆等（2015）利用典型井水分析数据，对辽河盆地西部凹陷某区断裂渗流屏障的封闭性进行了分析。如图1-7所示，主要断裂有4条，分别是F1、F2、F3和F4，选取5组共10口井的水分析资料作对比。从断裂发育的级别上分析（表1-5），断裂F1和断裂F2属于三级大的控凹断裂，而断裂F3和断裂F4属于四级断裂。主要对比断层上、下两盘地层水分析资料来评价断层封闭性，刻画封闭性断层渗流屏障。断层两盘地层水分析结果差异较大，表明断层封闭性较好，形成封闭性断层渗流屏障；断层两盘地层水分析结果类似，表明断层封闭性差，不能形成封闭性断层渗流屏障。对于断裂F1而言，选取A1井和A2井水分析结果作对比，发现分别位于断层两盘的这两口井的水分析结果差异较大。特别是在镁、钙、硫酸根和碳酸根等含量上表现尤为突出，说明断层是封闭的。将 C1 井、C2 井和 E1 井、E2 井分别作为两组进行对比，发现在（钠+钾）、钙、碳酸根、重碳酸根和总硬度等指标方面均相同或取值接近，因此可以断定断层上、下盘之间流体是连通的，断层不封闭，不能形成渗流屏障。将 B1 井、B2 井和 D1 井、D2 井分别作为两组进行对比，发现断层两盘镁、硫酸根、碳酸根、总矿化度和总碱度等指标取值差异均较大，因此可以断定断层上、下盘之间流体是不连通的，断层是封闭的，可以形成封闭性断层渗流屏障。因此，在研究区的四条断裂中，断裂 F1 和断裂 F4 属于封闭性断层渗流屏障。

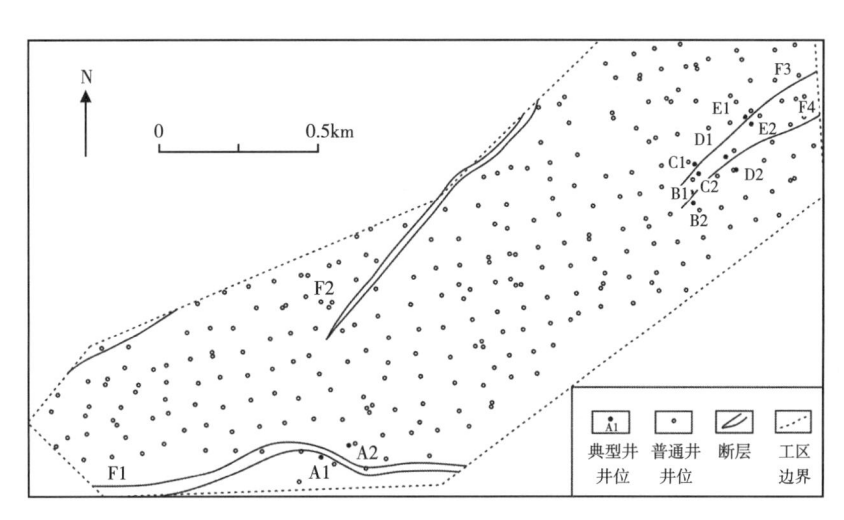

图 1-7　辽河盆地西部凹陷某区位置简图（据陈欢庆等，2015）

2. 储层构型精细表征

储层构型也称为储层建筑结构，是指不同级次储层构成单元的形态、规模、方向及其叠置关系（吴胜和，2010）。储层构型精细表征对于精细刻画储层砂体的发育规律和隔夹层的发育规律具有十分重要的作用，因此受到越来越多油田开发研究者的重视（陈欢庆等，2014，2015）。在高含水油田精细油藏描述研究中，储层构型的精细表征自然也成了一项必不可少的研究内容。笔者曾经综合野外露头、现代沉积、岩心、测井、地震以及开发动态等多种资料，对新疆准噶尔盆地某区冲积扇砾岩储层构型进行了研究（图 1-8）。储层构型研究需要重点关注以下几个问题：一是储层构型研究划分方案和划分级次的确定，二是不同储层构型单元分界面与储层非均质性研究，三是不同类型储层构型单元空间发育规模定量特征及空间组合模式。

对于目前储层构型研究的级次划分，方案较多，但使用最广泛的还是 Miall 等提出的 8 级划分方案。由于目前在油气田生产实践中测井资料具有较易获取和定量化等特点，使用十分广泛，受资料的精度限制，在储层构型划分中最常用的是四级储层构型和五级储层构型的划分。需要特别强调的是，并非储层构型级别划分得越细越好。储层构型划分级别的确定主要取决于资料的精度和生产实践的需求。由于取心井资料很有限，因此划分至层理或纹层级别的储层构型只有科学研究的意义，并不能广泛推广、解决生产实践问题。同时，如果一味追求储层构型的划分精度而忽略了资料基础本身能够识别的精度，只能导致错误的结果。

长期以来，研究者对于储层构型关注的焦点主要集中在不同储层构型单元本身，而对于不同储层构型之间的分界面重视程度不够。其实，不同级次和类型的储层构型单元在精细

表1-5 辽河盆地西部凹陷某区于楼油层部分典型井水分析结果表（据陈欢庆等，2015）

井名	取样日期	化验日期	Na⁺+K⁺ (mol/L)	Mg²⁺ (mol/L)	Ca²⁺ (mol/L)	Cl⁻ (mol/L)	SO₄²⁻ (mol/L)	CO₃²⁻ (mol/L)	HCO₃⁻ (mol/L)	总矿化度 (mg/L)	总硬度 (mg/L)	总碱度 (mmol/L)	水性	pH值
A1	2005.06.20	2005.06.21	519.8	4.86	38.1	266	19.21	90	854.28	1792.44	115.1	850.8	NaHCO₃	7
A2	2005.06.16	2005.06.17	437	7.3	20	212.8	4.8	0	884.79	1566.69	80.1	725.7	NaHCO₃	6
B1	2010.03.24	2010.03.25	740.6	3.65	10	248.2	24.02	0	1556.01	2582.52	40	1276.2	NaHCO₃	6
B2	2010.09.27	2010.09.28	579.6	6.08	12	230.5	14.41	60	1067.85	1970.45	55.1	975.9	NaHCO₃	7
C1	2010.10.11	2010.10.12	545.1	9.73	18	230.5	67.24	0	1067.85	1938.45	85.1	875.8	NaHCO₃	6
C2	2010.07.14	2010.07.14	503.7	7.3	18	159.6	91.26	0	1037.34	1817.15	75.1	850.8	NaHCO₃	7
D1	2001.08.03	2001.08.04	363.4	3.65	6.01	141.8	19.21	150	427.14	1111.25	30	600.6	NaHCO₃	8
D2	2001.08.03	2001.08.04	542.8	3.65	12	106.4	24.02	240	793.26	1722.13	45.1	1051	NaHCO₃	8
E1	2003.11.02	2003.11.03	446.2	7.3	16	177.3	14.41	90	762.75	1513.99	70.1	775.7	NaHCO₃	6
E2	2003.11.12	2003.11.13	407.1	4.86	20	177.3	4.8	90	671.22	1375.32	70.1	700.6	NaHCO₃	7

(a) 野外露头

(b) 现代沉积特征

图 1-8　新疆准噶尔盆地西北缘冲积扇储层构型研究野外露头和现代沉积特征

油藏描述研究中的作用不容忽视。这些不同成因和规模的构型单元界面构成了储层隔夹层的主体，在储层非均质性研究中具有十分重要的作用。特别是对于开发中—后期高含水阶段的油田而言，对储层构型单元分界面的正确认识，可以帮助研究者更加准确认识储层井间连通性等开发关键瓶颈问题。

储层构型单元空间发育规模定量特征是储层构型研究最直接的目的，通过这些定量数据的统计分析，可以为高含水油田开发中—后期井网、井距的加密调整等措施设计实施提供地质依据。同时，对于不同成因储层构型单元在空间上的组合模式的总结和分析，可以深刻认识不同单砂体在空间上的分布和叠置规律，为开发中—后期一系列提高石油采收率生产措施的顺利实施提供参考。这也可以更有效地促进精细油藏描述向定量化和科学化的方向发展。

3. 测井水淹层解释

中国的水淹层测井工作始于20世纪50年代玉门油田，目前已经取得了较大进展，主要包括：(1) 系统开展了水淹层岩石物理特性的试验研究；(2) 油田相继建立了比较适合自身特点的水淹层测井系列；(3) 较系统地开展了水淹层测井解释模型和解释方法研究；(4) 水淹层测井在油田开发中取得很好的应用效果（赵培华，2003）。赵培华（2003）指出，无论是从采油井见水构成情况，还是从原油产量构成角度来看，我国绝大多数油田已进入高含水阶段。地下油水表现出剩余油高度分散，高含水区域与低含水区域分布无序的特征。要搞清楚地下油水分布，确定剩余油富集区域，最主要和有效的方法就是进行水淹层测井解释。国内许多研究者目前正在从事高含水油田水淹层测井解释研究，刘江等（2013）对高含水后期水淹层测井解释难点及研究方向进行了总结。研究中对于电阻率随着注入水的性质发生变化特征进行了分析（图1-9），说明高含水后期，岩心电阻率解释存在多解性，测井解释模型的建立需要对各种可能的影响因素充分考虑。段佩君（2013）对双河油田特高含水期水淹层测井曲线响应特征进行了分析，建立了双河油田特高含水开发后期多种驱替方式下的水淹层测井解释模型。目前水淹层测井解释研究最大的问题还是解释精度太低，很难满足调整井补孔、压裂酸化改造层位的选择和剩余油表征等要求。在高含水油田水淹层测井解释研究中应该加强油藏条件下水淹层岩石物理性质基础实验研究，深入分析油藏水淹过程中各种测井系列测井响应的变化规律，同时针对不同油藏的地质和开发特征，进一步完善水淹层测井系列，探索水淹层测井新技术和新方法，建立更加精细准确的水淹层测井解释模型，不断提高水淹层测井解释的精度。

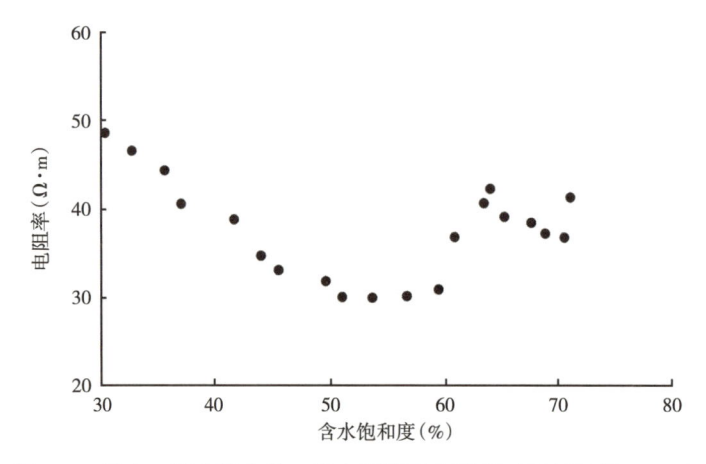

图1-9　淡水—清水聚合物—淡水驱岩石电阻率（据刘江等，2013）

4. 优势渗流通道研究

优势渗流通道是指由于地质及开发因素导致在储层局部形成的低阻渗流通道，注水开发后期注入水沿此通道形成明显的优势流动而产生注入水大量无效循环（孙明等，2009）。陈程等（2012）以吉林扶余油田S17-19区块为例，研究了点沙坝内部水流优势通道分布模式及其对剩余油分布的控制（图1-10）。林玉保等（2014）利用平面填砂模型和真实砂岩模型实验等技术与方法，对高含水后期水驱宏观、微观渗流特征、剩余油分布形态及形成机理

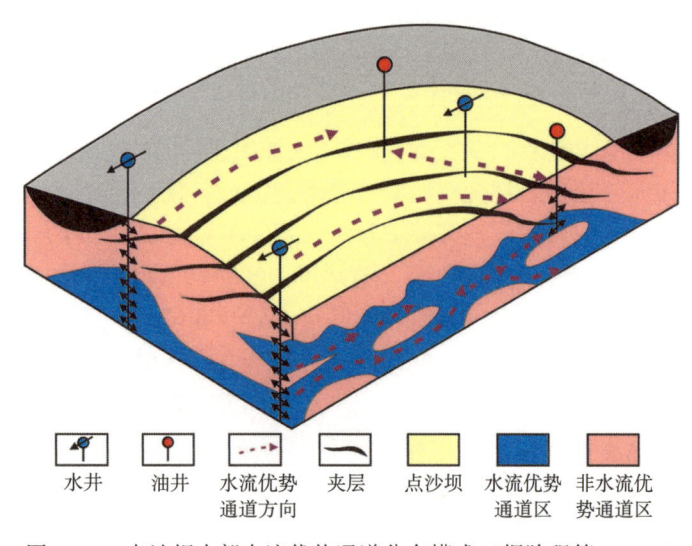

图1-10　点沙坝内部水流优势通道分布模式（据陈程等，2012）

进行了阐述。姚江等（2014）以双河油田Ⅷ下层系为例，对注水开发前后储层优势通道变化特征进行了分析，将优势渗流通道的成因总结为沉积相带控制高渗通道和长期注水微颗粒迁移形成高渗通道。刘义坤等（2015）针对冀东油田主力油层两个区块天然岩心的三个不同含水阶段，研究复杂断块油田进入中—高含水期后储层物性的变化及油水渗流规律。目前对于水流优势通道的研究主要集中在对其进行识别和描述以及水流优势通道对剩余油的分布影响等方面，方法包括地质方法、数值模拟方法、各种数学计算方法等。水流优势通道的存在，最大的后果就是造成了注水开发油田注入水无效循环，这种情况在高含水油田中普遍存在，尤为严重。无效水循环的存在，每年给油田开发造成了数亿元的经济损失，已成为注水油田开发后期效益开发最突出的难题。因此对于水流优势通道的准确识别也成为高含水油田精细油藏描述十分重要的研究内容。基于水流优势通道识别基础上的堵水、调剖和调驱等措施的实施，可以防止注入水沿水流优势通道形成无效水循环，改善开发效果，提高石油采收率。

5. 多点地质统计学地质建模

油藏描述的最终成果是建立定量的油藏地质模型，作为油藏模拟、油藏工程和采油工艺等研究的工作基础（裘怿楠等，1996）。油藏模型主要包括构造模型、储层模型和流体模型三部分。对于高含水油田精细油藏描述而言，主要是建立储层预测模型。目前应用最多的是在沉积微相模型约束和控制之下，利用变差函数运算来插值，进行井间属性预测。在进行辽河盆地西部凹陷某区地质建模时就使用了这种方法（图1-11），虽然这种方法可以较简便快捷地建立储层三维地质模型，但是对于非均质性强烈的陆相沉积储层而言，井间储层预测的精度还不算高。为此，需要寻找在储层三维发育特征预测方面优势明显的地质建模方法，多点地质统计学建模技术满足了这一要求（王家华等，2013）。多点地质统计学应用于随机建模始于1992年。在多点地质统计学中，应用"训练图像"代替变差函数表达地质变量的空间结构性，因而可克服传统地质统计学不能再现目标几何形态的不足，同时，由于该方法仍然以象元为模拟单元，而且采用序贯算法（非迭代算法），因而很容易忠实硬数据，并具有快速的特点，故克服了基于目标的随机模拟算法的不足（吴胜和等，2005）。目前，众多研究者对多点地质统计学建模方法进行了有益的探索，取得了一定的进步（张伟等，2008；李少华等，2009；尹艳树等，2014；耿丽慧等，2015），但是还存在诸多未解的难题。比如训练图像平稳性问题、目标体连续性问题、综合地震信息问题等。

地质建模的软件实现也是多点地质统计学建模需要认真考虑的问题。目前应用最为广泛的是Petrel和RMS等国外软件。国内相关企业、高校和科研机构也在从事相关方面软件的开发，目前也已取得了一定的进步，但还存在诸多问题，导致软件的推广应用出现了一些问题。本书认为主要的问题有以下几个方面：第一，国内相关单位研究起步较晚，受人员和资金等因素的影响和制约，软件在运算方法、成果展示等方面与国外软件相比，还存在较大的差距。第二，国内的相关软件并没有形成有效的商业运作模式，软件的知名度、推广应用和更新换代方面均存在问题。第三，软件没有形成较完善的培训和售后服务体系，影响了应用推广。储层地质建模研究是高含水油田精细油藏描述关键问题之一，在目前低油价背景下，争取地质建模软件的国产化，对于各油田生产企业降本增效具有十分重要的现实意义。

上面提到的只是高含水油田精细油藏描述中几个重点的发展方向，实际上，在目前各油田生产实践中，还有诸多的瓶颈难题需要广大的研究者去积极探索。比如断块和裂缝型油藏

(a) 沉积微相

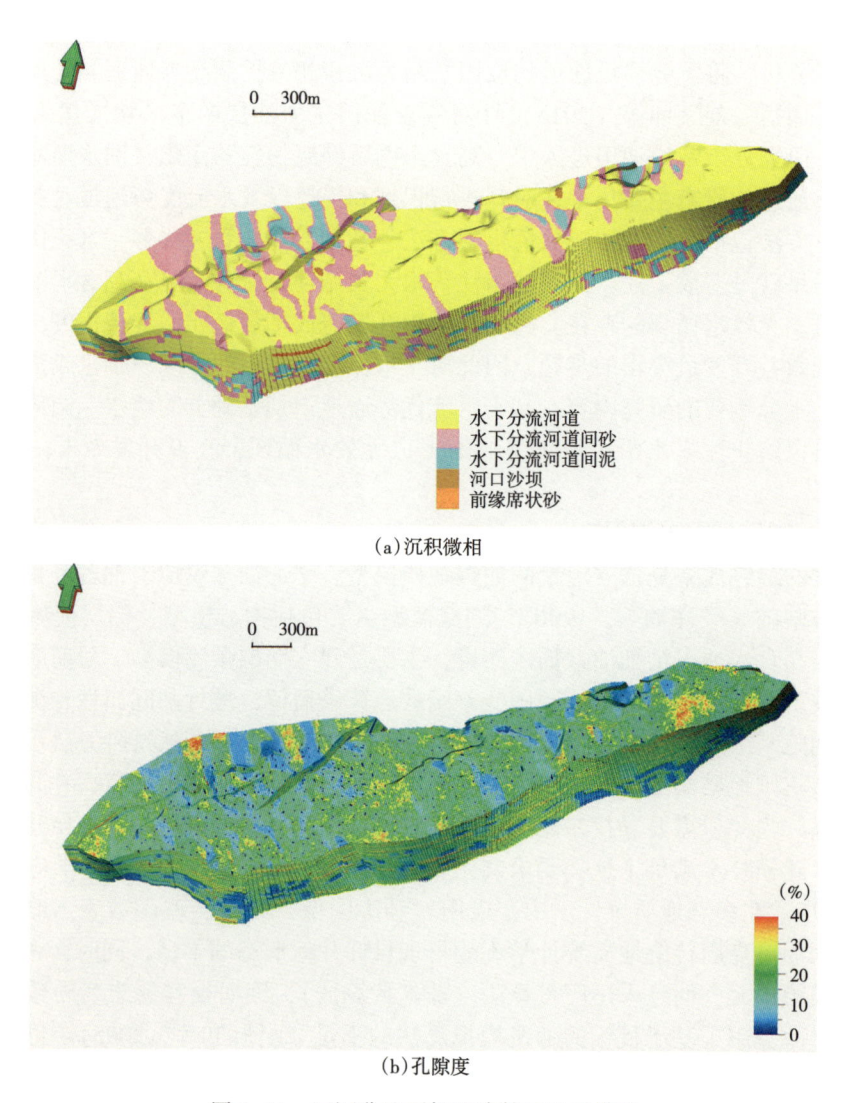

水下分流河道
水下分流河道间砂
水下分流河道间泥
河口沙坝
前缘席状砂

(b) 孔隙度

图 1-11　辽河盆地西部凹陷某区地质模型

利用地震资料进行裂缝表征（张军华，2012），主要包括井间裂缝的准确预测、裂缝的三维地质建模。再比如单砂体的精细刻画和井间砂体连通性描述，如何紧密结合地质静态资料和动态监测、生产动态资料分析井间砂体的连通性。还有储层流体非均质性研究，目前储层非均质性研究主要集中在流场非均质性方面，而对于流体非均质性关注甚少。类似的问题还有很多。

第三节　低渗透油田精细油藏描述研究现状

精细油藏描述目前已成为油田生产实践中一项常态化的工作。从 2003 年起，中国石油开始规模化开展精细油藏描述工作，同时作出规定，凡是油田要投入开发，必须进行油藏描述（陈欢庆，2006；陈欢庆等，2006，2008）。作为中国石油近年来增储上产发展最快的领域，低渗透油田已成为精细油藏描述研究者关注的焦点。目前在我国几乎所有油田都发现了低渗透油藏，从东部的大庆、胜利，到中部的长庆，西部的新疆等，低渗透油藏广泛存在。低渗透油田在地质和开发等多方面与高含水油田、复杂岩性油田等存在着巨大的差异，笔者结合文献调研以及自身近年来的科研实践，对低渗透油田精细油藏描述研究进展做较全面的总结，以期为油田高效开发提供参考。

一、低渗透油田的概念及精细油藏描述研究现状

中国已经较成功地开发了一批不同类型低渗透和特低渗透油田，主要有地层原油黏度较高的低渗透油田——大庆朝阳沟油田，储层裂缝发育的特低渗透油田——吉林新立油田和新民油田，深层低渗透油田——大港马西油藏，地质储量上亿吨的大型低渗透油田——胜利渤南油田，地面条件极其复杂的特低渗透油田——长庆安塞油田和靖安油田，异常高压低饱和度和低渗透油田——中原文东盐间层油藏和青海尕斯库勒油田，实行整体压裂开发的低渗透油田——吐哈鄯善油田和块状砾岩低渗透油田——克拉玛依八区乌尔禾油藏等（李道品，1999）。低渗透油田一直是油田开发十分重要的工作目标之一，国内外均如此。所谓低渗透油田，是一个相对概念，目前国内外尚无统一的标准和界限，不同国家、不同时期的资源状况和经济技术条件等不同，划分的标准各异。李道品等（1997）将渗透率在 0.1~50mD 的储层统称为低渗透油层。考虑到认识的广泛性和适应性，本书认识与李道品教授一致，认为低渗透储层的渗透率在 0.1~50mD 之间。

低渗透油田的研究历史几乎与油田开发历史同步，许多研究者都开展过相关的工作。徐守余（2005）对低渗透油藏描述研究内容及流程进行了总结（图 1-12），至今对低渗透精细油藏描述还具有指导和参考价值。通过大量文献调研（何维庄等，1990；唐曾熊，1994；李道品，1997，1999，2003；B. T. Hoffman 等，2004；陈欢庆，2006；陈欢庆等，2006；A. J. Mallon 等，2008；曾联波，2008；陈欢庆等，2008；胡文瑞，2009；程启贵等，2010；Ryan Thomas Lemiski 等，2011；何文祥等，2011；李志鹏等，2012；Mai Britt E. Mørk，2013；T. O. Odunowo 等，2013；C. R. Clarkson 等，2014；Keith W. Shanley 等，2015；C. R. Clarkson 等，2016；张冲等，2016），结合科研实践工作中的体会，本书认为目前低渗透油田精细油藏描述国内外研究具有较大的差异（表 1-6），总体上国内的重视程度要强于国外，研究的水平也要略高于国外，只是国外在数值模拟和室内实验等有些方面比国内领先。

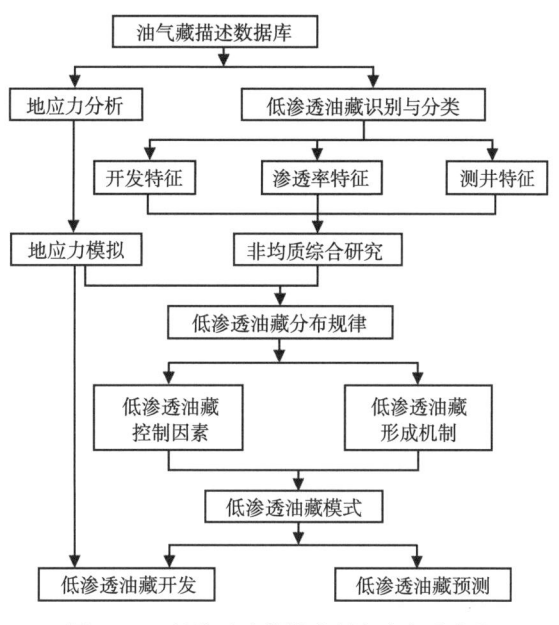

图 1-12 低渗透油藏描述研究内容及流程
（据徐守余，2005）

表 1-6 国内外低渗透油田精细油藏描述研究对比

	优　势	不　足
国外	（1）利用露头或邻井资料研究低渗透砂岩连续性； （2）利用实验分析孔隙度和渗透率各向异性等； （3）水力压裂缝的设计和评价； （4）注气或注聚合物低渗透储层岩石物理性质变化研究； （5）低渗透储层成岩作用研究； （6）低渗透砂岩油藏流体饱和度评价	（1）利用地震资料表征低渗透储层研究需要加强； （2）成岩作用定量化研究不足，需要加强成岩相研究； （3）开发过程中动态裂缝特征研究不足
国内	（1）低渗透砂岩油藏成岩相研究； （2）低渗透油气藏测井评价技术； （3）低渗透储层微观及孔隙结构研究； （4）储层天然和人工裂缝表征； （5）储层流动单元划分； （6）低渗透储层敏感性和压裂伤害分析	（1）基于露头、现代沉积和地震资料等对砂体精细预测刻画需要加强； （2）低渗透砂岩储层水淹层解释符合率较低； （3）开发过程中储层变化规律研究较少

二、低渗透油田精细油藏描述核心内容

一般情况下，精细油藏描述包括的内容众多，有地层精细划分与对比、沉积微相和储层构型表征、储层评价、地质建模、流动单元研究等，几乎涵盖了储层地质研究的所有方面。对于低渗透油田而言，虽然也包括上述各方面的研究，但由于具有较低的渗透率，储集空间和渗流能力就成为研究中关注的焦点。具体而言，研究重点主要包括多方法单砂体精细预测和刻画、多信息综合裂缝表征、储层微观孔隙结构研究、低渗透储层流动单元分类和低渗透储层保护技术等。

1. 多方法单砂体精细预测和刻画

低渗透油田的岩石类型从地质成因上而言，包括碎屑岩、碳酸盐岩、火山岩、变质岩等多种，受篇幅限制，本书主要以碎屑岩为例介绍低渗透油田精细油藏描述的相关研究问题。单砂体的精细预测和刻画一直是精细油藏描述最核心的研究内容之一，对于低渗透油田而言更是如此。以目前中国石油在鄂尔多斯盆地精细油藏描述为例，由于油藏的地质特征、滚动增储上产的压力和低油价的背景等因素影响，在许多区块寻找砂体成为最有效的方法，找到了砂体，就可以钻井，见到经济效益。

1）单砂体预测和刻画方法

单砂体的刻画方法众多，主要包括野外露头观察（图 1-13）、现代沉积考察（图 1-14）、密井网统计分析、水槽实验、地震反演预测等基础上的沉积成因模式总结和不同类型砂体发育规模的定量数据统计。总体上，目前在低渗透油田精细油藏描述中，单砂体刻画时使用最多的还是密井网资料，这是由测井资料的精度和易获取等特征决定的。其次是野外露头或现代沉积资料，许多研究者都开展过相关的工作（焦养泉等，1995；于兴河等，2004），这些研究为认识不同沉积成因低渗透砂体提供了丰富的经验基础。同时，由于地震采集和处理方法技术的进步，利用三维地震数据进行高精度的砂体预测也逐渐在低渗透油田精细油藏描述研究中得到应用，这在新疆、大庆、胜利等油田的工作实践中都见到了一定的效果。但是需要特别指出的是，受资料品质和方法技术本身的局限性，地震资料要大规模应用至低渗透储层单砂体（米级）反演预测研究中还存在较大的问题。目前对于单砂体的精细刻画，主要

依靠的还是井资料,特别是油田开发密井网资料。

(a) 河流改道造成不同期砂体叠置　　　　(b) 不同沉积期河道叠置

图1-13　鄂尔多斯盆地三叠系延长组（延河剖面）

(a) 黑山头段曲流河边滩　　　　(b) 临江段曲流河废弃河道

图1-14　内蒙古额尔古纳河现代沉积

2）地质成因分析

本书认为,要进行单砂体的刻画,首先应该进行单砂体地质成因分析,总结单砂体成因模式,分析不同成因单砂体在平面上和纵向上的分布规律,从而在宏观上确保砂体刻画和预测的准确性和精确度。而在地质成因分析时,应该首先确定储层沉积类型。低渗透油田储层沉积类型多种多样,包括冲积扇、水下扇、湖底扇重力流、河流、三角洲等（李道品,1997）。研究中首先应该根据岩石类型、泥岩颜色、粒度、层理构造、古生物组合特征等多方面资料综合分析,确定沉积相类型,在此基础上开展后续工作。野外露头、现代沉积等资料可以提供大量丰富的单砂体地质成因方面的信息,通过对这些信息的分析,结合取心井岩心数据和地震数据,可以总结储层沉积成因模式。在该模式的指导下,可以将密井网资料和地震资料以及生产动态资料紧密结合,完成单砂体精细刻画和预测。在地质成因分析方面,低渗透油田和其他类型油田是一致的,基本上没有大的区别。

3）沉积微相研究基础上的单砂体刻画

沉积微相研究是单砂体刻画最常用的方法,在油田开发中具有广泛应用。通过对不同成因类型沉积微相的分类,刻画其在空间上的发育规律,可以达到砂体预测的目的。沉积微相研究不但可以刻画砂体的展布形态，而且可以帮助研究者更深入地认识砂体的性质。比如三角洲前缘中水下分流河道和河口沙坝这两种成因砂体都可以通过沉积微相研究来刻画形态，可以认识到不同砂体在纵向上的韵律特征，前者属于正韵律，而后者属于反韵律。同样对比水下分流河道砂体和水下分流河道间砂体，前者的物性明显好于后者，这也可以通过沉积微相研究认识到。

4) 砂体连通性分析

砂体连通性分析既是精细油藏描述的热点，也是研究的难点。原因主要有以下几方面：(1) 地下储层砂体的成因受构造、沉积和成岩作用等多种因素控制和影响，这些因素共同作用，决定了砂体连通状况。不同成因砂体在空间上的发育规模、各种因素所起作用所占的比重等准确认识难度很大。比如，两口邻井之间的砂体不连通，有可能是两个孤立的砂体，也有可能是同一个砂体中间受封闭性断层分隔所致，还有可能是受成岩作用造成的岩性渗流屏障分隔所致，当然还有其他的多种可能性。(2) 单砂体的连通性研究对资料的精度要求极高，目前油田使用的资料有相当大一部分难以满足要求。以井间示踪剂资料为例，一般示踪剂的注入段均是按照油层组或者小层级别注入和观测，而单砂体对应的地层级别是单层，即五级旋回（陈欢庆等，2014）。这样就导致注入井和采油井之间一套数据的示踪剂监测结果对应两个甚至更多的单砂体，很难搞清楚这几个单砂体在注入井和观测井之间的连通关系。(3) 砂体的连通性研究涉及储层动态、静态两方面的内容。如何将这两方面的信息有效结合，相互验证，难度很大。对于中国大多数油田而言，由于开发时间较长，积累了丰富的动态、静态资料，如何对这些资料进行甄别、去伪存真就显得极为重要。以油田开发动态资料为例，资料的精度不但受到操作者人为因素的影响，而且工程方面的原因也占据很大的比例，这就要求研究者进行数据质量控制。(4) 目前低油价背景下，各油田都提出了"降本增效"的要求，研究项目的数量和分析测试资料的数量大幅度下降，这也直接导致砂体连通性相关研究的动态、静态资料录取量急剧减少，在一定程度上影响了工作的开展。关于砂体连通性的问题，前人也做过相关的研究。程启贵等（2010）主要利用岩性、沉积序列、测井曲线电性特征以及测井解释成果等对鄂尔多斯盆地五里湾地区砂体连通性进行了研究（图1-15）。冯其红等（2013）对低渗透油藏井间动态连通性研究方法进行了梳理，建立了一种新型数值方法——多元线性回归模型。结果证明该方法简单实用，对于矿场具有较高的

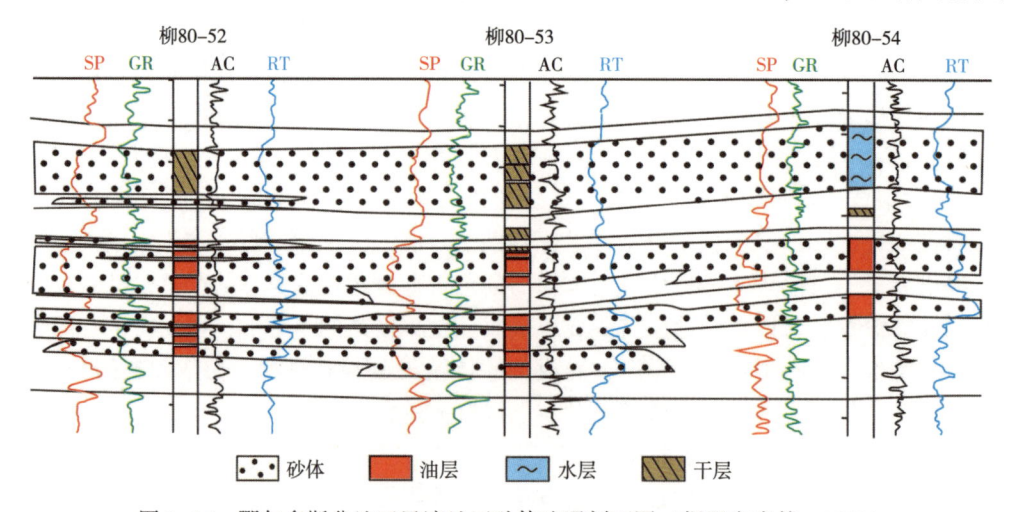

图1-15 鄂尔多斯盆地五里湾地区砂体连通剖面图（据程启贵等，2010）

应用价值。(5) 砂体连通性关系着油田开发过程中注采井网的调整部署和开发效果的改善以及老油田滚动扩边等生产实践活动的效果好坏，需要引起足够的重视。在开展砂体连通性研究时，最关键的就是要充分结合多种资料，相互印证和对比，尽可能使得研究成果接近地下地质实际。

2. 多信息综合裂缝表征

所有油气藏储层一般都存在裂缝，只是发育程度和有效程度的差别，因而在储存油气和流体渗流能力上可以很不相同（裘怿楠等，1996）。低渗透储层突出特点便是储层致密，而要产出油气，有效的储集空间和运移通道是必备的条件之一。因此不管是天然裂缝，还是人工裂缝，均是研究者关注的焦点。所谓裂缝是指岩石发生破裂作用而形成的不连续面，它是岩石受力而发生破裂作用的结果（陈欢庆等，2016）。曾联波等（2010）系统总结了低渗透油气储层裂缝研究方法，主要包括地质分析法、常规测井识别与评价方法、成像测井识别与评价方法、地震检测方法、构造裂缝预测方法和油藏工程分析方法等。陈欢庆等（2011）从成因角度将松辽盆地徐东地区营城组一段火山岩储层裂缝划分为构造裂缝、冷凝收缩缝、炸裂缝、溶蚀裂缝、缝合缝、风化裂缝等多种类型。根据动静结合的思路，综合岩心、镜下薄片、常规和FMI测井资料、地震等多信息以及地震相干分析和蚂蚁追踪等技术，对各类型裂缝发育特征进行详细表征。结果表明，上述井震资料的结合可以完成火山岩储层裂缝表征。苟波等（2013）以渤海湾盆地沾化凹陷五号桩洼陷Z23北区特低渗透油藏为例，对基于精细地质模型的大型压裂裂缝参数优化进行了研究。臧士宾等（2012）通过岩心观察、薄片鉴定并借助X衍射全岩矿物分析，开展柴达木盆地南翼山油田新近系油砂山组低渗透微裂缝储层特征及成因分析。结果表明，微裂缝是该区主要渗流通道，而微孔隙是主要储集空间，储层物性总体较差。S. Bhattacharya等（2012）对低渗透储层裂缝统一设计进行了研究。成果显示，统一化裂缝设计可以设计最优化的水力压裂裂缝，使得油井产量最大化，研究中用实例说明了如何在统一设计裂缝时提高裂缝延伸长度的方法。刘杨等（2012）以克拉玛依油田九区南石炭系火山岩油藏低渗透储层为例，对微地震波人工裂缝实时监测技术在低渗透储层改造中的应用进行了研究，最终查明压裂层段人工裂缝的方位、长度、高度、产状和地下最大水平主应力方向等信息，从而为此类储层水力压裂改造参数优化及制订下一步开发调整方案提供依据。王友净等（2015）以安塞油田王窑老区为例，分析了低渗透储层动态裂缝特征，研究认为，动态裂缝是在长期注水过程中，由于注水井近井地带憋压，当井底压力超过岩层破裂、延伸压力，岩石破裂产生的新生裂缝，或原始状态下闭合、充填的天然裂缝被激活产生的有效裂缝。动态裂缝改变了特低渗透油藏水驱油的渗流特征，极大地加剧了储层的非均质性并严重影响水驱波及体积。

通过总结前人的成果并结合自身的研究实践，认为目前储层裂缝研究的内容主要包括裂缝地质成因分析、裂缝成因机制的实验室模拟和数值模拟、裂缝发育特征的刻画、裂缝地质建模、裂缝的储油能力和渗流能力分析等。研究方法包括野外露头观察（图1-16）、岩心观察描述、显微镜下薄片观察（图1-17）、测井解释地质统计、地震数据蚂蚁提追踪、相干分析、实验室模拟和数值模拟等多种。总体看来，在裂缝的成因分析、发育产状和规模刻画等方面已经取得了较大的进步。目前研究的关键瓶颈问题是裂缝的井间预测和三维裂缝建模。精细油藏描述的最终目的是建立储层三维地质模型，而裂缝模型也是储层地质模型的重要组成部分，但是目前还没有一种定量的方法能够准确刻画裂缝在三维空间上的发育特征。同时，由于裂缝的发育状况直接关系着低渗透油田有效开发，因此裂缝的井间预测和三维地质建模必将成为低渗透油田精细油藏描述研究的核心发展方向。

图 1-16 鄂尔多斯盆地三叠系延长组高角度裂缝（延河剖面）

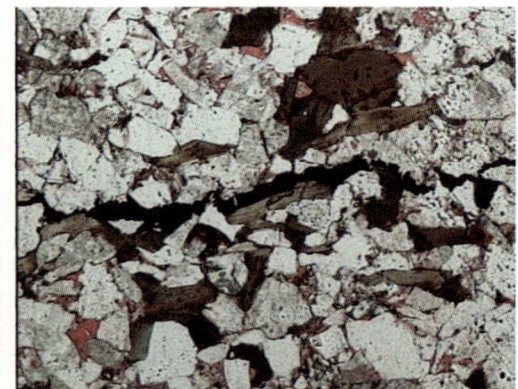

(a) A19井，×5，1415.16m　　　　　　(b) A2井，×5，1419.74m

图 1-17 鄂尔多斯盆地某区延长组长 6 油层组镜下薄片裂缝发育特征

3. 储层微观孔隙结构研究

储集岩的孔隙结构是指岩石具有的孔隙和喉道的几何形状、大小、分布及其连通关系（吴胜和等，1998）。受储层本身物性条件特征的影响，微观孔隙结构研究在低渗透油田精细油藏描述中的研究就显得尤为重要。李海燕等（2012）以取心井压汞测试、扫描电镜、铸体薄片等分析化验资料为基础，对苏里格气田低渗透储层微观孔隙结构特征及其分类评价方法进行了探索。庞振宇等（2013）以苏里格气田苏 48 和苏 120 区块为例，对低渗透致密气藏微观孔隙结构及渗流特征进行了研究，结果表明，研究区以溶蚀型次生孔隙为主，储层的束缚水饱和度较高，等渗点较低，共渗区较窄。高辉等（2013）以鄂尔多斯盆地西峰油田长 8 储层为例，应用恒速压汞定量评价特低渗透砂岩的微观孔喉非均质性。成果显示，微观孔喉的非均质性主要体现在喉道特征参数上，喉道参数制约储层品质、影响开发效果。较大的孔喉比和较宽的分布区间是特低渗透砂岩储层的显著特点，也是开发效果差的主要原因，不同渗透率级别的储层，开发过程中应根据喉道大小及其分布范围区别对待。陈欢庆等（2013）在进行松辽盆地徐东地区营城组一段低渗透火山岩储层孔隙结构研究时，首先从地质成因角度将研究区目的层的火山岩储层孔隙结构划分为原生孔隙和次生孔隙两大类,同时进一步细分为气孔、粒间孔、粒内孔等7种亚类。然后根据资料掌握状况,从定量表征储层孔隙结构的参数(孔隙半径平均值、分选系数、相对分选系数、均质系数、结构系数和孔喉均值)中分析其与储层渗透率的相关关系,确定孔喉半径中值是最能够影响渗透率变化的参数。将其与渗透率和孔隙度结合,基于SPSS聚类分析平台,将储层孔隙结构定量划分为4种类型,最后刻画了不同孔隙结构类型在平面和纵向上的分布规律及其对开发的影响。马瑶等(2016)以鄂尔多斯盆地志靖—安塞地区延长组长9油层组为例,对低渗透砂岩储层微观孔隙结构特征进行了分析,结果表明,储层孔隙结构的多样性及不均一性是导致储层非均质性的主要原因。

总结前人的研究成果,发现目前储层微观孔隙结构的研究重点集中在孔隙结构发育特征的刻画及其与油气分布的关系分析等方面,研究方法为显微镜下薄片观察(图1-18)、利用压汞资料分析、通过分析测试实验统计分析等。目前恒速压汞实验、CT扫描技术和岩心建模技术等属于较前沿的方法和技术。表征储层微观孔隙结构的参数众多,在研究中应该结合不同区块的特点,优选参数,对储层微观孔隙结构的特征进行定量评价。同时,应该综合地质和动态资料,加强储层微观孔隙结构地质成因分析,在此基础上利用室内实验或者数值模拟深入认识储层微观孔隙结构的成因机制。当然,对于储层微观孔隙结构的研究,最终目的还是应该落脚到其对于储层储集油气能力及渗流能力的影响上来。

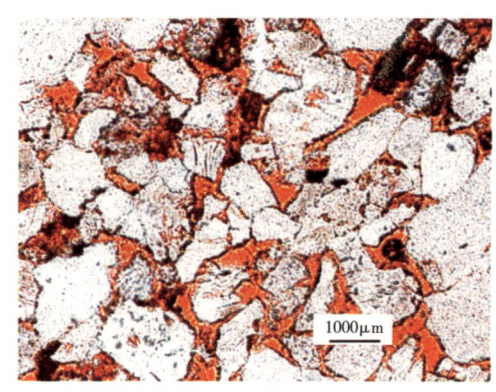

(a)孔隙结构较好,A19井,×10,1460.09m　　(b)孔隙结构较差,A2井,×10,1424.87m

图1-18　鄂尔多斯盆地某区三叠系延长组储层孔隙结构薄片特征

4. 低渗透储层流动单元分类

众所周知,低渗透油藏流体的渗流规律属于非达西流(图1-19)(胡文瑞,2009)。因此,对低渗透油田流体渗流规律进行研究,深入认识其特殊性,从而实现该类油田的经济有效开发就成为精细油藏描述十分重要的研究问题。而流动单元研究,又成为流体渗流规律特征的一种表现形式。流动单元是Hearn(1984)提出的概念,定义为一个纵向、横向连续的,内部渗透率、孔隙度、层理特征相似的储集带(窦之林,2000;李阳等,2005;陈欢庆等,2010,2011)。程启贵等(2010)对鄂尔多斯盆地五里湾地区低渗透储层流动单元成因进行了分析,将储层流动单元的成因划分为三类。董凤娟等(2012)基于熵权TOPSIS法对低渗透砂岩储层流动单元进行了划分,为流动单元的划分及评价提供了新思路。杜新龙等(2013)对低渗透储层微流动机理及应用进展进行综述,结果表明,孔隙结构特征、黏土矿物产状、润湿性、岩石矿物荷电性等是低渗透储层微流动的影响因素，通过控制这些因素，可以改变流体在低渗透储层中的流动特征，从而控制油、气、水产量。崔茂蕾等（2013）建立特低渗透天然砂岩大型物理模型，提出研究特低渗透油藏渗流规律的新方法。Palash-Panja 等（2013）对水力压裂低渗透储层数值模拟网格特征进行了分析，成果显示，当相邻层位之间渗透率差异很大时，利用常规的网格系统很难对储层生产状况作出准确的预测，靠近井和断裂的精细网格可以解决不同断块之间流体预测的问题。

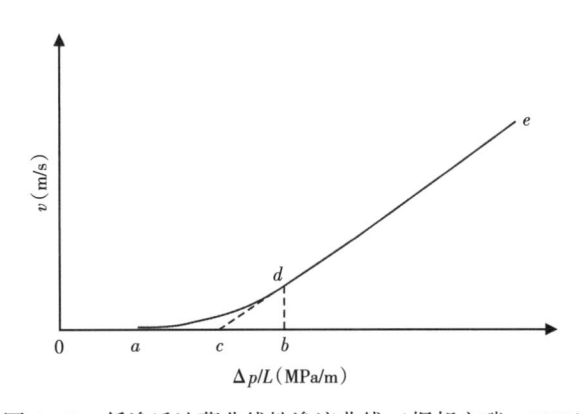

图 1-19　低渗透油藏非线性渗流曲线（据胡文瑞，2009）

$\Delta p/L$ 表示压力梯度；v 表示渗流速度；点 a 表示启动压力梯度；当压力梯度达到 b 点后，流体开始呈现线性流动；点 c 表示直线段 de 与 x 轴的交点，表示拟启动压力梯度

　　储层流动单元研究中的核心问题就是搞清楚在整体低渗透的背景下，储层是否具备足够支撑油田生产的渗流能力。从上述前人研究来看，目前不同研究者对于流动单元的概念认识还存在差异，本书还是坚持 Hearn（1984）的认识和理解。在流动单元研究中有几个关键问题，这直接关系着流动单元研究结果的准确性：一是流动单元划分参数的选择，二是流动单元划分方法的选择。如果有较充足的生产动态资料，建议可以对流动单元研究成果进行验证，如果有偏差，可以对流动单元划分参数和分类计算方法进行调整，直至研究成果与生产动态资料高度一致。在流动单元研究中，参数选择应该侧重于体现储层渗流能力方面特征，并不是参数越多越好，应该注意与储层评价的区别。同时在数据选择方面，应该首先对不同性质的数据进行归一化处理，防止出现数量级差异的错误，同时对不同参数的权重系数进行设置，加入研究者的地质认识，尽可能使得流动单元的划分结果合理（图 1-20）。陈欢庆等（2016）对松辽盆地徐东地区营城组一段低渗透火山岩储层流动单元进行了研究。首先在取心井上优选能充分反映储层渗流能力的孔隙度和渗透率这两项参数，选择聚类分析软件，进行聚类分析和判别分析，得到判别公式。利用判别公式对非取心井进行判别分析，划分流动单元，最终得到整个研究区流动单元的分类成果。

5. 低渗透储层保护技术

　　油气藏在开发过程中，外来流体的注入导致储层性质发生变化，储层渗流能力下降，生产能力降低，造成储层伤害。对于特低渗透油田，由于储层孔隙度和渗透率很低，一般情况下都需要进行酸化和压裂等措施改造，才能正常生产。同时生产过程中需要注入水或气体，保持地层压力的稳定。这些生产措施的实施，都对储层造成很大伤害。由于上述各种工程措施在低渗透油田开发中已经常态化，如何有效保护储层，最大程度地降低储层伤害对开发的影响，就成为低渗透油田精细油藏描述中无法回避的重要内容。

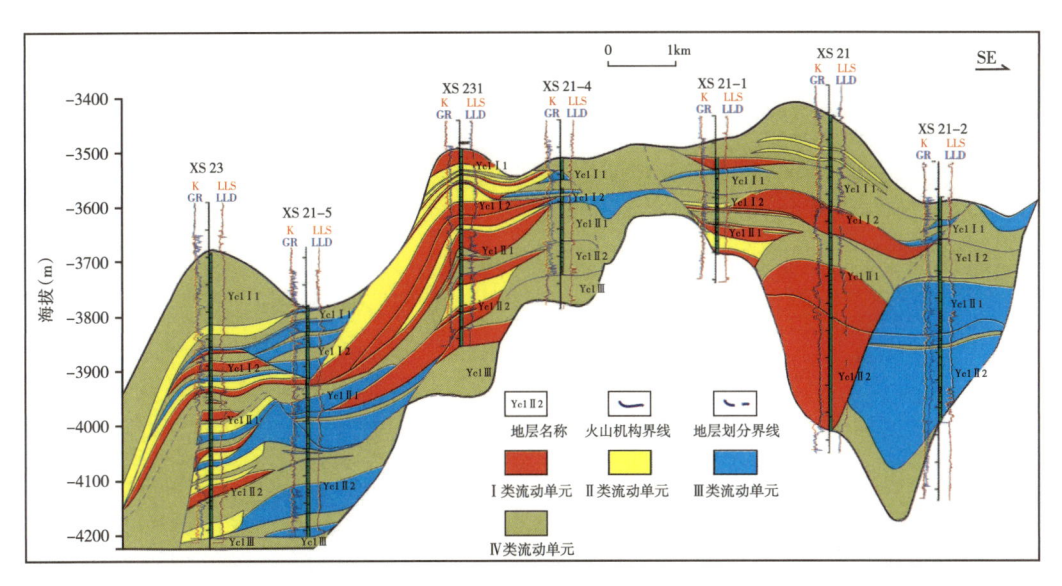

图 1-20 松辽盆地徐东地区营城组一段火山岩低渗透储层流动单元剖面特征（据陈欢庆等，2016）

目前，低渗透储层保护研究已经引起了众多研究者的重视。王行信等（1992）对砂岩储层黏土矿物与油层保护进行了研究。曾凡辉等（2011）对塔里木盆地东河油田CⅢ油组低渗透储层的伤害及改造进行了分析。成果显示，储层岩矿组成复杂，孔喉结构差，敏感性强，岩石表面亲油，钻完井液流体以及不合理的增产工作液是储层损害的主要原因。高春宁等（2011）以安塞特低渗透油田为例，对特低渗透油田注水地层结垢矿物特征及其影响进行了研究（表1-7）。结果表明，注入水为Na_2SO_4型，地层水为$CaCl_2$型且含Ba^{2+}，由于注入水和地层水不配伍，储层长期注水后形成了较为丰富的结垢矿物（方解石、重晶石）。结垢矿物的生成量与孔隙度、渗透率的下降幅度具有很好的相关性。注水开发20年后，孔隙度平均下降幅度为15%，渗透率平均下降幅度为31.73%，就储层伤害而言，碳酸钙垢大于硫酸钡垢。孙仁远等（2013）以低渗透碳酸盐岩稠油油藏为例，研究了蒸汽驱对低渗透稠油油藏岩心润湿性的影响。成果显示，蒸汽驱能够改善亲油储层的润湿性，从而提高渗析采出程度。何金钢等（2013）年以镇泾油田长8组砂岩油层为研究对象，探讨了压裂液损害评价方法，并进行压裂液滤液对基块岩样渗透率损害率和压裂破胶液动态滤失对造缝岩样返排恢复率测定的压裂液动态损害实验；考察了压裂液与地层流体、工作液之间的配伍性，压裂液和原油的润湿性，测定了压裂液乳化率和残渣。段春节等（2013）以东濮凹陷文东油田沙三段中—深层高压低渗透油藏储层为例，对储层敏感性进行了详细研究，认为影响储层敏感性最直接的因素是储层物性、储层孔隙结构及黏土矿物等。牛丽娟（2014）研究了压力敏感性对低渗透油藏弹性产能的影响，结果表明，在实际油田开发初期，若只依靠弹性开采，由于存在压力敏感性，地层压力的下降使渗透率降低，油藏产能降低。

目前，储层的伤害主要来自两方面，一方面是压裂和酸化造成的，另一方面是由注水开发引起的。在少数油田，还有可能是注入CO_2等气体引起储层性质发生变化。在进行压裂酸化规模实施之前，应该选择典型试验区块，对压裂液的损害进行评价，从而采取相应的措施，将该项措施的损害降到最低。对于注水开发而言，油层伤害的研究主要集中在敏感性研究方面，要充分考虑到注入水对储层黏土矿物的影响，同时保持适合的注入压力和注入速度。储层伤害保护的有效研究方法就是加强各种实验和数值模拟研究。当然，基于镜下薄片的观察、各种分析测试资料的统计等基础上的成岩作用研究也是必不可少的。

表1-7 鄂尔多斯盆地安塞油田注水结构矿物及其对岩心孔隙度、渗透率的影响（据高春宁等，2011）

井号	深度（m）	新生矿物（%）		孔隙度（%）			渗透率		
		方解石	重晶石	注水前	目前	降幅	注水前（mD）	目前（mD）	降幅（%）
检16-151	1157.68	1.2		14.38	13.18	8.34	4.117	2.761	32.94
	1162.98	2.1	0.2	15.04	12.74	15.29	0.445	0.338	24.06
	1163.62	1.3		14.34	13.04	9.07	2.858	1.842	35.55
	1167.07	1.7		14.12	12.42	12.04	1.224	0.739	39.65
检16-152	1155.32	1.1		12.63	11.53	8.71	0.297	0.231	22.17
	1160.36	1.0		11.81	10.81	8.47	1.689	0.960	43.19
	1165.83	1.3		11.06	10.76	2.71	0.779	0.577	25.98
检16-153	1181.01	1.4	1.0	15.51	12.11	16.54	0.414	0.291	29.74
	1183.12	2.1	0.6	16.55	13.85	16.31	3.457	1.986	42.55
	1196.49	1.0	0.3	13.73	12.43	9.47	1.225	0.788	35.71
	1199.32	0.6	0.3	10.78	9.88	8.35	0.490	0.404	17.47

三、低渗透油田精细油藏描述研究发展趋势

精细油藏描述是一项系统工程，涉及油气田开发地质方方面面。随着油田开发实践的实施，相关的资料海量增加。同时由于技术方法的不断进步，各种新的实验技术、物理模拟、数学算法得以不断在精细油藏描述中应用。除了上述总结的关键问题，下面这些方面也应该引起研究者的注意。这些问题很可能成为低渗透油田精细油藏描述今后的发展方向和新的技术增长点。

1. 微构造描述

以鄂尔多斯盆地为例，由于构造比较简单，不发育大的断裂体系。但是在精细油藏描述中，却要特别重视微构造的研究，因为其对剩余油具有十分重要的控制作用。微构造也叫沉积微构造或油层微构造，是指在油田总的构造背景上，油层顶面构造起伏形态的微小变化显示的局部构造特征及不易确定的微小断层的总称（张金亮等，2011）。不同成因类型的低渗透油田，其微构造研究的重点也不尽相同。对于长庆等这种以岩性油藏为主的低渗透油田，应该特别关注小高点、小鼻状构造、小低点、小沟槽和小单斜等。而对于大港、冀东等以构造油藏或者构造—岩性油藏为主的低渗透油田，应该多关注小断层、小断阶等微构造的刻画和认识。

2. 储层成岩作用等地质成因分析

低渗透储层成因多种多样，成岩作用作为主要成因之一，应该引起足够的重视（图1-21）。席胜利等（2013）对鄂尔多斯盆地姬塬地区延长组长4+5低渗透储层成因进行了分析，认为成岩作用是低渗透储层的主要成因因素。付晶等（2013）定量研究了鄂尔多斯盆地陇东地区延长组储层成岩相，有效指导了优质储层分布预测。除了常规的成岩作用类型分析、成岩阶段划分以外，成岩相研究目前也在低渗透储层精细油藏描述中有了较多的应用，其最大

特点是使得成岩作用的研究向定量化发展。同时，不同小层（单层）成岩相图和沉积微相图等紧密结合，对于有利开发区带的预测作用巨大，而且可以为老油田滚动扩边以及开发调整方案的设计提供坚实的地质依据。

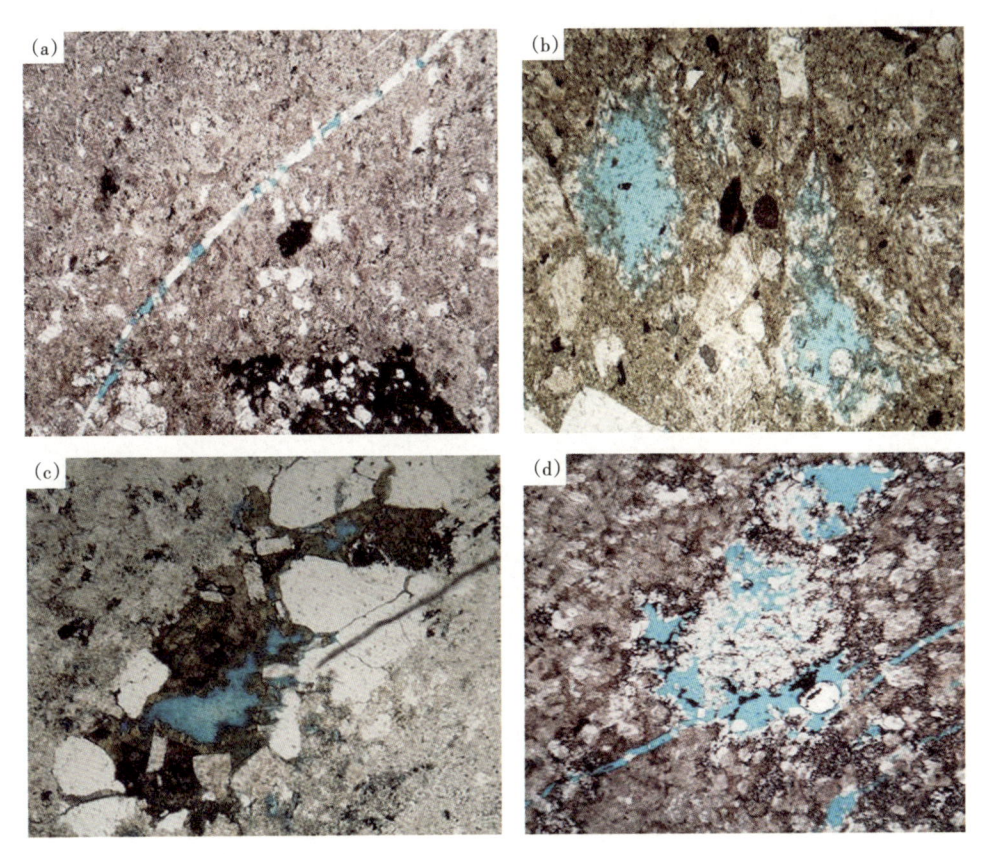

图1-21 松辽盆地徐东地区营城组一段火山岩低渗透储层成岩作用镜下薄片特征
（a）石英半充填裂缝，A3井，3899.47m，×40，（-）；（b）火山角砾岩中岩屑溶蚀铸模孔，A2井，3701.06m，×40，（-）；（c）绿泥石充填气孔及球粒微孔，A12井，3730.58m，×40，（-）；
（d）球粒流纹岩中的基质溶孔，A3井，3899.47m，×40，（-）

3. 对低渗透油田注 CO_2、氮气或注聚合物采油等机理进行相关实验研究

Abdul Razag Y. Zekri 等（2013）利用实验对阿拉伯联合酋长国阿布扎比油田非均质性含油低渗透碳酸盐岩储层注 CO_2 引起的储层岩石物理特征变化进行了研究。结果表明，超临界状态下注入 CO_2 降低了孔隙度和渗透率，减小了油水界面张力。Hyemin Park 等（2015）利用实验研究了聚合物的浓度对注聚驱低渗透储层渗透率降低的影响。结果表明，水动力作用造成聚合物分子在单层内被吸附，这种吸附作用导致孔喉内壁变厚，阻碍了开发过程中石油的流动。对于低渗透油田，注汽或者注聚合物三采，可以扩大波及体积，改善驱油效果，最终提高石油采收率。目前在大庆、长庆、胜利等油田已经开始应用，取得了较好的效果，青海等油田也在积极进行这方面的探索试验。与水驱不同，这些方法和措施的实施，利用的驱油机理和与储层作用的过程也有很大的变化。因此有必要在精细油藏描述中加大相关内容研究的力度，从而为低渗透油田开发效果的改善和石油采收率的提高提供支持。总体上利用氮气、CO_2 气体等开发低渗透油田，一方面可以扩大波及体积，提高石油采收率，另一方面也可以尽量避免或者降低注入剂对储层的伤害。但是随之而来也会出现新的问题，比如气源问题导致的油田开发成本的增加，CO_2 气体对管线和井套管等的腐蚀等，这就需要在地面工程中考虑使用玻璃钢套管等。

4. 低油价背景下精细油藏描述加强经济有效性评价

经济有效性评价可以保证精细油藏描述研究成果在开发调整方案、老油田滚动扩边等生产实践中能够顺利应用。低渗透油田的一个显著特征是低孔低渗，开发经济效益差。但是，这并不意味着低渗透油田不能经济有效开发。王高峰等（2015）从反映 CO_2 驱经济效益方面提出了适合 CO_2 驱的低渗透油藏筛选方法。以鄂尔多斯盆地为例，三叠系延长组发育众多的低渗透油藏。油藏深度大多较浅，因此钻井成本普遍较低。所以密井网、水平井等就成为改善油田开发效果较经济有效的选择。总之，低渗透油田开发的最核心问题就是经济问题，许多在高含水或者复杂岩性油田中应用的技术不能在低渗透油田开发中应用，最根本的原因还是经济有效性。

5. 精细油藏描述中为水平井设计及其他工程措施实施开展的相关基础研究

低渗透油田经济有效开发的决定因素中，工程因素的比重超过50%。这些工程因素包括前期注水、人工压裂、钻水平井等多项措施。水平井作为低渗透油田经济有效开发十分有效的措施，已经在长庆、大庆、大港等多个油田应用，生产应用效果良好。李道品等（2003）对水平井和直井的井网部署方案进行了对比（图1-22），单纯从开发指标上看，方案2最好。但是综合经济评价结果表明，水平井与直井结合的反五点法，即周围4口直井注水、中间1口水平井采油的方案3最好，最差的为联合五点法方案4。作为水平井设计和实施的基础研究工作，低渗透油田精细油藏描述功不可没。只有通过储层的精细描述，准确预测砂体发育的层位和发育规模，才能合理设计水平井的水平段位置、长度等关键参数。随着水平井钻井技术的不断改进，虽然水平井的钻井成本高于直井，但水平井的生产效果从经济角度衡量，通常可以达到直井的3倍以上。因此，越来越多的水平井在低渗透油田开发中实施。Srimoyee Bhattacharya 等（2016）利用综合最优化方法对低渗透非常规含气储层多分枝水平井设计进行了研究，该方法避免了根据经验设计出现的失误，是一种十分有效的多分枝

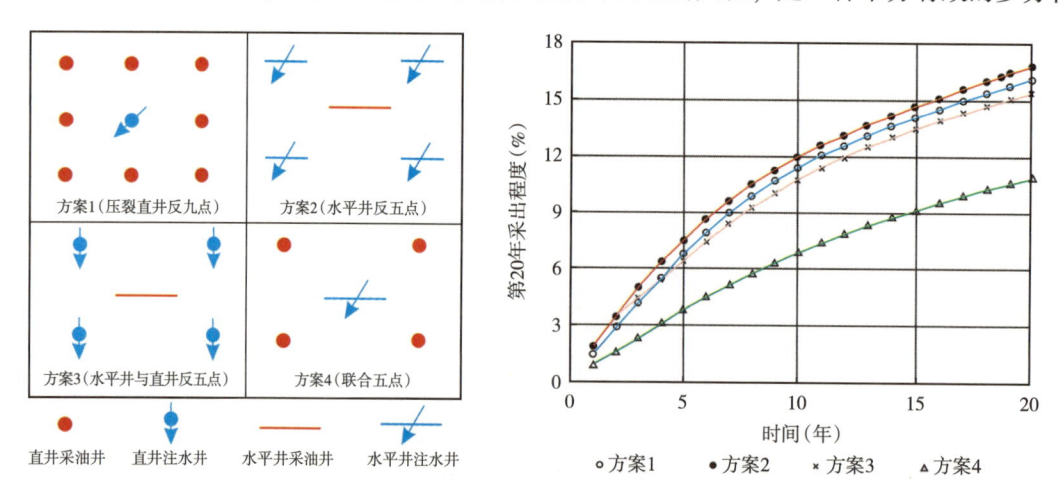

图1-22 鄂尔多斯盆地长庆特低渗透油田直井和水平井布井方式及开采效果对比图（据李道品，2003）
如一口水平井相当于三口直井，则各方案井网密度为：正方形反九点井网，16 口/km²；
纯水平井网，12 口/km²；水平井联合井网，8 口/km²

水平井设计优化方法。在水平井设计中，首先就应该对砂体在空间的展布规律有深刻的认识。同时应该明确地下断层和裂缝的发育规律，不同类型的微构造也对井位位置、水平段长度等起着决定性的作用。而这些问题都需要精细油藏描述来提供答案。还有超前注水、压裂等众多低渗透油田开发措施也都需要精细油藏描述来提供研究基础。

低渗透油藏目前几乎已经成为我国各个油田增储上产最重要的领域，未来还将发挥越来越重要的作用。因此低渗透油田精细油藏描述研究也将一直成为油田开发研究者关注的焦点。

第四节　复杂岩性油藏精细油藏描述研究现状

复杂岩性油藏在松辽盆地、渤海湾盆地、鄂尔多斯盆地、准噶尔盆地、塔里木盆地、四川盆地等中国各大含油气盆地广泛发育，作为目前油田开发中十分重要的油藏类型，复杂岩性油藏的精细油藏描述研究对于全面认识开发中—后期的储层地质特征、提高石油采收率和剩余油挖潜等均具有十分重要的生产实践意义。

一、复杂岩性油藏精细油藏描述研究现状和存在的主要问题

1. 复杂岩性油藏精细油藏描述研究现状

顾名思义，复杂岩性油藏就是储层岩石类型复杂的油藏，目前包含的范围比较广泛，主要包括火山岩、碳酸盐岩、砂砾岩、变质岩等多种类型。目前研究者的认识是几乎不同于常规碎屑岩的所有储油岩类均可以称之为复杂岩性。复杂岩性油藏的研究历史较早，但受地质特征的复杂性、分布范围的局限性和有效开发的困难性，其研究广度和深度还有待深入和加强。许多研究者都开展过相关的探索，取得了一定的进展（赵澄林等，1997；程时清等，2007；孙海成等，2008；邹才能等，2011；李雄炎等，2012；郭小波等，2013；邓刚等，2014；胡晓庆等，2015；罗劲等，2016）。赵澄林等（1997）出版了专著《特殊油气储层》，对岩浆岩、变质岩、风化壳、煤系碎屑岩和砾岩油气储层等做了详细的介绍，对复杂岩性储层研究具有十分重要的参考价值。程时清等（2007）对复杂岩性多底水断块油藏合理开发方式进行了研究，结果指出，老井侧钻既能挖掘井间及高部位剩余油，完善井网，又能有效控制底水锥进，是复杂底水小断块油藏经济高效开发的措施方法。孙海成等（2008）以玉门油田C3井为例，对核磁共振技术在复杂岩性储层改造中的应用进行了研究。邹才能等（2011）出版了《非常规油气地质》专著，详细介绍了致密砂岩、煤层气、页岩气碳酸盐岩缝洞、火山岩、变质岩等非常规油气成因和勘探开发特征。李雄炎等（2012）基于优化算法与分类算法的基本原理，利用自组织特征映射神经网络SOM聚类建立岩性预测模型，综合决策树和支持向量机建立流体预测模型，并利用遗传算法、网格算法和二次算法对支持向量机的重要参数进行优化，以精确识别复杂储层岩性和多相流体。郭小波等（2013）优选了对岩性敏感的自然伽马、中子、密度和声波时差等测井曲线，对马朗凹陷芦草沟组致密储层复杂岩性进行了识别，识别出泥岩、凝灰质泥岩、灰质泥岩和泥质白云岩等12种岩性。邓刚等（2014）对海拉尔盆地复杂岩性储层产能进行了预测，结果与生产情况比较吻合。胡晓庆等（2015）以渤海湾石臼坨地区A油田沙一段、沙二段油藏为例，研究了厚层复杂岩性油藏的储层精细表征及对开发的影响。罗劲等（2016）以江汉盆地潜江凹陷为例，对盐湖盆地复杂岩性区储层预测方法进行了研究，形成了"四定法"储层预测技术。

总结目前国内复杂岩性油藏精细油藏描述方面的进展，涉及的研究对象包括火山岩、碳酸盐岩、砂砾岩、变质岩等多种类型。研究内容主要集中在岩性识别、各种沉积成因模式的总结、储层物性的测井精细解释、储层发育特征反演预测、裂缝表征、地质建模、储层流体预测等。研究方法包括野外露头观察（图1-23）、室内分析测试实验、岩心观察描述、测井解释、井震结合地震反演等。目前研究的热点对象主要是致密油气和页岩油气等，研究的方法主要集中在岩心CT扫描分析、静动态资料结合储层裂缝表征、三维孔隙度建模等。

(a) 沙漠冲积扇沉积

(b) 风成沙丘沉积

图1-23 甘肃敦煌地区欢乐谷复杂岩性地层野外地质剖面

2. 复杂岩性油藏精细油藏描述研究存在的主要问题

复杂岩性油藏受地质成因复杂性的影响，研究的难度极大。结合自身科研实践，将复杂岩性油藏精细油藏描述研究的主要问题总结如下。（1）岩性识别与分类。复杂岩性油藏岩石类型多种多样，每一种岩性又可以细分为不同的亚类。由于地质成因的复杂性、不同区域和层位发育特征的差异性，要正确识别和划分复杂岩性油藏的岩石类型难度很大。目前常用的方法包括岩心观察与描述、测井解释、各种分析测试、地震解释与预测等。以测井解释为例，由于岩性变化的复杂性，对于不同的地区和不同的层位，需要分区块和分层位进行测井岩石类型的解释。（2）储层地质成因分析还存在诸多未解的难题。要正确认识储层发育特征，首先需要对储层成因机制进行深入分析。以火山岩为例，首先应该明确火山喷发模式属于裂隙式喷发、中心式喷发还是裂隙—中心式喷发,这样有助于研究者在宏观上准确把握储层分布规律。(3)地层的精细划分与对比与常规的地层对比差异巨大,需要探索相应的解决方法。以火山岩储层精细划分与对比为例,需要在建立大尺度精细等时地层格架的基础上进行火山岩体的识别和追踪,然后才能进一步细分地层。如果直接沿用碎屑岩等时地层划分方法,很容易导致地层精细划分界线穿越火山岩体的"穿时"问题。(4)裂缝发育特征定量描述难度很大。裂缝在碳酸盐岩、火山岩、变质岩等复杂岩性中均发育,是油气储集和运移的重要通道,对于油田开发具有十分重要的影响。但是目前还没有一种方法能实现裂缝发育特征的精细定量表征。裂缝定量表征的难点目前集中在裂缝建模和裂缝发育特征的井间预测。(5)测井精细二次解释还存在很大问题。由于岩石类型复杂,在开发过程中该类型油藏测井精细二次解释的精度亟待提高。以新疆砂砾岩油藏为例,测井二次解释的精度不足70%,这给精细油藏描述研究带来了极大的困难,需要加强方法技术的攻关。(6)复杂岩性油藏地质建模还存在很大问题,井间储层预测的准确性亟待提高。以碳酸盐岩油藏为例,缝洞体的地质建模目前还处在探索阶段。虽然国内有学者已经在该方面取得了一定的进步,但缝洞体的空间发育特征地质建模成果与开发生产钻井的结果验证方面还存在很大差异。

二、复杂岩性油藏精细油藏描述核心内容

1. 复杂岩性岩相识别与分类

岩性和岩相识别是复杂岩性油藏精细油藏描述研究的首要问题和基础。宋延杰等(2007)研究了基于支持向量机的复杂岩性测井识别方法,在巴彦塔拉油田部分层段应用,符合率平均值达到96%。谢刚等(2007)探索了基于约束最小二乘理论的复杂岩性测井识别方法,在四川碳酸盐岩地层应用,运算速度快,识别精度高。寇彧等(2010)对克拉美丽气田石炭系火山岩复杂岩性油藏岩电特征进行了研究,识别出11种火山岩岩石类型和5种岩石构造类型,钻井取心后验,测井识别结果与钻井岩心分析结果吻合良好。匡立春等(2013)对吉木萨尔凹陷芦草沟组复杂岩性致密油储层进行了测井岩性识别研究,建立了具有适应性的岩性识别图版,较好地解决了测井岩性识别的技术难题。宋秋强等(2013)通过测井相—岩相分析,对刚果盆地某区复杂岩性进行识别,取得了良好的地质效果。张冲等(2014)以海拉尔—塔木察格盆地塔南油田铜钵庙组为例,对基于测井相分析技术的复杂岩性识别方法进行了研究。张宪国等(2015)以塔南凹陷白垩系为例,探索了复杂岩性地层的测井岩性识别方法。实现了非取心井的测井岩性识别,识别正确率达到98.1%。与常规碎屑岩相比,复杂岩性油藏精细油藏描述研究中岩性识别的难度极大,常规研究方法很难实现准确识别岩性的目标。复杂岩性本身就是区别于常规的碎屑岩而言的,由于岩性的复杂性和特殊性,具有与常规岩性油藏研究相比较大的难度和特殊性。目前在复杂岩性岩相识别中常用的方法包括地质方法、测井解释方法和地震岩性反演等方法。地质方法主要是基于岩心观察与描述、显微镜下薄片鉴定以及其他各种分析测试资料来确定储层岩性,测井解释方法主要根据不同岩石类型反映的电性特征来实现岩性解释,地震方法则主要依据不同岩性对应的地震反射特征及地震反射波速等信息反演岩性。上述方法中应用最广泛的是测井解释方法,但不同研究者在不同地区解释成果的准确率差异很大。建议应该加强岩心观察与描述、各种分析测试实验以及改进提高地震资料岩性岩相预测准确性等研究。目前,地震岩性反演主要在碳酸盐岩储层中应用较多,而地质方法和测井解释方法在除碳酸盐岩以外的其他岩性中广泛应用,特别是在火山岩和变质岩储层中,测井解释方法取得了很好的效果(中国石

油勘探与生产分公司，2009）。利用测井解释方法识别和分析岩性，将是复杂岩性油藏精细描述研究的主要手段。笔者在进行新疆准噶尔盆地西北缘某区砂砾岩岩性识别时，基于详细的岩心观察和描述，同时结合密井网精细二次解释资料进行岩性识别，取得了较好的效果。研究区目的层主要包括砂质砾岩、粗砾岩、中砾岩、细砾岩、砂岩等（图1-24），根据不同岩性与储层构型的对应关系，研究中在岩性识别的基础上，结合电性特征，实现了储层构型分类识别与井间预测，为基于储层构型表征基础上的开发中—后期砂砾岩油藏开发调整措施实施提供了依据。根据储层构型研究的成果（主要是不同类型构型空间发育规模定量信息），分析目前井网中不同类型储层构型的井间连通性，同时结合动态监测和生产动态数据分析注采井之间的对应关系，提出相应的注采井组调整方案部署策略，为改善高含水砂砾岩油藏开发效果和提高石油采收率提供依据。复杂岩性的识别需要在两方面进行探索：一是努力开发地质、地球物理和地球化学等新方法，寻求岩性识别的突破；二是将目前现有的岩性识别方法有机结合，充分发挥不同研究方法的优势，解决岩性识别的难题。

图1-24　准噶尔盆地西北缘某区下克拉玛依组砾岩储层岩心照片

（a）J1井，浅棕褐色砂质砾岩，402.40~402.51m；（b）J1井，浅灰色砂质中砾岩，407.80~407.90m；
（c）J1井，浅灰褐色中砾岩，411.80~411.90m；（d）J7井，浅灰褐色砂质砾岩，426.47~426.57m

2. 储层地质成因机制分析

复杂岩性油藏形成的特殊性，源自于其成因的特殊性和复杂性。要进行复杂岩性油藏精细油藏描述，需要首先开展储层地质成因机制分析，准确认识油藏成因的机制和深层次原因。洪忠等（2012）以歧北凹陷沙二段为例，对地震沉积学在复杂岩性地区的应用进行了研究。结果表明，测井参数反演可以有效区分复杂岩性。笔者在进行琼东南盆地储层碳酸盐地质成因研究时，综合12口取心井岩性和典型资料、古生物资料以及地震资料等，完成了地层层序划分和沉积微相分类（图1-25）。同时，根据录井和岩心等资料总结了研究区的沉积模式，为储层预测提供了依据（图1-26）。从A2录井和岩心观察发现，琼东南盆地某凸起附近的碳酸盐岩台地滩主要体现的是灰砂礁岛和生物碎屑滩的特征，且以前者为主（图1-26）。虽然目前在精细油藏描述研究中储层地质成因分析方面的工作也有研究者关注，但其重要性还远远没有引起足够的重视。本书认为在储层地质成因机制分析时，最重要的还是加强野外露头剖面观察、现代沉积考察、岩心观察描述、显微镜下薄片鉴定、岩心分析测试等基础地

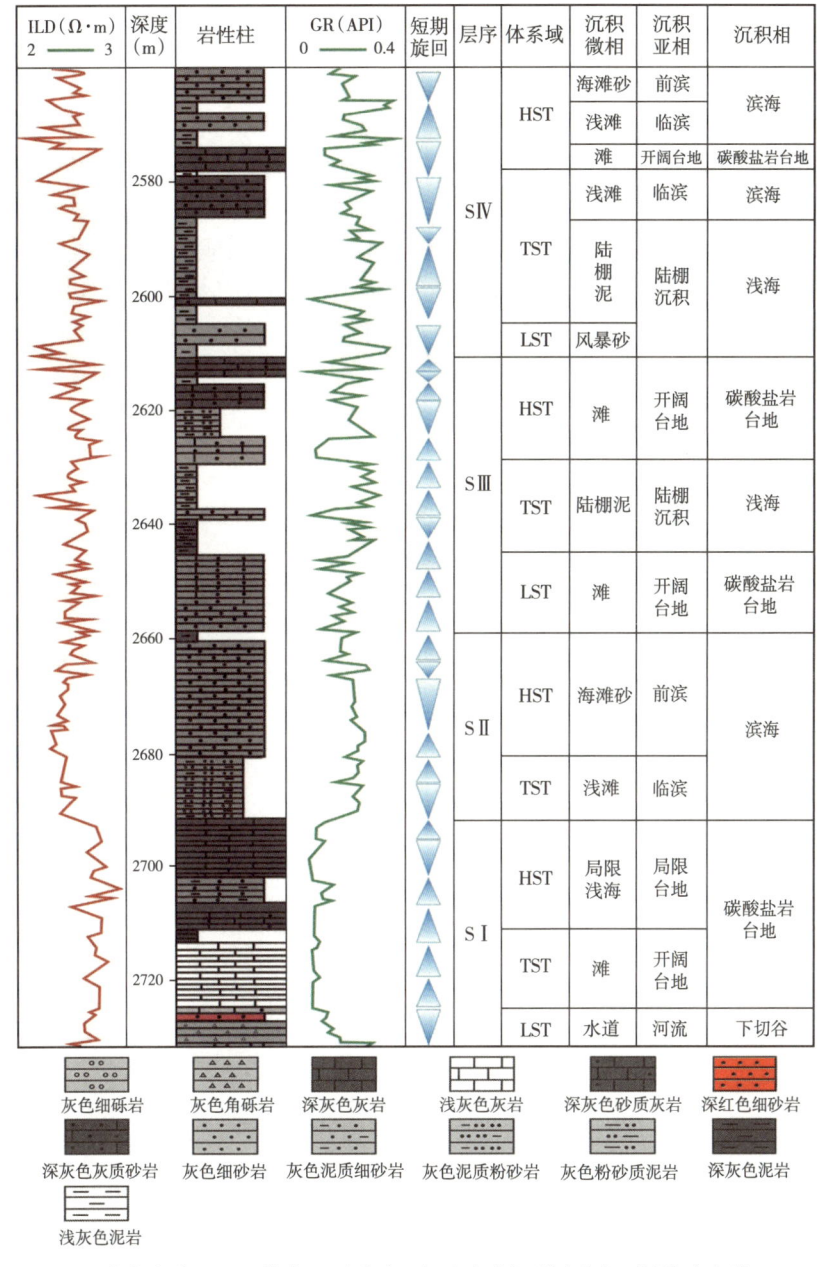

图 1-25　琼东南盆地 A2 井古近系陵水组沉积相剖面特征图（据陈欢庆等，2009）

质研究。同时应该增加和优化岩心CT扫描、水槽实验等各种实验研究，从微观和宏观不同角度，明确储层地质成因机制。如果有条件，可以利用密井网资料建立储层地质知识库，在统计分析不同沉积类型空间发育定量数据的基础上，总结沉积成因模式，深刻认识储层成因机制。对于不同类型的复杂岩性油藏在精细油藏描述时进行地质成因分析，有助于梳理研究工作重点，采取相对应适合的技术方法。比如火山岩油藏精细描述，开展地质成因分析，明确火山喷发模式，属于裂隙式、裂隙—中心式还是中心式，在此基础上来确定火山口的位置，分析不同火山岩相与储层性质之间的关系，预测有利储层发育的部位。对于碳酸盐岩储层，通过地质成因分析，可以确定主要的储集空间类型，到底是孔、洞还是缝，采取相应的技术手段，完成有利储层表征的目标。对于变质岩油藏也是如此，通过地质成因分析，确定储集空间是以构造裂缝为主还是以次生孔隙为主等，然后有针对性地描述储层。当然，油藏类型不同，使用的方法技术和资料基础也有很大差异。缝洞体的刻画主要以地震资料为主，方法上既包括常规的地震资料解释，也包括各种地震反演和预测。而对于各种以孔隙结构和岩性变化控制储集空间的油藏，则以各种测井解释方法为主，同时要紧密结合地质岩心和各种分析测试资料。不同油藏类型使用的方法没有截然的界限，方法和技术的选择主要由研究目标或者储集空间类型来决定。具体到精细油藏描述研究中的地质成因分析，以火山岩油藏为例。通过前期的地质成因分析，明确火山喷发模式，有助于研究者确定火山口的具体位置。一般火山口对应火山通道相，随着与火山口位置距离的增大，依次对应爆发相、溢流相直至火山沉积相。不同的火山岩相类型对应储集性能各异的储层。基于地质成因分析，研究者可以对有利储层发育的空间位置有比较准确的宏观把握，为储层表征提供坚实的基础。

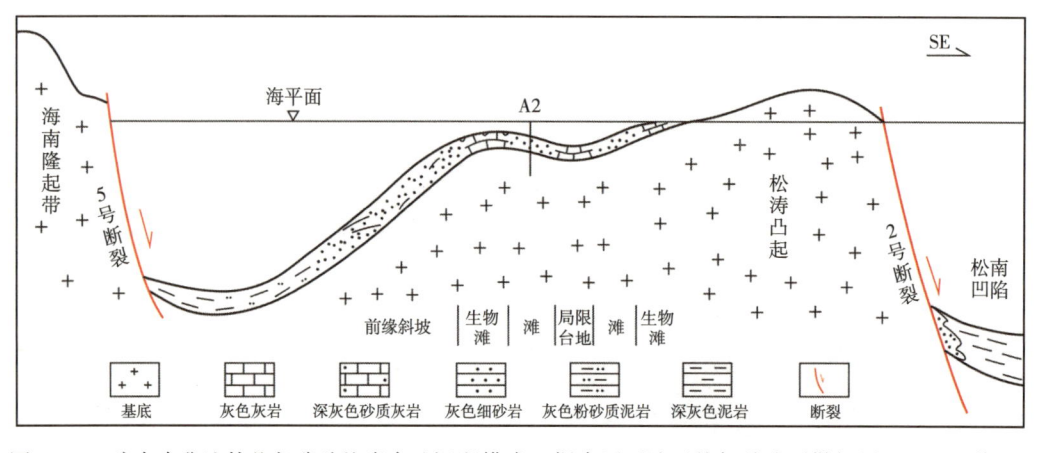

图1-26 琼东南盆地某凸起碳酸盐岩台地沉积模式（据中国石油天然气总公司勘探局，1998，修改）

3. 储集空间的识别和描述

储集空间发育特征是储层地质研究的重要内容之一。以砂砾岩为例，由于形成机制的差异，砂砾岩储层结构特征与常规碎屑岩有明显区别，具有复模态结构，如何精确表征该类储层储集空间的发育特征，对砂砾岩储层有效开发具有十分重要的意义。在进行准噶尔盆地西北缘某区下克拉玛依组砂砾岩储层孔隙结构描述时，结合镜下薄片、扫描电镜等多种资料（图1-27），对砂砾岩储层的成因机制和分布规律进行了分析，为油藏井网的加密调整和有效开发奠定了基础。研究区目的层的储集空间主要包括残余粒间孔、粒内溶蚀孔、粒间溶孔、晶间孔、微裂缝和裂隙等。残余粒间孔主要是颗粒之间的原始孔隙未被充填和胶结完全，粒内溶蚀孔主要是长石和岩屑溶蚀，粒间溶孔主要是杂基或方解石等胶结物溶蚀，晶间孔主要是自生石英或者方解石晶体之间的孔隙，微裂缝主要是压实作用导致颗粒产生裂缝，裂隙主要由构造作用和成岩作用造成。研究区目的层孔隙类型以原生孔隙粒间残余孔、次生孔隙粒内溶蚀孔和粒间溶孔为主，其含量多在70%以上，另外发育少量的晶间孔、压裂形成的微裂缝、裂隙等储集空间。砂砾岩储层多具复模态结构。所谓复模态结构，就是以砾岩形成的岩石骨架孔隙中，常常部分或全部被砂粒充填，而在砾石和砂粒形成的孔隙结构中又部分被黏土颗粒充填。砾石、砂粒、黏土颗粒三者的粒径、含量及组合关系在不同沉积环境中变化不同，形成了砾岩储层复杂的岩石结构与孔隙结构（李庆昌等，1997）。对于砂砾岩储层的岩石物性，常采用大直径岩心进行分析。复模态孔隙结构还可以通过数学地质建模进行定量表征，同时辅助铸体薄片、扫描电镜和压汞实验分析来开展研究。复杂岩性油藏储层储集空间的类型多种多样，有火山岩的气孔、裂缝、碳酸盐岩缝洞、砂砾岩的原生孔隙和次生孔隙以及微裂缝等。研究时应该针对不同的岩石类型，对储集空间进行分类和描述。刻画不同储集空间类型在空间上的分布规律，尽量实现储集空间定量化表征。陈欢庆等（2012）曾从成因角度将松辽盆地徐东地区营城组一段火山岩划分为原生和次生两大类，并进一步细分为12个亚类，为储集空间的定量评价提供了依据（表1-8）。

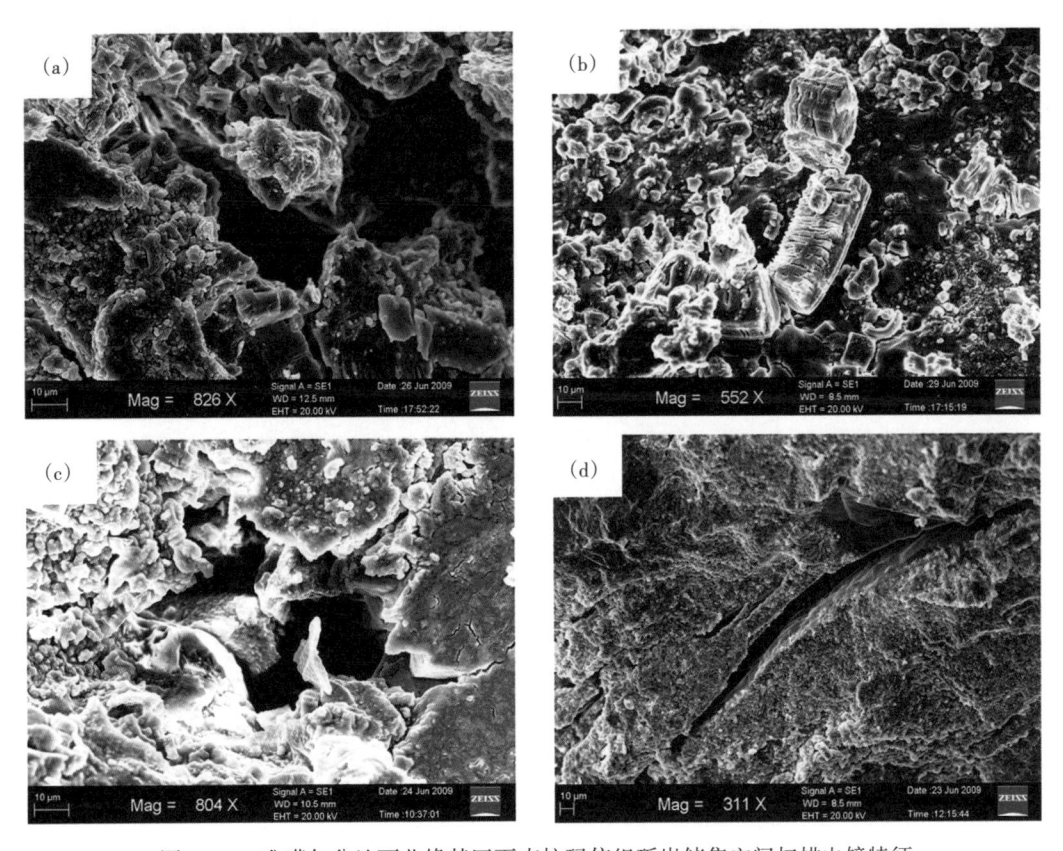

图1-27 准噶尔盆地西北缘某区下克拉玛依组砾岩储集空间扫描电镜特征
(a) J7井，粒间孔，粒间充填蠕虫状高岭石，砂砾岩，427.85m；(b) J8井，粒间孔，遭受油浸的蠕虫状高岭石，含砾砂岩，415.6m；(c) J3井，粒内溶孔，褐灰色砂砾岩，403.79m；(d) J3井，微裂缝，褐灰色含油砂质细砾岩，396.09m

表 1-8 松辽盆地徐东地区营城组一段火山岩储集空间类型（据陈欢庆等，2012）

储集空间类型			发育的主要岩石类型	成因	特征及识别标志
原生类	孔隙	气孔	流纹岩、角砾熔岩	火山喷发时，喷出地表的熔浆包裹气体未能及时逸出气体，待熔浆冷凝成岩后，包裹气体逸出后形成气孔	圆形、椭圆形，压扁伸长性，孔壁可不规则但较圆滑；大多数呈孤立状，少数为串珠状
		粒间孔	火山角砾岩、熔结角砾岩	较粗粒火山碎屑之间未被充填，受压结、压实作用改造而缩小	形状不规则，多发育于火山碎屑组分之间
		粒内孔	火山角砾岩、熔结角砾岩、角砾熔岩	火山碎屑岩的刚性和塑性岩屑自身带来	视自身类型（气孔、杏仁体内孔、溶蚀孔等）不同而异，主要发育于较粗粒的火山碎屑内
		微孔	各类火山岩	熔岩基质的结晶作用为占满的空间，较细粒火山碎屑之间未被充填	发育于熔岩基质微晶矿物之间或较细粒火山碎屑（火山灰、火山尘）之间
	裂缝	收缩缝	各类火山岩	熔浆喷冷凝收缩作用、火山碎屑物成岩收缩作用	同心圆形、相平行的弧状
		炸裂缝	各种火山岩	由火山喷发时岩浆上拱力、岩浆爆发力引起的气液爆炸作用而形成	裂缝不定向，弯曲形，有的可以某中心向外呈不规则放射状，分块者相邻边界吻合；常见的有火山角砾内网状裂缝、火山角砾间缝、晶间缝、垂直张裂缝
次生类	孔隙	粒内溶孔	流纹岩、角砾熔岩、熔结角砾岩、火山角砾岩	地表水淋滤或地下水溶蚀长石晶体（斑晶、晶屑）及岩屑内的长石、火山尘、玻璃质等	分布于长石及岩屑的内部或边缘，在长石内多沿解理缝分布，形状多不规则
		基质溶孔	流纹岩、熔结角砾岩、角砾熔岩、凝灰岩	由地表水淋滤或地下水溶蚀熔岩的基质和细粒火山灰、火山尘形成	形状不规则，个体小，发育于熔岩基质或较细粒火山碎屑中
		粒间溶孔	熔结角砾岩、角砾熔岩、火山角砾岩	沿粒间孔遭受地表水淋滤或地下水溶蚀而成	形状不规则，常与其他孔、缝相连通，单个孔隙较大
	裂缝	构造缝	各类火山岩	岩石受构造应力作用形成	常平行成组出现，具方向性，可几组交叉切割，穿过晶体或火山碎屑颗粒，常连通其他孔隙
		溶蚀缝	各类火山岩	地表水淋滤或地下水溶蚀颗粒和基质	不具方向性，裂缝形态不规则
		缝合缝	熔结角砾岩、角砾熔岩、火山角砾岩	压实、压溶作用形成	呈锯齿状、缝合线形，延伸远，缝合缝常切割熔岩的斑晶和基质，或切割火山碎屑

4. 储层物性精细测井解释

由于取心井资料有限，因此目前储层物性分析中使用最多的还是储层物性测井解释（图 1-28）（陈欢庆等，2016）。刘俊华等（2008）对最优化方法在复杂岩性测井解释中的应用进行了探索，计算孔隙度与岩心分析孔隙度具有很好的一致性。吴丰等（2014）以柴达木盆地西部地区为例，对复杂岩性核磁共振 T_2 截至值进行了研究。研究中根据岩样的实际情况结合行业标准确定了合理的离心压力，采用离心法测定了不同岩性的 T_2 截至值。刘玉明等（2014）对岩心样品进行了核磁共振岩心分析，通过孔隙度、束缚水饱和度和孔隙度、横向弛豫时间截至值、渗透率等测试分析，建立了核磁共振测井解释模型，指导了储层评价，提高了储层参数计算精度。李兴丽等（2015）利用 ECS 测井资料对复杂岩性储层渗透率进行了评价，通过对渤海地区部分井资料处理发现，计算得到的渗透率与岩心分析渗透率基本一致。袁少阳等（2016）利用贝叶斯判别法基于岩性识别进行孔隙度评价，在伊拉克 M 油田应用，识别岩性后计算的孔隙度与岩心分析孔隙度误差很小，为储层的解释评价提供了理论基础。在精细油藏描述阶段，由于密闭取心井和加密调整井等资料的增加和补充，储层物性测井解释的资料基础进一步完善。同时由于油田开发的进展，各种动态监测和生产动态资料更加丰富，这也为储层物性精细测井解释提供了有利条件。目前储层物性测井解释研究主要集中在提高模型解释精度方面，比较有效的做法是分区块分层位进行物性解释，测井精细解释是目前复杂岩性油藏物性解释的最基本手段。对于火山岩储层而言，一般多为裂缝、孔隙双重介质。因此储层物性定量计算也应包括基质孔隙度计算和裂缝参数定量

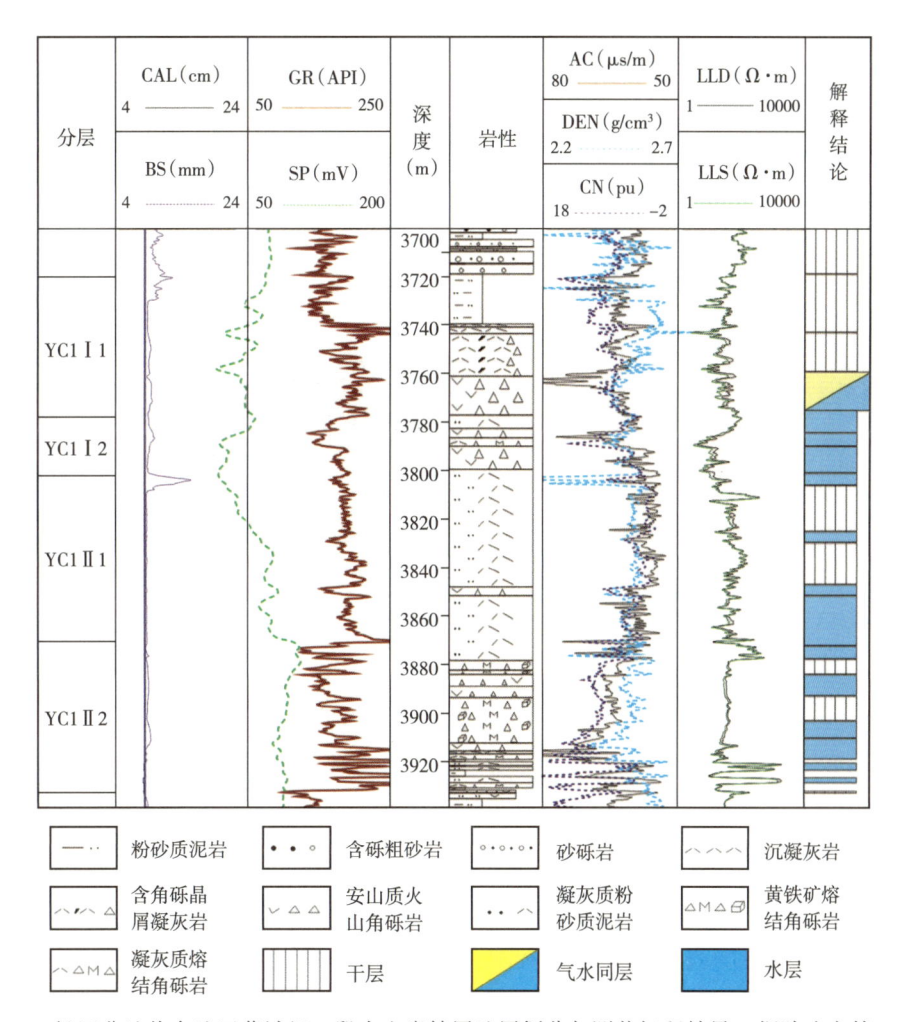

图 1-28　松辽盆地徐东地区营城组一段火山岩储层地层划分与测井解释结果（据陈欢庆等，2016）

计算两部分。基质孔隙度计算时，对于酸性火山岩，核磁共振测井是最直接和最有效的方法，可以相对直接地测量火山岩的孔隙度和渗透率。对于中基性火山岩而言，核磁共振测井的应用受到了限制，误差较大，需要结合常规测井方法对孔隙度进行综合确定（中国石油勘探与生产分公司，2009）。对于碳酸盐岩，由于洞穴型储层空间非均质性强、常规测井解释难度远大于裂缝性储层。实践中常采用成像测井、核磁共振测井等（司马立强，2002）。对于流体识别可以用电成像视地层水电阻率谱法。对于水层，孔隙的成像特征与储层背景值差异小，颜色较气层暗，视地层水电阻率谱分布范围小，频带窄，且其主峰向小的方向偏离；对于油气层，则反之。对于变质岩油藏，由于裂缝是主要的储集空间，因此常将成像测井和常规测井方法相结合来分析储层物性等特征。

5. 复杂岩性储层地质建模

储层地质建模是精细油藏描述的核心研究内容，在复杂岩性油藏精细油藏描述中也是如此。受成因模式的控制，复杂岩性油藏地质建模的研究内容、建模方法和模型特征均与常规碎屑岩有很大差异。以火山岩储层地质建模为例，由于火山岩储层围绕火山口分布，不同岩石类型对应的储层性质差异很大。因此在建模过程中应该在火山喷发模式的控制之下，紧密结合钻井资料和地震资料，建立地质模型，实现储层井间分布规律的准确预测。冉启全等（2011）在进行火山岩气藏储层表征研究时，就是首先对不同火山机构（火山岩体）进行识别刻画，在此基础上建立火山岩储层地质模型（图1-29）。对于常规碎屑岩储层，常用的是基于密井网井间插值的方法，主要利用变差函数的拟合来实现。目前有学者探索基于训练图像的多点地质统计学方法，也已经取得了重要进展。而在火山岩和碳酸盐岩等复杂岩性油藏地质建模研究中，应该更加注重地震资料的作用，利用属性切片、叠前反演等方法，刻画火山通道、储层裂缝、溶洞等储集空间的位置，实现储层的井间预测，建立复杂岩性油藏三维地质模型。

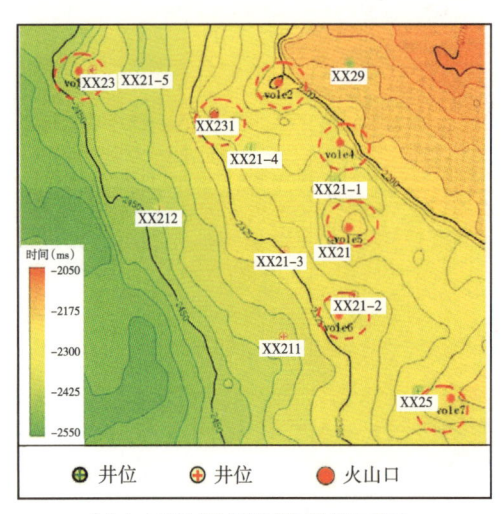

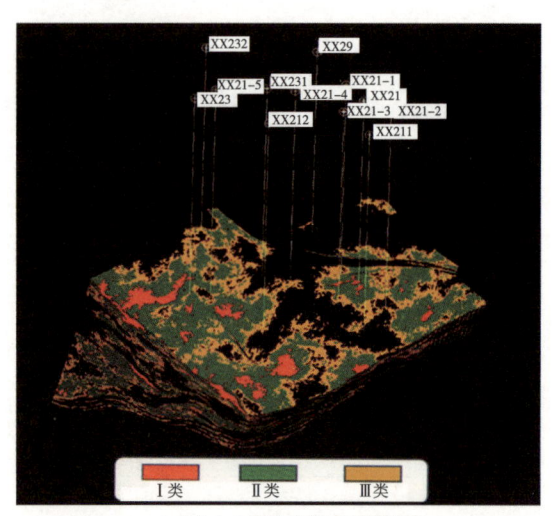

(a)火山岩体控制下的某区微构造模型

(b)火山岩渗流单元三维模型

图1-29 松辽盆地徐深气田营城组某区火山岩地质模型（据冉启全等，2011）
(a)中两种不同井位指示不同时期的钻井

三、复杂岩性油藏精细油藏描述研究发展趋势

1. 复杂岩性油藏地层精细划分与对比

地层的精细划分与对比一直是精细油藏描述研究的重点内容（郭秀蓉等，2001；陈欢庆等，2008）。与常规碎屑岩储层不同，复杂岩性油藏中火山岩、变质岩、碳酸盐岩等油藏的地层分布特征特殊性明显，要实现地层的精细划分与对比，首先应该明确地层成因机制，在此基础上认识地层的空间分布规律，进行地层的精细划分与对比。刘文岭等（2016）以大港王徐庄油田为例，对复杂岩性油藏井震结合等时地层对比技术进行了探索。研究中在总结井震联合分层方案和细分层统层对比准则的基础上，建立了声波引导地震约束模式控制等时地层对比技术，将声波时差曲线引入到地质分层工作之中，提高了含钙质较高、致密或含有较大泥岩段储层地质分层的品质。陈欢庆等（2016）在进行松辽盆地徐东地区营城组火山岩地层精细划分与对比时，提出了"二步二结合"的地层精细划分对比方法，建立了研究区目的层高精度等时地层格架（图1-30）。该方法有两个特点：一是在地层对比过程中加

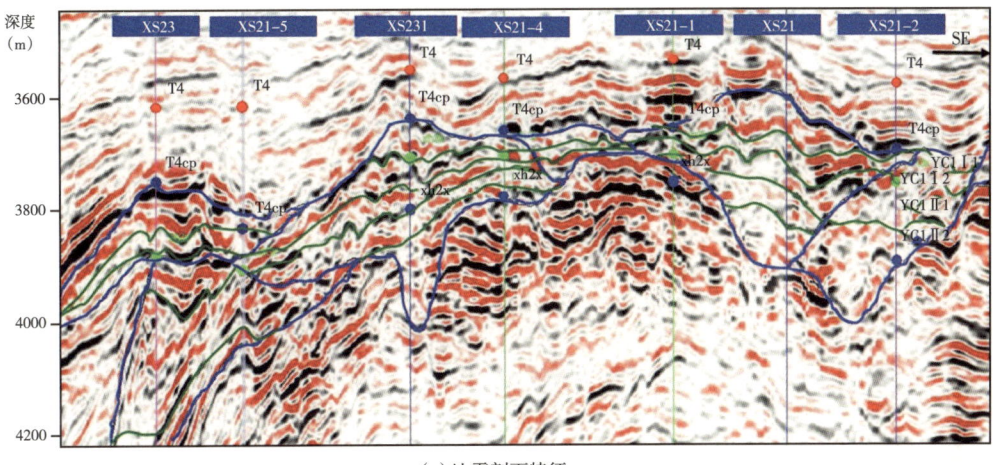

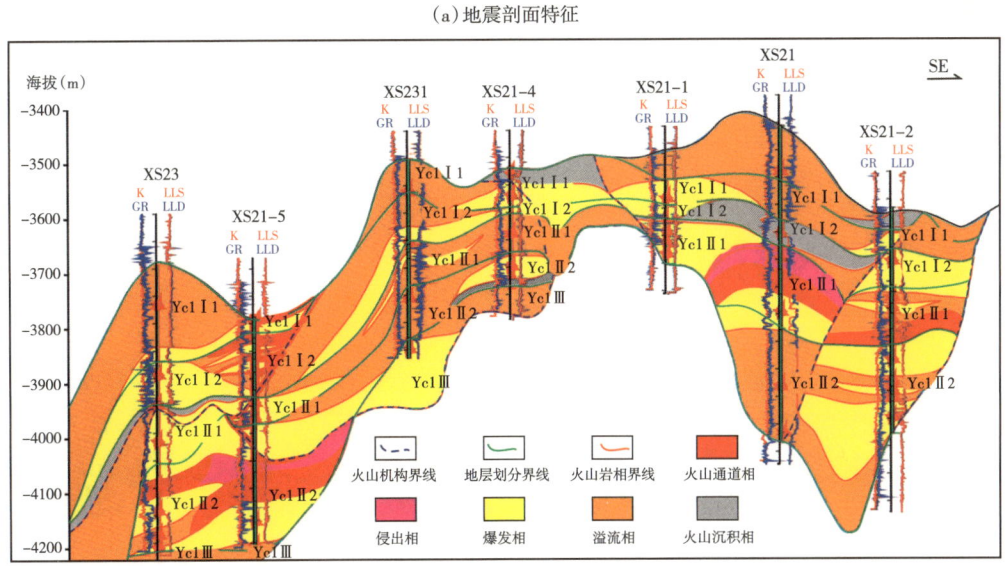

(a) 地震剖面特征

(b) 地层和岩相划分结果

图 1-30 松辽盆地徐东地区营城组一段火山岩地层和岩相划分结果（据陈欢庆等，2016）

入了火山机构和火山岩体追踪识别的步骤，避免了地层精细划分对比界线穿越火山岩体的"穿时"矛盾；二是在资料基础上紧密结合井震资料，保证了地层对比过程中大尺度等时地层格架与精细小尺度地层划分对比界线的统一性和准确性。总体看来，复杂岩性油藏地层划分与对比研究没有标准的方法技术可循，工作中应该根据不同岩性成因特征，探索有针对性的方法和技术。

2. 微观孔隙结构表征

储层的孔隙结构是指岩石具有的孔隙和喉道的几何形状、大小、特征分布及其连通关系（吴胜和等，1998；陈欢庆等，2013，2016）。孔隙结构属于储层的微观研究范畴，因此也称为储层微观孔隙结构。镜下薄片的观察和分析是储层孔隙结构研究最直接和有效的方法。笔者在进行新疆准噶尔盆地西北缘某区下克拉玛依组砂砾岩储层微观孔隙结构表征时，在大量镜下薄片鉴定的基础上，对储层孔隙结构的成因、类型以及分布规律等特征进行了详细的分析（图1-31）。由于复杂岩性油藏储层孔隙结构具有极强的特殊性，同时又是储层储集性能的直接控制因素，因此一直受到油田开发研究者的重视。目前，在储层孔隙结构研究中有逐渐从定性向定量化发展的趋势。工作中可以对掌握的储层孔隙结构特征参数进行梳理分析，优选能够充分体现孔隙结构特征的一个或几个参数，通过聚类分析或者其他数学算法，对储层孔隙结构进行分类评价，并刻画不同类型储层孔隙结构在空间上的发育特征，最终预测有利的开发区带。陈欢庆等（2013）在进行松辽盆地徐东地区营城组一段火山岩储层孔隙结构研究时就利用这种方法开展工作，取得了较好的效果。研究中基于23口取心井206块样品统计分析，从反映孔喉大小的众多参数中优选出有效孔隙度、总渗透率和孔喉半径中

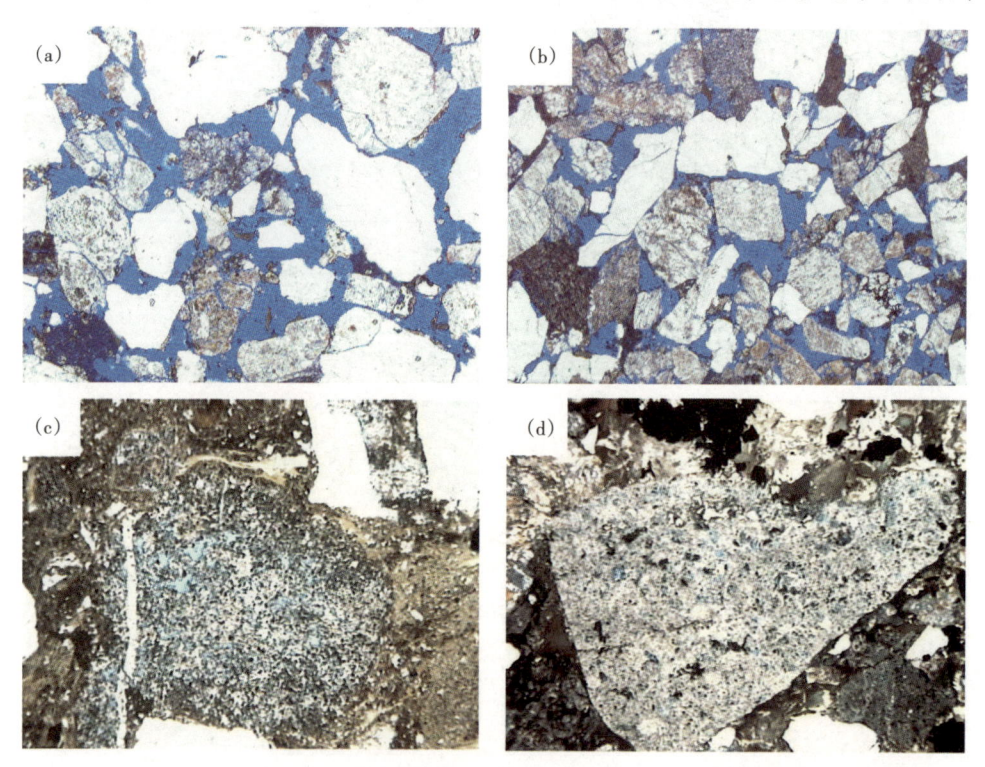

图1-31 准噶尔盆地西北缘某区下克拉玛依组砾岩孔隙结构特征

(a) J3井，粒间孔隙，褐灰色砂砾岩，416.20m，×25；(b) J3井，粒间孔隙，褐灰色细砾岩，405.59m，×25；(c) J55井，粒内溶孔，灰色泥质小砾岩，382.49m，×40；(d) J56井，粒内溶孔，小砾岩，404.44m，×25

值这3个参数，基于SPSS软件平台，利用聚类分析的方法将研究区目的层孔隙结构划分为Ⅰ类、Ⅱ类、Ⅲ类和Ⅳ类四种类型（表1-9），并分析了不同类型孔隙结构在不同小层平面上的分布位置和规律（图1-32），为气藏开发方案编制中井位部署提供了依据。

表1-9 松辽盆地徐东地区营城组一段火山岩储层物性数据孔隙结构评价结果统计表

分类	孔隙度 φ（%）			渗透率 K（mD）			孔喉中值 R_{50}（μm）		
	最大值	最小值	平均值	最大值	最小值	平均值	最大值	最小值	平均值
Ⅰ类	14.4	10.5	13.0	1.19	0.04	0.20	0.299	0.062	0.161
Ⅱ类	9.9	7.7	8.8	1.12	0.02	0.10	0.251	0.021	0.113
Ⅲ类	7.5	4.9	6.3	1.35	0.01	0.05	0.128	0.018	0.06
Ⅳ类	4.8	2	4.0	1.21	0.01	0.04	0.086	0.016	0.03

3. 储层裂缝表征技术

裂缝是指岩石发生破裂作用而形成的不连续面，是岩石受力而发生破裂作用的结果。裂缝是油气储层特别是裂缝性储层的重要储集空间，更是良好的渗流通道（图1-33）。张学汝等（1999）出版了专著《变质岩储集层构造裂缝研究技术》，书中以辽河潜山储层为例，系统阐述了变质岩储层构造裂缝的描述、变质岩储层构造裂缝的识别、变质岩储层构造裂缝预测与评价等内容。袁士义等（2004）对裂缝性油藏开发技术进行了全面总结，内容涉及砂砾岩、火山岩、碳酸盐岩和泥岩等多种复杂岩性油藏（图1-34）。复杂岩性油藏的特殊性，使得裂缝成为该类油藏十分重要的储集空间，在火山岩、碳酸盐岩和变质岩等油藏中均如此。虽然目前储层裂缝表征已成为精细油藏描述研究的热点之一，但是还存在诸多的未解难题，例如裂缝的井间预测、储层裂缝三维建模等。目前储层裂缝研究方法主要包括野外露头考察、岩心观察与描述、显微镜下观察、常规测井解释、成像测井、地震属性切片、相干体分析以及生产动态资料对比分析等。不同方法均有其明显的优势，但也存在各种各样的问题。本书认为，裂缝表征应该尽量综合多种资料信息，相互验证对比，确定裂缝发育位置和发育规律，避免研究结果的多解性和不确定性。

4. 储层综合定量评价

本书认为，复杂岩性油藏储层评价时首先应该对储层进行成因分析，找出储层成因的主要控制因素，根据资料的掌握状况，选择适合的特征参数和合理的计算方法，对储层进行定量评价。如果不进行储层地质成因分析，一方面不能准确选择储层分类评价的参数，另一方面只会使储层评价变成简单的数字游戏，无法对油田开发起到指导和帮助作用。如果只注重地质成因分析，又无法满足油田开发对储层评价定量化的要求；工作中应该将两者有机结合，满足油田开发生产实践的要求。储层评价方法的选择在工作中至关重要。陈欢庆等（2015）对不同储层评价方法进行了总结和对比，分析了不同储层评价方法的优缺点。储层评价研究是一项系统工程，由于资料多样性和研究目的差异性，研究方法也是多种多样，在实践中应该尽量综合多种资料，发挥不同研究方法的优点，尽量避免不同方法的缺点，深入发掘不同类型资料中的有用信息，对储层性质特征作出正确评价。

5. 复杂岩性油藏流体识别

油藏流体分布特征的刻画对于储量计算和油田开发调整方案的设计都具有十分重要的影响。吴剑锋等（2008）对二连盆地复杂岩性油层测井解释评价技术进行了探索，形成了基于岩石物理研究、建立不同沉积微相测井解释模型基础上的测井解释评价技术，并取得了较

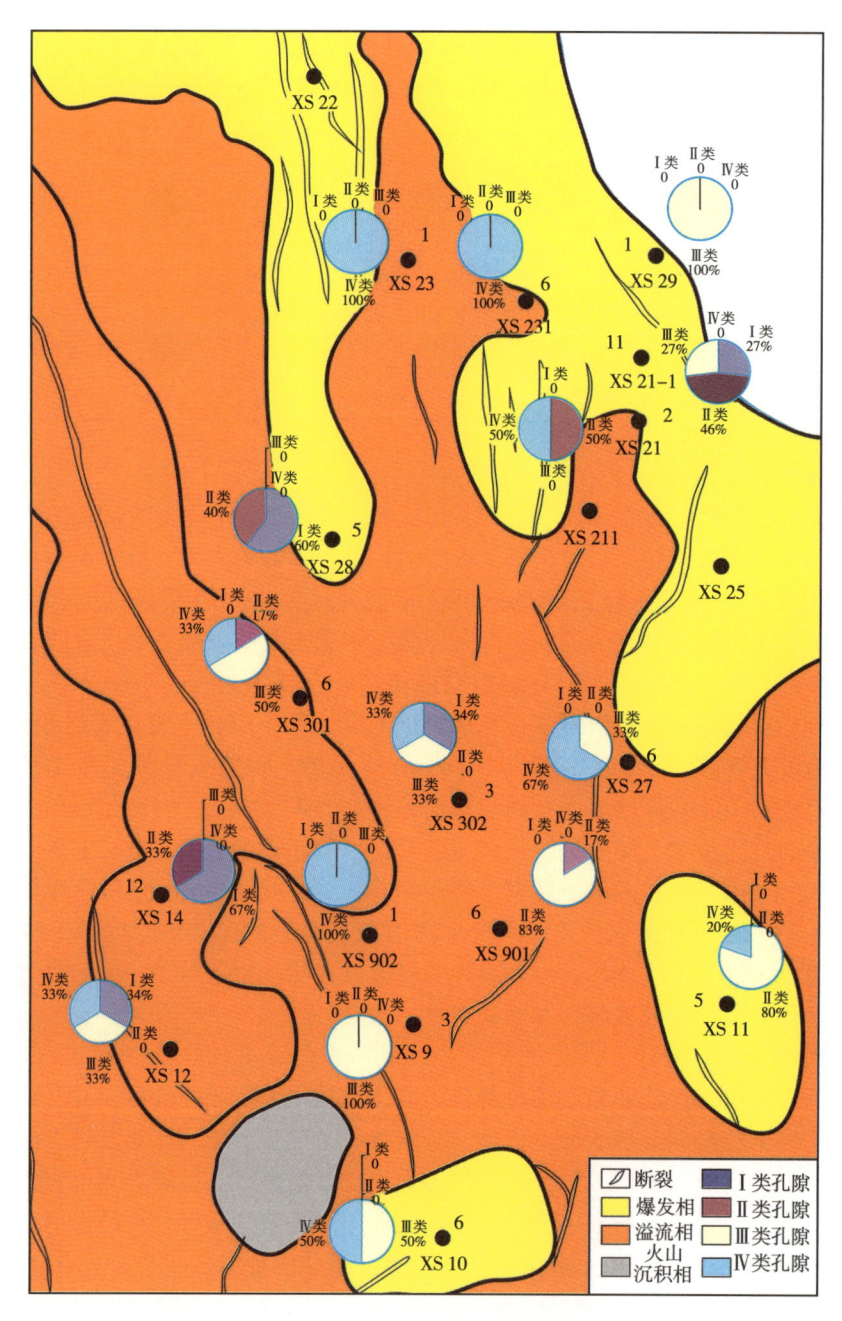

图 1-32 松辽盆地徐东地区营城组一段 YC1I₁ 小层孔隙结构分类样品分布特征
井位旁边的数字代表参加聚类的样品总数

好的效果。汤永梅等（2010）对准噶尔盆地五八区复杂岩性与油气层进行了识别。闫伟林等（2012）对塔木察格盆地中部断陷带塔南油田、南贝尔油田以火山碎屑岩为主的储层进行了流体识别研究，建立了基于"四分"储层并考虑油藏类型、模式的流体识别方法，提高了复杂岩性储层流体识别的精度。梁永光（2015）以海拉尔盆地南屯组为例，对复杂岩性储层流体识别方法进行了研究。分析认为，影响储层流体识别的主控因素为岩性和孔隙

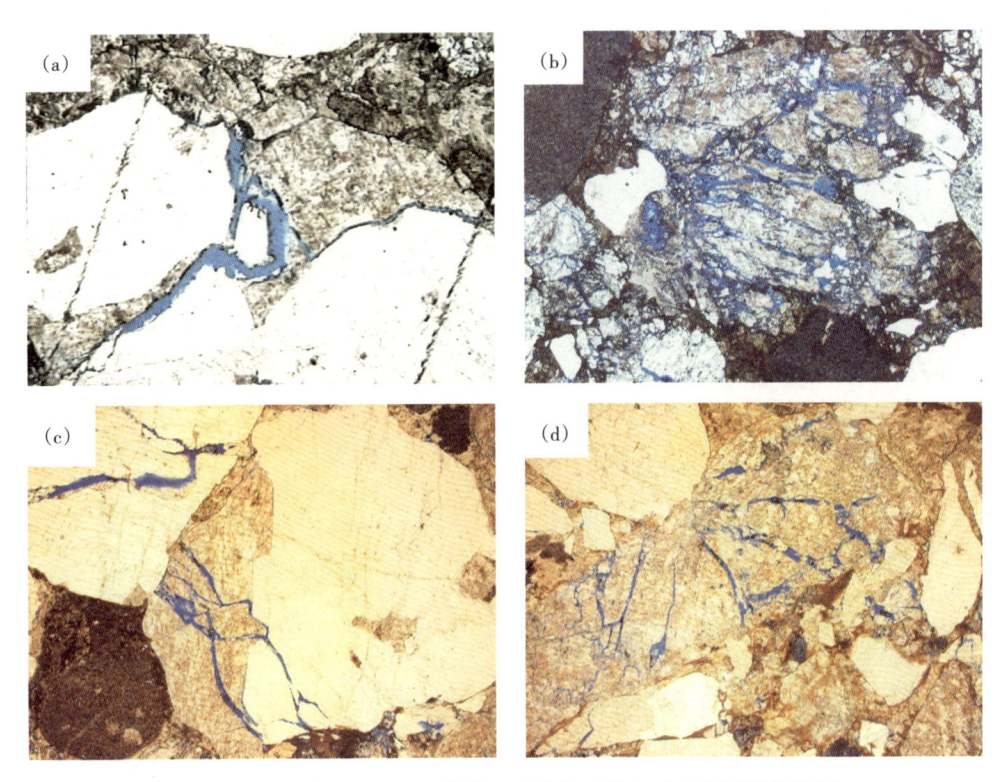

图 1-33 准噶尔盆地西北缘某区下克拉玛依组砾岩孔隙结构特征
(a) J57 井, 微裂缝, 砂砾岩, 443.19m, ×25; (b) J7 井, 微裂缝, 砂砾岩, 429.07m, ×25; (c) J8 井, 微裂缝, 砂砾岩, 430.73m, ×25; (d) J8 井, 微裂缝, 砂砾岩, 421.42m, ×25

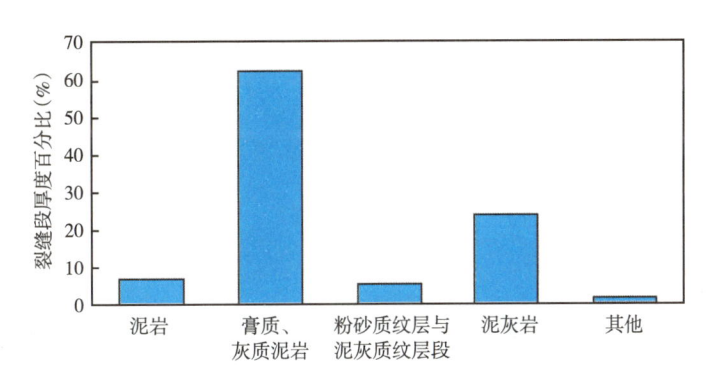

图 1-34 砂西 E_3^2 油田裂缝发育强度与岩性的关系（据袁士义等，2004）

度。前人对松辽盆地徐深气田营城组火山岩储层中的含气性进行了分析，松辽盆地徐深气田营城组火山岩储层含气性横向上差异很大，有效厚度高值区都位于局部构造高部位的火山机构，火山机构的高部位更有利于天然气的富集（图 1-35）（中国石油勘探与生产分公司，2009）。总结目前复杂岩性油藏流体识别研究的现状，资料基础主要为井资料和地震资料。研究方法以测井解释为主，虽然地震方法也有使用，但地震流体预测的精度很难满足复杂岩性油藏精细油藏描述研究的需求，还需要在资料采集、数据处理、解释方法和技术方法上持续攻关。特别需要指出的是，复杂岩性油藏流体识别研究中，由于岩性复杂，尤其是在开发中—后期，剩余油分布具有"总体高度分散，局部相对富集"的特征（韩大匡，2010），在复杂岩性油藏流体识别研究中，剩余油表征方面还有诸多难题需要持续攻关解决。实践中应该紧密结合井震资料，充分利用好各种分析测试资料、动态监测和生产动态等资料，加大微构造精细解释、单砂体储层构型表征、复杂岩性储层水淹层测井解释等研究力度，提高复杂岩性油藏剩余油表征研究精度和预测准确度。

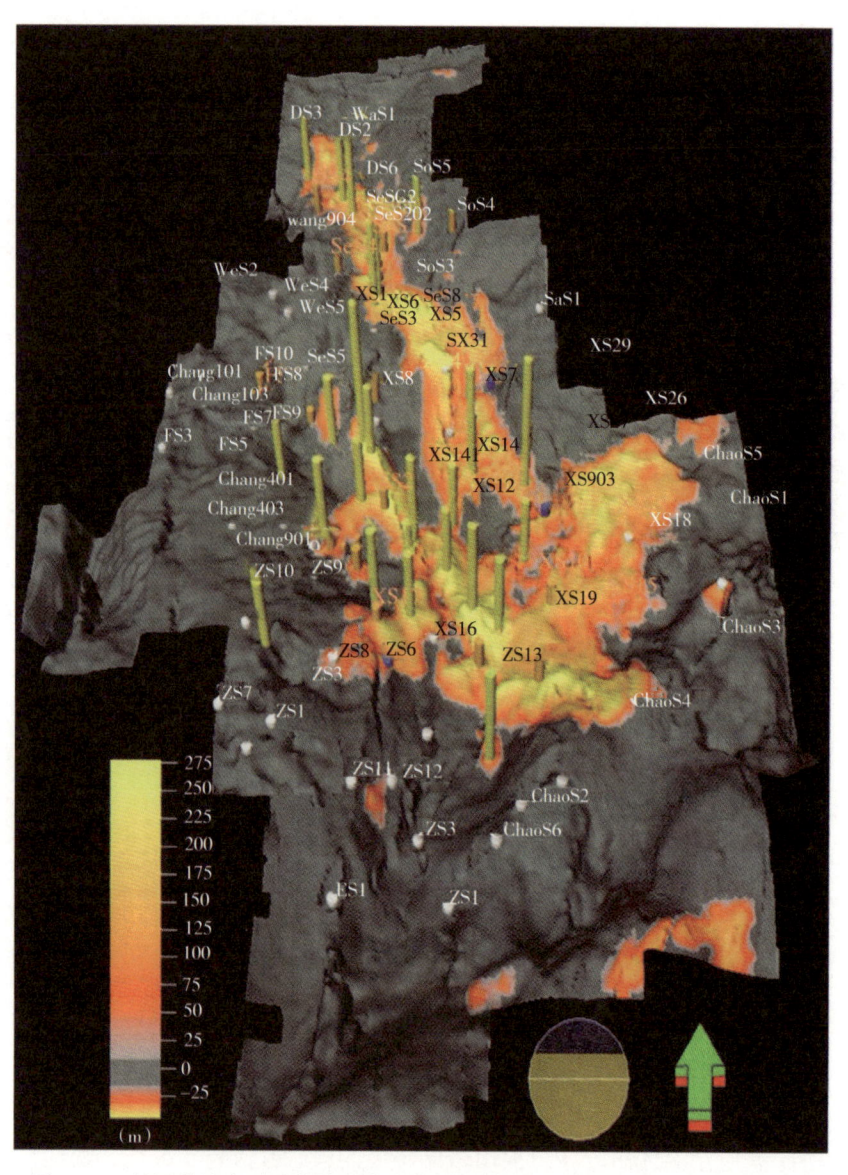

图1-35 松辽盆地白垩系营城组火山岩顶面构造+火山锥+单井产气量叠合图
（据中国石油勘探与生产分公司，2009）

第二章 精细油藏描述研究内容特征

根据油气田开发阶段不同,精细油藏描述相应可以划分为开发初期精细油藏描述和开发中—后期精细油藏描述两部分。因为所处的开发阶段不同,所以面临的问题和研究目标也不相同,研究内容也各有差异。简单而言,开发初期的主要任务是在油田开发方案实施后对油藏地质的再认识,进一步落实构造、地层、沉积、储层、油气水分布状况等主要地质特征,建立或完善油藏地质模型,为油田开发生产与调整、储量复算等提供依据。而开发中—后期的主要任务是充分利用动态、静态资料来精细刻画微构造特征,细分单砂层,开展沉积微相、储层构型及储层物性变化规律等研究,进一步完善地质模型,开展数值模拟研究,量化剩余油空间分布,预测油藏动态变化,为进一步提高石油采收率提供依据。总体上,开发中—后期精细油藏描述研究内容比开发初期精细程度有很大提高。本章对不同开发阶段对应的精细油藏描述研究内容分别作以介绍。

第一节 开发初期精细油藏描述研究内容

开发初期精细油藏描述研究内容主要包括构造、储层和油气水关系三方面(图2-1)。构造方面主要是井震资料紧密结合,通过合成地震记录,实现井震资料时深标定,在地震剖面上解释断层,或在井上追踪断点。根据地震剖面断层解释和井断点识别成果,结合地质背景和断裂体系发展演化史,在平面上组合断层,并刻画断裂体系在空间上的发育规律。储层研究主要包括地层分布特征认识,精细划分对比地层,一般应该达到小层级别,以满足油气田开发生产实践细分地层的需求。储层研究还包括沉积微相研究、测井精细二次解释、储层发育基本特征认识和定量分类评价、流动单元研究、储层地质建模等。由于处在开发初期阶段,油气田开发方案刚实施,还不涉及剩余油研究。沉积微相研究主要是结合地质、岩心泥岩颜色、测井曲线特征、沉积构造、粒度分析、古生物化石、重矿物分析等资料手段,核实确定沉积相和沉积亚相,结合测井曲线岩电特征,建立测井相识别标准,完成沉积微相分类。在单井、剖面和平面沉积微相研究基础上刻画不同沉积类型砂体在井间的连通性和空间的叠置样式,总结沉积成因模式。在此基础上,对沉积砂体在空间发育特征进行预测。测井精细二次解释主要是通过四性关系分析,解释储层孔隙度和渗透率等物性数据,为后续的非均质性研究、储层评价、地质建模和流动单元研究等提供数据基础支撑,开展储层非均质性研究,深入认识储层层内非均质性和层间非均质性等。储层评价主要包括分析储层岩性,对储层孔隙结构进行成因分析并分类,分析储层储集空间类型。进行储层敏感性分析,确定速敏、盐敏、酸敏、碱敏、水敏和压敏等不同敏感性对油藏开发的影响,并提出相应的对策,改善油气藏开发效果。优选储层分类评价参数,选择适合的数学计算方法,完成储层定量分类评价。流动单元研究的主要目的是对储层渗流能力进行分析,同时对具有不同级别渗流能力的储层单元在空间上的分布位置进行定量识别。地质建模主要是建立储层构造、沉积相、物性以及流动单元等相应的模型,对井间上述构造和储层分布规律进行预测,了解构造和储层等在空间上的发育规律。储层物性建模一般采用"相控建模"的方法，在沉积微相控制下建立储层物性模型。油气水关系主要是搞清楚地下油气水的分布等特征。总体而言，开发初期的精细油藏描述强调全面覆盖，涉及面广，要求对研究目的层构造和储层发育基本特征要有最全面的认识，而对于研究的深入程度远没有开发中—后期精细油藏描述要求那么高。

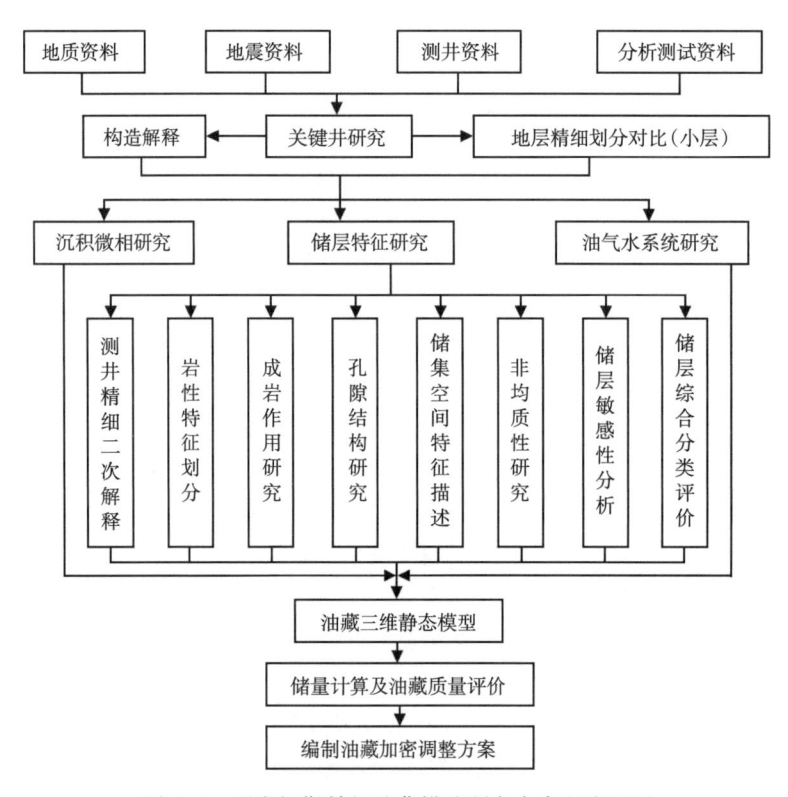

图 2-1 开发初期精细油藏描述研究内容和流程图

第二节 开发中—后期精细油藏描述研究的重点内容

以中国石油为例（陈欢庆，2006；陈欢庆等，2006，2008），经过十多年的探索和发展，不同油田的精细油藏描述工作都在不断进步和完善，目前有些油田已经在进行二次精细油藏描述，甚至三次精细油藏描述。作为油田开发最重要的基础工作，精细油藏描述研究需要贯穿油藏开发的全过程，它的研究成果在油田开发方案的设计、老油田滚动扩边、油田开发调整、水平井设计和规模应用、重大开发试验等油田开发生产实践活动中发挥了巨大的作用，因此一直受到众多研究者的重视。中国石油目前规定，所有油田要投入开发，必须首先进行油藏描述，精细油藏描述已成为各油田开发最基础的研究工作。随着油田生产实践的不断发展，中国东部和西部等许多大油田均进入了开发中—后期，含水上升，各种生产矛盾突出。尤其是在目前低油价的背景下（陈欢庆，2016），油田开发工作遇到了前所未有的挑战。本书认为，要想战胜这种挑战，必须首先明确开发中—后期精细油藏在研究内容和研究工作方面的变化和特点，把握工作重点。对于不同开发阶段的精细油藏描述研究内容，前人也做过一些总结和分析（穆龙新等，1999；师永民等，2004；贾爱林，2010）。由于方法技术的进步和生产实践矛盾的变化，目前开发中—后期精细油藏描述内容和以前已大不相同，所以有必要对其进行全面更新和归纳总结。笔者目前参与中国石油精细油藏描述技术规范的修订工作，结合近年来对中国石油各油田精细油藏描述工作的跟踪研究以及自身科研实践，分析认为，开发中—后期油田精细油藏描述与开发初期油藏描述对比，发生了巨大变化，特别是在精细油藏描述研究内容方面。开发初期的精细油藏描述主要为初步开发方案的设计和加密调整服务，目的是搞清楚油藏的基本特征，工作最突出的特点是全面认识油藏特征，但对于工作的深入性并没有太多要求，工作主要是认识油藏在构造和储层方面最基本的特征。研究内容主要包括构造解释、地层精细划分与对比、沉积微相研究、储层定量评价、流动单元研究、地质建模等，体现出全面性的特点，但并不强调深入性。而开发中—后期的油藏描述，主要是针对当前油田开发中的关键瓶颈问题，设置重点的攻关目标，力求突破，剩余油表征已成为最关键的问题（图2-2）。而为了解决这个关键问题，在构造和储层方面设置一系列的研究内容，整个研究内容充分体现重点性、深入性和精细性的特征。同时由于资料的积累和增加，研究的精细程度也大幅度提高。鉴于此，有必要对开发中—后期精细油藏描述的研究内容做全面系统的梳理，为相关工作顺利开展提供帮助。虽然经历了数十年的发展，

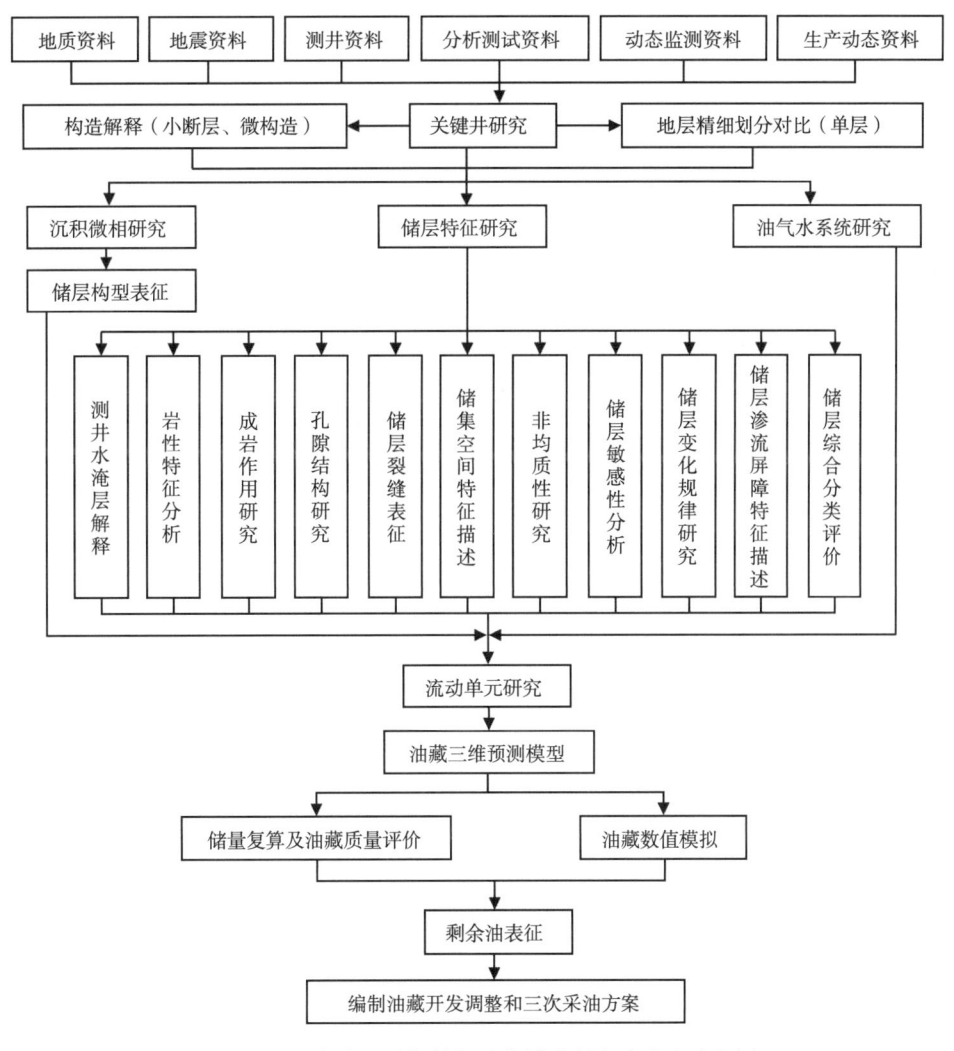

图 2-2 开发中—后期精细油藏描述研究内容和流程图

但是精细油藏描述研究中目前还存在诸多未解的难题。同时，国内外的精细油藏描述工作具有很大的差异性（陈欢庆等，2016），我们没有现成的经验可以直接借鉴，这就需要广大研究者结合国内生产实践和研究现状，总结相关的研究成果来指导生产。

精细油藏描述是一项系统工程，涉及构造研究、储层预测和剩余油表征的方方面面。但开发中—后期的精细油藏描述已经与开发初期的精细油藏描述研究有很大不同。结合自身的科研实践，分析认为开发中—后期的精细油藏描述，研究的重点内容主要包括以下几个方面。

一、小断层和微构造精细研究

由于剩余油表征等生产实践的需要，对于开发中—后期储层构造研究而言，二级、三级断裂的研究已经很难满足生产实践的需求。因此断裂体系的刻画需要更加精细，刻画至四级甚至五级，即低级序断层。所谓低级序断层，一般指四级及其以下级别的断层，这些断层对油水关系以及开发中—后期剩余油分布起控制作用。李阳等（2007）对低级序断层进行了详细的定义。四级断层规模较小，一般落差只有 20~50m，只有少数超过 100m；延伸长度一般不超过 1~2km，有时只有数百米；走向多变，但还是以大致平行区域主要和次要构造线方向的略占优势。大多数四级断层是叠加局部应力场后产生的，发育时间都较短。绝大多数四级断层都不切开二级、三级断层，断面比较陡，主要分布在局部构造上，是划分自然段块的依据。四级断层可以构成含油断块的边界，使各个断块有自己的油水系统，起着分隔作用，使两侧断块在开发中很少相互干扰。五级断层位于含油断块内部，属于四级断层的派生小断层，规模小、延伸短，一般延伸距离仅几百米，断距仅几米到十几米。对断块和沉积没有控制作用，仅对断块及油水关系起着复杂化的作用。李阳（2011）总结了低级序断层研究的流程。由于低级序断层和高级序断层是在同一区域应力场下形成的，两者密切相关，低级序断层的发育和分布特征受更高一级断层的控制。因此首先以构造运动学、几何学和动力学为指导，以构造物理模拟实验、构造应力场数学模拟及力学成因机制为手段，建立断块构造模式，指导低级序断层发育方向和组系的预测；通过三维地震资料高分辨率目标处理、地震数据体叠后处理、三维地震数据拼接，为识别小断层提供可靠的资料基础；以多井井间对比为确定断点的主要手段，应用相干数据体技术和多尺度边缘检测技术初步确定低级序断层的空间组合及走向，利用全三维解释技术、断层层位统一解释技术，井间地震技术来识别和组合不同级序断层，然后综合生产动态资料，进一步验证其合理性（图2-3）。同时他对当前低级序断层的四点主要进步进行了阐述，主要包括断块构造样式是低级序断层成因机制分析的理论依据，老油田密井网多井精细对比确定断点，相干数据体分析和多尺度边缘检测在平面上识别低级序断层走向，综合分析最终确定低级序断层空间展布。目前，在小断层识别方面，还存在很多问题，这主要是受研究水平和资料精度的限制；还有一个很重要的原因就是对断裂体系的成因机制认识不清，导致的严重后果就是不同的人根据不同资料解释的断裂体系差异很大。这个问题目前广泛存在于中国石油各个油田，虽然这种情况已经引起了研究者的注意，但想要在短时间内解决这个问题，难度还很大。陈欢庆等（2011）曾经在松辽盆地徐东地区火山岩断裂体系表征时使用蚂蚁追踪的方法，取得了较好的效果。虽然该方法对于断裂体系的刻画可以达到五级精度，但是这种方法也有一定的局限性，因为结果中有一部分是假象，需要结合其他方法验证核销。同时，由于剩余油刻画的需求，微构造也逐渐引起研究者的重视。微构造的概念由李兴国（1994）提出，其定义是：油层的顶面和底面都是不平整的，普遍存在局部的起伏变化，其幅度和范围都很小，面积在 $0.3km^2$ 以内，幅度多不超过 20m，将这些局部的起伏称为微构造。其成因分为两方面：一是与构造作用无关，受沉积环境、差异压实和古地形等的影响；二是与构造作用力有关，沿断层下降盘出现的小断鼻和小断沟等构造。微构造可以分为三类：（1）正向微构造系砂层相对上凸部分，包括小高点、小鼻状构造、小断鼻构造等；（2）负向微构造系砂层相对下凹部分，如小低点、小沟槽、小断沟、小向斜等；（3）斜面微构造系砂层正常倾斜部分，常位于正向、负向微构造之间，也可单独存在，还有一种小阶地也属于此类（李兴国，1994）。目前微构造研究在大庆、辽河等油田的剩余油挖潜中已取得了较好的成效，其他油田也在积极探索跟进。目前在微构造研究中存在的最大问题就是如何提高研究精度的问题，这很大程度上还是受资料精度的制约和影响。

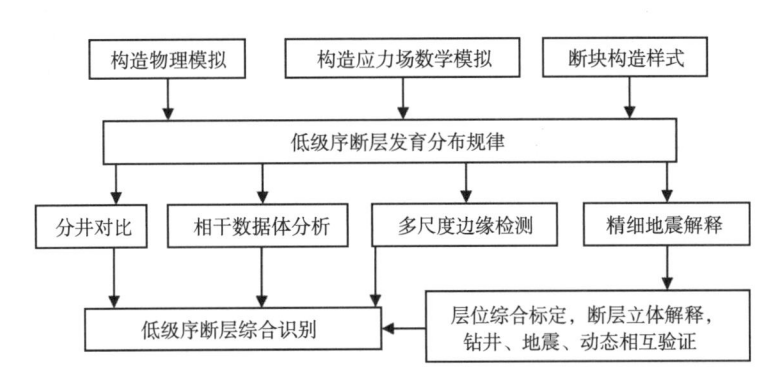

图 2-3　低级序断层描述技术框图（据李阳，2011）

二、高分辨率层序地层学理论指导下的地层精细划分与对比

　　地层精细划分与对比一直是油气田开发研究的一项最重要的内容之一，它是开展一切开发地质工作的基础。对于开发中—后期的油藏而言，工作的最小单元已经由小层转变为单层，即刻画单砂体，对应沉积旋回中的五级旋回，也就是五级层序。目前对于单层的认识并不统一，有相当多的研究者认为单层对应的是四级层序。本书认为这种看法是错误的，在油气田开发研究工作中，小层级别对应的是四级层序（陈欢庆等，2014），该观点与裘怿楠教授的一致（裘怿楠等，1996）。高分辨率层序地层学与传统的"旋回对比，分级控制"方法最大的区别就是在地层划分对比时赋予了地层成因机制，同时在对比精度上比传统方法有了极大的进步，能够满足开发中—后期精细油藏描述工作的要求。在使用高分辨率层序地层学理论指导地层精细划分与对比时，除了确定地层划分对比的方案，最重要的就是确定地层精细划分的原则。值得一提的是，单层划分的方案并不是简单确定的，需要观察测井曲线的形态、沉积旋回等多种信息，确定初步方案，然后通过关键井，推广至骨架剖面网上的井，如果有问题，对方案进行修改，再推广至骨架剖面网，如此反复，最终确定。接着将骨架剖面网上地层精细划分对比的结果推广至整个研究区，建立全区的高精度等时地层格架。骨架剖面网的方向尽量平行或垂直物源方向，以保证研究者在对比地层时对地层的分布规律正确认识。在利用高分辨率层序地层学指导地层精细划分与对比时，最关键的有三点：第一，在建立大尺度等时地层格架时尽可能坚持井震结合（图 2-4）（陈欢庆等，2014）。利用取心井对地震资料进行标定，实现地震资料的时深转换，进而建立大尺度等时地层格架（这里所说的大尺度是指三级层序，对应高分辨率层序地层学中的长期基准面旋回）。第二，准确的

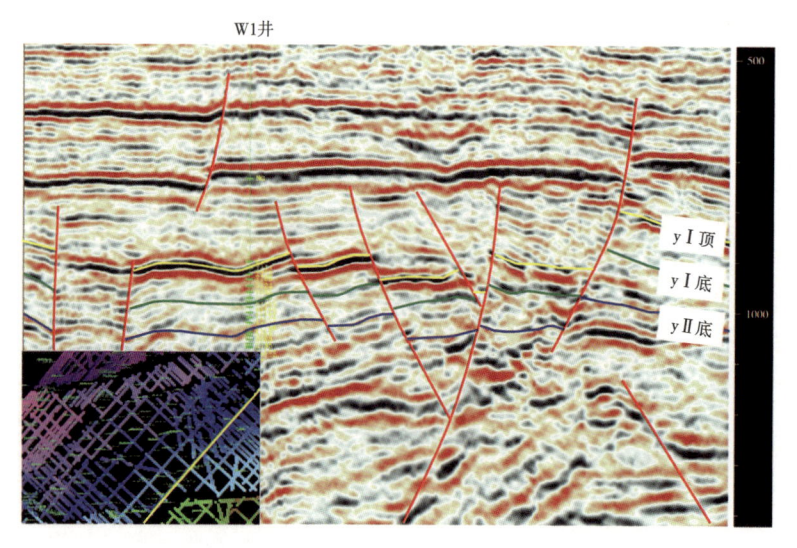

图 2-4 辽河盆地西部凹陷某区井震结合大尺度层序地层格架的建立

典型井短期基准面旋回响应模型的建立（图 2-5）。在大尺度等时地层格架内部，选择地层无缺失、资料较齐全的取心井，结合岩性、测井、分析测试等多种资料，充分考虑沉积旋回特征，建立短期基准面旋回响应模型，确定地层精细划分与对比方案。第三，高分辨率层序

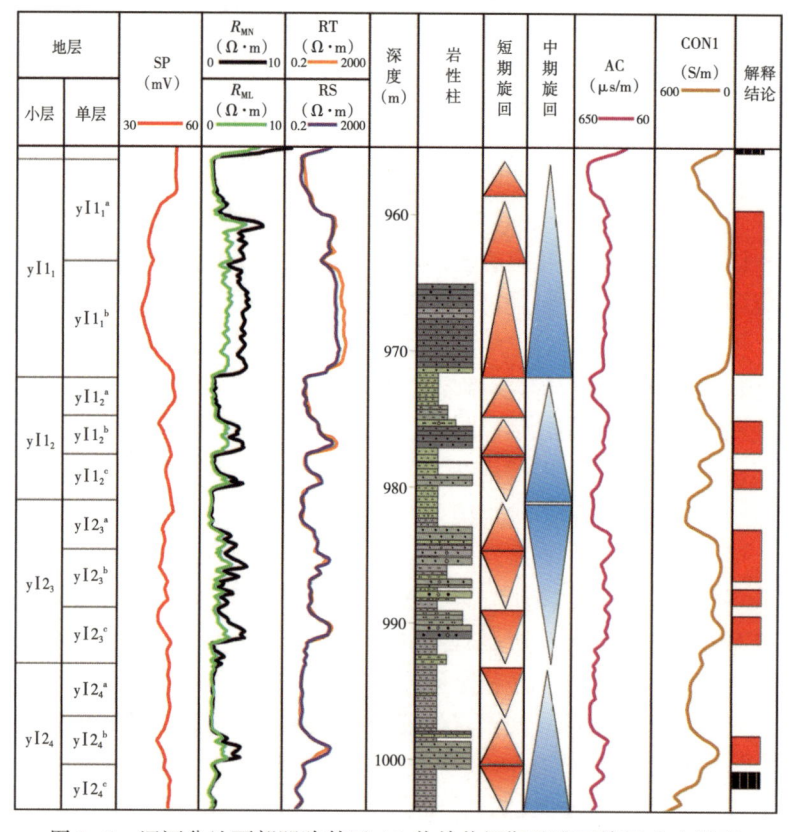

图 2-5 辽河盆地西部凹陷某区 A9 井单井短期基准面旋回响应模型
R_{MN}—微电位；R_{ML}—微梯度；CON1—电导率

地层学理论与传统的"旋回对比，分级控制"地层划分与对比方法的紧密结合。目前，在油田精细油藏描述研究工作中，在地层精细划分与对比时，受资料掌握状况和研究水平的限制，还是以传统的地层对比方法为主，高分辨率层序地层学理论和方法极少应用。这种情况严重阻碍了精细油藏描述工作的发展和进步。研究水平的提高离不开方法技术的进步，层序地层学理论被誉为沉积学的第三次革命（焦养泉等，2015），在精细油藏描述工作中应该大力提倡和推广高分辨率层序地层学理论和方法的应用，提高研究工作水平，满足油藏描述工作精细化的要求。最终建立起满足油田开发生产实践要求的高精度等时地层格架（图2-6）。

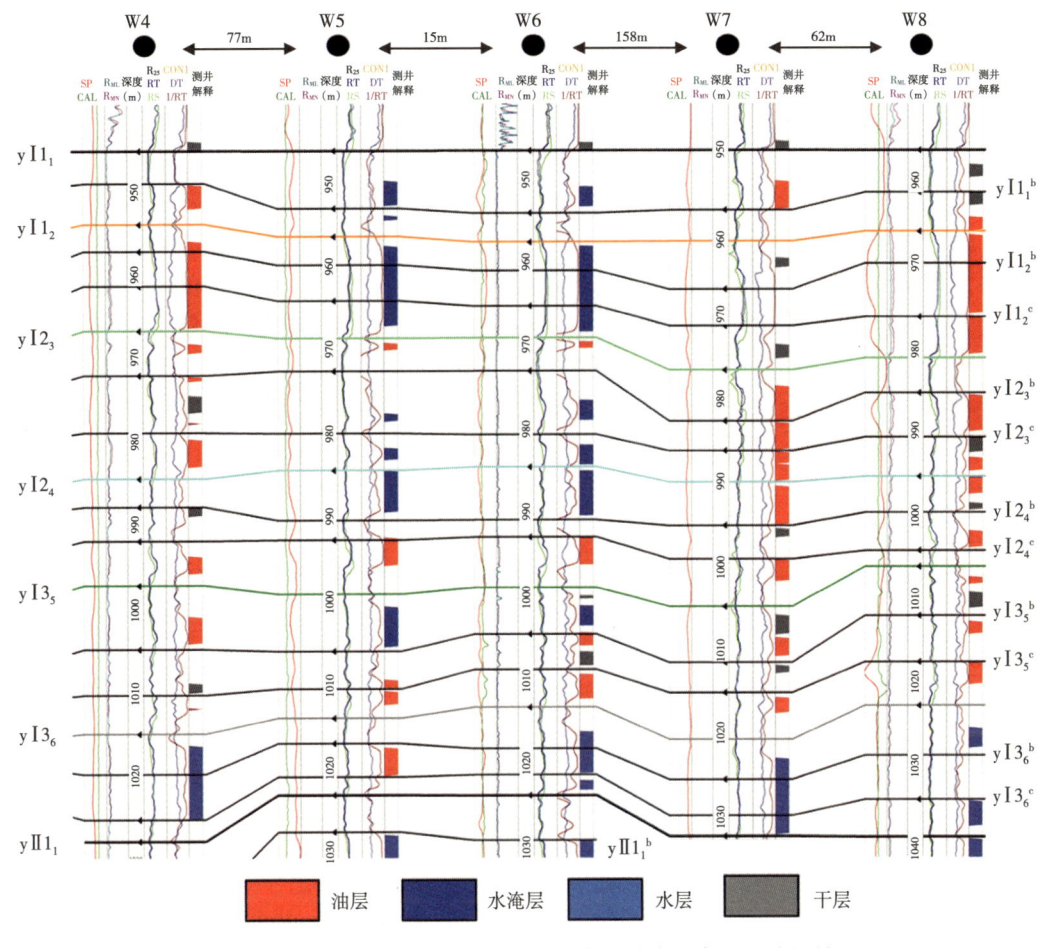

图 2-6 辽河盆地西部凹陷某区剖面高分辨率层序地层分析结果

三、沉积微相研究基础上的储层构型表征

随着开发工作的深入，传统的沉积微相研究已经很难满足精细油藏描述对砂体预测和隔夹层刻画的要求，储层构型表征逐渐成为油气田开发研究者关注的焦点。储层构型，也称为储层建筑结构，是指不同级次储层构成单元的形态、规模、方向及其叠置关系（吴胜和，2010）。储层构型研究主要包括两个方面，一方面是不同级次构型单元在空间上的发育规律刻画，另一方面是不同级次构型界面在三维空间上分布特征的精细描述；前者属于砂体预测的范畴，后者属于隔夹层的研究内容。要进行储层构型表征，首先应该确定储层构型划分方

案。目前使用最广泛的是 Maill（1996）关于储层构型的 8 级划分方案。储层构型研究中使用最多的是测井资料，构型级别多划分至四级或者五级。需要特别强调的是，储层构型级别的划分并非越细越好。本书认为，在确定储层构型划分级别时，应该充分考虑两点因素。一是构型研究的成果要满足油田开发生产实践的要求；二是充分考虑到掌握的研究资料基础，脱离资料基础片面追求储层构型划分级别的提高，必然导致错误的结果。储层构型研究从本质上而言，是沉积微相研究的深入发展，与沉积微相不同的是，一方面研究的精度更高，另一方面研究的内容不但关注砂体，而且关注不同级次的构型界面，即隔夹层的发育状况。笔者在进行新疆准噶尔盆地西北缘某区下克拉玛依组冲积扇储层构型研究时，就在沉积微相研究的基础上开展工作，取得了较好的效果（图 2-7）。首先进行沉积学分析，将目的层砾岩储层划分为扇根内带、扇根外带、扇中和扇缘四种亚相，在此基础上，根据岩性、测井曲线形态、沉积模式等将研究区目的层储层构型单元划分为槽流砾石体、槽滩砂砾体、漫洪内砂体、漫洪内细粒、片流砾石体、漫洪外砂体、漫洪外细粒、辫流水道、辫流砂砾坝、漫流砂体、漫流细粒、径流水道和水道间细粒 13 种类型（表 2-1）。其中槽流砾石体、片流砾石体、辫流水道和辫流砂砾坝等占主导地位（陈欢庆等，2015）。充分考虑到测井资料的精度和开发生产实践的需求，将研究区目的层的构型划分至四级，成果对生产实践中开发调整井的部署起到了至关重要的指导作用。储层构性研究比传统的沉积微相划分有了很多进步和突破。在砂体刻画方面，使得砂体刻画在成因机制分析基础上的研究精度大大提高，这样一方面使得砂体的空间发育特征预测更加准确和精细，另一方面也使得井间砂体连通性预测的精度大大提高。同时在隔夹层研究方面，不同级次储层构型界面的精细刻画，使得不同厚度的隔夹层在空间发育规律的刻画精度和准确性也大大提高。总结储层构型研究的流程，第一是利用上述资料进行地层的精细划分与对比，建立精细的小层对比与划分数据库。第二是储层构型划分体系的建立，主要是在精细等时地层格架内进行岩石相分析和沉积学分析，建立构型划分体系。确定构型划分的级次，到底是研究到五级构型还是四级构型，这是储层构型研

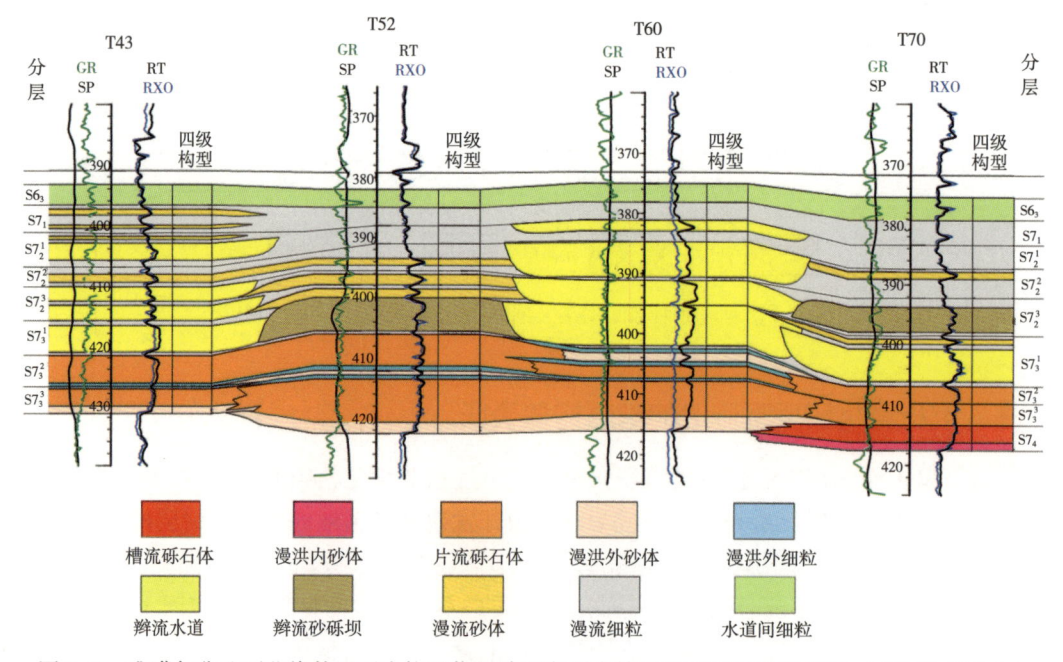

图 2-7 准噶尔盆地西北缘某区下克拉玛依组冲积扇砾岩储层构型剖面发育特征（平行物源方向）

究中十分关键的一步，只有合理确定了构型划分的级次，后续工作才能顺利开展。第三是构型配置样式（模式）的总结。主要包括两个大的方面。一方面是通过小层划分界线发育规律分析和储层隔夹层发育特点表征实现储层构型界面刻画的目标，另一方面是综合储层构型界面特点和成岩作用、孔隙结构特征等储层微观特征实现不同成因储层单砂体构型单元发育规律研究，主要包括不同构型单元的规模、成因和内部结构等。第四是在第三项研究基础上总结储层构型配置样式，分析剩余油分布规律，最终总结一套储层建筑结构表征技术，为油藏有效开发和剩余油挖潜提供指导。

四、储层微观孔隙结构定量评价

储层微观孔隙结构研究一直是储层地质研究的重点工作（庞河清等，2017）。进入开发中—后期，储层孔隙结构的研究与开发初期相比，更加深入和精细，研究手段从岩心薄片观察和鉴定、岩心物性分析测试数据统计等，逐渐向孔喉恒速压汞测试、CT扫描岩心孔隙结构分析、数字岩心等转变。陈欢庆等（2013）详细介绍了铸体薄片观察和压汞等物性数据统计分析、成岩作用、测井分析、分形维数模型、各种数学方法、（数值）模拟、三维成像等新技术、地质（或地球物理）模型、聚类分析等多种储层孔隙结构研究方法。从整体发展趋势来看，储层孔隙结构研究逐渐由定性或半定量向定量化发展，研究精度逐渐提高。陈欢庆等（2016）利用聚类分析的方法，完成了对松辽盆地徐东地区营城组一段火山岩储层不同孔隙结构的分类研究，将该区目的层的孔隙结构可以划分为Ⅰ类、Ⅱ类、Ⅲ类和Ⅳ类（图2-8，表2-1）。储层孔隙结构的定量化研究成果，为开发方案的设计调整提供了坚实的依据。储层定量评价的参数很多，主要包括孔径平均值（R_s）、最大连通孔喉半径（R_d）、排驱压力（p_d）、孔喉半径中值（R_{50}）、毛细管压力中值（p_{50}）、最小非饱和孔隙体积百分数（S_{min}）、孔喉半径平均值（R_m）、主要流动孔喉半径平均值（R_z）、难流动孔喉半径（R_n）、孔喉分选系数（S_p）、相对分选系数（D_r）、均质系数（α）、孔喉歪度（S_{kp}）、孔喉峰态（K_p）、退汞效率（W_e）等（吴胜和等，1998）。在对孔隙结构进行定量评价时主要通过地质统计学的方法来实现。在统计分析时，评价参数并不是越多越好，应该根据资料基础和研究目的，筛选适合的评价参数。需要特别指出的是，储层微观孔隙结构的定量评价一定要建立在孔隙结构地质成因详细分析的基础之上。通过系统的地质成因分析，找到储层孔隙结构成因的主控因素，在此基础上挑选能够充分反映这些主要控制因素的参数，同时选择合适的计算方法，实现储层孔隙结构的定量评价。如果没有系统的地质成因分析，那么在孔隙

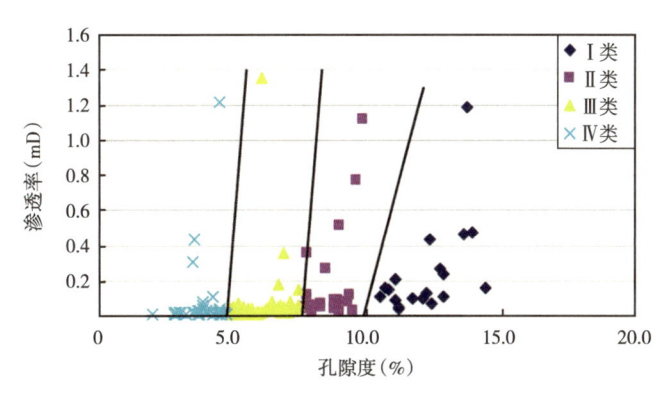

图2-8　松辽盆地徐东地区营城组一段火山岩储层不同孔隙结构孔渗关系图（据陈欢庆等，2016)

结构评价参数选择时就会有很大的盲目性，评价结果从本质上也只能变为数字游戏而已，其结果的真实性和可信度可想而知。

表2-1 松辽盆地徐东地区营城组一段火山岩储层孔隙结构评价结果统计表（据陈欢庆等，2016）

分类	孔隙度 φ（%）			渗透率 K（mD）			孔喉中值 R_{50}（μm）		
	最大值	最小值	平均值	最大值	最小值	平均值	最大值	最小值	平均值
Ⅰ类	14.4	10.5	13.0	1.19	0.04	0.20	0.299	0.062	0.161
Ⅱ类	9.9	7.7	8.8	1.12	0.02	0.10	0.251	0.021	0.113
Ⅲ类	7.5	4.9	6.3	1.35	0.01	0.05	0.128	0.018	0.06
Ⅳ类	4.8	2	4.0	1.21	0.01	0.04	0.086	0.016	0.03

五、储层流体非均质性研究

对于开发中—后期的油田而言，流体非均质性对开发生产实践起着十分重要的影响作用。尤其是随着注水或者注蒸汽等开发措施的实施，地下油气水的分布和运移规律更加复杂化，需要准确刻画和精细认识。陈永生（1993）将油田的非均质性从宏观到微观分为两大类：流场非均质性和流体非均质性。目前对于流场非均质性研究，主要包括储层隔夹层分析、层间非均质性分析、层内非均质性研究、平面非均质性的分析、微观非均质性研究等。石油、天然气和作为驱替剂的水之间存在着明显的物理、化学和物理化学性质的差异，这些差异在水（气）和其他驱油剂驱油（气）的过程中，自始至终地影响着由流场不均质造成的水驱油过程不均匀特点的变化和发展，在多数情况下，这些差异使矛盾加剧。在水驱油过程中，这种原油、天然气和水之间各方面性质的差异被称为流体非均质性（陈永生，1993）。目前，绝大多数研究者开展的非均质性研究主要集中在流场非均质性方面，而对于流体非均质性很少关注。尹伟等（2001）利用薄层色谱—火焰离子检测（TLC—FID）技术研究了辽河油田千12区块储层抽提物的族组成、沥青垫的分布等储层流体非均质性特征，为油田开发方案的制定和调整提供了可靠依据。杨池银（2004）将黄骅坳陷千米桥潜山凝析气藏流体非均质性控制因素总结为四点：（1）双向供烃；（2）多期成藏；（3）总体成藏期晚；（4）潜山断裂发育，储层非均质性强。黄海平等（2010）以西加拿大盆地Peace River地区为例，对储层流体非均质性在重油评价及开发生产上的应用进行了研究（图2-9），结果表明，原油化学组成和物理性质的剧烈变化在重质油藏内非常普遍，了解引起这种变化的原因及控制因素对深化油藏地质评价、优化重油开发方案设计及提高重油采收率都有非常重要的意义。总结认为，储层流体非均质性主要运用地球化学、流体动力学等技术方法，刻画地下油、气和水等分布规律和成因机制，目前在油气勘探中有一些相关的研究。储层流体非均质性研究与其他开发中—后期精细油藏描述研究内容相比，明显还没有引起大家重视。目前对于该方面研究使用的方法主要是各种地球化学方法和分析测试方法，研究的定量化程度也很弱。对于开发中—后期的老油田而言，地下的油、气、水等流体性质和分布规律伴随着几十年的开发历程，已经发生了巨大变化，与油藏的原始状态相比更加复杂，要实现提高石油采收率和剩余油挖潜的目标，就必须在流体非均质性研究方面开展技术攻关和方法探索，定量刻画不同性质流体在地下的分布规律。

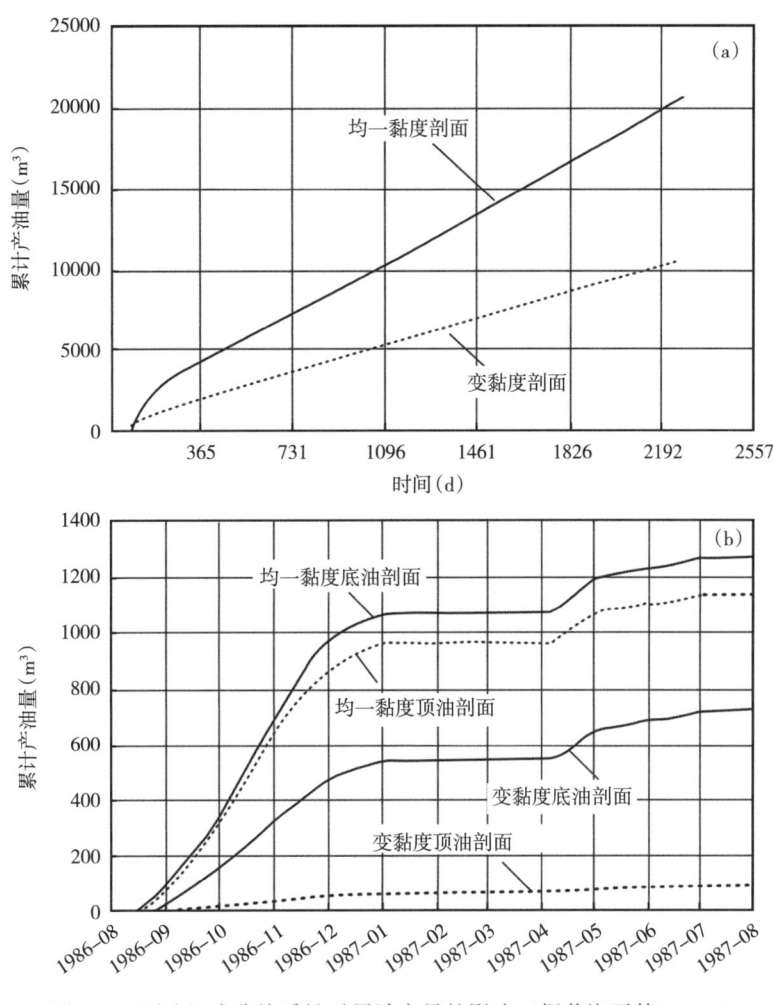

图 2-9 原油组成非均质性对累计产量的影响（据黄海平等，2010）
(a) 以 SAGD 方式开采的均一黏度与变黏度模拟计算的累计产油量对比；
(b) 以 CSS 方式开采的均一黏度与变黏度模拟计算的累计产油量对比

六、油藏开发过程中的储层变化规律分析

　　油田开发的过程是一个动态过程，随着开发措施的实施，储层发生一定的变化，包括孔隙结构的变化、黏土矿物的变化等。而这种变化会对后续的油藏开发工作产生巨大的影响，直接关系着石油采收率的提高。因此开展储层在开发过程中的变化规律研究，对油气藏有效开发具有十分重要的理论和生产实践意义。对于储层在开发中的变化规律研究，国内外的研究者都开展了一些分析（王志章等，1999；Ayato Kato 等，2008；靳文奇等，2010；于兰兄，2011；Karen E. Higgs 等，2013），但总体而言重视程度还不高，还存在很多问题。根据国内外文献调研的结果分析，目前国外的研究主要包括水驱、注气（汽）（蒸汽、CO_2、氮气等）等储层变化规律研究，研究对象包括碎屑岩储层、碳酸盐岩储层等，国内的研究主要集中在水驱和注蒸汽热采储层，在火驱开发储层变化规律研究方面也取得了初步进展。研究对象主要集中在碎屑岩储层，对于碳酸盐岩储层开发过程中的变化规律研究很薄弱。国内对储层变化研究较好的油田包括大庆、胜利、辽河、大港、新疆等。从研究手段上看，目

前应用较多的是开发前后镜下薄片的观察对比,储层速敏、水敏、盐敏、酸敏以及压敏等实验分析,今后还要加强物理模拟和数值模拟等定量研究方法的探索。王志章等(1999)认为,研究储层在开发过程中的变化规律及变化机理,目的在于通过实验模拟及数值模拟,建立反映当今油藏特征的层规模、孔隙规模流场定量模式,揭示油藏参数在三维空间的变化规律及变化机理,预测剩余油富集区,为油藏演化分析、优化开发模式奠定基础。他以克拉玛依油田九区齐古组稠油油藏为例,对蒸汽驱前后储层物性变化规律进行了统计分析(表2-2)。数据显示,除孔隙度外,渗透率和饱和度都比注汽前有很大变化。本书对辽河盆地西部凹陷某区于楼油层储层在蒸汽吞吐和蒸汽驱热采过程中的变化进行了分析(图2-10),结果表明,在稠油热采储层中,蒸汽驱之后孔隙度和渗透率的减小更甚。对储层在开发过程中变化规律的认识,有助于及时调整开发技术政策,提高对剩余油分布规律的认识程度,进而提高石油采收率。

表2-2 注汽前后储层物性变化情况统计表(据王志章等,1999)

区块	层位	沉积微相	孔隙度(%)注汽前	孔隙度(%)注汽后	水平渗透率(mD)注汽前	水平渗透率(mD)注汽后	饱和度(%)注汽前	饱和度(%)注汽后	备注
九$_1^2$试验区	G_2^{2-1}	漫流带	31.9	26.4	2300	263	77.8	45.5	与J275井对应
	G_2^{2-2}	主河道	31.2	25.5	1900	443	77.0	46.9	
九$_3$试验区	G_2^{2-1}	主河道	31.1	26.9	2460	56	69.1	50.0	与J280井对应
	G_2^{2-2}	次河道	30.7	26.5	2230	86	67.9	44.8	
九$_6$试验区	G_2^{2-1}	漫流带	30.6	26.1	2300	416	76.4	38.5	与J279井对应
	G_2^{2-2}	次河道	30.4	25.8	2190	—	69.2	41.0	
九$_1^1$试验区	G_2^{2-1}	主河道	31.4	31.9	2722	1127	78.6	42.0	与J290井对应
	G_2^{2-2}	主河道	31.2	32.7	2533	1098	75.0	44.0	
	G_2^{2-3}	次河道	30.5	32.1	2130	1423	—	—	

七、多点地质统计学等地质建模方法探索

油藏描述的最终成果是建立定量的油藏地质模型,作为油藏模拟、油藏工程和采油工艺等研究工作的基础(裘怿楠等,1996;吴胜和等,1999;任殿星等,2015)。目前在建模过程中多使用相控建模的方法来建立储层属性模型,而在沉积微相建模时多采用变差函数拟合的方法完成。笔者在进行辽河盆地西部凹陷某区稠油热采储层地质建模研究时就使用这种方法(图2-11)。虽然该方法目前应用最广泛,但其最大的问题是在建模过程中地质成因机制并没有充分体现,因此模型的精度和准确性受到很大程度的影响。多点地质统计学应用于随机建模始于1992年(吴胜和等,2005),基本工具是训练图像,地位相当于传统地质统计学中的变差函数。对于沉积相建模而言,训练图像相当于定量的相模式,实质上就是一个包含相接触关系的数字化先验模型,其中包含的相接触关系是建模者认为一定存在于实际储层中的。地质工作人员需要从训练图像中捕捉相接触关系并将其与具体的储层数据对应(王家华等,2013)。多点地质统计学方法的优点是可以将不同类型的数据通过训练图像整合到储层建模过程中,包括测井数据、沉积相垂向比例曲线、沉积相概率分布(多提取自地震数据)等。训练图像的使用,使得地质模型更加符合地下地质实际。当然,多点地质统计学也存在诸多问题。虽然多点地质统计学目前还处在探索阶段,还存在诸多的问题,但是相

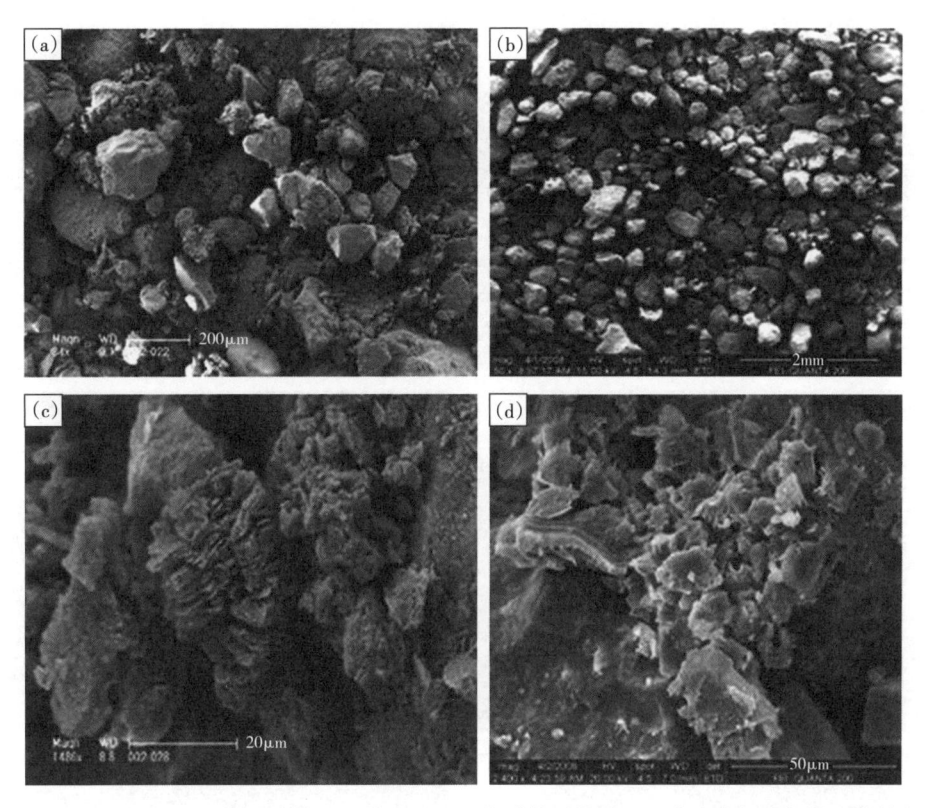

图 2-10 辽河盆地西部凹陷某区于楼油层稠油热采储层热采过程中变化规律扫描电镜特征

(a) G41 井，沙河街组三段莲花油层，蒸汽驱后，砂岩，样品松散，751.32m；(b) J2 井，沙河街组一段于楼油层，蒸汽驱前（蒸汽吞吐），砂岩，样品松散，989.18m；(c) G41 井，沙河街组三段莲花油层，蒸汽驱后，砂岩，高岭石等黏土矿物，753.1m；(d) J2 井，沙河街组一段于楼油层，蒸汽驱前（蒸汽吞吐），砂岩，高岭石向伊利石转化，997.02m

信随着研究的深入和技术的不断进步，多点地质统计学建模方法一定会在不久的将来成为开发中—后期精细油藏描述中地质建模的主导方法。

八、多信息综合剩余油描述技术

对于开发中—后期的油田而言，多数已经进入高含水期。一方面，新增储量日益困难，勘探程度高，新发现油田总体呈规模变小的趋势，而且新增储量中低渗透所占比例大，新增及剩余储量可动用性较差；另一方面，我国注水开发油田"三高二低"的开发矛盾突出，即综合含水率高、采出程度高、采油速度高、储采比低、采收率低，还有大量石油无法采出。因此加强剩余油分布规律研究，提高石油采收率一直是油田开发地质工作者和油藏工程师研究的核心内容（谢俊等，2003）。剩余油一般认为是通过加深对地下地质体的认识和改善开采工艺水平等措施可以采出的油（郭平等，2004）。林承焰（2000）将国内外剩余油分布研究重点总结为三方面：(1) 对剩余油分布的描述；(2) 对剩余油饱和度的测量与监测技术的研究；(3) 对剩余油挖潜技术的研究。目前国内的剩余油研究，还主要集中在第一方面，而国外对于第二和第三方面的研究已经取得了长足的进步。郭平等（2004）对剩余油研究的各种方法进行了系统总结，主要包括微构造研究方法、砂体沉积微相研究方法、层

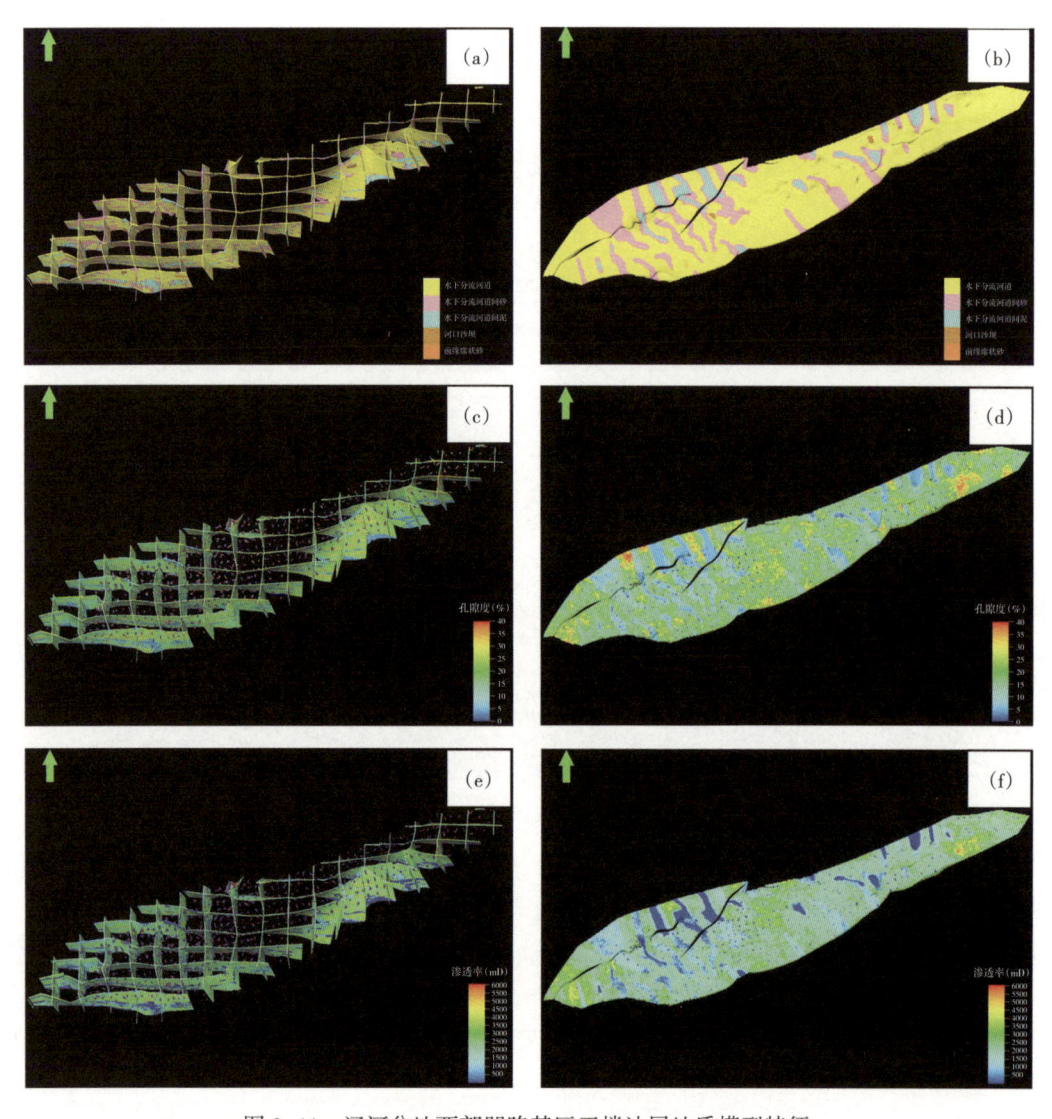

图 2-11 辽河盆地西部凹陷某区于楼油层地质模型特征

(a) 沉积微相模型（栅状图）；(b) 沉积微相模型（单层 yⅠ1₁ᵃ）；(c) 孔隙度模型（栅状图）；
(d) 孔隙度模型（单层 yⅠ1₁ᵃ）；(e) 渗透率模型（栅状图）；(f) 渗透率模型（单层 yⅠ1₁ᵃ）

序地层学研究方法、地质储量丰度研究方法、动态分析方法、数值模拟方法、室内实验方法、测井技术方法、示踪剂方法等。同时，对剩余油分布的模式进行了研究（图2-12）。目前，剩余油研究的资料主要包括地质、测井、岩心、录井、分析测试、动态监测和生产动态等。研究方法主要是基于微构造、细分单砂层、沉积微相、储层构型等研究成果，利用地质综合分析法、密闭取心井和检查井资料分析、水淹层测井解释和判断、油藏数值模拟、动态监测分析、油藏工程分析等方法，紧密结合、相互补充验证，落实剩余油的类型和分布特征。在生产实践中，剩余油表征主要还是依靠数值模拟的手段来实现，虽然其属于定量的剩余油描述方法，但是研究精度可信度并不高。一方面数值模拟精度受地质建模精度影响，地质建模井间砂体预测等精度还存在很大问题；另一方面，受参数调整的人为因素以及生产过程中部分工程因素的影响,数值模拟的精度受到很大的影响。本书认为在剩余油描述时应该注意两点:一是剩余油研究应该以地质成因为基础,明确剩余油的成因类型是由于构造、沉积还是成岩作用,这样可以避免盲目性,提高剩余油刻画成果的准确性;二是应该充分利用各种动态监测资料和生产动态资料,开展分析研究。对于开发中—后期的油田而言,已经积累了大量的动态资料,这些资料包含地下流体丰富的信息,如何将这些资料组合在一起,提取能够反映剩余油分布规律的有效信息,是研究者应该认真思考的问题。

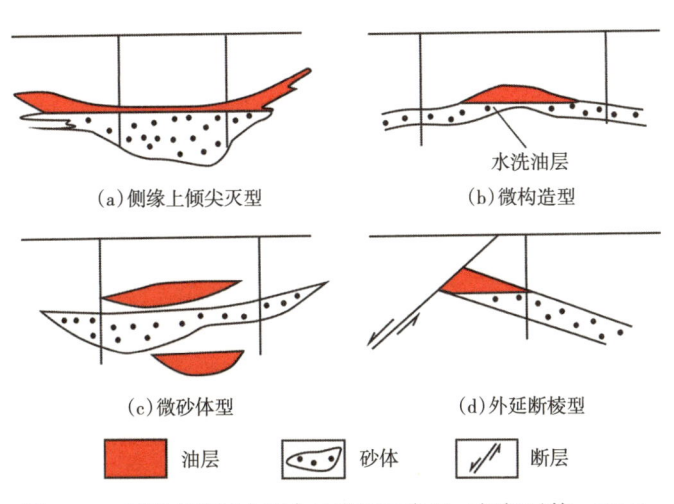

(a)侧缘上倾尖灭型　　(b)微构造型

(c)微砂体型　　(d)外延断棱型

油层　　砂体　　断层

图 2-12　河流相储层中剩余油类型示意图(据郭平等,2004)

以上即是笔者总结的目前在油田开发中—后期精细油藏描述 8 个方面的重点研究内容。在目前低油价背景下,对开发中—后期精细油藏描述研究内容的梳理和总结,可以对油田开发工作起到极大的促进作用。一方面,受油价的影响,不同石油公司均提出了"降本增效"的要求,研究项目数量和研究经费大幅度缩减。这就要求精细油藏描述研究项目的设置相应地作出调整。由于精细油藏描述研究涉及开发地质研究的方方面面,这就需要研究者针对开发生产实践中的关键瓶颈问题提出相应的研究内容和对策,把有限的研究经费用在关键问题的解决上来。另一方面,对于开发中—后期的精细油藏描述而言,经历了勘探、评价和开发初期等研究阶段,积累了一定的研究成果,没有必要任何问题都从头开始。应该充分消化已经积累的资料和研究成果,针对当前生产实践中面临的迫切问题,开展相应的攻关和探索,因此对于该阶段精细油藏描述研究内容的梳理和总结就显得尤为重要。随着油田开发工作的进展,生产实践中遇到的问题也会发生一定的变化,出现新的情况。同时加上各种相关方法技术的进步,精细油藏描述研究的内容也会发生一定的变化,但有一点毋庸置疑,那就是精细油藏描述研究的最终目的都是解决生产实践中遇到的现实问题,为提高石油采收率的目标服务。

第三章 精细油藏描述研究方法技术

精细油藏描述研究涉及构造、储层和油气水关系等多方面内容，因此用到的方法技术也是多种多样。本书以笔者自身科研实践为例，选取精细油藏描述阶段重点研究内容，将使用的特色方法技术作以介绍，主要包括高分辨率层序地层学指导下的地层精细划分与对比、多信息综合火山岩储层裂缝表征、基于沉积微相划分的储层构型研究、储层孔隙结构成因分类和定量描述、储层非均质性研究、地质成因分析基础上的储层综合定量评价、储层流动单元分类研究、多点地质统计学建模技术和剩余油表征技术9个方面内容。

第一节 高分辨率层序地层学指导下地层精细划分与对比

精细的地层划分与对比作为精细油藏描述最基础和最重要的研究内容之一，一直是从事油气田开发研究者关注的焦点（郭秀蓉等，2001；袁新涛等，2007；纪友亮等，2007；陈欢庆等，2008；贾爱林，2010）。随着油气田逐渐进入开发中—后期，生产实践中分层注水（气）、剩余油挖潜提高采收率等措施的实施，使得对地层划分与对比的要求精细程度越来越高，划分的精度也从砂层组到小层，甚至到单层。受构造以及沉积环境的控制，传统的"旋回对比，分级控制"方法已经很难满足生产实践的需求。研究区目的层属于扇三角洲前缘沉积，近源流短，砂体数量多，规模小（姜在兴，2003）。一方面，由于水下分流河道分流改道频繁，横向上延伸距离短，垂向上相互叠置，这使得地层的精细划分与对比变得十分困难；另一方面，受构造活动的影响，同沉积断裂体系发育，使得地层的厚度在断层上、下两盘变化较大，而且在靠近断裂部位，地层破碎，分层界线追踪对比十分困难。这些都极大地增加了地层精细划分与对比的难度。这就要求在分层过程中必须有更加精细、科学的理论和技术作为指导，以提高地层对比的精度和准确度，而高分辨率层序地层学正好可以满足这一需求。

高分辨率层序地层学是以露头、测井、岩心和三维高分辨率地震反射资料为基础，以高分辨率层序地层学理论为指导，运用精细地层划分和对比技术，建立区域、油田乃至油藏级高精度地层对比格架，在成因地层格架内对比地层，包括对生油层、储层和隔层进行评价和预测的一项理论和技术（邓宏文等，2002；肖毅等，2008；郑荣才等，2009；郑荣才等，2010）。运用高分辨率层序地层学对比地层，不同级别的层序划分，正好满足了地质研究中对地层划分的不同精度要求，大尺度的层序级别与传统意义上的地层界线和分类体系很好地统一，而小尺度的层序级别（四级、五级等）可以实现地层精细划分至小层，甚至单层，完全可以满足油气田中—后期开发地层划分的精度要求，为剩余油挖潜和提高采收率提供坚实的地质依据。本书以辽河盆地西部凹陷某区于楼油层为例，详细介绍高分辨率层序地层学理论在地层精细划分与对比中的应用。

一、辽河盆地西部凹陷某区于楼油层地质概况

研究区地处辽宁省凌海市，构造上位于辽河盆地西部凹陷（图3-1）。该块开发目的层为于楼油层和兴隆台油层，本书研究目的层为古近系沙河街组一段于楼油层。于楼油层构造形态为东南倾的单斜构造，地层倾角2°~10°，储层为扇三角洲前缘亚相碎屑岩沉积体，岩性主要为厚层不等粒砂岩、中—细砂岩。于楼油层纵向采用两套层系开发，蒸汽吞吐已进入中—后期，生产效果越来越差，亟待转换开发方式。于楼油层纵向上分为Ⅰ、Ⅱ两个油层组共12个小层，因各小层水下分流河道的频繁摆动，使其水下分流河道骨架砂体与河道间砂体纵向相互叠置和平面条带间互相组合，导致储层平面和纵向较强的非均质性，造成油层平面及纵向动用不均，成为制约该块汽驱进一步扩大实施的主要因素。针对开发生产中存在的问题，拟通过地层的精细划分与对比，建立高分辨率等时地层格架，精细刻画单砂体，为开发方式的转换和剩余油挖潜提供坚实的地质依据。

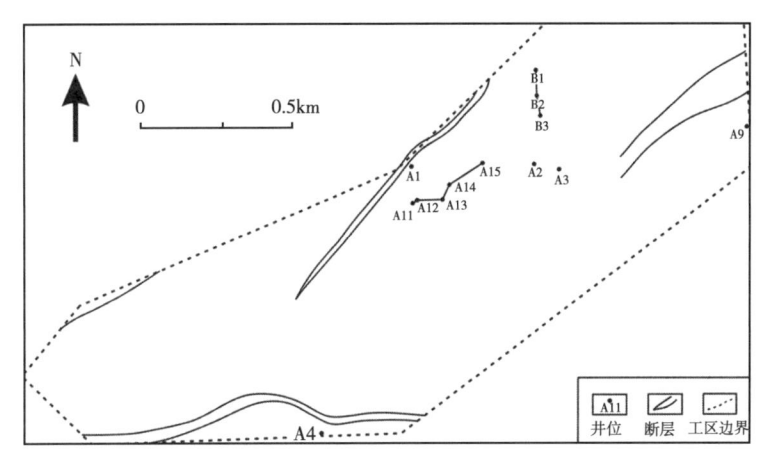

图3-1 辽河盆地西部凹陷某区位置图
A1、A2、A3、A4和A9均是具有岩心资料的关键井

二、高分辨率层序地层学研究需要坚持沉积成因指导

在中国，陆相沉积成因地层占主导地位（裘怿楠等，1997）。不同的沉积环境决定了相应的沉积产物和沉积特征，这些特征在地层中均有充分的反映。在进行地层划分与对比时，首先应该对地层在空间上的发育展布规律有初步的认识，而要实现这一点，就得充分认识研究区目的层的沉积相类型，甚至沉积微相类型。例如，对于靠近物源区的冲积扇体而言，由于物源冲出山口，在山前地带快速沉积，沉积地层的厚度可以在较短的距离内发生较大的变化。后期加之成岩作用过程中的差异压实作用等影响，导致地层厚度的变化进一步加剧。这一点在地层划分与对比时应该充分意识到。而对于平原区的河流沉积而言，由于地势平缓，沉积相变缓慢，地层沉积比较平稳，地层厚度在空间上的变化较小，因此在进行地层划分与对比时就可以使用等高程切片对比等方法。本书研究目的层属于扇三角洲前缘沉积，沉积过程中水下分流河道分流改道频繁，而且后期河道对前期河道沉积削蚀改造严重，导致地层在空间上变化较大，而且除了yⅠ顶部、yⅡ底部和yⅠ与yⅡ之间的泥岩外，其余部位泥岩分布不太稳定。加之构造断裂发育，地层在断层附近破碎，给地层划分与对比带来了很大的困

难。研究中借鉴经典的扇三角洲前缘沉积模式（W. E. Galloway 等，1983）（图 3-2），充分认识到地层厚度在空间上变化较大的特征，开展高分辨率层序地层学研究，建立目的层高精度等时地层格架。

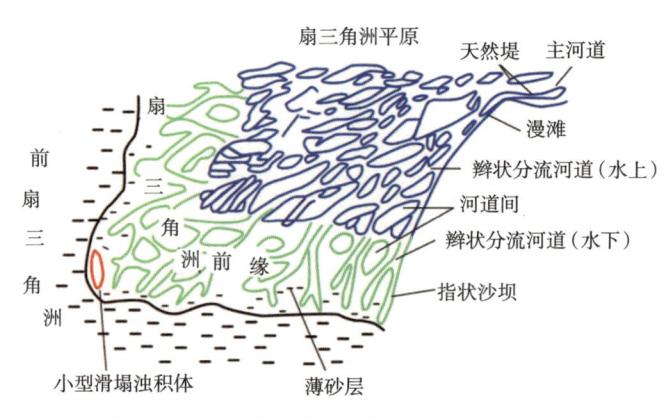

图 3-2　扇三角洲沉积模式特征（据 W. E. Galloway 等，1983）

三、地层划分与对比方案需满足生产实践需求

在进行高分辨率层序地层学研究时，第一步就是确定地层划分与对比的方案和划分精度级别，而划分方案和精度级别是由生产实践需求决定的。因为开展地层等时划分与对比工作的最终目的就是要满足生产实践的需求。在油气田开发的不同阶段，对地层划分的精细程度要求是不同的。油气田开发初期，可能地层划分至油层组或者小层就可以满足开发的需求。而到了开发中—后期，特别是分层注水（注汽），封堵水（汽）窜的水流优势通道、剩余油挖潜等工作的开展，需要分层精细至单砂体所对应的单层，高分辨率层序地层学的作用逐渐凸显。因为只有充分利用高分辨率层序地层学理论和方法技术，划分出短期基准面旋回对应的五级沉积旋回，即单层界线，才能为单砂体的精细刻画提供基础，满足开发调整工作的需求，而传统的地层划分与对比方法目前还无法做到这一点。对于研究区目的层而言，由于目前油田生产中面临的主要问题是稠油蒸汽吞吐热采进行至后期，产量和压力下降，亟需开展蒸汽吞吐转蒸汽驱开发方式的转换，以提高稠油采收率，挖潜剩余油。因此需要将油田目前正在使用的小层级别分层方案进一步细分，划分至单层级别（对应五级沉积旋回或五级层序），刻画单砂体。具体的做法就是首先根据地震资料，确定区域分布的标志层，然后通过地震层速度标定和制作合成地震记录，井震结合相互验证和修改，建立大尺度的等时地层格架。在大的地层格架内部，主要依靠井资料，即测井曲线形态的变化、岩心、沉积旋回、流体性质等信息，首先在关键井上通过对不同级次基准面旋回的识别细分地层，然后借助骨架剖面网推广至全区，实现地层的精细划分与对比，将目的层细分至单层，建立全区高精度等时地层格架（图 3-3），为单砂体刻画提供坚实的地质依据。

四、单层划分对比原则

本次地层精细划分的级别为单层。首先必须明确单层的概念，单层为一个相对独立的储油（气）砂层，上、下有隔层分隔，砂层内部构成一个独立的流体流动单元（裘怿楠等，1997）。在高分辨率层序地层分析过程中，地层精细划分方案的确定也是研究的关键和重点

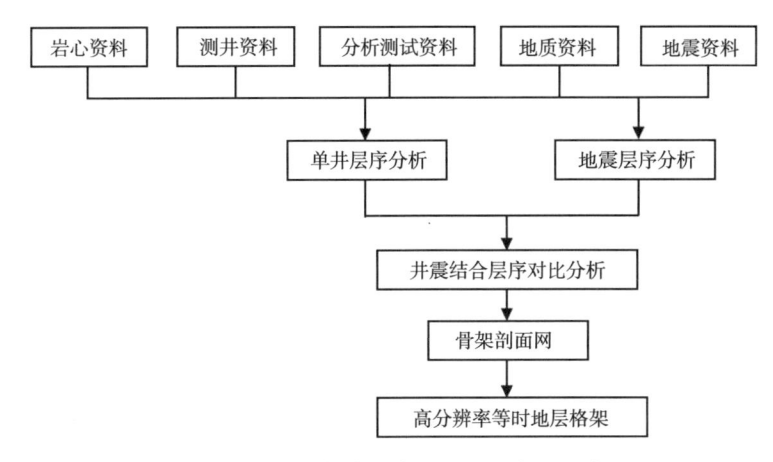

```
岩心资料    测井资料    分析测试资料    地质资料    地震资料
        ↓       ↓          ↓              ↓         ↓
         单井层序分析                   地震层序分析
                    ↓             ↓
                  井震结合层序对比分析
                        ↓
                     骨架剖面网
                        ↓
                 高分辨率等时地层格架
```

图 3-3　高分辨率层序地层学研究的思路

之一。本书认为单层划分方案的确定主要依据以下原则：（1）超过 50%的单层划分结果中只发育 1 套单砂体；（2）单层中砂体的厚度整体上不超过单期河道砂体的最大厚度，以保证纵向上叠置的砂体被分开；（3）进行单层划分时井网的密度要达到一定的程度，要能保证在侧向上接近或小于单河道的宽度，保证将不同单期河道划分开；（4）单层分层界线多对应电导率曲线最大值，指示湖泛面的位置；（5）单层划分的地质年代大体对应于 0.03Ma 左右；（6）单层划分的结果大体对应高分辨率层序地层学中的短期基准面旋回；（7）单层划分结果基本对应经典层序地层学中五级层序的级别；（8）在非取心井上，多数单层的界线可以参考关键井短期基准面旋回响应模型划分出（短期基准面旋回的划分在非取心井上可操作）。值得一提的是，单层划分的方案并不是简单确定的，需要观察测井曲线上形态、沉积旋回等多种信息，确定初步方案，然后通过关键井，推广至骨架剖面网上的井，如果有问题，对方案进行修改，再推广至骨架剖面网，如此反复，最终确定。如果划分方案过粗，就满足不了开发调整的需求，而划分方案过细，一方面在井上操作时难度很大，随机性也加大；另一方面也增加了工作量，对开发实践也没有太大的必要，总之单层细分的结果要与油藏开发调整的需求紧密结合。结合研究区生产实践的要求，采用目前使用最为广泛的长期基准面旋回、中期基准面旋回和短期基准面旋回的分类体系。目的层古近系沙河街组一段于楼油层大体对应 1.2Ma（郑荣才等，1999），将其进一步细分为 yⅠ和 yⅡ共 2 个长期基准面旋回，这 2 个长期基准面旋回可以进一步细分为 $yⅠ1_1$、$yⅠ1_2$、$yⅠ2_3$、$yⅠ2_4$、$yⅠ3_5$、$yⅠ3_6$、$yⅡ1_1$、$yⅡ1_2$、$yⅡ2_3$、$yⅡ2_4$、$yⅡ3_5$ 和 $yⅡ3_6$ 共 12 个中期基准面旋回，这些中期基准面旋回又可以进一步细分为 $yⅠ1_1^a$、$yⅠ1_1^b$、$yⅠ1_2^a$、$yⅠ1_2^b$、$yⅠ2_3^a$、$yⅠ2_3^b$、$yⅠ2_3^c$、$yⅠ2_4^a$、$yⅠ2_4^b$、$yⅠ2_4^c$、$yⅠ3_5^a$、$yⅠ3_5^b$、$yⅠ3_5^c$、$yⅠ3_6^a$、$yⅠ3_6^b$、$yⅠ3_6^c$、$yⅡ1_1^a$、$yⅡ1_1^b$、$yⅡ1_2^a$、$yⅡ2_3^a$、$yⅡ2_3^b$、$yⅡ2_4^a$、$yⅡ2_4^b$、$yⅡ3_5^a$、$yⅡ3_5^b$、$yⅡ3_6^a$、$yⅡ3_6^b$ 共 29 个单层，分别对应 29 个短期基准面旋回。

五、井震结合大尺度等时地层格架的建立

钻井资料和地震资料是地层划分与对比研究中两项最基本和最重要的资料。前者可以提供井点范围内纵向上地层发育较为准确的详细信息，后者的优势体现在对地层在宏观发育特征上的刻画。在油气田勘探相关研究中，由于钻井资料较少，工作中对地震资料的重视程度

要更高一些，而随着油气勘探开发研究工作的深入、钻井资料的逐渐丰富，以及油气田开发工作对于工作精细程度要求的不断提高，钻井资料的重要程度逐渐凸显。而在利用高分辨率层序地层学研究建立适用于油气田开发中—后期高精度的等时地层格架工作中，必须要将上述两类资料充分结合。其中，地震资料在地层的精细划分与对比过程中起着极为重要的作用。通过对于区域性的标志层在地震剖面上的追踪和识别，可以避免油气田开发地层精细划分与对比过程中常见的地层"穿时"的错误。同时通过地层速度标定或者合成记录标定等，可以将这些区域性的标志层标定在井上，实现地层对比的井震标定，为井上地层的划分与对比提供约束（图3-4）。

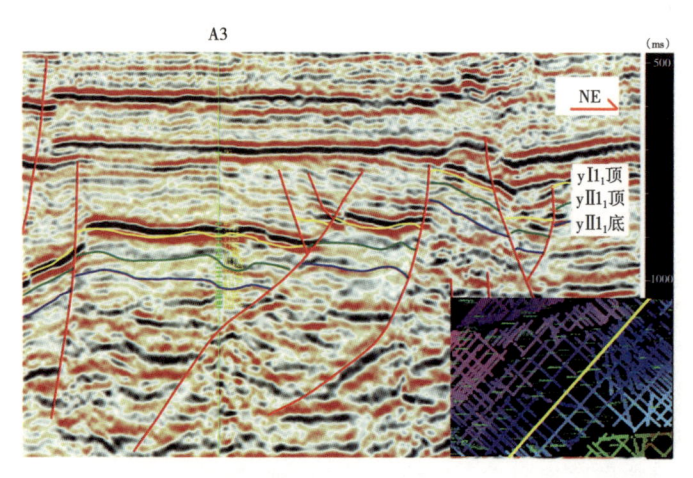

图3-4 辽河盆地西部凹陷某区井震结合大尺度层序地层格架的建立

首先是地震资料区域性标志层的识别，目的层于楼油层共发育三套区域性的标志层，即于楼油层的顶部、底部，以及于Ⅰ油层组和于Ⅱ油层组的分界线等。其中于楼油层的顶部发育一套泥岩，与上覆东营组底部的一套玄武岩之间界线明显，在地震剖面上表现为一套强反射。于楼油层的底部以及于Ⅰ油层组和于Ⅱ油层组的界线都是一套区域发育稳定的泥岩，在地震剖面上表现为一套较强反射，反射的强度弱于于楼油层的顶部。这三套区域分布的标志层在井上也有明显的反映。于楼油层的顶部（东营组的底部），表现为一套玄武岩，深灰色，低感应，低时差，自然电位平直。于Ⅰ油层组和于Ⅱ油层组之间为一套"钟形"泥岩，岩性为灰色泥岩。低感应，高时差，自然电位平直，感应及电阻率一般为钟形。于楼油层的底部发育一套"漏斗"泥岩，是于楼油层和兴隆台油层的分界线。特低感应，形态呈"漏斗状"，高时差，自然电位平直。通过地震层速度资料标定，可以将地震识别标志层的结果推广至井上，然后经过井上上述标志层识别结果的验证和修改，最终实现井震统一和大尺度等时地层格架的建立。有了大尺度等时地层格架基础，就可以进行目的层单层级别的细分。

在井震结合层序研究过程中，可能会出现井资料划分层序结果与地震资料不一致的情况，分析其原因主要是资料精度及两者划分层序的依据不同（陈欢庆等，2009）。地震地层学主要依据不整一反映的不整合现象；而钻井划分层序受化石带精度限制，主要依据岩性和电性组合来进行，但这种局部不整合上、下往往并无显著的岩电变化，所以井资料的岩电划分层序往往会错过不整合。地震层序是年代地层单元，岩电分层一般是岩性—地层单元，它们的性质一般是不相容的。因此当两种细分层序的方法出现无法解决的矛盾时，选择以地震资料为主。

六、高分辨率层序地层学需要与传统的地层划分对比方法紧密结合

这里需要特别指出的是，高分辨率层序地层学与传统的"旋回对比，分级控制"方法是不矛盾的。高分辨率层序地层学是对传统地层划分与对比方法的发展和完善，而且在高分辨率层序地层学研究中，更多地体现了地层成因的含义，使得地层划分与对比的结果更加科学可信。传统的地层划分与对比研究中的标志层对比、沉积旋回特征、测井曲线形态变化、储层流体性质改变等可以与高分辨率层序地层学紧密结合，相互印证和补充，更好地实现地层的精细划分与对比（图3-5，图3-6）。以标志层为例，在于楼油层的顶部和底部，以及中部yⅠ和yⅡ之间，发育比较稳定、大面积分布的泥岩，可以作为区域性的标志层，这些标志层的存在，保证了大尺度等时地层格架的准确性，为运用高分辨率层序地层学进一步精细划分对比地层提供了坚实的基础。同样，流体性质的变化也可以为非取心井单层的划分提供有益的帮助。总体而言，开发阶段的地层精细划分与对比是一项多信息综合的工作，需要将高分辨率层序地层学研究方法和技术与传统的地层划分对比方法紧密结合起来。

七、高分辨率层序地层学研究

1. 单井高分辨率层序地层分析

单井高分辨率层序地层学分析是单层划分与对比的关键（图3-5），因为受资料研究精度的制约，地震资料无法实现单层的划分。高分辨率层序地层学分析的本质，就是对不同级次基准面旋回的识别和划分，关键井不同级次基准面旋回响应模型的建立是核心问题之一。目前关于基准面旋回的分类方案有多种（邓宏文等，2002；郑荣才等，2010）。研究区共有单井近400口，在井上主要是依靠电导率曲线寻找短期基准面旋回的转换点，即湖泛面的位置。所谓基准面，是一个势能面，它反映了地球表面与力求其平衡的地表过程间的不平衡程度。一个成因层序是在一个增加和减少可容纳空间的基准面旋回期间堆积的沉积物进积/加积的地层单元。一个成因层序的半旋回边界发生在基准面上升到下降或下降到上升的转换位置。不论规模的大小，每种规模的基准面旋回导致的地层旋回都是时间地层单元，因为它们是在基准面旋回变化期间由成因上有联系的沉积环境中堆积的地层记录构成的。由于基准面旋回运动在地表之下时产生剥蚀作用，基准面旋回所经历的全部时间由地层记录（岩石）和沉积间断面组成。多级次基准面旋回的识别与划分是高分辨率地层格架建立的基础（郑荣才等，2010）。

具体到本次研究中，就是依靠电导率曲线寻找湖泛面的位置。辽河盆地西部凹陷，由于受物源补给中母岩成分中放射性物质的影响，对岩石含砂量较敏感的自然伽马曲线在这里对砂泥岩和由于含砂量变化产生的旋回性并不十分明显，而感应曲线常是选择的测井序列之一（郑荣才等，2010）。研究区共有单井近400口，在井上主要是依靠电导率曲线寻找短期基准面旋回的转换点，即湖泛面的位置。实践中首先依靠电导率曲线识别不同级次的湖泛面（特别是短期基准面的转换点，即五级层序界面），同时参考自然电位、电阻率、声波时差以及密度等测井曲线特征（取心井还要参考岩心在纵向上的不同旋回组合特征），建立关键井的中期基准面旋回和短期基准面旋回响应模型（图3-5），来划分基准面旋回（特别是短期基准面旋回），然后通过骨架剖面，推广至全区，最终实现单层的划分与对比。当然，在关键井上划分短期基准面旋回时还应该参考岩心在纵向上的组合特征，在提高基准面旋回识别准确性的同时，消除测井曲线由于仪器、人为因素等产生的系统误差。关键井不同级次基

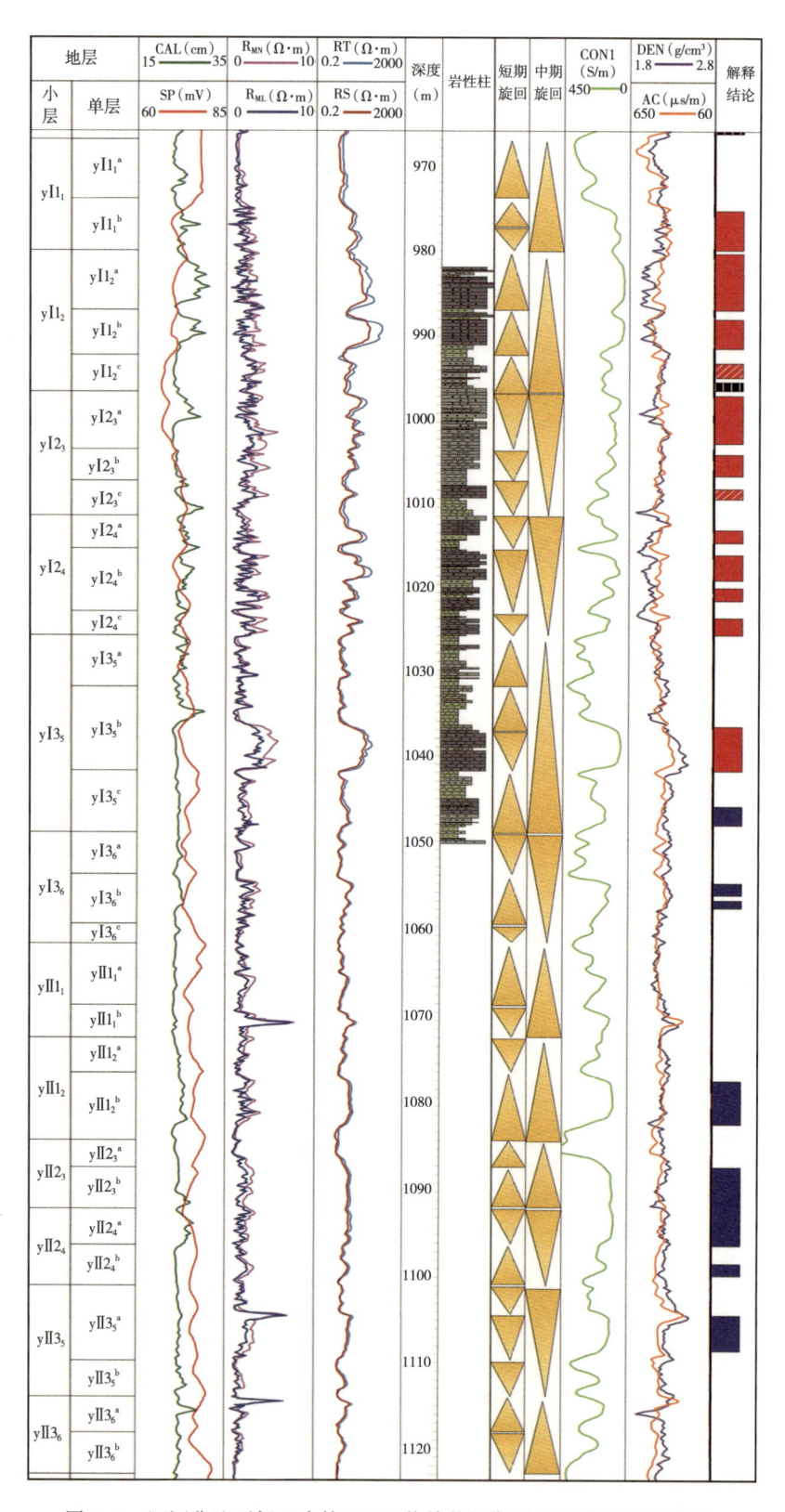

图 3-5　辽河盆地西部凹陷某区 W2 井单井短期基准面旋回响应模型

准面旋回响应模型的建立是高分辨率层序地层学理论与方法在油气田开发地层划分中成功应用的关键。利用高分辨率层序地层学理论与方法精细划分地层，首先要确定精细的分层方案，在带有取心资料的关键井上建立短期基准面旋回响应模型，然后通过骨架剖面网，推广至整个研究区（图3-5，图3-6）。

2. 剖面高分辨率层序地层特征

剖面上（井间）主要是依靠自然电位、电阻率、电导率，以及声波时差等曲线形态的变化以及沉积旋回的组合、地层厚度、油水层等流体的性质等进行地层的划分与对比。通过骨架剖面网，可以将关键井上地层精细划分的结果推广至全区，建立整个研究区的高分辨率等时地层格架（图3-6）。一般骨架剖面的选择主要有两个方向，分别是大体平行于物源方向和大体垂直于物源方向。关键井要位于骨架剖面之上，而且骨架剖面要尽量少经过断层，以增加前期地层对比的准确性，降低由于断层对地层的错断而带来的地层对比难度。

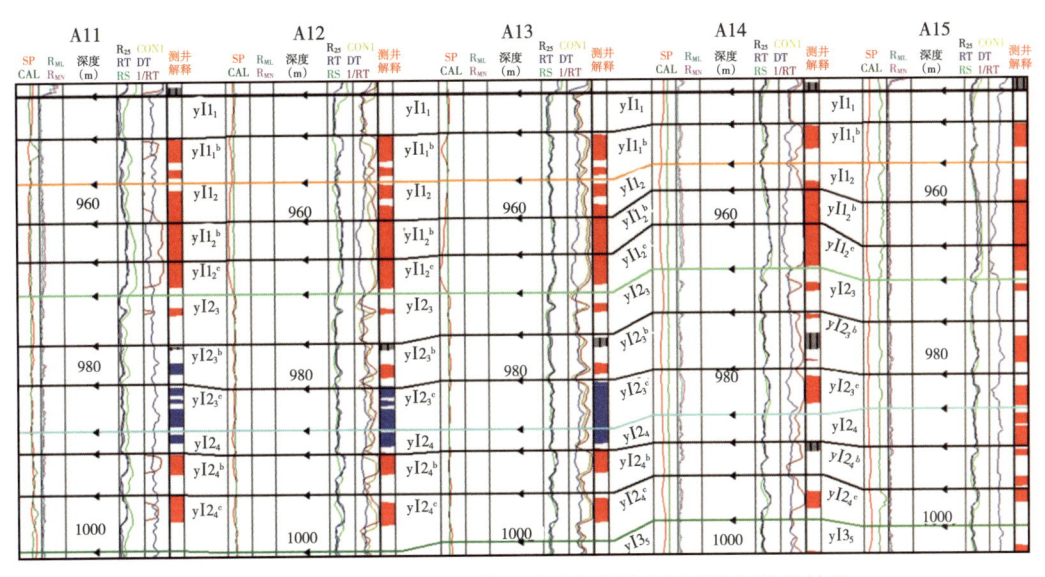

图3-6 辽河盆地西部凹陷某区单层高分辨率层序地层分析结果

剖面位置如图3-1所示

3. 高分辨率层序地层分析的结果

通过高分辨率层序地层学分析，将目的层于楼油层细分为 $yI1_1^a$、$yI1_1^b$、$yI1_2^a$、$yI1_2^b$、$yI1_2^c$、$yI2_3^a$、$yI2_3^b$、$yI2_3^c$、$yI2_4^a$、$yI2_4^b$、$yI2_4^c$、$yI3_5^a$、$yI3_5^b$、$yI3_5^c$、$yI3_6^a$、$yI3_6^b$、$yI3_6^c$、$yII1_1^a$、$yII1_1^b$、$yII1_2^a$、$yII1_2^b$、$yII2_3^a$、$yII2_3^b$、$yII2_4^a$、$yII2_4^b$、$yII3_5^a$、$yII3_5^b$、$yII3_6^a$、$yII3_6^b$ 共29个单层，分别对应29个短期基准面旋回（图3-6）。以单层 $yI2_4^a$、$yI2_4^b$、$yI2_4^c$、$yI3_5^a$、$yI3_5^b$ 和 $yI3_5^c$ 为例（图3-7），对比不同单层的地层平面展布图发现，不同单层中地层厚薄不一的区域大体呈条带状、北西—南东向展布，反映的是研究区目的层物源来自于北西方向的特征，其余单层特征与上述6个单层类似。同时这些不同厚度的地层条带在多处出现交汇和分离的特点，这与目的层为辫状河三角洲前缘沉积、水下分流河道沉积频繁分流改道的特征相一致。高分辨率层序地层学分析方法，在建立高精度等时层序地层格架过程中与传统的地层对比方法相比具有自身的独特优势。在对比过程中，其充分考虑到地层沉积成因的因素，对于分层界线的识别是在通过分析堆积方式来识别基准面旋回的基础上进行的。因为基准面旋回的转折点,即基准面旋回由下降到上升或由上升到下降的转换位置,可作为时间地层对比的优选位置,所以,这一对比方法还充分体现了地层对比过程中的等时对比原则。

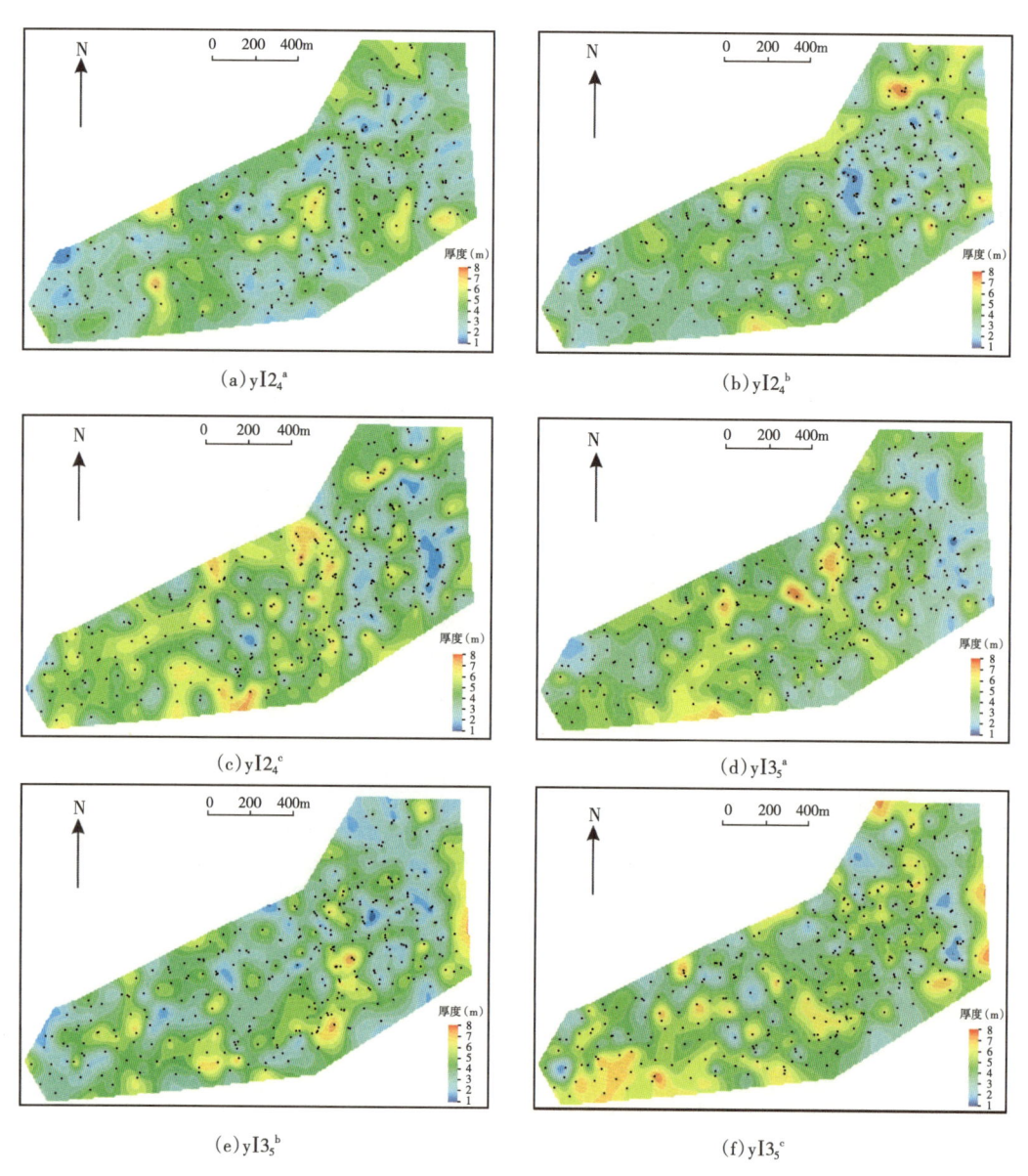

(a) yI2$_4^a$ (b) yI2$_4^b$
(c) yI2$_4^c$ (d) yI3$_5^a$
(e) yI3$_5^b$ (f) yI3$_5^c$

图 3-7 辽河盆地西部凹陷某区地层厚度平面展布特征图

4. 高分辨率层序地层学研究对油藏开发的意义

油气赋存于地下储层内,单砂体成为油气渗流的基本单元,因此,单砂体内部非均质性是控制注入剂驱油(方向、平面与垂向波及特征、驱油效率等)、剩余油形成与分布的关键地质因素,也是油气田开发地质研究的核心内容之一(马世忠等,2008)。单砂体是指自身垂向上和平面上都连续,但与上、下砂体间有泥岩或不渗透夹层分隔的砂体(张庆国等,2008)。本次利用高分辨率层序地层学理论和方法技术建立的单层级别的高分辨率等时地层格架，对于油藏的开发调整具有十分重要的实践意义。因为该单层内的砂体对应的就是单砂体。对比目前使用的小层格架与本次研究建立的单层格架（图3-8），可以看出，以前没有被分开，不同沉积时期叠置在一起的单砂体都被分开了，这就为单砂体的精细刻画和开发技术政策的调整提供了坚实的地质依据。通过在本次建立的单层级别的高分辨率等时地层格架内部识别和刻画单砂体，可以满足油气田中—后期地层划分的精度要求，为剩余油挖潜和提高石油采收率提供坚实的地质依据。

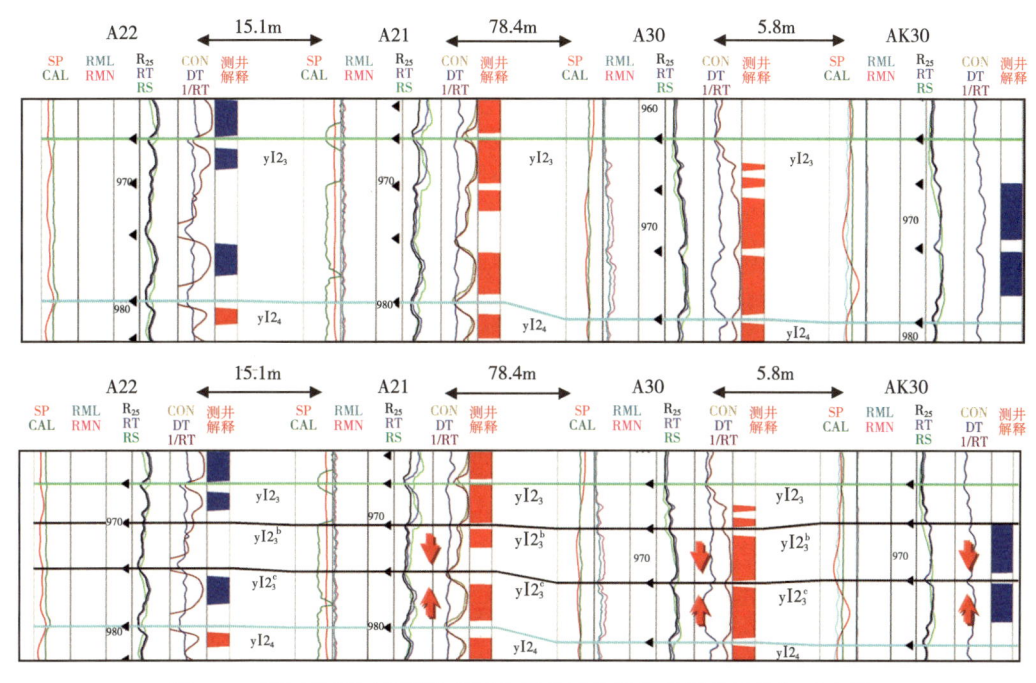

图3-8 辽河盆地西部凹陷某区小层分层格架与单层分层格架对比图

第二节 多信息综合火山岩储层裂缝表征

所谓裂缝，是指岩石发生破裂作用而形成的不连续面，它是岩石受力而发生破裂作用的结果。裂缝是油气储层（特别是裂缝性储层）的重要储集空间，更是良好的渗流通道。世界上许多大型、特大型油气田的储层即为裂缝型储层。系统地研究裂缝类型、性质、特征、分布规律，对于火山岩等裂缝性油气田的勘探开发具有十分重要的意义（吴元燕等，2005）。前人对火山岩裂缝研究技术做过较多的工作，归纳起来主要包括以下几个方面：(1) 综合利用电导率测井、声波测井、放射性测井、地层倾角测井和FMI成像测井等方法，对裂缝进行识别和预测（邓攀等，2002；王拥军等，2007；刘之的等，2008）。(2) 利用综合概率法、有限变形法等数学处理方法，分析裂缝的发育特征（戴俊生等，2003；汤小燕等，2009）。(3) 采用纵波波速的比值——"龟裂系数"裂缝分析法等基于地震资料和地震属性的研究方法，研究火山岩裂隙发育程度和发育规律（聂凯轩等，2007；张凤莲等，2007）。(4) 利用数值模拟分析技术，综合油田地质、开发以及生产动态资料，对裂缝进行综合预测（杨正明等，2010）。(5) 开发裂缝表征的关键技术。王志章等（1999）在对准噶尔盆地火烧山油田进行裂缝描述时提出一整套系统的裂缝研究技术，包括相似露头区野外考察及岩心观察技术、构造应力场数值模拟预测裂缝技术、实验室分析测定技术、沉积微相综合分析技术、关键井研究及多井评价技术、油藏动态分析技术、钻井工程分析技术、多元统计分析技术、神经网络模拟及预测技术、分形预测技术、地质统计学预测技术、渗流地质学分析技术、裂缝性油藏模型建模技术。（6）通过系统的等温剩磁和热退磁分析，获取裂缝发育信息，研究裂缝（章凤奇等，2007）。（7）裂缝的成因机制研究，以获取裂缝与储层关系信息，指导油气勘探开发（李春林等，2004；刘立等，2003）。E. d'Huteau等（2001）对阿根廷San Jorge盆地上白垩统Castillo组狭长的凝灰岩裂缝进行了研究，结果表明水力压裂的效果很差，主要原因是在多裂缝系统过早注水，水力压裂缝平行于原始裂缝方向或者诱导缝与井之间连通性很差。

本书通过岩心裂缝的直接观察、镜下薄片裂缝的微观表征、测井资料裂缝图像分析、地震资料裂缝宏观预测等手段，对研究区目的层裂缝发育特征进行了详细表征，并分析了裂缝的成因，以期为火山岩气藏有效开发提供地质依据（陈欢庆，2016）。虽然本书对于储层裂缝研究的实例选自火山岩气藏，但对于储层裂缝研究的具体方法与油藏无异，考虑到精细油藏描述方法技术介绍的完整性，因此也可以为精细油藏描述中的裂缝研究提供一定参考。

一、松辽盆地徐东地区营城组一段火山岩气藏地质概况

松辽盆地徐深气田位于黑龙江省大庆—安达境内，南北长约45km，东西宽约10km。徐深气田区域构造上位于松辽盆地北部徐家围子断陷，断陷形成于晚侏罗世—早白垩世早期，地层自下而上分别为火石岭组、沙河子组、营城组、登娄库组和泉头组一段、二段。由于火山喷发活动频繁，在营城组发育了大量的火山产物。火山岩储层分布在下白垩统营城组一段和三段中，以酸性喷发岩为主。目前，有各类井69口，获工业气流井38口，已具千亿立方米天然气储量规模，其中火山岩储层储量占89.8%，是大庆油田天然气开发的主要领域（吴河勇等，2002；王英南等，2009）。研究区徐东地区位于徐家围子断陷中部（图3-9），徐深气田发现井徐深1井即位于该区内。徐东地区目前已成为徐深气田最重要的天然气目标区之一，对其裂缝进行分析，不但对徐深气田的火山岩气藏有效开发具有实践意义，而且对于松辽盆地及国内其他盆地火山岩油气藏开发都具有参考价值。本次研究目的层段是白垩系营城组一段火山岩地层。

二、裂缝表征的研究思路

陈欢庆等（2011）主要利用钻井岩心、薄片和FMI、常规测井识别裂缝，实现裂缝类别划分和成因分析。在此基础上进行地震资料构造解释、断裂相干体分析，从而对火山岩气藏裂缝平面发育特征进行刻画。同时参考盆地构造发育史、埋藏成岩史等特征明确盆地断裂发育史及其对裂缝发育的影响，划分裂缝发育期次，认识其演化规律及储渗能力的空间分布。研究不同发育期次裂缝对储层储集性能的影响和贡献，分析不同发育时期裂缝在不同区域的气藏开发地质特征，这样使得裂缝评价结果对气藏开发具有更强的针对性和参考价值。该研究过程中在充分运用地质资料的同时深入挖掘地震信息，借助微机工作站，利用Petrel软件，基于钻井和地震资料对裂缝的蚂蚁追踪功能，分析裂缝发育规律，研究结果比常规的裂缝相干分析更为精细。

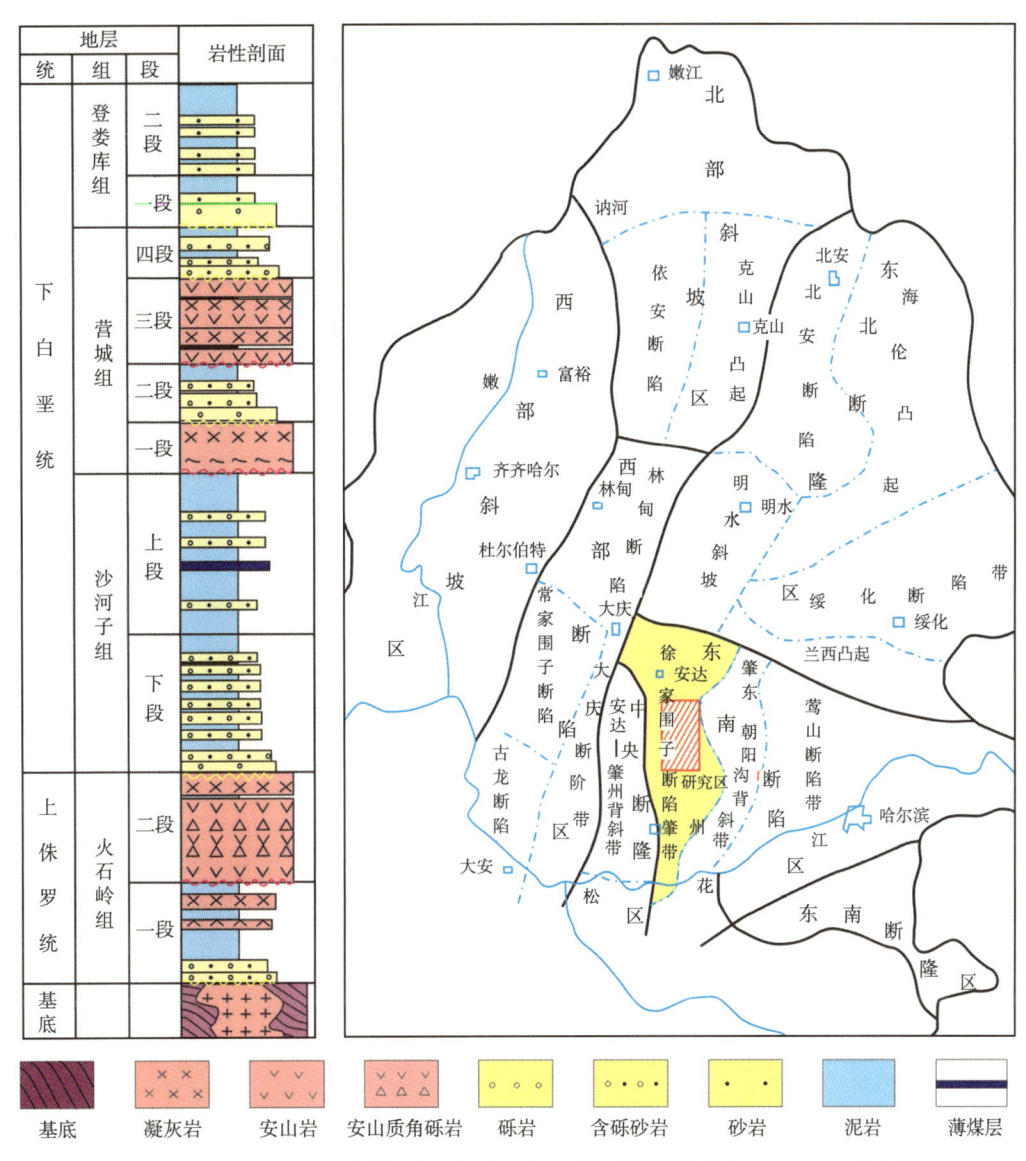

图 3-9 松辽盆地徐东地区地层划分特征和地理位置图（据吴河勇等，2002；王英南等，2009）

三、研究区目的层裂缝分类

从成因角度，松辽盆地徐东地区营城组一段火山岩气藏储层裂缝可以划分为构造裂缝、冷凝收缩裂缝、炸裂缝、溶蚀裂缝、缝合缝、风化裂缝等（表 3-1）。构造裂缝指由局部构造作用形成的或与局部构造作用伴生的裂缝，主要是与断层和褶曲有关的裂缝。裂缝的方向、分布和形成均与局部构造的形成和发展相关。多具方向性，成组出现，延伸较远、切割较深。自身储集空间不大，但可将其他孔隙连通起来，故常成为火山岩储层的渗流通道，大大地改善了岩石的储集性能。裂缝宽 0.01~0.1mm，个别较窄。有的较宽构造裂缝内部分或全部充填方解石或石英。研究区目的层的构造缝主要为与断层有关的裂缝。冷凝收缩裂缝是岩浆喷溢至地表后，在冷凝固化过程中体积收缩形成的一种成岩缝。主要见于熔岩和火山碎屑熔岩中，如流纹岩、角砾熔岩，其次见于普通火山碎屑岩中。火山喷发爆炸时，岩浆携带的碎屑物质受其作用形成的裂缝称为炸裂缝，各种火山岩中都可发育此种裂缝，以凝灰熔岩、晶屑凝灰岩中最多。在原有裂缝基础上发生溶蚀作用而形成的裂缝叫溶蚀裂缝。流纹质火山角砾岩中基质被溶蚀形成网状缝，火山角砾粒间被溶蚀形成次生裂缝，这些裂缝比较宽，有效性也较好，但较少，统计发现仅有10%的构造裂缝发生过溶蚀。缝合缝的突出特征是呈锯齿状，本区目的层的缝合缝常切割熔岩的斑晶和基质，或切割火山碎屑岩的火山碎屑。缝间多为铁质、泥质全部充填或部分充填，未充填者较少。此种裂缝在凝灰岩和火山角砾岩中偶尔见到，其他类型的火山岩中尚未见到。风化裂缝是指那些在地表或近地表与各种机械和化学风化作用（如冰融循环、小规模岩石崩解、矿物蚀变和成岩作用）及块体坡移有关的裂缝。冷凝收缩裂缝在泥岩中也可以看到（吴元燕等，2005），而炸裂缝是火山岩中特有的，其余裂缝在碎屑岩和碳酸盐岩中也可以看到，为裂缝成因分类的常见类型。本书分类充分考虑到火山岩的特征，比一般的裂缝成因分类更加全面和完善。

表3-1　松辽盆地徐东地区营城组一段火山岩储层裂缝分类特征

特征 分类	尺度	成因	发育程度	常见的岩石	识别资料基础
构造裂缝	规模大	构造作用	很发育	各种岩石类型	岩心照片、地震资料
冷凝收缩裂缝	规模小	火山喷发、成岩作用	局部较发育	熔岩、火山碎屑熔岩	镜下薄片
炸裂缝	规模小	火山喷发	局部较发育	凝灰熔岩、晶屑凝灰岩	镜下薄片
溶蚀裂缝	规模中到小	成岩作用	很发育	各类岩性	镜下薄片
缝合缝	规模小	成岩作用	不发育	凝灰岩、火山角砾岩	镜下薄片
风化裂缝	规模不等	成岩作用	不发育	火山角砾岩	岩心照片

四、多信息综合火山岩储层裂缝表征

1. 野外露头裂缝特征

为了对研究区目的层裂缝发育特征进行大体直观的了解，研究中收集到松辽盆地营城组裂缝发育部分野外露头资料（图3-10）（王璞珺等，2008）。从露头上可以对松辽盆地营城组火山岩发育的规模、密度和延伸方位等特征有直观的认识，为徐东地区营城组一段火山岩裂缝分析提供参考。

图3-10　松辽盆地营城组火山岩裂缝野外露头特征（据王璞珺等，2008）
（a）流纹构造流纹岩，发育垂直构造裂缝；（b）流纹质凝灰岩，发育裂缝网络，吉林九台上河湾

2. 岩心上的构造裂缝识别特征

对裂缝进行岩心观察是研究储层裂缝的直接方法。观察松辽盆地徐东地区的火山岩储层裂缝，在岩心上主要表现为规模较大的垂直构造裂缝和高角度构造裂缝，裂缝发育程度在不同区域和不同岩性处各有差异（图3-11）。岩心上的裂缝规模都较大，一般延伸距离大于0.5m，在局部可以表现为由多条规模稍小的裂缝（一般延伸距离小于0.1m）组成的三维裂缝网络。

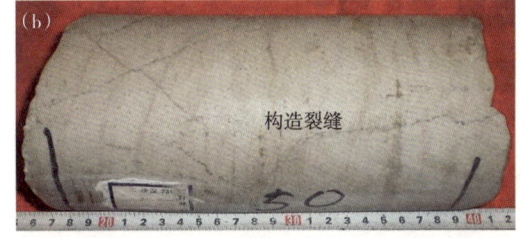

图3-11 松辽盆地徐东地区营城组一段火山岩裂缝岩心观察特征

(a) 高角度方解石脉充填构造裂缝，XS17井，深度3649.89~3650.15m；(b) 高角度方解石脉充填构造裂缝，XS231井，深度3760~3760.23m；(c) 垂直构造裂缝，XS12井，深度3730.06~3730.57m；(d) 高角度构造裂缝、垂直构造缝，XS21井，深度3656.24~3656.58m；(e) 高角度构造裂缝网络，XS12井，深度3667.83~3668.24m

依据岩心资料上构造缝的截切关系以及构造缝的充填情况可以定性划分裂缝的发育期次。研究区构造缝划分为三期：第一期为已充填并被高角度构造缝截切的低角度构造缝，后期形成的构造缝通常切割早期形成的构造缝；第二期为切穿低角度构造缝并被充填的高角度构造缝，这些构造缝被方解石脉充填或岩浆侵入，因此形成时间通常早于呈开启或半开启状态的高角度构造缝；第三期为切穿低角度构造缝但仍处于开启状态的高角度构造缝。一般早期形成的裂缝为方解石脉充填，裂缝宽度都较大，大于0.01m，延伸距离较远；晚期形成的裂缝一般都处于开启状态，延伸距离多数较远，大于0.5m，而有大约1/3集中发育，规模很小，并形成裂缝网络。分析不同时期裂缝对储层性质的作用，发现后两个阶段发育的裂缝对储层性质影响最大。

3. 镜下薄片裂缝发育特征

利用显微镜对裂缝进行观察是裂缝研究中最直接的方法之一，从镜下薄片中研究者可以对裂缝的微观发育特征有充分的认识（图3-12）。研究区目的层裂缝形态各异，规模不等。既有规模较大，在空间上延伸距离较远的大裂缝；也有受后期成岩作用影响而形成的小裂缝。在局部裂缝较发育的部位，裂缝可以形成空间上的三维网络［图3-12（b）］，一方面可以成为油气运移输导的有利通道，另一方面也可以在开发过程中造成水窜，严重影响开发效果。

炸裂缝［图3-12（a）］、溶蚀裂缝［图3-12（b），（c）］、构造裂缝［图3-12（d），（e）］、收缩缝［图3-12（f）］和缝合缝［图3-12（g）］等在镜下薄片中都有特征的表现，具体见表3-1，在此不再赘述。受资料条件和观察尺度的影响，溶蚀裂缝在镜下最为常见，炸裂缝次之，其他类型裂缝较少观察到。同时在薄片中也可以看到裂缝发育的期次性［图3-12（e）］，共表现出三期的特征（不同期次裂缝的走向可以参照平面图的方位获得），这与岩心观察到的结果具有良好的一致性。

4. 测井裂缝发育规律表征

对于裂缝表征，可以使用的测井评价方法较多，其中FMI成像测井方法是一种利用电流束和声波波束对井轴进行扫描，从而得到有关井壁图像的一类测井方法（王志章等，1999）。该方法对储层裂缝研究效果明显。本次研究中除利用常规测井解释分析裂缝与储层岩相等关系外，主要利用成像测井结合岩心对比分析，对研究区目的层的裂缝发育特征进行了详细分析（图3-13）。在成像测井图像上，垂直裂缝、高角度和低角度以及水平裂缝都有明显的反映，其中以第三期裂缝最为突出。同时，众多的微裂缝在FMI成像测井图像上有很直观的反映，这些微缝宽度一般为1~40μm。

5. 地震资料断裂发育规律表征

研究过程中，为了精细刻画裂缝在平面上（特别是在无井区）的发育特征，首先进行了裂缝相干分析。图3-14（a）即是徐东地区XS27井区相干体展示的裂缝发育特征，从中可以看到，裂缝在该井区东北部和西南部最为发育，而在靠近中部区域发育程度较弱；图3-14（b）为在断裂相干分析基础上利用Petrel软件做的裂缝蚂蚁追踪研究结果，从中可以看到，微裂缝主要沿较大规模的断裂发育，在不同区域发育密度有所差别。对比图3-14中两幅图可以发现，利用蚂蚁追踪功能求取的裂缝发育特征，相比相干体所获得的结果更为精细，它利用特征的算法，将地震数据体包含的信息充分挖掘出来，展示在平面上，这为无井区裂缝的精细刻画提供了十分有效的研究手段。

蚂蚁追踪技术是Petrel软件新开发的功能，它除了可以刻画大断裂，对小断层和裂缝也

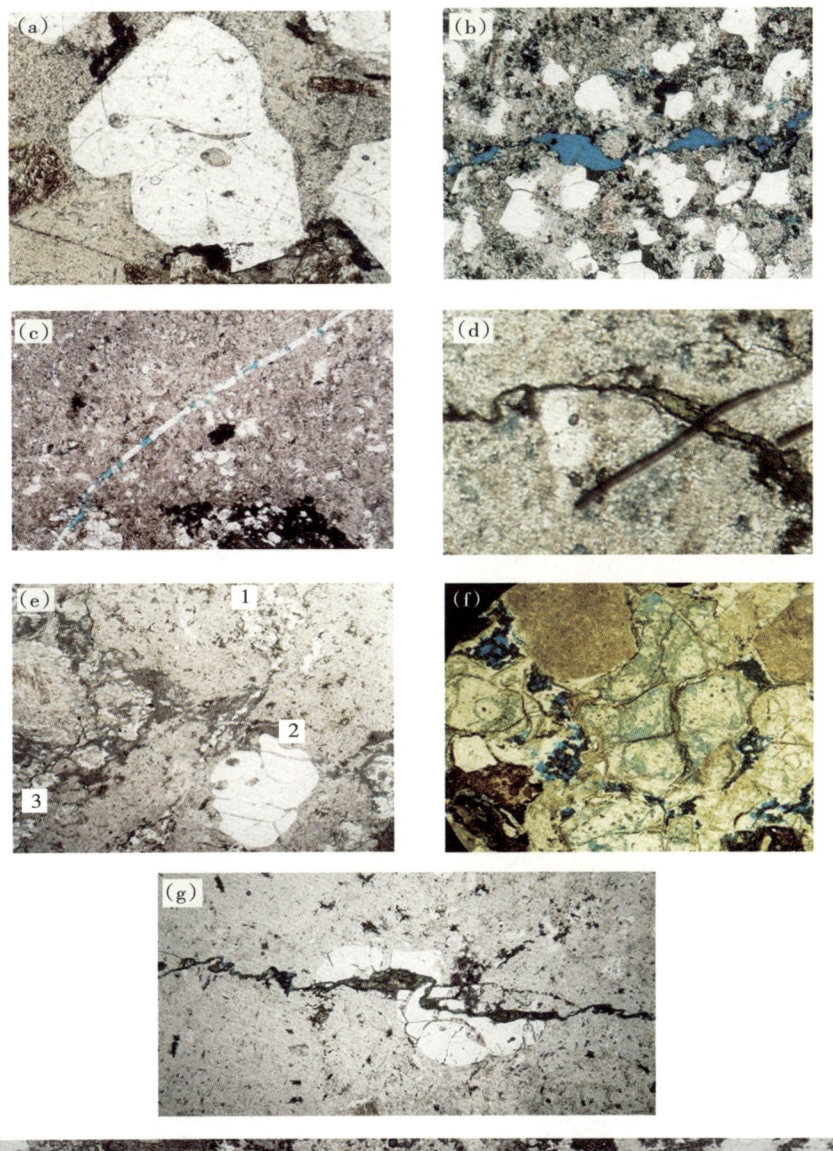

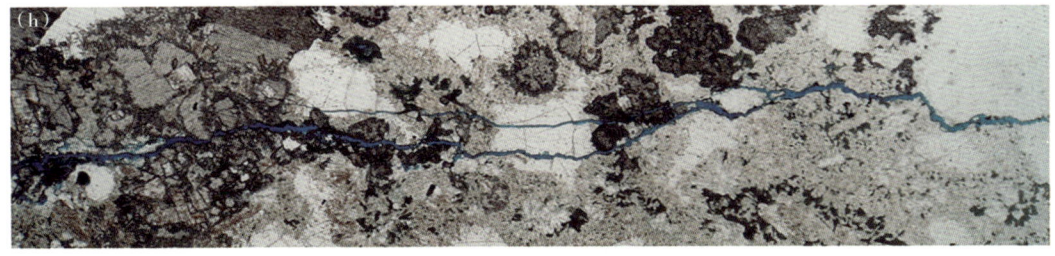

图 3-12 松辽盆地徐东地区营城组一段火山岩裂缝镜下薄片特征

(a) 晶屑炸裂缝，XS42 井，深度 3702.06m，×10，(−)；(b) 溶蚀裂缝，XS 21 井，深度 3658.66m，×10，(−)；(c) 石英半充填溶蚀裂缝，XS 23 井，深度 3899.47m，×40，(−)；(d) 绿泥石充填裂缝，XS12 井，深度 3731.47m，×10，(−)；(e) 不同期次裂缝发育特征，XS12 井，深度 3611.07m，×10，(−)；(f) 火山角砾岩冷凝收缩缝，XS 401 井，深度 4176.48m，×10，(−)；(g) 缝合缝，XS 12 井，深度 3731.47m，×40，(−)；(h) 裂缝连通网络，XS21 井，深度 3731.17m，×40，(−)

图 3-13 松辽盆地徐东地区营城组一段火山岩裂缝成像测井响应特征

(a) 水平裂缝和垂直裂缝，XS13 井，深度 4130~4131.2m；(b) 高角度裂缝和水平裂缝，XS14 井，深度 4207.7~4209.3m；(c) 低角度裂缝和垂直裂缝，XS21 井，深度 3732.4~3734.4m

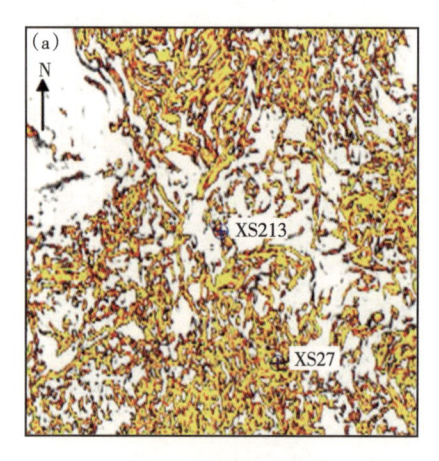

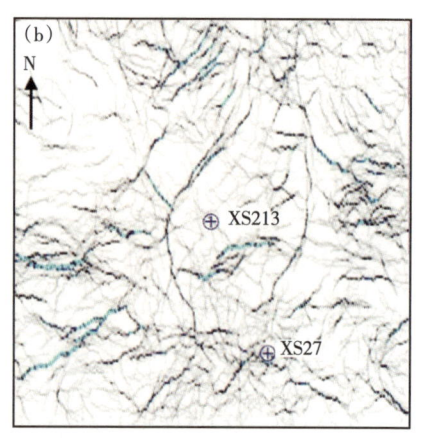

图 3-14 松辽盆地徐东地区 XS27 井区营城组一段地震资料刻画断裂发育特征

(a) 地震相干体分析断裂平面特征；(b) 地震数据蚂蚁追踪断裂平面发育特征；深色线条即是断裂在平面上的发育位置，XS27 井区的位置如图 3-15 所示

能精细表征。通过该项研究发现，宏观上沿着徐东地区徐中断裂和徐东断裂，裂缝最为发育，大致呈近南北向展布。在研究区北部和中部，断裂规模较大，数量较少，分布较集中；南部断裂规模较小，但数量更多，分布较分散。从位置上看，在研究区北部和中部，断裂主要发育于徐东地区靠近西半部，而在徐东地区南部，断裂基本均匀分布（图3-15）。宏观上裂缝与断裂发育规律一致，多发育在断裂附近。微观上，在发育南北向靠近断裂带裂缝的同时，还发育众多东西向或近东西向的裂缝，这些基本裂缝与南北向裂缝相连，但后者在侧向上延伸的距离要远远小于前者。上述这些不同方向发育的裂缝在空间上共同组成了徐东地区的三维裂缝网络，对研究区目的层储层性质起着重要的影响作用。

五、裂缝的成因及影响因素

从地质角度而言，裂缝形成受到各种地质作用的控制，如局部构造作用、区域应力作用、成岩收缩作用、卸载作用、风化作用，甚至沉积作用，在不同地区可能有不同的控制因素（吴元燕等，2005）。分析发现，松辽盆地徐东地区营城组一段火山岩气藏储层裂缝形成受构造作用、火山岩岩性、火山岩体、火山岩相和成岩作用等因素影响而形成。从宏观上裂缝在空间上的分布以及镜下薄片等资料显示的裂缝微观特征看，构造作用和成岩作用为裂缝发育的主要因素，而火山岩岩性、岩相以及火山岩体等因素为次要因素。

1. 构造作用的影响

构造特征是火山岩储层发育的主控因素之一，它对裂缝的发育更是起着决定性的影响作用。构造作用主要体现为断裂活动以及构造抬升和压实作用形成的古地形特征两方面来影响裂缝的形成和发育，其中又以断裂活动为主导。徐深气田断裂活动具有分期性，按断裂活动时期可将断裂系统分为早期断裂（火石岭组沉积期—沙河子组沉积期）、继承性断裂（火石岭组沉积期—营城组沉积期）以及晚期断裂（登娄库组沉积期以后）共三期断裂系统，在空间上主要表现为徐中和徐东两条大断裂（图3-15）。前人理论研究和实际观测结果表明（吴元燕等，2005），断层和裂缝的形成机理是一致的，裂缝是断层形成的雏形。一般而言，在业已存在的断层附近，总有裂缝与之伴生，两者发育的应力场应是一致的。

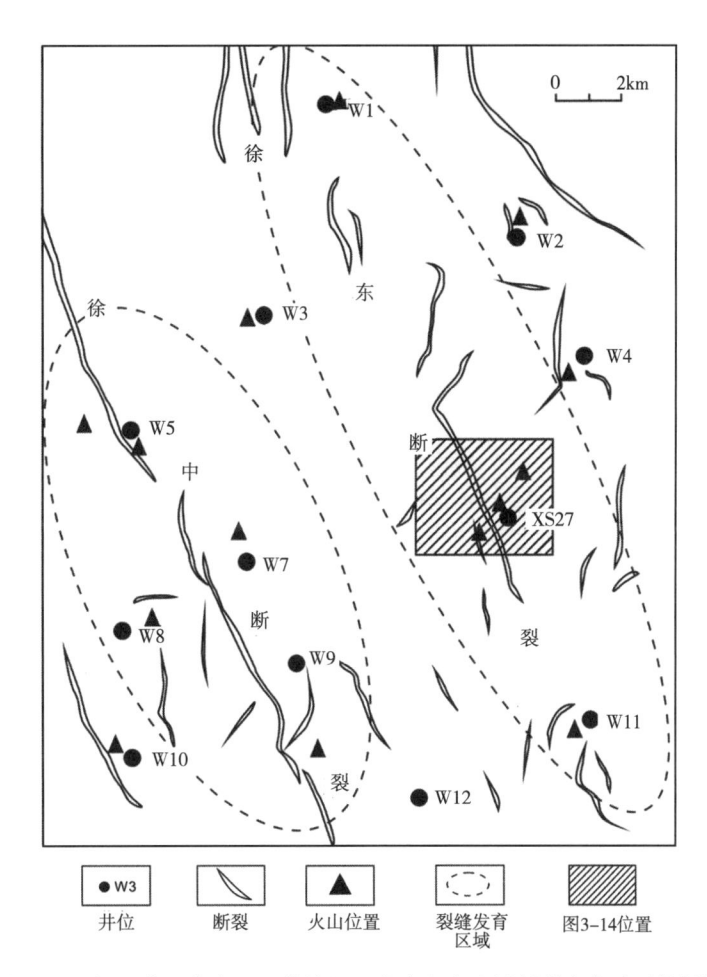

图3-15　松辽盆地徐东地区营城组一段火山岩地层断裂发育平面特征图

从断裂与裂缝的分布状况看，平面上徐中、徐东断裂带附近断裂与裂缝发育程度较高，远离徐中、徐东断裂带断裂与裂缝发育程度较低；纵向上营一段断裂与裂缝发育程度高于营四段断裂与裂缝的发育程度。徐东地区具有火山活动与构造运动双重成因机制，由受断裂控制的多个断背斜、断块组成。研究区内现今构造特征整体表现为中部低，四周高；主体部位徐东斜坡带表现为东高西低。这种特征的地形状况，通过影响火山岩体的展布规律来影响裂缝的发育。

由于研究区目的层火山喷发主要为裂隙—中心式喷发，因此在靠近火山口的构造高部位，裂缝的发育程度一般要高于远离火山口的构造低部位。研究中对于火山口的识别主要依靠地震资料来完成，一般火山口在地震剖面上呈倒锥状形态，且椎体内部地震反射杂乱。同时，如果有钻井穿越火山口，还可以参考井上岩电特征。从断裂发育平面图看（图3-15），火山口多分布在断裂发育的位置，而断裂发育的位置往往裂缝也发育。值得一提的是，图3-15与图3-14看似有些不甚一致，那是因为后者是前者的局部展示，精度更高而已。

2. 火山岩岩性的影响

徐东地区营城组一段火山岩储层为多期次喷发形成的，火山岩岩石类型繁多。通过分析测试资料、TAS图版和镜下观察等（图3-16），认为取心段火山岩岩石类型有火山熔岩和火山碎屑岩2大类、17种岩性。火山熔岩从酸性岩、中酸性岩、中性岩到中基性岩均有分布，以酸性为主。岩石类型分别是角砾熔岩、凝灰熔岩、熔结角砾岩、玄武质角砾熔岩、流纹岩、凝灰岩、沉凝灰岩、火山角砾岩、玄武岩、熔结凝灰岩、沉火山角砾岩、砾岩、晶屑凝灰岩和玄武质火山角砾岩、凝灰质角砾岩、粉砂岩和细砂岩等，其中以流纹岩、角砾熔岩和凝灰熔岩最为发育。

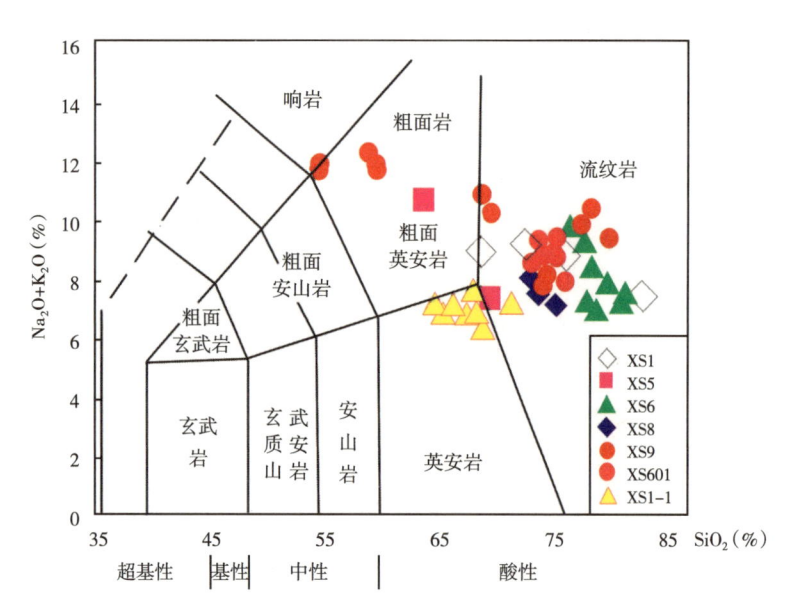

图3-16 松辽盆地徐东地区火山岩全碱—二氧化硅图（TAS图）（据王拥军等，2007）

从岩性来看，流纹岩、熔结凝灰岩、凝灰岩岩性致密，构造缝发育，而其他火山岩岩石类型裂缝发育程度相对较低。火山角砾岩、熔结角砾岩、角砾熔岩等火山碎屑岩中溶蚀裂缝最发育。由于研究区目的层以流纹岩、熔结凝灰岩和晶屑凝灰岩等酸性岩为主，而这些岩石类型又多连片发育，因此发育于这些岩性中的构造裂缝延伸距离都较远，多大于0.5m，这在岩心观察的裂缝特征中有明显的表现。

3. 火山岩体的影响

松辽盆地徐东地区营城组一段发育多个火山岩体，不同喷发旋回的火山岩体在空间上相互叠置，共同构成了目的层火山岩地层。沿着这些火山岩体界面，多发育低角度缝或水平缝。火山岩体的规模和相互叠置的状态在一定程度上影响了裂缝发育的角度和在空间上延伸的范围。通过火山口位置的确定、不同时期火山岩体在地震剖面上同相轴的连续性、强弱等信息，可以在地震剖面上初步追踪火山岩体。如果该火山岩体中有钻井钻遇，还可以参考井上火山岩体的岩电特征。从剖面上看，一般在靠近火山口的火山岩体界面附近，多发育高角度裂缝，裂缝在垂向上延伸较远；而在远离火山口的火山岩体边界，多发育水平裂缝和低角度裂缝，裂缝在侧向上延伸较远，裂缝在地震剖面上主要表现为内部反射杂乱的条带状，一般在同相轴截然断开的断层附近也会伴生裂缝（图3-17）。在利用地震剖面识别裂缝时，上述特征应该在相邻的或垂直相交的多条剖面上反复对比，只有多条剖面上都有显示时才能确定。当然，裂缝的发育规模和倾角大小在一定程度上还受到地形因素的影响。从平面上看，裂缝主要发育于火山体中靠近火山口附近的区域，而随着与火山口距离的增加，裂缝的发育程度逐渐减弱。

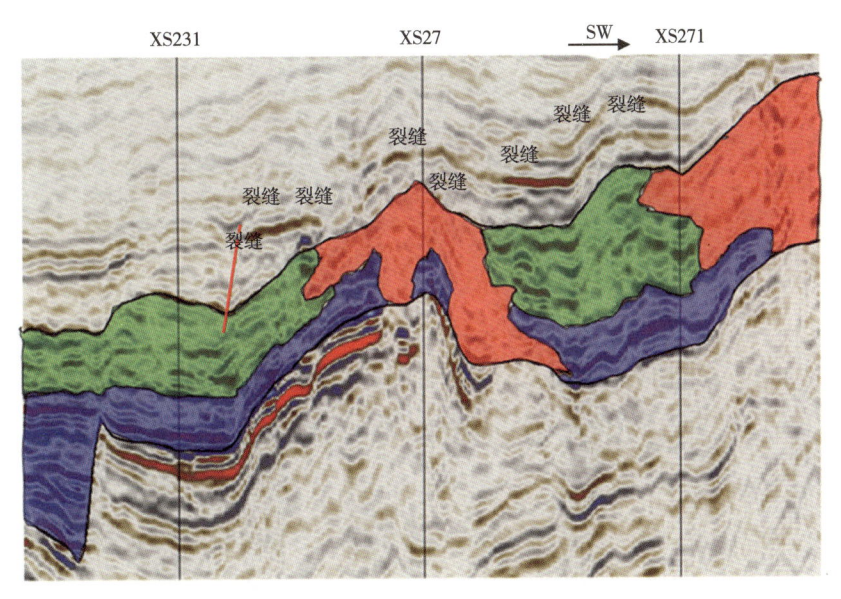

图3-17 松辽盆地徐东地区营城组一段井震资料结合火山岩体识别特征
不同颜色区域代表不同的火山岩体

4. 火山岩相的影响

研究区目的层火山岩可以划分为5种火山岩相和16种亚相（表3-2）。火山通道相测井曲线表现为高值锯齿状，厚度一般为30m左右；侵出相一般靠近火山通道相发育，测井曲线多为中—低值，厚度一般小于20m；爆发相电阻率曲线表现为中—低值，锯齿状；溢流相电阻率的曲线外形表现为厚层、微齿化，中—高电阻率。火山沉积相测井曲线外形常表现出韵律特征，薄厚不等。通过分析常规测井解释裂缝孔隙度和裂缝渗透率与火山岩相关系可知，火山沉积相裂缝物性最好，而侵出相裂缝物性最差，其他火山岩相物性介于这两种相之间（图3-18）。火山沉积相一般由各种火山碎屑岩组成，颗粒之间胶结较差，易于形成裂缝。观察断裂分布与裂缝发育平面叠合关系图件可知，通过火山口分布的位置与断裂的分布特征对比发现，研究区的火山喷发主要为裂隙—中心式喷发，因此火山通道相和爆发相发育的区域裂缝更为发育，而远离火山口的溢流相和火山沉积相裂缝发育程度要相对差一些。

表 3-2　松辽盆地徐东地区营城组一段火山岩相类型简表

相类型	单井厚度所占比例（%）	亚相类型
火山通道相	4.55	火山颈亚相，次火山亚相，隐爆角砾岩亚相
侵出相	1.35	内带亚相，中带亚相，外带亚相
爆发相	44.71	溅落亚相，热碎屑流亚相，热基浪亚相，空落亚相
溢流相	43.40	顶部亚相，上部亚相，中部亚相，下部亚相
火山沉积相	5.99	含外碎屑亚相，再搬运亚相

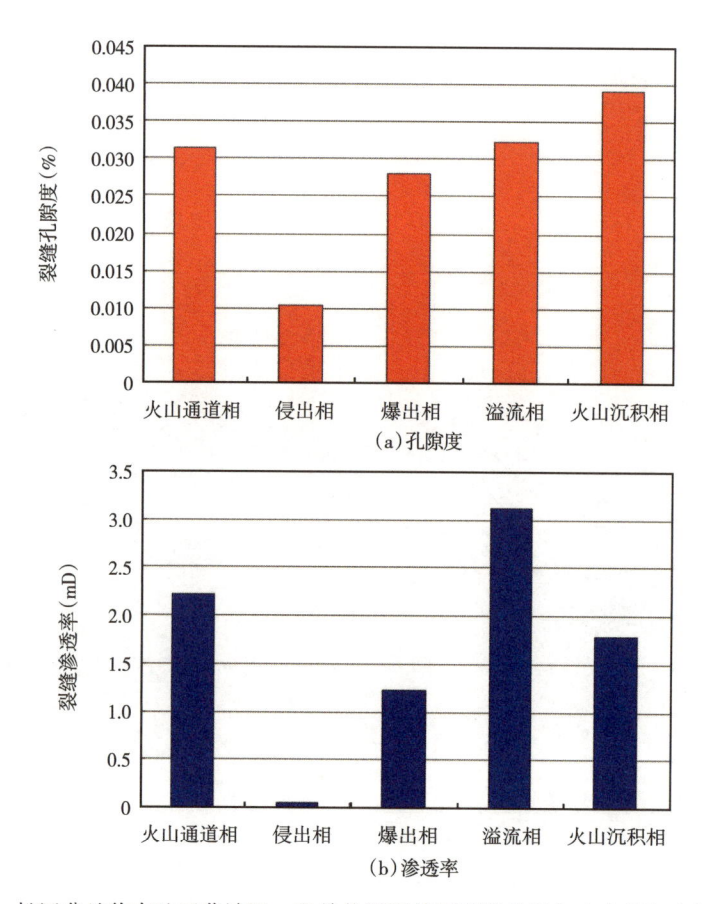

图 3-18　松辽盆地徐东地区营城组一段单井解释储层裂缝物性与火山岩相之间的关系

当然，火山沉积相裂缝发育较溢流相程度高的原因主要是岩性。裂缝发育指数是通过裂缝储渗特征反映裂缝发育程度的参数，其定义为：

$$F = 100\phi_f \cdot K_f \cdot h \quad \text{（据匡建超等，2001）}$$

式中，ϕ_f 为裂缝孔隙度，%；K_f 为裂缝渗透率，mD；h 为储层厚度，m。

从裂缝发育指数和裂缝发育宽度柱状图（图 3-19）中也可以看到，火山通道相为裂缝最发育的火山岩相类型。其中裂缝发育指数通过裂缝孔隙度和裂缝渗透率可以求取，而裂缝宽度可以通过成像测井 FMI 求取。裂缝宽度的求取公式为：

$$\varepsilon = aAR_{xo}^b R_m^{1-b}$$

式中，a、b 为与仪器有关的常数，其中 b 接近为零；A 是由于裂缝造成的电导率异常的面积，mm^2；R_{xo}、R_m 分别为侵入带及钻井液电阻率，$\Omega \cdot m$。这些数据都可以通过测井资料获取，从而计算出裂缝宽度。

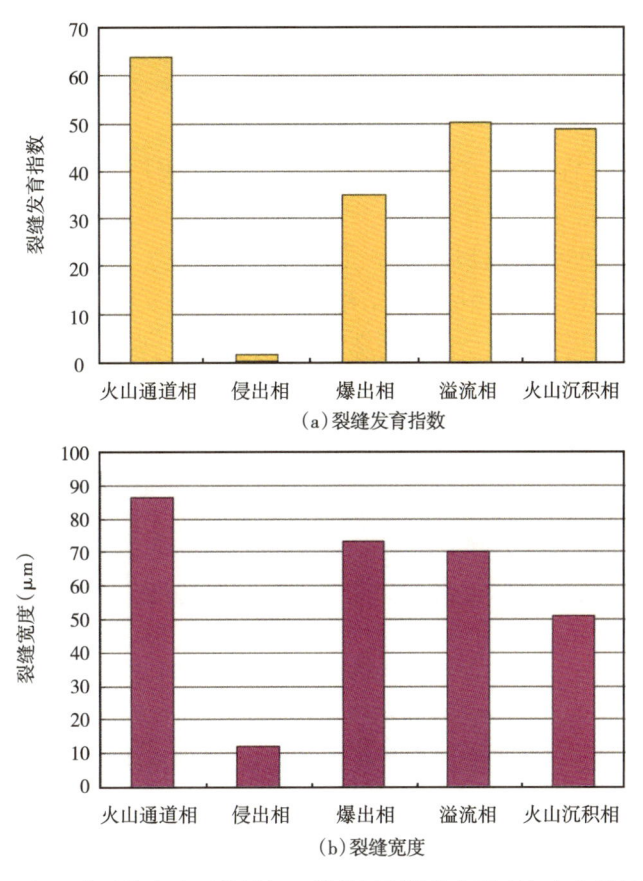

图 3-19　松辽盆地徐东地区营城组一段储层裂缝发育程度与火山岩相关系图

5. 成岩作用的影响

从油气储层研究角度将火山岩的成岩作用定义为火山喷发产物——熔浆和（或）火山碎屑物质转变为岩石，直至形成变质岩或形成风化产物前所经历的各种作用的总和。成岩作用对于裂缝的影响作用主要通过镜下薄片观察获得。分析成岩作用对裂缝的影响作用，主要划分为积极和消极两方面。前者主要包括冷凝（却）收缩作用、溶蚀作用、风化作用等；后者主要包括压实作用、充填作用等（图 3-12）。冷凝（却）收缩作用主要是火山喷发物质冷凝（却）收缩而形成。溶蚀作用则分为颗粒内部部分溶蚀（晶屑内溶蚀、火山角砾岩岩屑内溶蚀）、颗粒全部溶蚀—形成铸模孔—长石斑晶或岩屑溶蚀铸模溶孔、球粒流纹岩基质溶蚀和粒间溶蚀四种，其中粒间溶蚀对裂缝形成影响作用大于粒内溶蚀作用。风化作用主要是岩石暴露地表或在近地表遭受各种机械或化学改造作用，形成风化缝，改善储层性质。研究区目的层风化作用对裂缝形成的影响要小于冷凝（却）收缩作用和溶蚀作用。火山碎屑物质经过压实固结形成岩石的作用称为压实作用。通过显微镜下观察，研究区目的层的充填作用包括钠长石充填、自生石英充填、绿泥石充填、碳酸盐充填等，其中对裂缝破坏最大的是绿泥石充填作用。与充填作用相比，压实作用对于裂缝的破坏作用要小得多。对比上述的压实作用，以溶蚀作用和充填作用最常见。

值得一提的是，上述成因影响因素在松辽盆地徐东地区营城组一段火山岩气藏储层裂缝的形成过程中是相互影响的。例如在构造缝发育的区域岩石破碎疏松，就容易遭受溶蚀，而形成溶蚀裂缝［图3-12（e）］。有时同一条裂缝也许是受几种因素共同作用形成，只是不同因素所起作用比重不同而已，图3-12（a）就是构造作用形成的裂缝受成岩作用中充填作用影响形成的裂缝。因此，在裂缝成因机制分析过程中应该坚持综合分析的思路。

第三节 基于沉积微相划分的储层构型研究

储层构型，是指不同级次储层构成单元的形态、规模、方向及其叠置关系（吴胜和，2010）。储层构型研究的本质是储层建筑结构的研究，而储层的建筑结构又主要包括不同级次储层界面，以及由这些界面分割的不同地质时期形成的地质体。可以通过沉积、成岩以及储层隔夹层等分析，实现储层构型的定性和定量表征。对油气勘探阶段有利储集体的预测和开发阶段剩余油预测挖潜都具有十分重要的意义（兰朝利等，2001；Sanghamitra Ray 等，2002；Bradford E Prather，2003；Brianp J Williams 等，2004；岳大力等，2007；陈欢庆等，2008；伊振林等，2010；陈平等，2010；曾祥平，2010；Olariu M I 等，2011；王凤兰等，2011）。岳大力等（2007）以胜利油区孤岛油田11J11密井网区为例，对曲流河点坝地下储层构型进行了分析。侯加根等（2008）以黄骅坳陷孔店油田新近系馆陶组辫状河砂体为例，建立了心滩坝三维构型模型。前人对于储层构型的研究主要集中于曲流河和辫状河等，其中曲流河的研究较为成熟，而冲积扇储层构型研究目前还十分薄弱，没有公认的构型模式和成熟的分类方案（岳大力等，2007；曾祥平，2010；王凤兰等，2011）。伊振林等（2010）对新疆克拉玛依油田六中区下克拉玛依组构型进行了解剖，认为在构型界面附近剩余油富集，但该研究并没有明确提出砾岩储层构型的分类。由于不同级次的储层构型、不同类型的储层构型物性差异较大，构型发育规律各不相同，因此，明确高含水期砾岩储层构型开发调整过程中构型研究的级次和构型的详细分类特征，对开发调整和剩余油挖潜都具有十分重要的意义。吴胜和等（2012）对新疆克拉玛依油田三叠系下克拉玛依组冲积扇内部构型进行了分析，建立了冲积扇沉积构型模式，但未涉及不同构型类型的岩电特征和识别标志。

一、储层构型研究进展

1. 储层构型研究现状

1）构型研究资料基础

储层构型研究是一项系统工程，涉及众多的学科，因此，需要的资料也是多种多样。丰富的资料基础，为储层详细的构型解剖提供了必不可少的条件。开展储层构型研究工作所需资料主要包括野外露头、测井、地震、钻井取心、分析测试和生产动态等（图3-20）。对于油气田构型解剖的实践，测井资料和地震资料是最直接的资料基础。特别是地震资料，对于构型界面以及不同级次界面限定的构型单元的刻画，都起着十分重要的作用。Mark E. Deptuck 等（2003）利用高分辨率多波二维和三维地震数据，对阿拉伯海尼日尔三角洲斜坡上部近海底河道和堤岸体系储层构型的复杂性进行了分析。Brett T. McLaurin 等（2007）主要基于野外露头资料，对美国犹他州书崖地区下 Castlegate 组变形的薄层河流沉积砂岩构型及其成因进行了分析，研究中对河流和坝沉积体系的规模进行了定量统计。

(a) 冲积扇现代沉积特征

(b) 冲积扇储层构型野外露头剖面特征

图 3-20 准噶尔盆地西北缘某区下克拉玛依组构型研究现代沉积和野外露头资料基础

2) 构型级次划分

构型界面是指一套具有等级序列的岩层接触面，据此可以将地层划分为具有成因联系的地层块体（吴胜和，2010）。Miall A. D.（1985，1996）在构型分析中定义了8类界面，它们构成了一个代表不同时限的界面等级体系，其中限定了不同尺度的沉积单元（图 3-21）。1级界面为交错层系的界面，界面上很少或没有侵蚀，岩心上界面不明显，一般可通过交错前积层的削截和尖灭来识别；2级界面是简单层系组的界面，界面上下有岩相变化；3级界面为巨型底形内的侵蚀面，其倾角小（一般<15°），为低角度的界面，削截下伏一个或多个交错层系，界面上通常披盖一层泥岩，其上为内碎屑泥砾，界面上下岩相组合相似；4级界面为巨型底型的界面，比如心滩、点坝界面、小河道（溢洪水道）底部冲刷面、决口扇界面等；5级界面为大型的沙席，如大型河道及河道充填复合体的界面，一般为平至微向上凹，以切割—充填地形及底部滞留砾石为标志；6级界面为限定河道群或古河谷的界面，大体相当于段或亚段（作图地层单元）的界面；7级界面为异旋回事件沉积体界面，如最大海（湖）泛面；8级界面为区域不整合面，相当于三级层序界面。构型界面的目的就是应用一套具有等级序列的岩层接触面（bedding contacts），将砂体划分为具有成因联系的地层块体。在不同级别构型分析过程中，可以加深对研究目的储集体沉积特征的深入认识（陈欢庆等，2008）。本次在进行准噶尔盆地西北缘某区下克拉玛依组冲积扇储层构型研究时，充分利用各种资料，通过各种构型界面的划分识别不同储层构型单元。

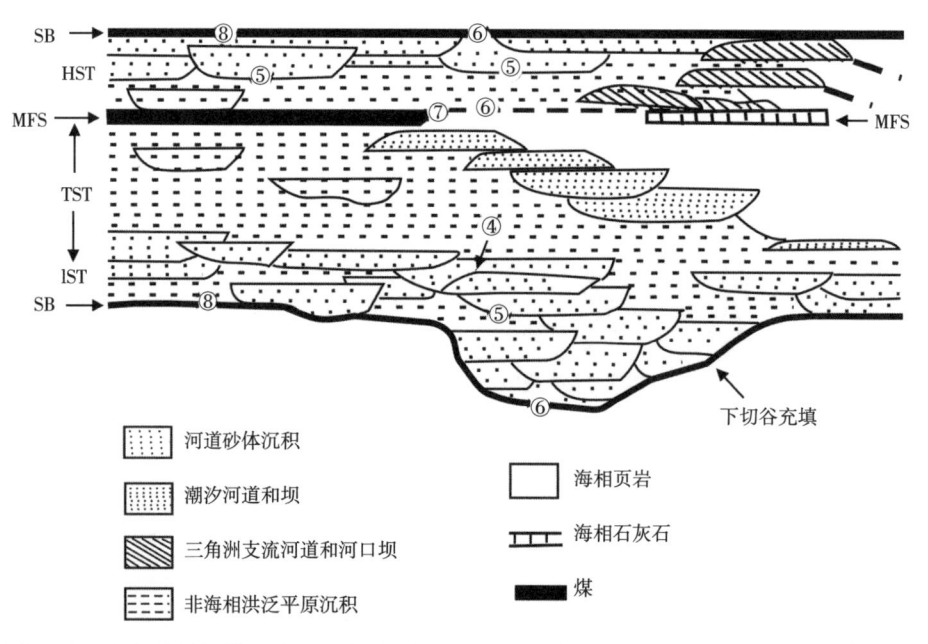

图 3-21　各级次储层构型界面示意图（据 Miall A. D. 等，1985，1996；陈欢庆等，2008）

2. 构型研究的方法

1）层序地层学方法

层序地层构型也属于储层构型研究的范畴。该项研究主要是利用层序地层学的方法和手段，通过分析地层之间的接触关系、不同地层发育的沉积体系特点等，来实现地层构型解剖的目的。Gary J. Hampson 等（2004）利用沉积学方法对英国北海布伦特省成熟油气区储层构型进行了精细研究。研究中基于高分辨率层序地层学方法实现了三个方面的突破：（1）提高了沉积储层内部及其之间在时间和空间上的描述精度；（2）改进和发展了 Broom 组和 Tarbert 组两套储层区域性的沉积学预测模型；（3）识别出区域精细的构造和地层等对储层构型控制的因素，它们与北海中侏罗统构造演化有关。该研究增加了该地区的勘探潜力，提高了最终油气的发现程度。Jonathan P. Allen 等（2007）对澳大利亚昆士兰晚二叠世加利利盆地西北部盆地边缘产煤的海岸冲积平原沉积进行了沉积学和地层构型分析，利用层序研究的方法，将整个沉积体构型划分为 6 个由不整合面分隔的成因单元。层序地层学方法在碎屑岩和碳酸盐岩储层构型研究中取得了巨大的成功，但是对于火山岩等储层就显得比较困难，难以解决研究中的关键问题，具有一定的局限性。

2）沉积学方法

沉积学方法是目前储层构型研究中应用最多和最广泛的方法。它主要是通过刻画沉积亚相和沉积微相在空间上的发育规模和叠置样式来研究对应级次的储层构型单元及其界面特征，达到储层构型表征的目的。Jo H. R. 等（2001）从沉积角度对韩国东南部 Kyongsang 盆地西北部白垩纪冲积层序构型进行了分析，主要针对厚砂岩、薄砂岩和泥岩三种组分。沉积学方法对储层构型的研究最成熟，就连现在广泛应用的 Miall 对储层构型的分类也基本上是以沉积学研究为基础建立的。但是沉积学方法也有其自身的缺点，受研究水平的限制，目前对于冲积扇等沉积类型储层构型成因模式研究得还不是太细致，需要结合其他方法综合分析，以达到精细、准确解剖储层建筑结构的目的。

3）成岩作用方法

储层建筑结构的形成，是多种地质作用综合响应的结果。对于一些储层而言，成岩作用占主导作用。成岩作用构型研究主要是利用成岩作用方法，分析不同类型成岩作用对储层性质的影响，特别是由此而引起的储层建筑结构的变化，达到储层构型研究的目标。Jutta Weber等（2005）主要应用阴极发光观察和岩石包裹体分析以及持续的埋藏史沉积热力模拟等手段，对德国茨瓦德尔盆地三叠系Solling组辫状河沉积体系石英胶结作用与沉积构型之间的关系进行了分析，并提出了成岩构型的概念。该方法目前研究得很少，还很不成熟，而且并非所有储层都有强烈的成岩作用过程，因此应用起来有一定的局限性。

4）地质统计学方法

随着储层构型研究的日益深入和成熟进步，地质统计学方法在该项工作中的作用越来越大，越来越多的研究者开始尝试利用地质统计学方法开展储层构型表征。伊振林等（2010）以克拉玛依油田六中区下克拉玛依组为例，对冲积扇砾岩储层不同构型单元的宽度和厚度进行了定量统计，为剩余油预测挖潜和生产政策调整提供了坚实的依据。该研究方法大大推进了储层构型研究定量化的进程，同时促进了储层构型表征成果在老油田井网加密和调整等生产实践当中的应用。但是该方法也有一个最大的缺点，那就是需要有比较丰富的资料基础。

5）地质建模方法

地质建模方法现在越来越多地应用至储层构型表征中，在井间砂体和流体预测等方面发挥了越来越重要的作用。该项研究主要是通过建立储层构型三维地质模型，来实现储层建筑结构三维展示和井间构型发育特征的预测。在具体的建模流程和建模方法上，储层构型三维地质建模与常规的沉积相建模没有本质区别，只是精细程度大大提高。在国外，Donselaar M. E.等（2007）利用地质建模方法研究了荷兰全新世潮汐盆地不同岩相潮汐沉积相构型特征。研究中主要包括4种岩相，分别是潮道砂岩、砂占主导的内潮汐滩多岩性组合、泥占主导的内潮道、淡水泥。Zoltán Sylvester等（2011）通过建立河道轨迹的简单二维模型，对海底河道和堤岸沉积体系地层构型进行了分析，结果表明，利用该模型可以解释在一个看似复杂的系统内单一河道在一段时间内下切、迁移和沉积的位置。在国内，大港、大庆等诸多油田也都进行了储层构型地质建模研究，已初见成效。地质建模方法使得储层构型研究的结果直观、形象，而且可以很方便地应用到储层剩余油挖潜的实践工作当中去，缺点是受资料状况和算法的制约，实现起来比较困难，而且对于其真实性的验证也是一个巨大的挑战。

6）数值模拟方法

要精细准确表征储层构型，本质上需要对储层构型成因有深刻的认识。而数值模拟方法为认识储层构型地质成因提供了一种直观的定量工具。通过储层构型形成过程的数值模拟，可以定量再现不同沉积时期不同级次储层构型的空间发育演化规律。Gouw M. J. P.（2007）对河流—三角洲地层的冲积构型进行了分析总结，建立了简单的冲积构型模型，利用模型模拟了河道粗粒沉积和泛滥平原细粒沉积的比例和展布特征。Hill E. J.等（2008）在结构模式识别的基础上建立了随机沉积连续模型。利用该模型对灌木峡谷露头剖面和孟加拉扇地震相进行了二维数值模拟。数值模拟方法可以将储层构型发育规律定量体现出来，其缺点是必须依靠比较可靠的地质模型作为基础。

7）其他各种新技术和方法

随着相关学科的发展进步，越来越多的定性和定量新方法被应用至储层构型表征中。Raymond L. Skelly等（2003）利用探地雷达对美国内布拉斯加州东北部奈厄布拉勒河下游加积的辫状河浅砂床河道沉积构型进行了分析，雷达的相识别功能基于探地雷达数据再现了河道沙坝复合体、大的和小的河床构成（包括二维和三维沙丘）和河道等构型要素。Jaco H. Baas 等（2004）利用水槽实验对逐渐减弱的高密度流这个水道类似物的河床几何学、结构和组成进行了分析。通过实验，分析了高密度流的沉积构型和流动属性及其沉积特征。Brenton L. Crawford 等（2010）利用航空磁测的数据对加拿大育空地区的古元古界韦尼克地层地下构型的演化进行了分析，研究中地质和地球物理资料也被结合起来使用。各种新技术和新方法在储层构型研究中的逐渐使用，使得储层构型的研究向着定量化、系统化和准确化的方向迅速发展，不断进步。当然，这些方法也不是万能的，无论技术发展到何种地步，都应该以坚实的地质研究作为基础；同时，也应该根据研究对象的具体实际选择适合的方法和技术，因为每种方法和技术都有其局限性。

储层构型研究是一项系统工程，涉及多方面的因素。因此理想的构型研究应该是根据研究区目的层的地质实际和资料基础，针对构型研究需要解决的实际问题，综合上述不同的手段和方法开展工作，实现储层构型研究的目标。

3. 储层构型研究中存在的问题和发展趋势

1) 构型研究中存在的问题

目前储层构型研究中存在的问题主要包括以下几个方面。

（1）不同研究者对储层构型的概念和内涵理解不统一。目前大部分研究者认为，构型为储层的内部建筑结构，而也有相当一部分研究者认为储层构型还包括储层的层序地层构型等。这主要受研究者的目的和研究所处的勘探开发阶段控制。在勘探阶段，以平面为例，研究者可能主要关注的是大尺度的储层建筑结构，比如盆地范围、凹陷范围、区带范围等。在纵向上，可能最多研究至三级层序即可。而对于油气田开发研究者则不然。平面上，可能是针对某一个油藏，甚至往往是某一个沉积体，或者更进一步，到某一个井组。纵向上，可能不但要研究到油层组、砂层组，甚至到单砂体。与之对应，构型研究可能要精细到四级甚至三级。本次在准噶尔盆地西北缘某区下克拉玛依组冲积扇砂砾岩储层构型研究时将储层构型细分至四级，既满足了生产需要，又和测井资料所能达到的构型识别精度级别对应（图3-22）。需要特别指出的是，储层构型的研究并不是越精细越好，而是能达到实际需要和研究目标即可。

（2）当下现代沉积资料和野外露头资料所反映的构型特征和模式与地下储层构型的类比和实用性研究匮乏。目前在构型研究中使用最多和最直接的是现代沉积资料和野外露头资料，然而受沉积、构造和成岩等多方面地质因素的影响，这些资料与地下储层地质实际并不完全相同，这就需要在实践中对从现代沉积和野外露头资料中获取的研究认识和成果（例如不同沉积相类型储层构型模式），在应用于地下储层构型分析时，首先要进行类比、修正，而不能直接使用，以避免失之毫厘、谬以千里的错误。目前许多学者并没有注意到这个问题，这方面的研究还很少。

（3）不同沉积成因类型储层构型的模式亟待完善和发展。目前对曲流河构型模式研究认识比较成熟，而对于三角洲、冲积扇等沉积体系还缺乏深入的认识和科学完善的构型模式（兰朝利等，2001；岳大力等，2007；伊振林等，2010；饶资等，2011）。储层构型模式的总结和提炼，对于储层有利开发区带的预测和剩余油的挖潜都具有至关重要的作用，因此是储层构型研究的重要目标。McHargue T. 等（2011）对大陆坡浊流水道构型进行了分析，总结了构型模式。研究指出，在大多数的浊流沉积中，至少三个尺度的河道发展和萎缩周期可以预测，分别是构型要素、复合体集合和层序。

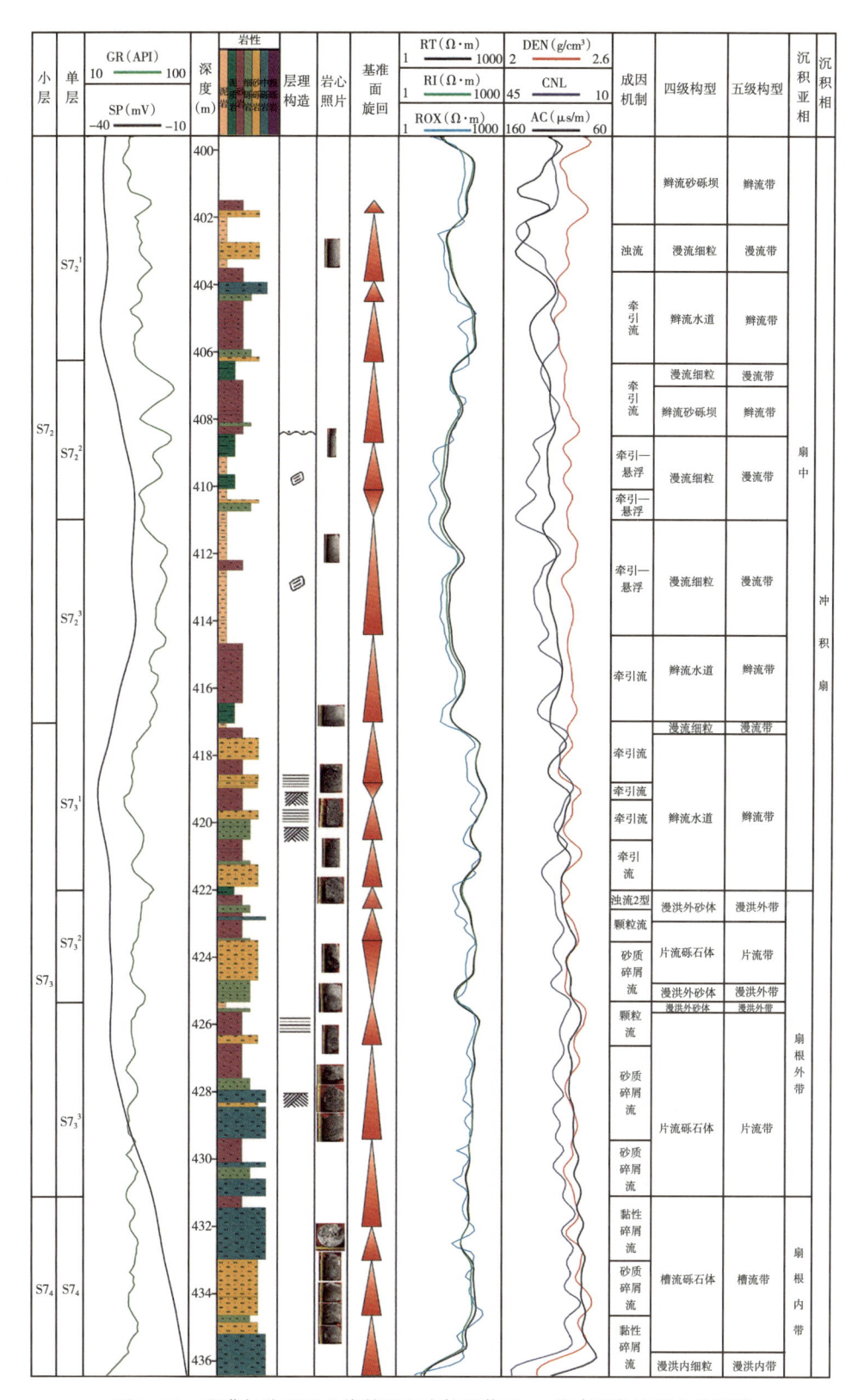

图 3-22 准噶尔盆地西北缘某区下克拉玛依组 J7 井冲积扇构型分类特征

（4）目前储层构型研究的内容较单纯，综合性不够。储层构型研究最初主要通过沉积学方法来实现，但这并不意味着储层构型的研究就仅限于沉积学方面的内容。储层的形成是一个综合的地质过程，其建筑结构的形成也涉及多方面，包括沉积、成岩、构造等多方面，这些都属于储层构型研究的范畴。因此，要实现储层构型的准确分析，必须进行综合研究，不仅仅是从沉积角度来分析问题，还应该加入成岩作用、构造分析等元素。只进行沉积等单因素分析，很难得出符合地下地质实际的结论。Annika W. Hesselinka 等（2003）以莱茵河荷兰部分为例，对人类活动对冲积构型的影响进行了分析。Nicolas Backert 等（2010）以希腊科林斯断裂 Kerinitis 吉尔伯特型扇三角洲沉积为例，分析了断层生长对储层构型的影响。

（5）构型研究与生产动态的关系不甚清楚，导致构型研究的结果在现实中很难直接解决生产实践问题。这也在很大程度上限制了储层构型研究的迅速发展。从本质上讲，在油气田开发工作中，开展储层构型研究，目的是搞清楚储层内部结构特点，为剩余油分布预测提供指导。如果脱离了生产实践来分析储层构型，无疑会使工作成为纸上谈兵，失去研究价值。

（6）构型研究的对象主要集中在碎屑岩和碳酸盐岩储层，而火山岩、泥岩等特殊岩性储层的构型研究较少。由于碎屑岩和碳酸盐岩广泛发育，对这两类储层构型的研究较多，而对于火山岩和泥岩等特殊岩性的构型研究较少。

2）构型研究的发展趋势

随着油气田逐渐进入开发中—后期，对储层的认识也逐渐深入。开发实践中所暴露出来的各种生产实践问题也要求我们开展精细的储层构型解剖，为开发方案优化和措施调整提供坚实的地质依据。综合文献调研和科研实践，认为储层构型研究的发展趋势主要包括以下几方面。

（1）随着生产技术的不断进步，各种新资料的加入，使得构型的研究更加精细化和准确化。目前构型的精细解剖应用最多的是野外露头资料、现代沉积资料和测井资料。随着水平井技术在我国各大油气田的逐步应用和不断发展，利用水平井资料来解剖地下储层构型，建立精细的构型模式，逐渐成为储层构型研究的一个新的发展方向。水平井不但可以直接揭示地下储层不同构型单元之间的组合关系，而且在识别不同级次的构型界面方面具有特别的优势。同时，随着油田开发进程的深入，密井网资料也越来越多地应用至储层构型表征中。井距一般情况下可以达到200~300m，在局部甚至可以达到100m。这些丰富的资料可以在百米级的储层构型单元刻画过程中有效地发挥控制作用，实现储层构型表征的目标。

（2）对现代沉积和地面露头资料开展与地下储层构型模式的类比和适用性研究。使得通过上述两方面资料获取的研究成果，能够顺利准确地应用于地下储层构型研究当中，从而更好地指导生产实践。前已述及，野外露头和地下储层构型发育模式的类比目前在储层构型研究中十分薄弱。例如，野外露头和地下储层均为辫状河沉积，但两者在河道发育规模、心滩类型等方面必然存在差异。这就需要研究者通过沉积背景、构造发育特征、地质年代、物源供给状况、气候等多方面分析对比，确认野外露头提供的哪些信息可以为地下储层的构型表征提供指导和参考，而并非简单地拿来直接应用，这样可以极大地避免误差甚至错误的发生。

（3）储层构型研究从较单纯的沉积学分析逐渐向沉积、成岩、构造等综合研究方向发展。Giovanni Rusciadelli 等（2007）通过综合野外露头观察、孔隙评价和建模等，研究了差异压实作用对意大利亚平宁山脉中部 Maiella 碳酸盐岩台地边缘沉积构型的控制作用。

G. Ercilla S. García-Gil 等（2008）对伊比利亚西北大陆边缘西班牙西北部加利西亚浅滩地区和邻近的深海平原高分辨率地震层序进行了研究，结果表明，断裂体系控制着研究区沉积构型的形成。储层建筑结构的形成，是多方面地质因素综合作用的结果，因此，越来越多的研究者注意到，只有通过综合分析，才能准确剖析储层构型发育特征。以后储层构型的综合性研究，必将成为储层构型研究的重要发展趋势。

（4）除碎屑岩和碳酸盐岩以外，其他岩类储层构型研究。随着世界范围内碎屑岩、碳酸盐岩油气勘探开发形势的日益严峻和伴随社会经济高速发展而来的油气消费量的急剧增加，火山岩、页岩、变质岩等油气勘探开发逐渐引起了研究者的兴趣（江怀友等，2011；马晓峰等，2012）。而目前关于这些岩石类型的构型研究极少。以火山岩为例，火山口和火山通道控制着火山岩体和火山岩储层不同岩性和岩相的发育规律，进而控制着火山岩储层发育规律。而对于火山岩储层构型的解剖，实质上就是对火山岩体的解剖，只有实现了这一目标，火山岩储层地质成因控制因素众多、空间相变快、裂缝发育、横向预测困难等问题才能真正得到解决。以后越来越多的研究者将逐渐关注这方面的内容。

（5）储层构型研究逐渐由定性和半定量化向定量化方向发展。储层构型研究很重要的目的之一便是通过对现有资料的分析，总结储层构型发育模式，在此基础上预测剩余油分布的区域，指导开发生产实践。以剩余油挖潜为主要目的的开发中—后期储层构型研究，对于剩余油分布特征的定量表征、加密井的布井调整、更加精细的分层注水、油井转注等措施的实施都至关重要。而只有实现储层构型的定量化研究，才能够准确把握不同构型单元在纵向上和横向上的发育规模和叠置样式，实现剩余油发育规律的定量表征。因此，定量化将是储层构型研究发展的必然趋势。

（6）储层构型分析方法在储层其他研究方面的应用。从定义中可以看到，储层构型研究就是分析储层的建筑结构。因此，储层构型分析方法本身就成为研究储层展布、储层叠置关系的重要手段之一。利用储层构型研究的方法，可以解决储层其他方面研究的众多问题。Weiguo Li 等（2011）利用三维相构型和化石足迹学分析对美国犹他州 Capital 矿费伦 Notom 三角洲的不对称性进行了评价。基于储层构型的研究成果，本书对开发井组中砂体连通性进行了分析，结果发现不同储层构型界面对井间砂体连通性具有十分重要的影响和控制作用，具体情况将在下文详细介绍。由于储层构型分析方法在认识储层建筑结构方面具有精细准确的特征，未来将逐渐扩大应用的深度和广度。

二、准噶尔盆地西北缘某区下克拉玛依组冲积扇构型特征

本书以准噶尔盆地西北缘某区下克拉玛依组冲积扇沉积储层为例，通过地质和地球物理资料综合分析，在沉积相划分基础上对研究区目的层构型进行详细分类，总结了比前人更加全面和精细的不同四级构型类型的岩电特征和识别标志，并首次剖析构型对储层注采关系调整的作用，构型研究在油藏有效开发中具有十分重要的意义。

1. 地质概况

准噶尔盆地西北缘克拉玛依油田，北临扎伊尔山，呈北东—南西向条带状分布，长约50km，宽约10km，属单斜构造，自西北向东南阶梯状下降（图3-23）。油区断裂发育，根据断裂切割情况分为9个区和若干个开发断块。研究区西南以七区和克—乌断裂为界，东与九区相邻，白碱滩断裂将其分为中区和东区两个区块。研究区自下而上发育石炭系、三叠系、侏罗系、白垩系等。三叠系包括百口泉组、下克拉玛依组、上克拉玛依组和白碱滩组4

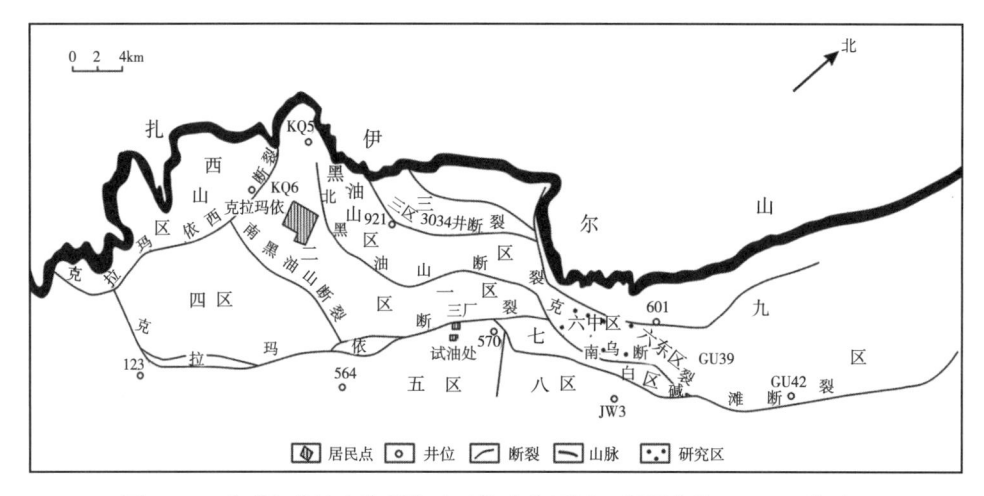

图 3-23 准噶尔盆地克拉玛依油田构造位置图（据郑占等，2010，修改）

个组，其中下克拉玛依组和上克拉玛依组为主要含油层系。下克拉玛依组为本次研究的目的层，分为 S6，S7 两个砂层组，进一步细分为：$S6_1$、$S6_2$、$S6_3$、$S7_1$、$S7_2^1$、$S7_2^2$、$S7_2^3$、$S7_3^1$、$S7_3^2$、$S7_3^3$、$S7_4$。本次研究目的层为 $S6_3$、$S7_1$、$S7_2^1$、$S7_2^2$、$S7_2^3$、$S7_3^1$、$S7_3^2$、$S7_3^3$ 和 $S7_4$ 共 9 个小层。下克拉玛依组埋藏深度为 350~850m，地层厚度为 50~70m。研究区共有油水井 1085 口，平均井距约 110m（郑占等，2010）。克拉玛依三叠系为一套巨厚的灰绿色—棕红色砾岩，厚 300~2500m；下三叠统仅见于油田东部，几乎全为砾岩和砾状砂岩，厚 130~200m；中三叠统分布广泛，下部为厚层砾岩—砂岩、砾岩和泥岩互层、细粉砂岩—泥岩的正旋回沉积；上部为一套砂砾岩和泥岩交替沉积，共厚 50~450m（姜在兴，2003）。根据密闭取心井岩心岩性鉴定结果，研究区目的层岩性包括粗砾岩、中砾岩、砂砾岩、砂质砾岩、细砾岩、粗砂岩、中砂岩、含砾砂岩、细砂岩、粉砂岩、含砾泥岩、粉砂质泥岩和泥岩等多种岩性（图 3-24）。为了工作方便，更容易总结规律，研究中对上述岩性进行了合并，将目的层岩性划分为粗砾岩、中砾岩、细砾岩、砂砾岩、砂岩、泥质岩和泥岩 7 种岩性。其中将砂质砾岩合并至砂砾岩，粗砂岩、中砂岩、含砾砂岩、细砂岩等合并为砂岩，粉砂岩、含砾泥岩和粉砂质泥岩等合并为泥质岩。

从岩性剖面图上看（图 3-25），砾岩储层非均质性强烈，纵向岩性变化大，即使在相对大段的细砾岩、砂岩等层段内，也会由于粒度、泥质含量等的变化，导致储层物性发生较大的变化，在测井曲线上发生明显变化。整体上砂砾岩和砂岩分布广泛，连片性好，其他岩性相对较差。在 $S7_4$、$S7_3^3$、$S7_2^3$、$S7_2^2$、$S7_2^1$ 层中发育厚度较薄的砂岩、砂砾岩、细砾岩、中砾岩等条带，对于其中延伸距离较长的条带（超过两个井距），有两种情况：如果物性好，可以形成水流优势通道；如果物性差，可以形成物性遮挡层。两种情况分别对注水开发产生消极和积极影响。粗砾岩只在 $S7_4$ 层出现。泥质岩和泥岩隔夹层由于厚度薄，分布范围小，在 $S7_4$、$S7_3^3$ 和 $S7_3^2$ 等层中作用小，而在 $S7_3^1$、$S7_2^3$、$S7_2^2$、$S7_2^1$ 等层中作用明显，应予以充分重视。从图上看，目的层砾岩储层自下而上呈现出三套结构，第一套为 $S7_4$—$S7_3^2$，以砂砾岩为主，夹砂岩、细砾岩、中砾岩和粗砾岩薄层；第二套为 $S7_3^1$—$S7_2^3$，以砂岩为主，夹薄层的细砾岩、中砾岩、砂砾岩；第三套以大套泥岩为主，夹薄层砂岩、砂砾岩、细砾岩和中砾岩。地层从上到下随着泥岩含量减少、砂质含量增加，平面相控的质量控制程度增加。

图 3-24 准噶尔盆地西北缘某区下克拉玛依组岩心观察岩性特征

(a) J1 井，浅灰褐色中砾岩，411.80~411.90m；(b) J1 井，灰白色含粗砾细砾岩，416.26~416.38m；(c) J1 井，深棕褐色中砾岩，398.61~398.80m；(d) J7 井，浅棕褐色含中砾砂质砾岩，421.44~421.60m；(e) J7 井，浅灰褐色砂质砾岩，426.47~426.57m；(f) J1 井，浅灰绿色粉砂质泥岩，397.66~398.80m；(g) J50 井，砂砾岩，×50，522.09m；(h) J9 井，中砾岩，×50，576.30m；(i) J6 井，细砂岩，×25，386.62m

2. 冲积扇砾岩储层构型研究的思路

新疆准噶尔盆地西北缘砾岩储层具有相变快、储层非均质性强等特点，储层表征难度大。克拉玛依油田于 1955 年发现，1958 年投入开发。到现在为止，积累了丰富的露头、钻井、测井、地震以及生产动态等多方面资料（李庆昌等，1997），这为本次研究提供了坚实的资料基础。根据构型研究的目标以及掌握的资料基础，设计了如下的研究思路（图 3-26）。应用的资料主要包括现代沉积、野外露头（图 3-27）、测井、地震、钻井取心、分析测试和生产动态资料等。研究的内容主要涉及四部分。第一部分是利用上述资料进行地层的精细划分与对比，建立精细的小层对比与划分数据库。第二部分是储层构型划分体系的建立。主要是在精细等时地层格架内进行岩石相分析和沉积学分析，建立构型划分体系。确定构型划分的级次，到底是研究到五级构型还是四级构型，这是储层构型研究中十分关键的一步，只有合理确定了构型划分的级次，后续工作才能顺利开展。第三部分是构型配置样式（模式）的建立，主要包括两个大的方面：一方面是通过小层划分界线发育规律分析和储层

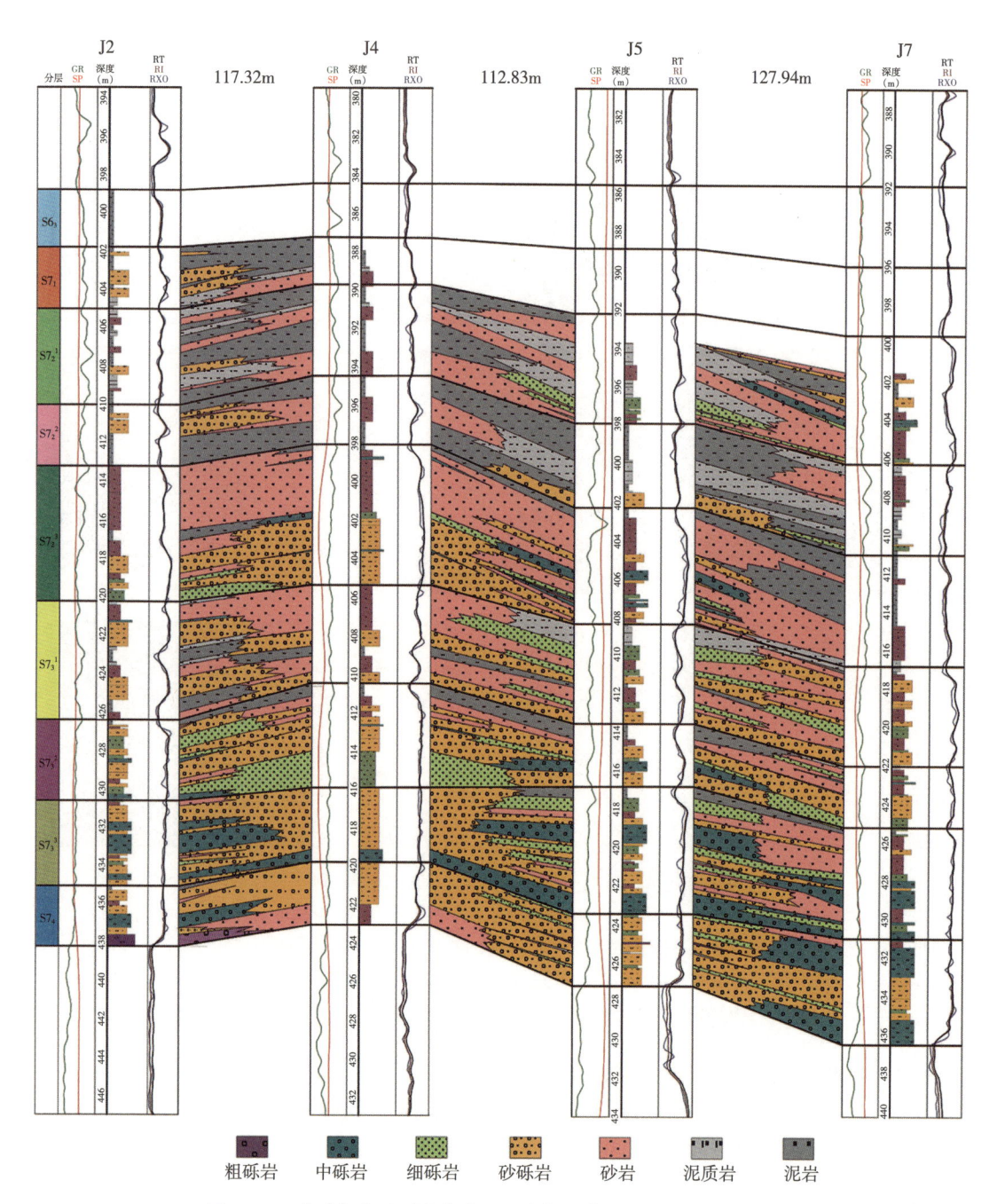

图 3-25 准噶尔盆地西北缘某区下克拉玛依组砾岩岩性剖面特征

隔夹层发育特点表征实现储层构型界面表征的目标；另一方面是综合储层构型界面特点和成岩作用、孔隙结构特征等储层微观特征实现不同成因储层单砂体构型单元发育规律研究，主要包括不同构型单元的规模、成因和内部结构等。第四部分是在第三部分研究基础上总结储层构型配置样式，分析剩余油分布规律，最终形成一套储层建筑结构表征技术，为储层有效开发和剩余油挖潜提供指导。各类型资料在构型表征研究中的作用也各不相同。现代沉积和野外露头资料主要是建立构型发育模式，体现在对不同构型单元在空间上的叠置关系以及发

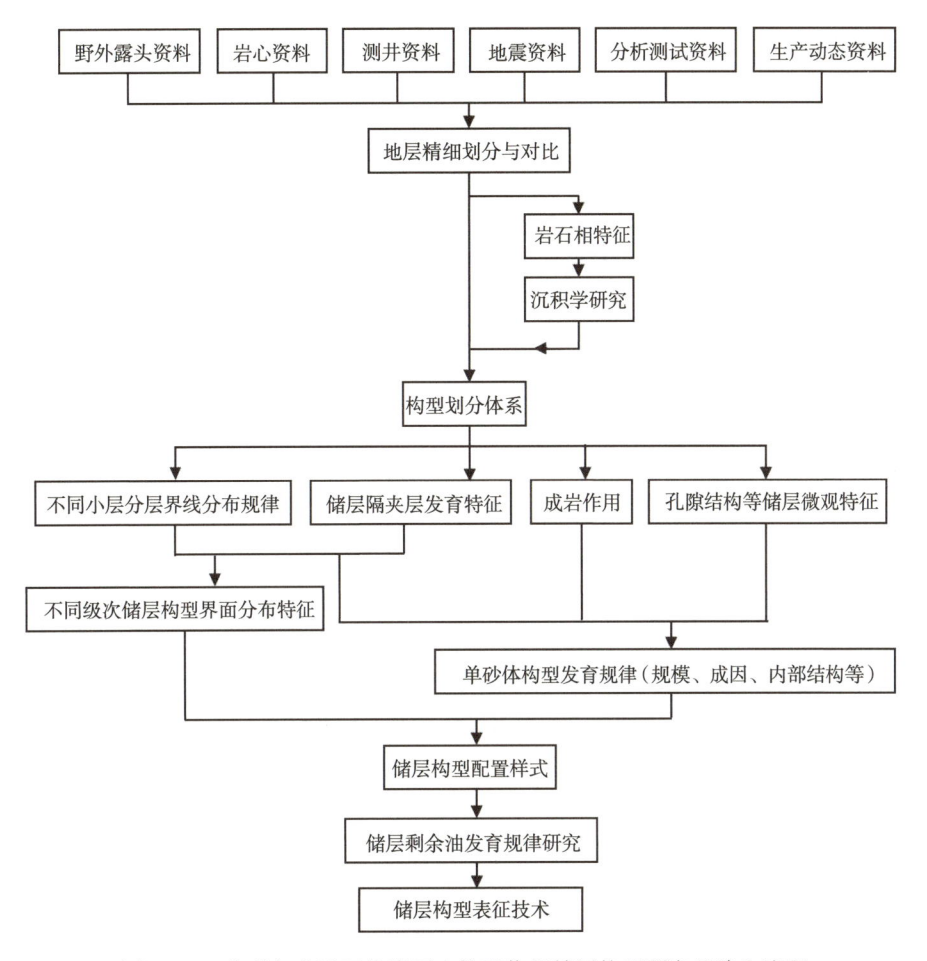

图 3-26　准噶尔盆地西北缘下克拉玛依组储层构型研究思路和流程

(a) 冲积扇现代沉积特征　　　　　　(b) 冲积扇储层构型野外露头剖面特征

图 3-27　准噶尔盆地西北缘某区下克拉玛依组砾岩储层构型研究现代沉积和野外露头资料基础

育规模的定量统计分析等方面。岩心和测井资料结合主要表现在对不同类型储层构型地质成因分析研究方面；测井资料和地震资料结合主要体现在对不同类型储层构型单元规模的定量刻画方面，前者主要体现在对储层构型纵向规模的刻画，后者主要体现在对横

97

向（侧向）规模的刻画方面；分析测试资料和生产动态资料主要体现在对储层构型连通性的刻画方面。

3. 构型划分方案的确定与划分结果

1）构型划分方案

合理的储层构型划分方案的确定，是完成储层构型研究工作的前提和保障。首先进行沉积学分析，将目的层砾岩储层划分为扇根内带、扇根外带、扇中和扇缘4种亚相，在此基础上，根据岩性、测井曲线形态、沉积模式等将研究区目的层储层构型单元划分为槽流砾石体、槽滩砂砾体、漫洪内砂体、漫洪内细粒、片流砾石体、漫洪外砂体、漫洪外细粒、辫流水道、辫流砂砾坝、漫流砂体、漫流细粒、径流水道和水道间细粒13种类型（表3-3）。其中槽流砾石体、片流砾石体、辫流水道和辫流砂砾坝等占主导地位。

根据单井储层构型划分的结果，归纳总结了冲积扇砾岩储层不同构型单元的岩电特征（表3-3），这些特征也是本次构型划分的最重要依据。（1）槽流砾石体岩性主要为粗砾岩、中砾岩、含砾砂砾岩。平面呈条带状，剖面厚度为2~8m。粒度分选差，砾岩（砂砾岩）体积分数高，大于90%。电性特征表现为反旋回，SP、RT呈漏斗形或倒梯形，RT大于70Ω·m。(2) 槽滩砂砾体岩性主要为中砾岩、砂砾岩，为扇顶沟槽与漫洪内带的过渡地带。呈狭长条带状。厚度薄，一般小于2m，分选较差。发育块状层理、粒序层理。砂砾岩体积分数为70%~90%。电性特征为RT呈低幅指状，大于60Ω·m。(3) 漫洪内砂体岩性主要为含砾砂岩、粗砂岩。沉积特征为厚度薄，分选差，偶见碳屑。电性特征为RT大于80Ω·m，呈漏斗形或倒梯形。(4) 漫洪内细粒岩性主要为粉砂岩、泥质粉砂岩、含砾泥岩。沉积厚度薄，一般小于2m。电性特征为RT值低，小于20Ω·m，平直。(5) 片流砾石体岩性主要为中砾岩、含中砾细砾岩、含泥砂砾岩，沉积厚度大，一般为2~7m，发育粒序层理、似平行层理，反粒序，电性特征为RT以漏斗形和倒梯形为主，取值大于100Ω·m。(6) 漫洪外砂体岩性主要为含砾砂岩、中—细砂岩。沉积特征为厚度较薄，一般小于3m。可见粒序层理、交错层理。电性特征为RT呈漏斗形或倒梯形。(7) 漫洪外细粒岩性主要为粉砂岩、泥质粉砂岩、含砾泥岩。沉积特征为厚度薄，一般小于2m。偶见碳屑。电性特征为RT呈漏斗形或倒梯形。(8) 辫流水道岩性主要为砂质砾岩、含砂砾岩、粗砂岩、中砂岩。平面呈条带状，宽度规模为80~400m，剖面呈透镜状，厚度达2~7m。分选中等，正粒序，具有交错层理，底部发育冲刷面。电性特征为RT呈钟形或箱形，取值大于100Ω·m。(9) 辫流砂砾坝岩性主要为细砾岩、砂质砾岩、含砂砾岩。沉积厚度较大，2~7m，一般为反粒序，发育交错层理。电性特征为RT呈漏斗形或倒梯形，取值大于60Ω·m。(10) 漫流砂体岩性主要为含砾砂岩、细砂岩。沉积特征为厚度薄，一般小于2m。发育块状层理，电性特征为RT取值中等，呈较低幅指状。(11) 漫流细粒岩性主要为含砾粉砂质泥岩、含砾泥岩。沉积厚度大，一般为2~5m，发育水平层理。电性特征为RT值低，平直。(12) 径流水道岩性主要为细砂岩、粉砂岩。沉积厚度薄，一般小于2m，发育沙纹层理、块状层理。电性特征为RT取值在30Ω·m左右，呈指状。(13) 水道间细粒岩性主要为粉砂质泥岩、泥岩。沉积厚度差异较大，一般为1~4m。发育水平层理，碳屑。电性特征为RT值低，平直。漫洪外砂体与漫洪内砂体的分类是出于对冲积扇扇根四级构型精细划分的目的而作出的。这两类构型单元从本质上而言，没有特别明显的区别，只是在扇体当中所处的位置不同而已。本次研究发现，扇根可以明显地划分出两个次级单元，即内带和外带。内带更靠近物源区，体现为主槽和侧缘槽明显的特点，可以明显识别出主要水道的位置；扇根外带由于与物源区的位置距离更远，体现在大面积连片的片流带特征，主水道位置不明显，地形相对于槽流带更为平缓。将扇根划分出内带和外带两个次级单元，既实现了构型精细解剖的目的，又契合冲积扇不同沉积单元的沉积成因，因此这种分类是合理和科学的。内带和外带的识别标志以及其分界的标识在上文不同储层构型单元的岩电特征部分已有较详细介绍，在此不再赘述。

表 3-3 准噶尔盆地西北缘某区下克拉玛依组冲积扇砾岩储层构型单元分类特征

亚相	四级构型	岩性	自然电位	电阻率	单层厚度
扇根内带	槽流砾石体	粗砾岩，中砾岩，含砾砂砾岩	大，漏斗形，倒梯形	高，低幅指状	大，2~8m
	槽滩砂砾体	中砾岩，砂砾岩	中—大，漏斗形，倒梯形	中—高，低幅指状	薄，小于2m
	漫洪内砂体	含砾砂岩，粗砂岩	小—中，漏斗形，倒梯形	低—中，漏斗形，倒梯形	薄，一般小于3m
	漫洪内细粒	粉砂岩，泥质粉砂岩，含砾泥岩	低，平直	低，平直	薄，小于2m
扇根外带	片流砾石体	中砾岩，含中砾细砾岩，含泥砂砾岩	大，以漏斗形、倒梯形为主	高，以漏斗形、倒梯形为主	大，2~7m
	漫洪外砂体	含砾砂岩，中—细砂岩	小—中，漏斗形，倒梯形	低—中，漏斗形，倒梯形	薄，一般小于3m
	漫洪外细粒	粉砂岩，泥质粉砂岩，含砾泥岩	低，平直	低，漏斗形，倒梯形	薄，小于2m
扇中	辫流水道	砂质砾岩，含砾粗砂岩，中砂岩	中—大，钟形，箱形	中—高，钟形，箱形	大，2~7m
	辫流砂砾坝	细砾岩，砂质砾岩，含砾砂岩	中—大，漏斗形，倒梯形	中—高，漏斗形，倒梯形	大，2~7m
	漫流砂体	含砾砂岩，细砂岩	低—中，钟形，箱形	中—高，较低幅指状	薄，小于2m
	漫流细粒	含砾粉砂质泥岩，含砾泥岩	低，平直	低，平直或微齿状	大，2~5m
扇缘	径流水道	细砂岩，粉砂岩	低—中，钟形，箱形	中—高，指状	薄，小于2m
	水道间细粒	粉砂质泥岩，泥岩	低，平直	低，平直或微齿状	1~4m 左右

2）构型划分结果

根据沉积相分类的结果，综合本次确定的构型划分方案，从典型取心井入手，按照单井、剖面直至平面的研究思路，对目的层构型单元进行了划分（图 3-28）。从划分结果来看，一般 $S7_4$ 对应扇根内带亚相，相应为槽流砾石体、槽滩砂砾体、漫洪内砂体和漫洪内细粒 4 种 4 级构型单元，其中以槽流砾石体占主导，整体上以粗粒为主。$S7_3^3$ 和 $S7_3^2$ 对应扇根外带亚相，相应分为片流砾石体、漫洪外砂体和漫洪外细粒等构型单元。其中以片流砾石体占主导，整体以粗粒为主，砾岩或砂砾岩连片分布。$S7_3^1$、$S7_2^3$、$S7_2^2$、$S7_2^1$ 和 $S7_1$ 对应扇中亚相，相应划分为辫流水道、辫流砂砾坝、漫流砂体和漫流细粒等构型单元。其中以辫流水道和辫流砂砾坝占主导，整体上以粗粒为主。随着地层自下而上扇体逐渐萎缩，细粒沉积逐渐增多，粗粒沉积逐渐减少，呈现出退积特征。$S6_3$ 对应扇缘亚相，相应可以

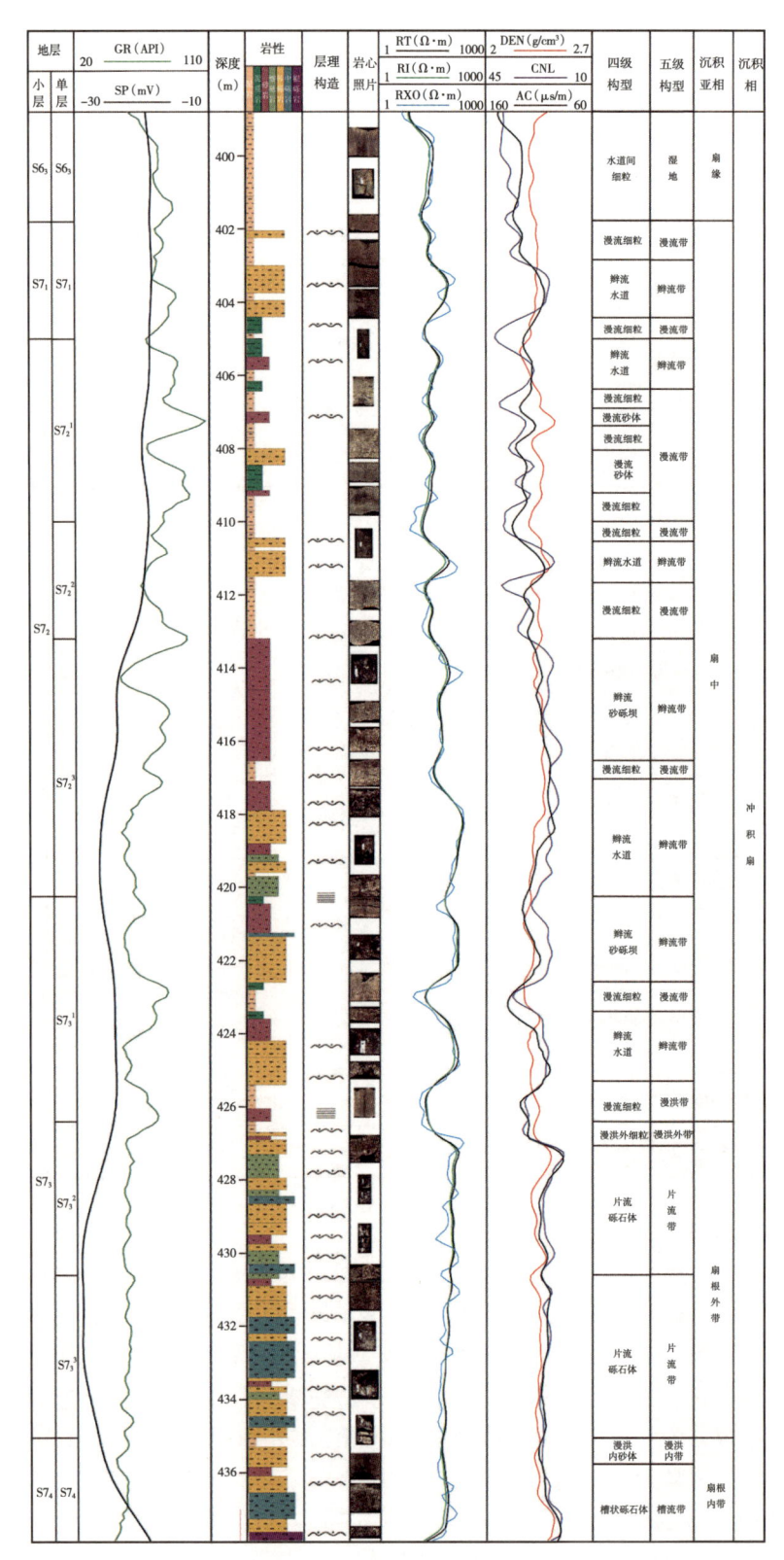

图 3-28 准噶尔盆地西北缘某区下克拉玛依组储层冲积扇 J2 单井构型划分特征

划分为径流水道和水道间细粒两种构型单元,其中径流水道规模都较小,主要为水道间细粒沉积。

4. 储层构型发育特征

1) 储层构型剖面发育特征

从剖面上看(图3-29),垂直物源方向由于遭受剥蚀,局部槽流砾石体、槽滩砂砾体、漫洪内砂体和漫洪内细粒等槽流带沉积连通性差。其中以槽流砾石体为主,连片分布,局部有界面分隔。辫流带以辫流水道和辫流砂砾坝为主,相互切割叠置,从下往上,随着河流规模逐渐萎缩,砂体之间的连通性和叠置程度减弱。漫流砂体呈薄层分布于辫流水道和辫流砂砾坝之间。扇缘径流带以水道间细粒为主,径流水道较少。

垂直物源方向,整体上,受沉积作用的控制,砂体之间连通性变好,延伸距离变长。槽流带、辫流带、漫流带和径流带等发育规律与平行物源剖面揭示的规律基本一致。靠近扇体中部位置,砂体规模大,连通性好,细粒沉积较少;在靠近扇体边缘部位,从目的层下部的槽流带、片流带,一直到辫流带,细粒组分明显增多,隔夹层发育。

从取心井构型分析大剖面上看,靠近扇体中部,扇根、扇中和扇缘的砾岩、砂砾岩以及粗砂岩等的含量明显高于扇体边缘,随着与扇缘的距离缩小,细砂岩和泥岩等含量明显增大,沉积物粒度明显变细。

2) 储层构型平面展布特征

不同类型储层构型在平面上发育特征各异(图3-30)。扇根内带主要发育于小层$S7_4$,可以见到槽流砾石体、槽滩砂砾体、漫洪内砂体和漫洪内细粒等构型单元,其中以槽流砾石体和槽滩砂砾体最为发育。在研究区槽流砾石体大体呈北东—南西向条带状发育。槽流砾石体之间为槽滩砂砾体、漫洪内砂体和漫洪内细粒所分隔。物源主要来自西北部和北部。从研究区西北部至东南部,随着与物源区距离的增大,漫洪内砂体和漫洪内细粒等细粒沉积物的发育范围逐渐增大。

扇根外带主要发育于小层$S7_3^3$和小层$S7_3^2$,既继承了扇根内带以粗粒沉积物为主的特点,又与扇根内带有所区别,其主要发育片流砾石体、漫洪外砂体和漫洪外细粒等构型单元,其中以片流砾石体为主导。从研究区西北部至东南部,随着与物源区距离的增加,漫洪外砂体和漫洪外细粒等细粒沉积的发育范围逐渐扩大。片流砾石体大面积连片分布,很难辨别出主水道的位置。

扇中亚相主要发育于$S7_3^1$、$S7_2^3$、$S7_2^2$、$S7_2^1$和$S7_1$等小层,主要发育辫流水道、辫流砂砾坝、漫流砂体和漫流细粒等构型单元。自下而上,从$S7_3^1$至$S7_1$,随着物源供给的逐渐减弱,辫流水道和辫流砂砾坝的规模逐渐变小,而漫流砂体和漫流细粒的发育范围逐渐扩大。不同小层中,辫流水道和辫流砂砾坝占主导。主流线大体呈南北向或北东—南西向,指示物源方向。

扇缘主要发育于$S6_3$小层,对应径流水道和水道间细粒构型单元,水道宽度和厚度较小,但延伸距离很长。径流水道大体呈南北向或北东—南西向,与扇根和扇中一致。

3) 不同类型储层构型规模特征

本次研究中主要根据剖面和平面储层构型单元的发育特征,初步统计归纳了不同类型储层构型的几何形态、长、宽等规模定量信息(表3-4)。扇根内带的槽流砾石体延伸长度大于1300m,宽度为70~700m;槽滩砂砾体延伸长度达30~750m,宽度为120~550m;漫洪内砂体延伸长度为70~400m,宽度为30~400m;片流带延伸长度大于1900m,宽度大于2500m;

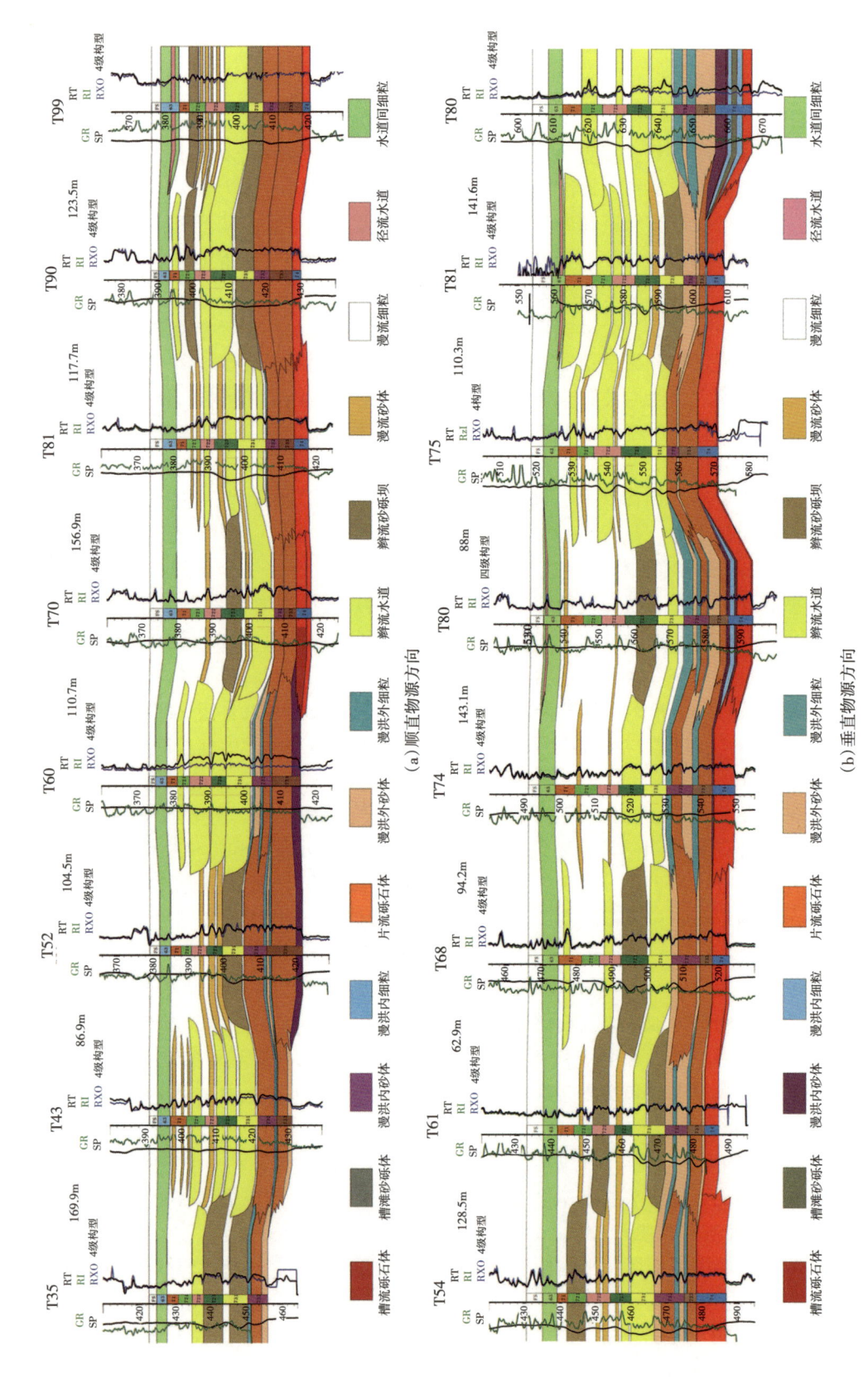

图 3-29 准噶尔盆地西北缘某区下克拉玛依组冲积扇砾岩储层构型剖面发育特征

(a)扇根内带　　　　　　　　　　　　　　(b)扇根外带

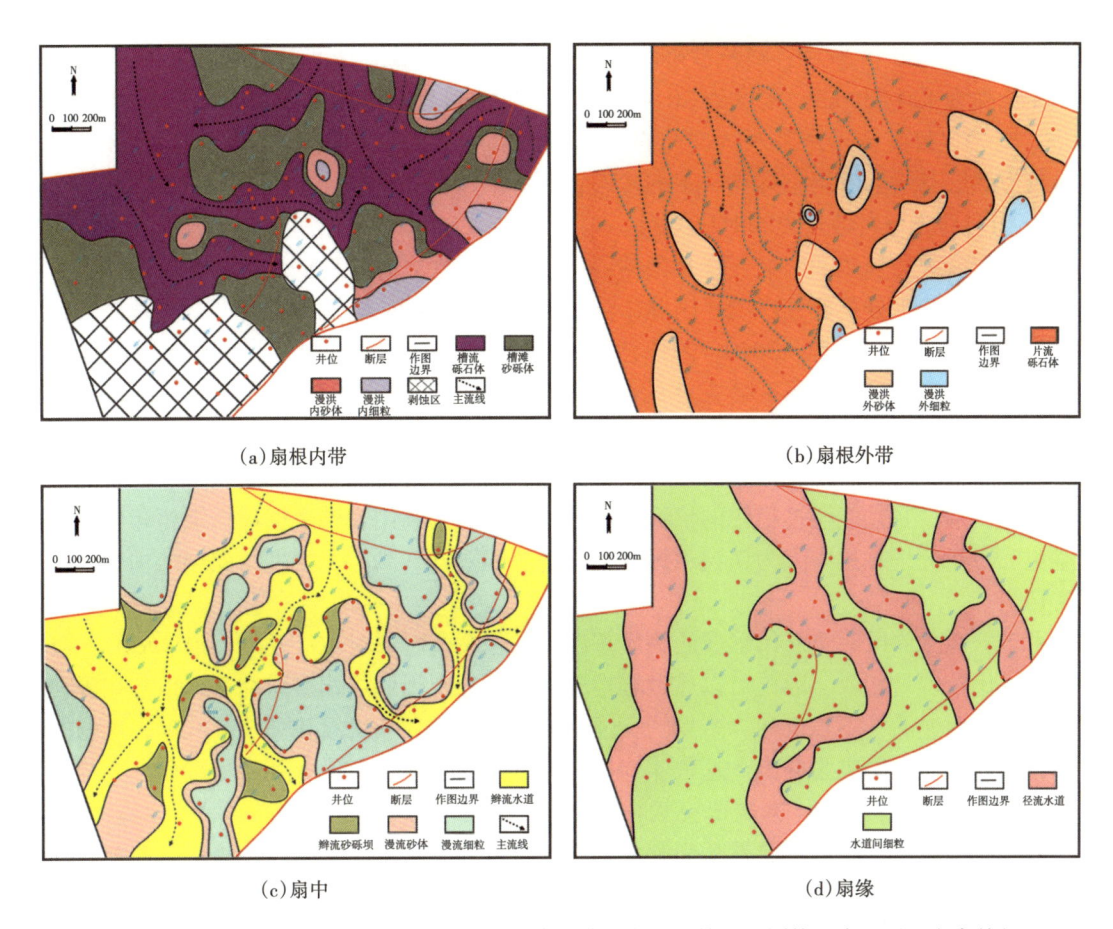

(c)扇中　　　　　　　　　　　　　　　　(d)扇缘

图3-30　准噶尔盆地西北缘某区下克拉玛依组冲积扇砾岩储层不同构型类型平面发育特征

表3-4　准噶尔盆地西北缘某区下克拉玛依组砾岩储层构型规模特征

亚相	五级构型	四级构型	长（m）范围	长（m）平均值	宽（m）范围	宽（m）平均值	宽/厚
扇根内带	槽流带	槽流砾石体	>1300		70~700	260	
扇根内带	槽流带	槽滩砂砾体	30~750	500	120~550	230	
扇根内带	漫洪内带	漫洪内砂体	70~400	250	30~400	100	
扇根外带	片流带	片流砾石体	>1900		>2500		
扇根外带	漫洪外带	漫洪外砂体	140~650	430	30~800	100	
扇中	辫流带	辫流水道	>1800		80~1200	240	61
扇中	辫流带	辫流砂砾坝	150~730	280	80~700	210	
扇中	漫流带	漫流砂体	120~300	270	20~500	160	
扇缘	径流带	径流水道	>2300		90~260	200	47.5

漫洪外砂体呈厚层楔状，延伸长度为140~650m，宽度为30~800m；辫流水道延伸长度大于1800m，宽度为80~1200m；辫流砂砾坝延伸长度为150~730m，宽度为80~700m；漫流砂体延伸长度为120~300m，宽度为20~500m；径流水道延伸长度大于2300m，宽度为90~260m。上述定量信息，为深入认识冲积扇砾岩储层构型发育特征提供了坚实的地质依据，同时也为储层有效开发调整提供一定的参考。

5. 构型划分与岩性分类的对应关系

受沉积成因的控制和影响，岩性是储层最基本的属性之一，对储层孔渗等物性参数的取值及其分布有着十分重要的影响。因此，许多研究者通过储层岩性的分析，来实现储层预测和评价的目标（仲维维等，2010；闫伟林等，2012）。同时，储层岩性与沉积相以及储层物性等的关系研究，也成为研究者关注的热点。余烨等（2011）以珠江口盆地三角洲沉积为例，应用岩性统计方法判别沉积相。结果认为，传统的沉积相分析方法人为影响因素较大，对于相同的沉积构造、曲线形态及地震反射特征，不同人可能会有不同的认识，而岩性相对比较容易识别，并且能通过精密的仪器准确获得，因此，利用岩性数据进行沉积相判别，可以避免沉积相分析过程中人为认识相标志不同造成的差异。同时，岩性与储层结构和性质关系密切。

由于岩性是储层建筑结构形成的物质基础，其相关资料通过取心井岩心或非取心井测井电性信息比较容易获取，因此可以通过岩性分析的方法开展储层构型研究工作。陆相砾岩储层多形成于快速的、不稳定的、多发的、强水流冲积—洪积相的沉积环境，故其岩性的非均质要比其他类型储层更为突出。这种非均质性主要体现在岩性变化大和岩层剖面组合复杂两方面（李庆昌等，1997）。本次研究根据砾岩储层上述特点，通过密闭取心井岩性精细解剖，绘制其单井以及剖面的岩性精细解剖图件，分析岩性在空间上的发育规律。在此基础上尝试研究其与储层构型的对应关系，最终实现包括非取心井在内的全区储层构型分析以及构型展布规律的刻画和储层预测。

本次基于8口密闭取心井资料，对取心段四级构型划分结果与岩性的对应关系进行了统计，并总结了相关规律（图3-31）。槽流砾石体和槽滩砂砾体以砂砾岩、中砾岩等粗粒沉积为主，其中以1~2种岩石类型占绝对主体。主导的岩石类型厚度占总厚度的百分比大于80%，甚至可以接近90%左右。因此槽流砾石体和槽滩砂砾体多形成高渗条带。对于片流砾石体而言，虽然是大面积连片分布，但是岩石类型也是以多变为特征。主要包括砂砾岩、细砾岩和中砾岩等岩石类型，而且没有一种岩石类型占绝对的主导地位。除了以粗粒沉积为主外，还包括少量的泥岩等细粒沉积，虽然这部分细粒沉积很少，但是其影响却不容小视，其主要以构型界面等沉积特征存在，加剧了储层在空间上的非均质性，增加了油藏有效开发的难度。整体上以粗粒为主，包括砂砾岩、细砾岩和中砾岩。

对于辫流水道、辫流砂砾坝等构型单元，一般由砂砾岩、砂岩等多种岩石类型组成，岩石类型分布范围广，并没有一种岩石类型占绝对的主体。这从侧面也反映研究区储层非均质性强烈，岩石类型多变。虽然粉砂岩、泥岩等细粒沉积和中砾岩等粗粒沉积含量很少，厚度百分比均在10%以内，但其对储层物性的影响却应该引起足够重视。因为上述细粒沉积往往以不同级次构型界面存在，影响储层的连通性。将辫流水道和辫流砂砾坝的岩石类型与片流砾石体和槽流砾石体等构型单元对比发现，前者砂岩和砾岩都发育，而后者以砂砾岩和中砾岩为主，沉积物粒度明显变粗。

对于漫流砂体，砂岩占绝对主体，厚度百分比大于60%。同时可以看到粉砂岩到细砾

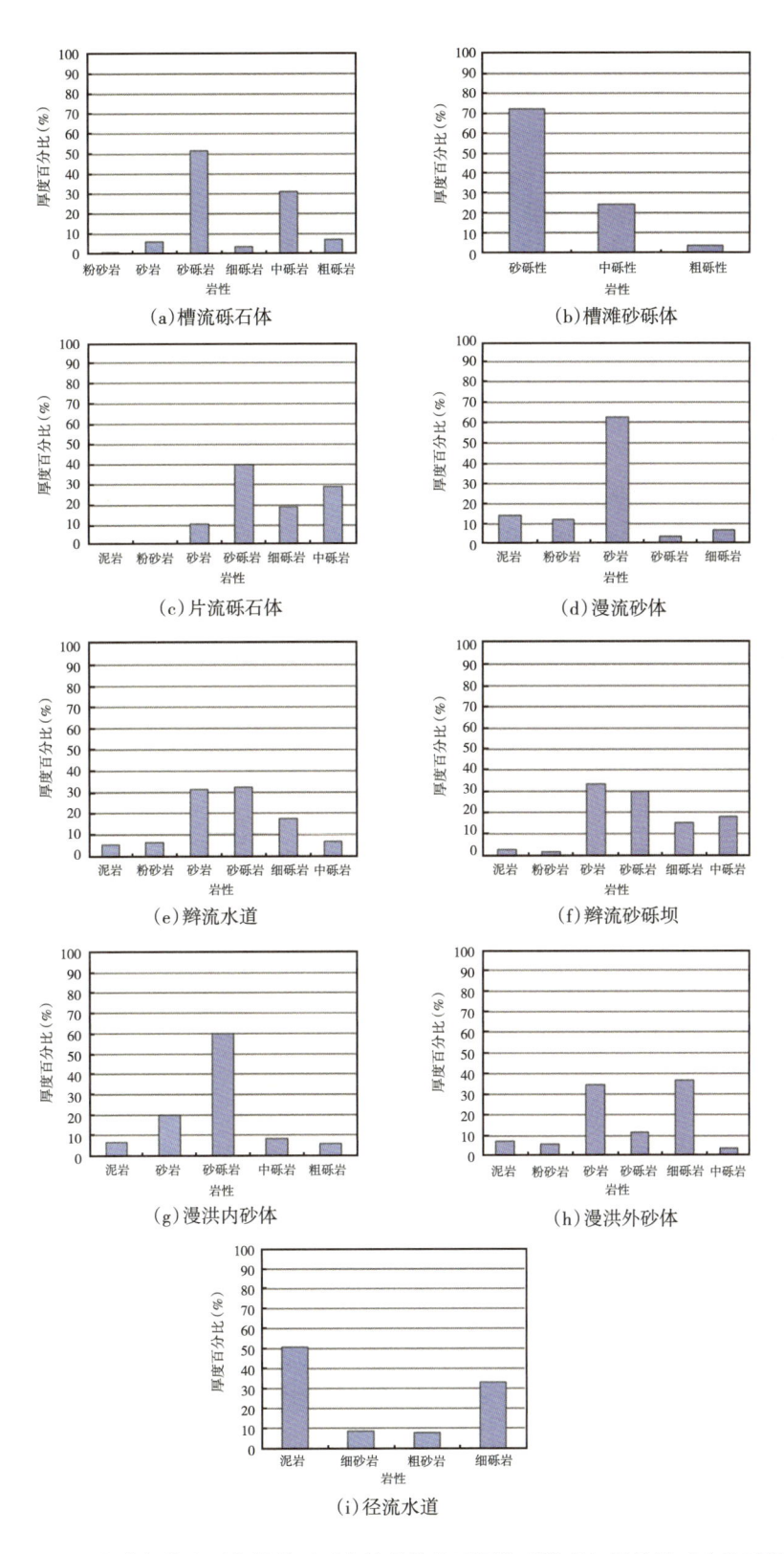

图 3-31　准噶尔盆地西北缘某区下克拉玛依组不同构型类型与岩性的对应关系图

岩等多种岩石类型，岩石类型分布范围广、变化大，这也影响了该构型单元的物性。对于漫洪外砂体和漫洪内砂体，粒度明显粗于漫流砂体，主要由砂砾岩、细砾岩、砂岩等组成，其中砂岩、砂砾岩或细砾岩最多。粉砂岩和泥岩等细粒沉积的含量较少，厚度百分比一般小于10%。由于粉砂岩和泥岩的存在，极大地影响了上述构型单元的储层物性。对于水道间细粒、漫流细粒、漫洪外细粒和漫洪内细粒等细粒沉积，均由泥岩占主体，厚度比例最小也大于65%；粉砂岩等其他岩石类型很少，厚度比例几乎都在10%以内。

通过上述储层岩性与构型关系分析，不但可以对储层建筑结构在空间上的展布规律有了成因角度深层次的认识，而且可以帮助研究者通过对岩性的识别和分析实现储层构型单元的判别和预测。

6. 储层构型对油田开发的控制和影响

单井上以J3井为例，分析物性（主要为密闭取心井岩心分析的孔隙度和渗透率资料等）与构型及岩性的对应关系（图3-32）。总体上，高孔隙度和高渗透率的部位对应辫流水道、辫流砂砾坝、片流砾石体和槽流砾石体等构型单元。孔隙度与渗透率对应关系较好，即一般情况下，高孔隙度的部位渗透率也高。厚层的槽流砾石体、片流砾石体、辫流砂砾坝、辫流水道等分期性明显，孔隙度、渗透率的高值部位一般集中在水动力较强的时期。总体上，扇根外带的片流砾石体孔隙度、渗透率优于扇根内带的槽流砾石体。扇根内带槽流砾石体和扇根外带片流砾石体与扇中辫流水道及辫流砂砾坝相比，扇根的孔隙度、渗透率要差于扇中。而扇中亚相中辫流水道和辫流砂砾坝的孔隙度、渗透率关系类似，无大的差别。漫流砂体构型单元中也有局部存在高渗透率条带，应予以重视。其高渗透率部位的物性取值要低于辫流水道和辫流砂砾坝。对比物性特征与岩性特征，细砾岩的物性最好。砂砾岩和中砾岩物性要差于细砾岩。粗砾岩只在很少的层位出现，取样有限，故未进行对比。砂岩中也有高渗透率条带。上已述及，研究区目的层可以大体划分为三套。最下部以砂砾岩为主体，以细砾岩和中砾岩为高渗透率条带的地层，下部主要为水层和油水层，上部为油层，是目前开发的重点。第二套以砂岩为主体，以砂砾岩为高渗透率条带的地层，以油层为主，局部为干层，但受岩性控制，物性差，局部为目前开发的重点。第三套以泥岩为主体，砂岩条带为高渗透率条带的地层以干层为主，局部为物性差的油层，为以后油田挖潜的接替层。以上高渗透率条带在注水开发过程中应该引起足够重视，采取分层注水，控制注水压力等相应的措施，以提高开发效果。

同时选择一个井组来说明构型对储层性质的影响。以构型对储层连通性的控制作用为例来说明。选取T6060、T6070、T6080、T6059和T6082共5口井（图3-33）。其中T6070为采油井，而其余4口为注水井。从生产动态资料来看，4口注水井注水，采油井见效很差，说明注水井和采油井之间储层连通性很差。而从地质方面分析发现，上述5口井在产层$S7_3^2$和$S7_3^3$均主要为片流砾石体，大面积连片分布，这就很难解释储层为什么连通性很差。通过单井以及井间构型精细分析发现，T6060井与T6081井、T6059井与T6070井之间的片流砾石体间都发育四级沉积构型界面，而T6082井和T6070井之间为另一种构型界面断裂所遮挡。这说明该井区储层连通性主要受构型特征控制，这也更加证明本次构型研究对于油藏有效开发的重要意义。由此得出结论，构型特征对于储层的性质（例如连通性、均一程度等）具有十分重要的控制作用。在油藏有效开发工作中，一定要搞清楚构型界面的发育位置和特点，制定对应的开发措施，从而争取最好的开发效果，提高石油采收率。

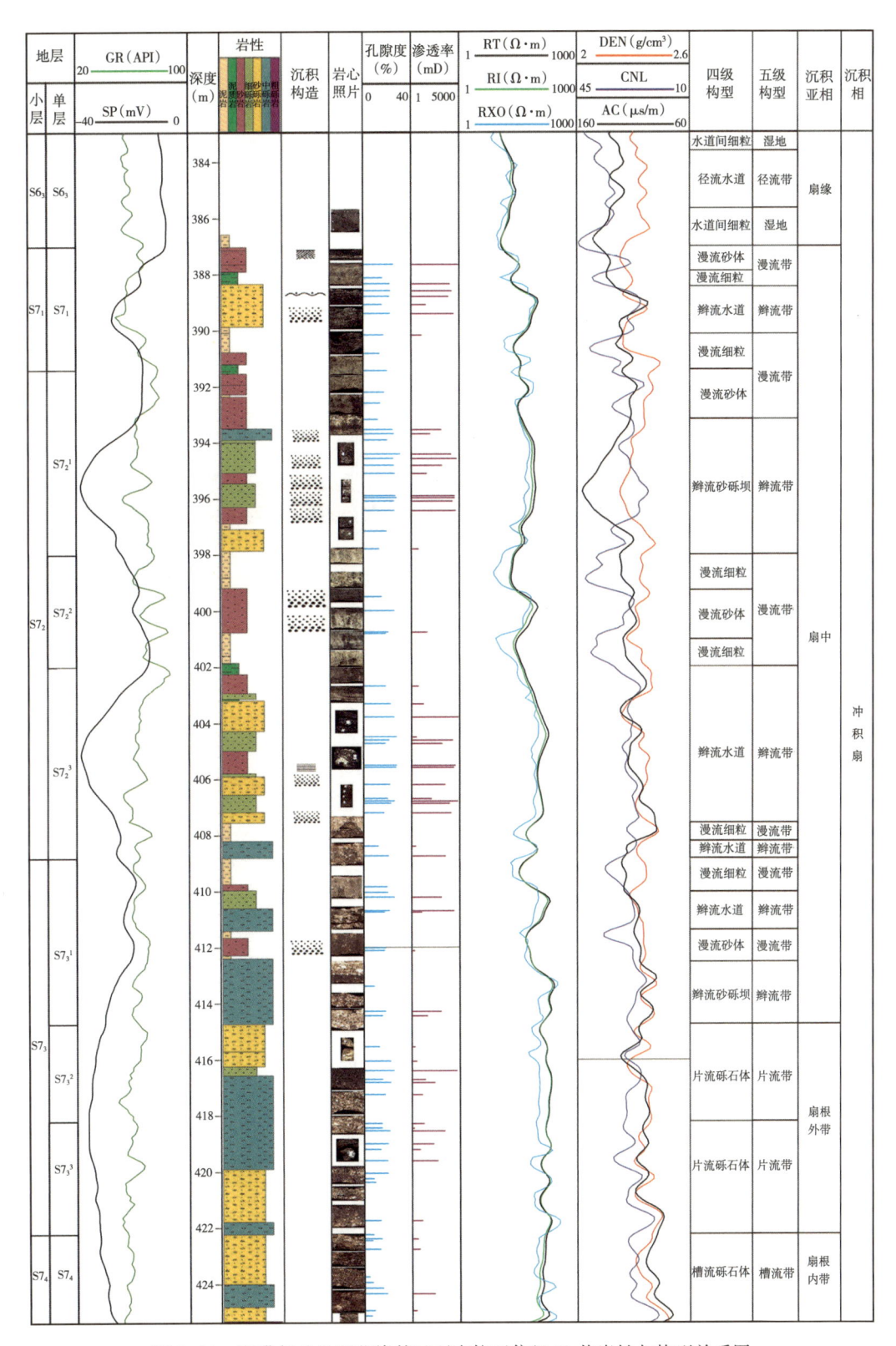

图3-32 准噶尔盆地西北缘某区下克拉玛依组J3井岩性与构型关系图

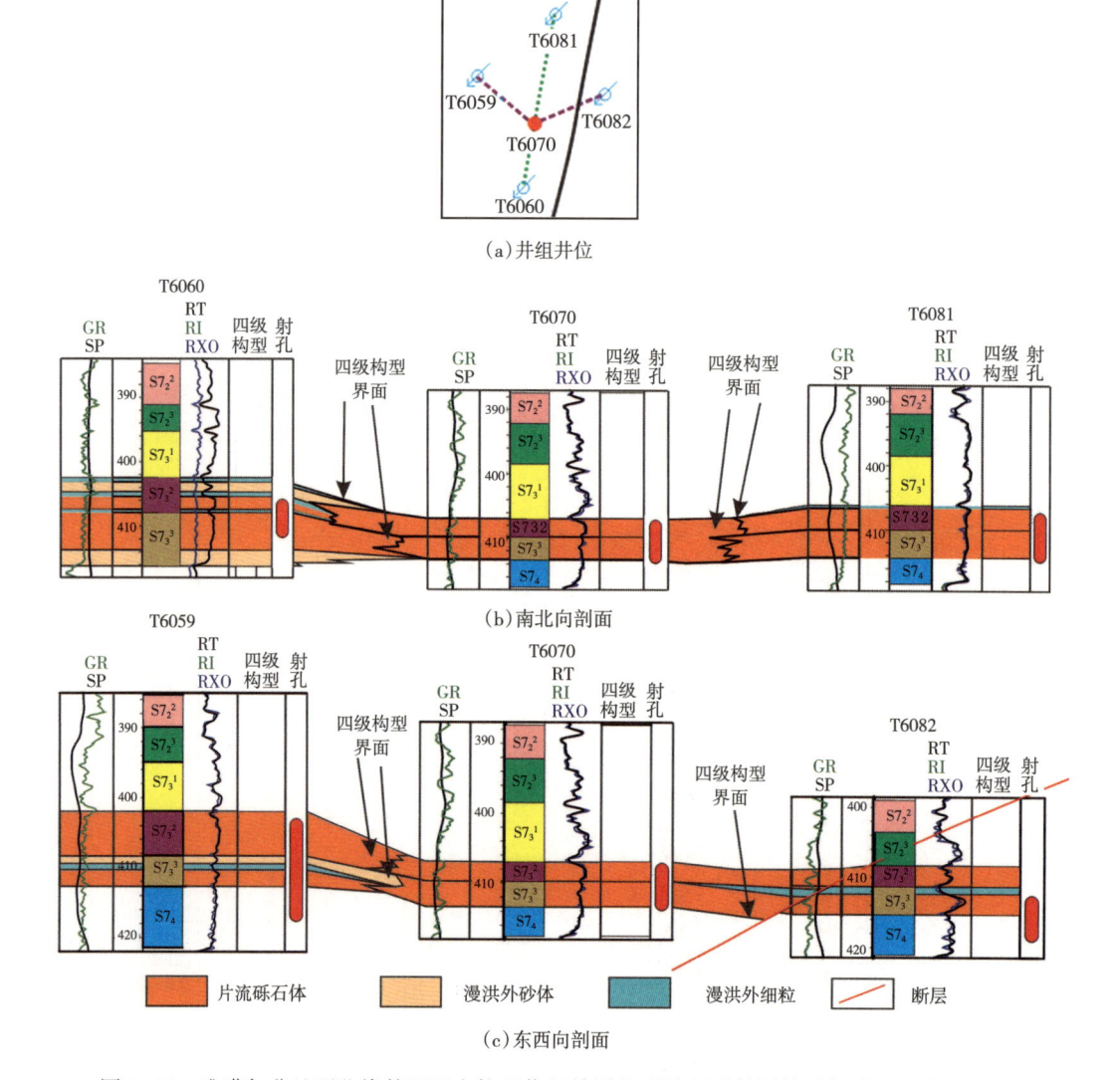

图 3-33 准噶尔盆地西北缘某区下克拉玛依组储层构型特征对储层性质与油田开发的影响

第四节 储层孔隙结构成因分类和定量描述

储集岩的孔隙结构是指岩石具有的孔隙和喉道的几何形状、大小、分布及其连通关系。研究储层孔隙结构，深入揭示油气储层的内部结构，对油气田勘探和开发有着重要的意义。作为储层地质研究的重要内容，一直是研究者关注的焦点之一（方少仙等，1998；吴胜和等，1998；S. N. Ehrenberg 等，2005；Justine A. Sagan 等，2006；Roberto Aguilera，2006；姜洪福等，2006；S. N. Ehrenberg 等，2009；杨玉卿等，2010）。罗蛰潭等（1986）指出，在油气储层的研究中孔隙结构是微观物理性质研究的核心。Patrick W. M 等（2000）对沙特阿拉伯 Uthmaniyah 地区阿拉伯 D 储层岩性和孔隙度、渗透率条带状分布的特征进行了分析。Ezat Heydari（2000）以密西西比地区上侏罗统 Smackover 组石灰岩储层为例，对孔隙的减小、流体的流动等进行了分析，结果表明，孔隙结构的减小多由机械压实和黏土矿物的胶结作用造成。Caren Chaika 等（2000）以加利福尼亚蒙特利组样品为例，对硅藻岩在成岩作用过程中孔隙度的减少特征进行了分析，研究指出，二氧化硅的增加是孔隙度降低的主要原因。David W. Morrow（2001）以美国得克萨斯州西部二叠纪白云岩台地为例，对储层孔隙度和渗透率的分布规律进行了探讨。Salman Bloch 等（2002）对深埋藏砂岩储层高孔隙度的成因进行了分析，并对储层发育特征进行了预测。储层质量模型分析结果表明，该类储层在形成过程中从浅层埋藏开始就经历了高流体压力的影响，高孔隙度得以保存。同时石英胶结作用是储层孔隙度减小的主要原因。Gareth D. Jones 等（2005）基于二维地质模型分析了白云岩孔隙结构的形成过程，并对其进行了评价。研究指出，地表温度对于白云化作用具有十分重要的控制作用，同时在一定程度上影响着孔隙度和渗透率之间的相关性，利用模型可以预测主要白云岩储层孔隙度和硬石膏等的保存状况静态和动态特征。S. N. Ehrenberg 等（2006）对石灰岩和白云岩互层储层孔隙度和渗透率之间的关系进行了分析，结果表明，沉积作用和成岩作用控制着碳酸盐岩储层孔隙结构。Patricia Sruoga 等（2007）以阿根廷 Austral 盆地和 Neuque′n 盆地为例，分析了形成过程对火山岩储层孔隙度和渗透率的控制作用。结果表明，对于原生孔隙和次生孔隙形成过程的清晰理解，可以指导预测火山岩储层质量，为世界多个地区的油气勘探开发提供帮助。Ida L. Fabricius 等（2008）以丹麦中部北海地区 4 套超压地层 70 个白垩样品为例，分析了矿物变化、流体压力和石油早期充注对储层孔隙度和声波时差与埋藏深度之间相关性的影响。结果表明，当考虑流体压力和孔隙体积压缩系数时，孔隙体积和声波时差具有高度的相关关系。Bassem S. Nabawy 等（2009）以埃及南部古生界—白垩系努比亚高孔隙度、高渗透率含水砂岩储层为例，通过室内实验，对高孔隙度、高渗透率砂岩储层的孔隙喉道特征进行了表征。Wayne K. Camp（2011）对砂岩、致密砂岩和页岩中的孔喉大小尺寸进行了对比分析和综述。Stephen N. Ehrenberg 等（2012）指出，碳酸盐岩的孔隙形成于成岩作用中期的观点不正确，不能用成岩作用中期次生孔隙大幅增加的认识来预测碳酸盐岩的孔隙发育程度。陈欢庆等（2013）以松辽盆地徐东地区营城组一段火山岩储层为例，利用聚类分析的方法，对储层孔隙结构进行了分类评价。陈欢庆等（2013）对储层孔隙结构研究进展进行了综述，总结了孔隙结构研究的内容和研究方法。Binh T. T. Nguyen 等（2013）以北海中心地堑三叠系河流相沉积储层为例，分析了流体压力和成岩胶结作用等对储层孔隙结构保存的影响。Maria Mastalerz 等（2013）利用岩石学、天然气吸附作用以及汞充注等研究，通过成熟度分析了泥盆系和密西西比系新奥尔巴尼页岩孔隙结构发育特征。研究指出，有机制转换和油气运移是产生孔隙度差异的关键因素。赖锦等（2014）以鄂尔多斯盆地姬塬地区长 8 油层组为例，对致密砂岩储层孔隙结构成因机理进行了分析并对其进行定量评价。

  目前国内外对于储层孔隙结构的研究主要是利用镜下薄片、各种分析测试资料和室内实验，对储层孔隙结构识别和分类；通过构造、沉积和成岩作用等研究分析储层孔隙结构成因，基于地质模型模拟预测储层孔隙度发育特征，利用聚类分析等数学方法对储层孔隙结构定量分类评价等，基于此来认识物性发育等储层微观特征。研究的对象既包括碎屑岩和碳酸盐岩，又包括火山岩等。国外对于储层孔隙结构研究偏重于利用地质建模预测等，而国内偏重于各种分析测试和实验方法。目前国内外对于储层孔隙结构研究的热点集中在对于致密油气储层或页岩油气储层孔隙结构的分析。对于研究区而言，受扇三角洲前缘沉积环境影响，水下分流河道分流改道频繁，储层非均质性强，要实现油藏开发方式从蒸汽吞吐向蒸汽驱转换，需要深刻认识储层物性在空间上的变化规律，因此孔隙结构的研究便显得尤为重要。通过上述调研发现，目前在地质成因基础上进行储层孔隙结构的定量表征在稠油热采储层相关研究中较少。通过本次国内外孔隙结构研究进展充分调研基础上的孔隙结构分类评价，可以加深对储层物性在空间上的变化规律以及储层空间上连通性的认识，为开发方式的转换以及井间加密调整、油水井转注、精细分层注水等提高石油采收率措施的实施提供科学依据，同时可以为类似地质背景和开发方式油藏孔隙结构的研究提供参考。

一、孔隙结构研究进展

1. 储层孔隙结构研究现状

1）储层孔隙结构研究内容

不同的研究者根据研究目标不同，专注于储层孔隙结构不同的研究方面和研究重点，本书认为，目前储层孔隙结构研究主要集中于储层孔隙结构成因分析、储层孔隙结构的定量表征和分类评价、基于储层孔隙结构研究进行储层评价、储层孔隙结构对流体活动的影响、储层孔隙结构对开发的影响、油气田开发对储层孔隙结构的影响和储层孔隙结构研究方法手段的改进等几方面。

（1）储层孔隙结构影响因素分析。

该研究主要从储层孔隙结构演化角度对形成不同类型储层孔隙结构的影响因素进行分析，达到深入认识储层孔隙结构及储层性质的目的。熊敏等（2003）对盘河断块区储层孔隙结构与驱油效率之间的关系进行了分析，将储层孔隙结构划分为特高渗特大孔粗喉、高渗大孔粗喉、中渗大孔中喉和低渗中孔细喉四种。罗月明（2007）对鄂尔多斯盆地大牛地气田上古生界储层成岩作用进行了评价，将储层孔隙类型划分为（剩余的）原生粒间孔、粒间（晶间）微孔隙、粒间（粒内）溶蚀孔隙（包括铸模孔隙）和微裂隙四种，其中微裂隙包括切穿颗粒的和粒缘微裂隙。Anna Berger等（2009）以巴基斯坦 Sawan 盆地白垩系砂岩为例，对浅海火山碎屑砂岩的研究表明，发育很好的石英胶结绿泥石镶边提高了孔隙保存率超过20%，使储层具有良好的渗透率，绿泥石在孔隙保存过程中的作用受浅海相的沉积环境限制。连承波等（2010）通过岩心观察、镜下薄片、扫描电镜和 X 衍射、物性和压汞等资料分析，对松辽盆地龙西地区泉四段低孔、低渗砂岩储层物性及微观孔隙结构特征研究。结果表明，储层物性明显呈现出低孔、低渗特征，储层孔隙类型以残余粒间孔和溶蚀孔为主，孔喉半径较小，相对小孔喉所占比例较大，孔喉分选和连通性较差，非均质性强。樊爱萍等（2011）对苏里格气田东二区山 1 段、盒 8 段储层孔隙结构特征进行了分析，研究认为沉积作用和成岩作用是鄂尔多斯盆地苏里格气田东二区砂岩低孔、低渗的主要控制因素。成因分析是储层孔隙结构研究的最基本内容，它能帮助研究者从深层次准确把握储层孔隙结构的特征，一直受到研究者的高度重视。

（2）储层孔隙结构的定量表征和分类评价。

储层孔隙结构的定量表征和分类评价主要借助地质统计学、聚类分析等数学方法，实现储层孔隙结构的表征和预测，为储层预测和油气开发提供依据。庄锡进等（2002）对准噶尔盆地西北缘侏罗系储层进行了研究，通过对大量压汞参数样本的聚类分析，将储层孔隙结构划分为四个类型。通过各类参数统计及曲线形态对比，对储层孔隙结构类型进行了定量结合定性的优劣评价。Philip H. Nelson（2009）对砂岩、致密砂岩和泥岩中的孔喉大小进行了分析，研究指出在常规储层中孔喉直径一般大于 $2\mu m$，在致密气砂岩中为 $0.03 \sim 2\mu m$，在泥岩中一般为 0.005~0.1μm。Ralf J. Weger 等（2009）对碳酸盐岩储层孔隙结构进行了定量研究，并且分析了其对声速和储层渗透率的影响。结果表明，内碎屑或内晶屑和分隔开的晶簇的孔隙并不能一直通过声波测井资料来分开，P 波速度并非唯一受控于球面孔隙度的比例，大量微孔的几何特征可以通过声速资料来估计，并用来提高渗透率评价的效果。于雯泉等（2010）以东营凹陷北部陡坡带深层砂砾岩体天然气储层为例，应用定量回推反演的方法对断陷盆地深层低渗透天然气储层孔隙演化进行了定量研究。谢武仁等（2010）对川中地区上三叠统须家河组砂岩储层孔隙结构特征进行了分类评价，研究中将储层孔隙结构划分为粗歪双峰式、中歪双峰式、细歪双峰式和单峰式 4 种类型。定量表征和分类评价目前是储层孔隙结构研究的难点和热点，通过该项研究，可以实现储层的准确预测和油藏有效开发。

（3）基于孔隙结构研究进行储层评价。

储层孔隙结构属于储层性质重要的组成部分，通过对储层孔隙结构的研究，可以达到深入认识和评价储层的目标。唐海发等（2006）对大牛地气田盒 2+3 段致密砂岩储层微观孔隙结构特征进行了分析，基于此对储层进行了分类评价。张晓莉等（2006）对鄂尔多斯盆地陇东地区三叠系延长组长 8 储层特征进行了分析，岩石物性总体较差，属低孔隙度、低渗透率储层，发育粒间孔隙、溶蚀孔隙、晶间孔等孔隙类型，喉道以中细喉—细喉为主。基于此对储层进行了分类评价。

（4）储层孔隙结构对流体活动的影响。

储层孔隙结构的性质对于赋存在其中的流体活动起着十分重要的影响和控制作用。Ezat Heydari（2000）对美国密西西比州上侏罗统 Smackover 组石灰岩储层的孔隙损失、流体流动和物质传递进行了研究。Cathy Hollis（2010）以阿曼北部巨型碳酸盐岩储层为例，对非均质性碳酸盐岩中的孔隙体系特征进行了分析，通过研究发现，储层中孔隙非均质性特征对流体的渗流特征起着决定性的作用，而常规的岩石物性参数在指示驱油效率方面效果并不好。何文祥等（2011）以鄂尔多斯盆地长 6 储层为例，特低渗透储层微观孔隙结构参数对渗流行为的影响进行了分析。Benyamin Yadali Jamaloei 等（2011）对在重油储层利用表面活性剂提高注入水驱效果过程中，孔隙润湿性对剩余油微观结构的影响，即孔隙尺度的流体流动特征进行了分析。结果认为，通过统计油滴的长度和直径，可以帮助我们正确认识孔隙水平的黏性大小、毛细管力、惯性力等。研究验证了前人有关油滴的大小和形状与孔隙尺度的原油捕集和运动有关的观点。本次研究可以帮助重新构建在不同润湿性条件下的剩余油分布模型。

（5）储层孔隙结构对开发的影响。

前已述及，孔隙结构是储层十分重要的属性之一，因此它与储层的评价和油藏有效开发息息相关（图 3-34）。蔡忠（2000）以临南油田夏 52 块沙三段中亚段和夏 32 块沙二段为例，对储层孔隙结构与驱油效率之间的关系进行了研究。卢明国（2007）等对江汉盆地新沟嘴组砂岩孔隙结构与产油潜力进行了分析。研究揭示了砂岩储层各类孔隙结构与产油潜力的内在联系，指出喉道大小是控制油层产量的最重要因素。李洁等（2009）应用三维孔隙网络模型对储层孔隙结构参数对聚合物驱采收率的影响进行了研究，结果发现水驱采收率随喉道半径、配位数和形状因子的增大而增大，随孔喉比的增大而减小。魏虎等（2011）研究了靖边气田北部上古生界储层微观孔隙结构及其对生产动态影响。结果表明，储层微观孔隙结构特征对气井生产动态影响显著。张创等（2011）对苏北盆地沙垱油田阜三段储层微观特征及其与驱油效率的关系进行了分析，利用真实砂岩微观模型水驱油实验得到驱油效率，探讨了物性和储层孔隙结构特征对驱油效率的影响。

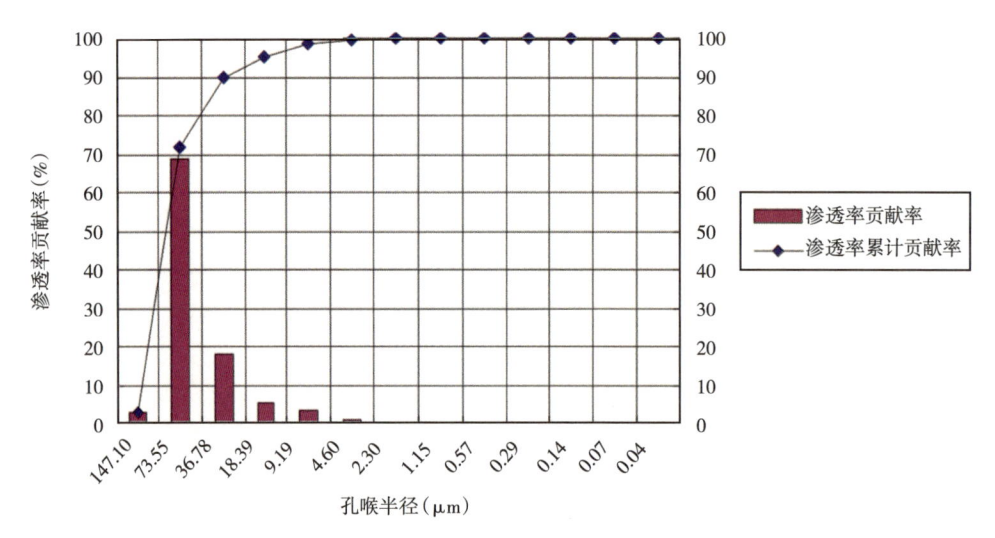

图 3-34 准噶尔盆地西北缘某区下克拉玛依组砂砾岩不同孔喉半径对储层渗透率贡献率图
帕塞尔公式法；J3 井，深度 410.7m

（6）油气田开发对储层孔隙结构的影响。

储层孔隙结构对油田开发具有十分重要的影响，同时，随着注水、压裂等一系列油气田开发措施的实施，储层孔隙结构也相应发生了变化。通过研究这些变化，可以更真实准确地认识现阶段的储层性质，更好地为油气田开发服务。黄思静等（2000）分析了注水开发对砂岩储层孔隙结构的影响作用。结果表明，注水后砂岩储层的孔隙结构和非均质性均发生了极大的改变。唐洪明等（2000）以辽河高升油田莲花油层为例，研究了蒸汽驱对储层孔隙结构和矿物组成的影响。结果表明，蒸汽驱导致储层孔隙度、孔隙直径增大，喉道半径、渗透率减小，增强了孔喉分布的非均质性。李继红等（2001）分析了注水开发对孤岛油田储层微观结构的影响。研究指出，长期注水开发提高了储层的物性，改善了储层孔隙结构，降低了泥质含量和束缚水饱和度，一定程度地改善了储层微观结构。王美娜等（2004）研究了注水开发对胜坨油田坨 30 断块沙二段储层性质的影响，发现注水开发一定程度上改善了储层孔隙结构。王敬瑶等（2011）以扶余油层为例，通过室内实验研究了注 CO_2 后岩石性质变化的规律。结果表明，随着岩石与 CO_2 接触时间增加，岩石渗透率、孔隙度增加，平均孔隙半径减小，但岩石中小孔隙和大孔隙体积均增加，小孔隙体积比大孔隙增加得更多。该项研究的进行，使得储层孔隙结构的分析结果更具有时效性，特别是研究中一些动态数据的加入，可以使研究成果更好地为油田有效开发调整提供科学依据。

（7）储层孔隙结构研究方法手段的改进。

随着工作的深入，一些传统的储层孔隙结构研究方法和技术逐渐在实践中暴露出一些问题，为了解决这些问题，研究者对上述方法和技术进行了改进。何雨丹等（2005）对核磁共振 T_2 分布评价岩石孔径分布的方法进行了改进。Shedid A. Shedid（2007）提出了一种利用硫黄处理原油，注入真实岩心样品中，利用扫描电镜和计算机软件相结合，通过研究岩样中孔隙的堵塞状况来定量研究非均质储层孔隙展布特征的新方法。结果表明，该新方法能够解释和提供所需的孔隙展布特征，同时提高了储层微观尺度的研究水平。而且可以再现用硫黄处理过的原油流过岩心的特征。邵维志等（2009）研究了核磁共振测井在储层孔隙结构评价中的应用。通过大量的实验室核磁共振谱和压汞曲线的对比分析，提出了利用二维分段等面积法计算 T_2 谱与压汞曲线之间的刻度转换系数和横向刻度系数，以及大、小孔径的纵向刻度系数的方法，使计算得到的伪毛细管压力曲线与实验室压汞测量的毛细管压力曲线的一致性得以大大提高。林玉保等（2008）利用恒速压汞和恒压压汞法对喇嘛甸油田高含水后期储层孔隙结构特征进行了研究，两种方法均表明岩样在长期水驱后孔喉增大，大孔喉是流体渗流的主要通道。王翊超等（2011）以大港油田孔南储层流动单元为例，利用恒速压汞技术对储层微观孔隙特征进行了研究。研究方法和手段的改进在解决储层孔隙结构研究难题的过程中，也同时提高了该项研究的水平，推动了该项研究的发展。

2）储层孔隙结构研究的方法

作为储层地质研究重要内容之一的储层孔隙结构，研究方法包括薄片观察、二维和三维成像、岩心实验、计算机模拟等多种多样。结合自身的科研实践，将这些方法总结为以下几个方面。

（1）铸体薄片观察和压汞等物性数据统计分析方法。

该方法是目前储层孔隙结构研究中最基本和最常用的方法。通过对铸体薄片的显微镜下观察，可以很直观地确定储层孔隙结构的成因类型和发育状况。压汞法又称水银注入法。水银对岩石是一种非润湿相流体，通过施加压力使水银克服孔隙喉道的毛细管阻力而进入喉道，继而通过测定毛细管力来间接测定岩石的孔隙喉道大小分布（吴胜和等，1998）。李继红等（2001）在岩石薄片、铸体薄片、扫描电镜和压汞资料分析的基础上，对孤岛油田储层微观结构进行全面研究，将馆陶组上段储层孔隙结构分为 4 种类型。研究表明，馆上段储层以 Ⅱ 类、Ⅲ 类孔隙结构为主，微观非均质性严重。王敏等（2002）等探讨了宝浪苏木构造带储层的特殊地质特征。通过铸体薄片鉴定和储层物性分析认为，目的层砂砾岩属于特低—低渗透中孔细喉不均匀型，储层以粒间孔分布为主，最大连通孔喉半径均值为 5.16m，主要流动孔喉半径均值为 1.92μm，中值半径为 0.52m，属于微小孔喉范畴，且分选较差。李天太等（2005）根据毛细管压力曲线对克依构造带气藏储层特征及伤害因素分析，结果表明，克依构造带气藏储层孔隙属于中—小孔—微孔、中—低渗透率、中—细短喉道，具有强层内非均质性和平面非均质性的气藏。该方法的优点是铸体薄片和压汞等物性资料简单直观（图 3-35），对于砂岩和碳酸盐岩等资料容易获取；缺点是薄片对于砾岩和泥岩等特殊岩性储层孔隙结构的研究不太适用，具有一定的局限性，需要改进。

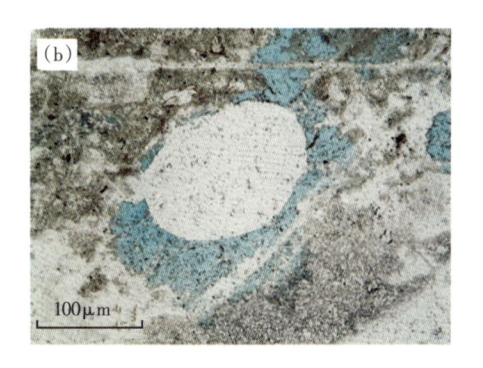

图 3-35 松辽盆地徐东地区营城组一段火山岩储集空间类型岩心和镜下薄片照片
(a) 铸模孔，火山角砾岩，W42，3701.06m，5×10，（-）；(b) 粒间溶孔，火山角砾岩，W42，3698.08，5×10，（-）

(2)成岩作用方法。

成岩作用方法目前也在储层孔隙结构的研究中广泛使用，通过分析，对各种成岩作用在储层孔隙结构演化中的作用进行梳理，了解储层孔隙结构因此而发生的增大或缩小。刘林玉等（2006）对白马南地区长81砂岩成岩作用及其对储层的影响进行了分析。研究认为，压实作用和胶结作用强烈地破坏了砂岩的原生孔隙结构，溶蚀作用和破裂作用则有效地改善了砂岩的孔隙结构。Patricia Sruoga等（2007）以阿根廷南部Neuqué'n盆地为例，研究了火山岩储层中成岩作用过程对孔隙度和渗透率的控制作用。结果表明，原生和次生过程可以用来预测火山岩储层质量，在世界许多地方为油气勘探开发提供指导。兰叶芳等（2011）以鄂尔多斯盆地上三叠统延长组为例，对储层砂岩中自生绿泥石对孔隙结构的影响开展了研究。该方法的优点是对孔隙结构的成因可以有比较深入的认识，缺点是偏向于定性分析，定量研究不足。

(3)测井分析方法。

测井分析方法是储层孔隙结构的有力工具，特别是在孔隙结构的定量评价方面优势明显。该方法主要基于取心井岩心分析测试资料，建立测井解释模型，将模型应用至非取心井中，实现储层孔隙度和渗透率等物性资料的定量解释，达到储层孔隙结构研究的目标。郝以岭等（2004）分析认为，储层孔隙结构（渗透率与孔隙度的比值）与孔喉比有良好的相关性，基于此用测井资料计算得到的孔隙度和渗透率对储层进行产能预测，与生产实践吻合较好。首皓等（2005）以车古地区古生界碳酸盐岩潜山油藏为例，对复杂储层三重孔隙结构评价方法及其应用进行了研究。张超谟等（2007）基于核磁共振T_2谱分布对储层岩石孔隙分形结构开展研究。该方法较常规的岩石孔隙分形结构研究方法具有快速、无损坏等特点，且进一步拓展了核磁共振资料的应用范围。刘卫等（2009）对利用核磁共振（NMR）测井资料评价储层孔隙结构的方法进行了对比研究。结果表明，基于Swanson参数的核磁毛细管压力曲线构造方法适用于在各种不同类型的储层中评价孔隙结构；该方法的缺点是受资料的限制较大，并不是所有研究目标都具备这样的条件。

(4)分形维数模型方法。

所谓分形是对那些没有特征长度，但具有自相似性的图形和构造以及现象的总称（陈丽华等，2000）。在分形理论中，分维数是描述一个分形最基本的特征量，通过研究分维数，可以建立有关向量与分维数间的关系。储层岩石的孔隙结构是一种分形结构，可用分形维数来定量描述（鲍强等，2009）。可以利用毛细管压力曲线计算孔隙结构的分形维数，实现孔隙结构的定量分析。一般随着分形维数的增大，喉道分选愈差，喉道愈不均匀，喉道连通性变差，排驱压力和中值压力增大；同时，分形维数越大，孔隙表面越粗糙，大小分布不均匀。蒲秀刚等（2005）提出了低渗油气储层孔喉的分形结构与物性评价新参数。唐玮等（2008）对分形理论在油层物理学中的应用进行了分析。研究指出，砂岩岩心不仅孔隙结构具有分形特征，而且油、水在岩石内部渗流过程中岩电特性曲线和油、水相对渗透率曲线也具有分形特征。鲍强等（2009）以苏北盆地高邮次凹陷东部陈2断块为例，对分形几何在储层微观非均质性研究中的应用进行了研究。结果表明，分维数越大，孔隙表面越粗糙，大小分布不均匀，阻碍流体流动的阻力就越大，储集性能越差。分形维数模型方法在储层孔隙结构研究方面具有十分明显的优势，许多研究者在这方面做了大量有效的工作，但对于具体的研究对象，还是应该区别对待，不断改进和完善。

(5)各种数学方法。

随着孔隙结构研究向定量化方向发展，各种数学方法越来越多应用至工作中。主要是利用取心井岩心分析测试资料，基于不同的数学算法，定量评价储层孔隙结构各种特征的参数。王勇等（2007）对低孔隙度、低渗透率储层评价中数学方法的应用进行了研究。工作中主要使用了模糊识别方法和 BP 神经网络方法。研究认为储层孔隙结构分维数能定量表征砂岩的储集性能，并能反映砂岩储层孔隙结构的成因特征；不同成因的孔隙结构具有不同的分维数，因此可用分维数对砂岩孔隙结构进行分类和评价。马旭鹏（2010）对储层物性与其微观孔隙结构的内在联系进行了研究，从 Kozeny-Carmon 方程入手，通过进一步推导并借助函数单调性的分析方法深入剖析了储层宏观物性参数与其微观孔隙结构的内在联系。各种数学方法都在储层孔隙结构定量表征方面具有一定的优势，但其一定要以坚实的地质基础分析作为前提，否则就只是数字游戏而已。

（6）物理或数值模拟方法。

各种模拟的方法在储层孔隙结构研究中也发挥着十分重要的作用。其本质主要是通过不同的模拟过程，来刻画在储层形成过程或者油气田开发过程中，储层孔隙结构可能发生的变化，以此来刻画储层孔隙结构。张纬等（2000）对固相颗粒在分形多孔介质中运移的网络进行了模拟分析。研究中通过对微分汞饱和度与孔隙半径进行对数回归来估计孔隙大小分布分维，并用三维多段组合式网络模型对注入颗粒在不同分维的多孔介质中运移沉降造成渗透率下降的规律进行了模拟研究，探讨了颗粒运移沉降对地层伤害的程度和孔隙大小分布分维之间的关系。Matthew D. Jackson 等（2003）以伯利亚砂岩为例，对润湿性变化的预测和它对流体流动影响从孔隙尺度到储层尺度进行了模拟。结果证实，真实砂岩的三维网络模型可以作为预测储层润湿性变化及其对储层在油田尺度流体流动影响的有力工具。T. M. Daley 等（2006）对裂缝性储层中随着孔隙压力的变化弹性动力学的变化和渗透率的变化进行了分析，通过特别的耦合模拟，研究了流体注入裂缝性储层引起的空间上孔隙压力、渗透率和弹性常数的变化等。结果显示，裂缝性储层中，随着流体的注入，地震检测时地震对储层响应是变化的。王克文等（2009）对储层特性与饱和度对核磁 T_2 谱影响进行了数值模拟。研究中建立了复杂储层的三维非规整网络模型，通过微观数值模拟研究了饱含水核磁 T_2 谱与孔隙尺寸分布间的关系，讨论了储层特征及饱和度等对 T_2 谱的影响规律。模拟的方法可以比较直观地再现流体在储层孔隙中的活动及这种活动对孔隙结构本身的影响和作用，缺点是这种模拟与地下的地质实际情况还有一定的差距；因此在实践中一方面要尽量选择设置接近地质实际情况的模拟条件开展工作，另一方面对模拟结果要充分考虑到其与实际情况的差距，批判接受。

（7）三维成像等新技术方法。

随着相关科学技术的发展和进步，其在储层孔隙结构研究中的应用也越来越多。计算机技术和电子显示技术等快速发展，越来越多地体现在储层孔隙结构研究中。这些技术使得储层微观孔隙结构的直观展示成为可能，研究精度极大地提高。应凤祥等（2002）利用激光扫描共聚焦显微镜研究储层孔隙结构。洪淑新等（2007）采用大直径岩心物性分析、铸体酸溶扫描电镜储层孔隙结构研究、激光共聚焦微裂缝测试等先进技术结合偏光显微镜鉴定和岩心扫描技术，对徐家围子断陷营城组四段砾岩储层微观特征进行了综合测试分析研究；结果发现，填隙物数量及充填方式是徐家围子断陷砾岩储层储集性的主要影响因素。任怀强等（2008）通过蔡斯图像分析系统（AxioVision4.0）对吐哈盆地红台地区辫状河三角洲砂岩微观储层特征进行了研究，将目的层储层划分为 A 型—E 型 5 种孔隙结构类型，并对各类储层孔隙结构进行了逐一评价。关振良等（2009）介绍了多孔介质微观孔隙结构三维成像技术，包括系列切片技术、聚焦离子束技术（FIB）、激光共聚焦扫描显微镜和Micro-CT技术。罗国平等（2010）运用图像形态学方法模拟砂岩的成岩过程，建立三维数字岩心，对数字岩心模型的孔隙度、孔喉结构、粒度分布、比面等油层物理参数进行了分析。上述这些方法的加入，大大推进了储层孔隙结构研究的发展，但这些方法在不同研究内容、研究目标中的适用性还需要在实践中进一步改进和完善。

（8）地质（或地球物理）模型方法。

地质（或地球物理）模型方法在储层孔隙结构研究中发挥着越来越大的作用。地质或地球物理模型主要通过建模的方式，再现储层孔隙结构在三维空间的发育特征，最大的优势是孔隙结构在空间发育规律的预测。廖明光（2000）以吐哈胜北地区为例，建立了储层孔喉体积分布预测模型。该模型解决了在一个地区部分层段、部分井因缺乏压汞测试样品或岩心资料给研究储层孔隙结构带来的困难，并有利于正确评价工区储层孔隙结构的非均质性。谢丛姣等（2005）以张天渠油田为例，基于微观随机网络模拟法建立了储层孔隙结构模型。周灿灿等（2006）应用球管模型评价岩石孔隙结构，应用球管模型的分解结果实现了岩石孔隙结构的图形化再现。蔺景龙等（2009）选择反映储层孔隙结构类型特征的自然电位、自然伽马、声波时差等7条测井曲线建立样本模式和神经网络模型，对储层微孔隙结构类型进行了预测，符合率达80%以上。模型方法有效地推动了储层孔隙结构定量化研究的发展，目前应用越来越多。

（9）聚类分析方法。

聚类分析方法在储层孔隙结构研究中也有较多的应用。主要是在成因分析的基础上，优选能够充分体现储层孔隙结构发育特征的参数，基于SPSS或者其他的数据处理和运算平台，对储层孔隙结构进行定量分类评价。刘顺生等根据反映孔隙结构特征的16项参数的对应分析，确定了6项分类参数（孔隙度、渗透率、孔喉中值、均值、变异系数和退出效率），用系统聚类分析方法将砾岩储层的孔隙结构划分为4大类6亚类（李庆昌等，1997）。刘红现等（2010）利用铸体薄片、X衍射、岩石物性、扫描电镜和压汞资料对克拉玛依油田六中区下克拉玛依组储层孔隙结构进行了全面分析，并采用聚类分析方法将储层分为4大类（Ⅰ—Ⅳ）。笔者在进行松辽盆地徐东地区白垩系营城组火山岩储层孔隙结构研究时，就优选出充分反映储层孔隙结构的特征参数（孔隙度、渗透率和孔喉中值），通过聚类分析的方法，对目的层储层孔隙结构进行了定量分类评价（表3-5）。聚类分析方法可以实现定性储层孔隙结构分析基础上的孔隙结构定量评价，实现储层孔隙结构表征的目标；缺点是聚类分析的算法和聚类参数的选择需要丰富的经验，操作起来难度较大。

表3-5 松辽盆地徐东地区营城组一段火山岩储层物性数据孔隙结构评价结果统计表

参数分类	孔隙度（%）最大值	孔隙度（%）最小值	孔隙度（%）平均值	渗透率（mD）最大值	渗透率（mD）最小值	渗透率（mD）平均值	孔喉中值（μm）最大值	孔喉中值（μm）最小值	孔喉中值（μm）平均值
Ⅰ类	14.4	10.5	13.0	1.19	0.04	0.20	0.299	0.062	0.161
Ⅱ类	9.9	7.7	8.8	1.12	0.02	0.10	0.251	0.021	0.113
Ⅲ类	7.5	4.9	6.3	1.35	0.01	0.05	0.128	0.018	0.06
Ⅳ类	4.8	2	4.0	1.21	0.01	0.04	0.086	0.016	0.03

储层孔隙结构研究的方法多种多样，根据研究者的目的和资料的掌握状况，实际工作中选择不同的方法或方法组合，以达到储层孔隙结构精细表征刻画的目的。

2. 储层孔隙结构研究中存在的问题及发展趋势

1) 储层孔隙结构研究中存在的问题

分析储层孔隙结构研究的现状，认为目前该项研究主要存在以下几方面的问题：（1）储层孔隙结构研究中定性和定量研究结合不够紧密。目前在储层孔隙结构研究中要么是通过岩心铸体薄片观察描述分类，要么是基于岩心分析数据开展储层孔隙结构定量评价，而将上述两方面研究紧密结合起来，真正做到既揭示出储层孔隙结构的成因，又实现在成因分析研究基础上储层孔隙结构定量评价的工作很少。（2）传统的压汞法具有局限性，在一定程度上限制了其应用。谢晓永等（2009）对气体泡压法在测试储层孔隙结构中的应用进行了分析，结果表明该方法测试出的主流孔喉直径是压汞法的2~4倍，该方法测试储层中参与渗流的有效喉道的分布特征，且更切合工程实际需要。高永利等（2011）应用恒速压汞技术定量评价低渗透砂岩孔喉结构差异性。研究指出，渗透率越小的岩心，喉道分布越集中，随着渗透率的增大，大喉道分布逐渐增多，喉道分布范围也更加宽泛，主喉道半径随之增大，但较大喉道对低渗透砂岩储层的开采效果具有双重影响。（3）砾岩、页岩等特殊孔隙结构储层研究较少。受成因条件的影响和限制，砾岩、页岩等特殊储层类型孔隙结构与常规的碎屑岩差异很大。但受技术条件和认识水平的影响，目前研究还很薄弱。（4）储层孔隙结构定量评价的方法和参数选取还存在问题，目前还没有公认的参数和值得广泛推广、行之有效的方法。由于国内主要为陆相沉积储层，储层相变快，非均质性很强，相应的储层孔隙结构在空间上变化也很快，因此不同区域和不同层位，需要选取相应的评价参数和评价方法，在参数选取和方法选择上很难做到标准统一。（5）各种新技术新方法在储层孔隙结构研究中的推广和应用不够。目前对于储层孔隙结构的研究，多数还是以显微镜下铸体薄片的观察和压汞资料的统计分析最多，而三维数字成像和数字岩心等技术并未广泛推广。

2) 储层孔隙结构研究发展趋势

笔者分析前人对储层孔隙结构研究的成果，结合自身的工作实践，认为储层孔隙结构研究的发展趋势主要包括以下几个方面：（1）储层孔隙结构分类与评价。该项研究是储层孔隙结构研究最基本的内容，主要是通过对储层孔隙结构的全面认识，达到对储层微观发育特征的深入了解。研究方法可以是定性也可以是定量，但最好是将两者有机结合在一起。（2）通过储层孔隙结构研究，达到储层评价和准确预测的目的。孔隙结构是储层最基本的属性，对渗透率也有十分重要的影响和控制作用，通过储层孔隙结构的认识，可以达到储层分类评价的目标。Qifeng Dou 等（2011）以西得克萨斯州二叠盆地上 San Andres 储层为例，对建立在岩石物理基础上的碳酸盐岩孔隙分类特征和储层渗透率非均质性评价进行了研究。分析发现，研究区目的层岩心样品折射率越低，声波速度越高。不同的孔隙度和波阻抗关系、孔隙度和渗透率关系的变化可以用例如孔隙类型、岩石结构变化等清楚的地质解释来区分，以证实孔隙度和渗透率预测的准确性。（3）特殊孔隙结构储层孔隙结构研究。目前对于砂岩、碳酸盐岩等储层孔隙结构研究较多，而对于砾岩、页岩等特殊孔隙结构储层研究较少。随着新增储量难动用程度的不断增加，致密油气等储层的孔隙结构研究逐渐成为大家关注的焦点，未来关注程度还会持续增加。（4）结合多种方法，开展储层孔隙结构综合研究。不同的研究方法各有优缺点，在实践中需要将这些方法有机结合，取长补短，在孔隙结构研究中达到最佳的效果。Adrian Cerepi 等（2002）结合二维定量图像分析和三维岩石物理工具对低阻砂岩储层孔隙微观地质特征进行了分析。结果表明，孔隙微观地质特征对低阻砂岩储层物性起着十分重要的作用。（5）利用各种新技术和新方法提高储层孔隙结构研究的精确度和准确性。技术和方法日新月异，在孔隙结构研究中需要不断尝试和完善各种新方法和新技术，不断提高储层孔隙结构研究水平。L. Jia 等（2007）通过高分辨率图像分析含矽藻储层样品，获取孔隙的类型、尺寸和形状等信息，进而利用改进的三维两相流网络模型计算储层渗透率、相对渗透率，并绘制毛细管压力曲线图件。结果发现模型计算的结果与实验室分析的储层相对渗透率一致。笔者在研究松辽盆地徐东地区火山岩储层孔隙结构时就运用 CT 扫描技术，对岩心进行了直观观察。从 CT 扫描图像上可以很直观地看到，储层孔隙结构非均质性很强，这一认识与岩心分析的孔隙度和渗透率物性数据相吻合。

二、辽河盆地西部凹陷某区于楼油层孔隙结构特征

1. 储层孔隙结构成因分类

研究区地质概况在本章第一节中有详细介绍，不再赘述。此处主要依据 7 口取心井岩心、镜下薄片、岩心分析测试资料和 400 口井测井精细解释储层物性等资料，分析储层孔隙结构成因并对其分类，从宏观和微观两个角度全面认识储层孔隙结构发育特征，为油藏开发过程中开发方式的转换提供参考。微观角度，选取研究区某密闭取心井，从压汞曲线来看（图 3-36），研究区目的层孔喉发育状况好，偏粗歪度，且孔喉分选好。取心井物性分析资料统计结果表明（图 3-37），研究区于楼油层孔隙度主要分布在 25%～40% 的范围内，平均

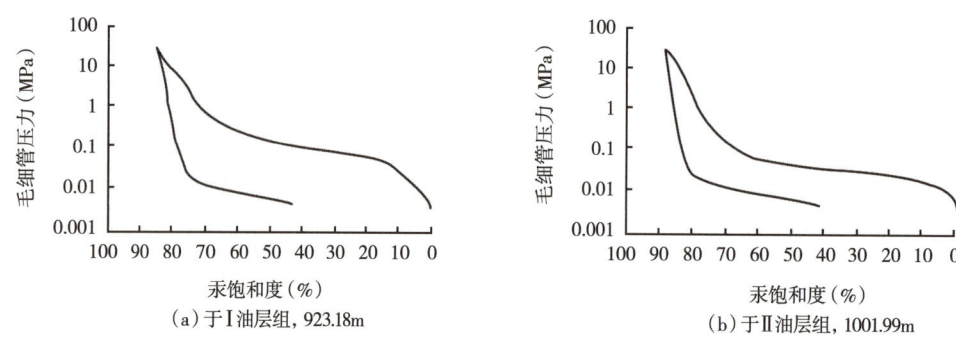

图 3-36 辽河盆地西部凹陷某区 A1 井压汞曲线特征
(a) 于Ⅰ油层组，923.18m　　(b) 于Ⅱ油层组，1001.99m

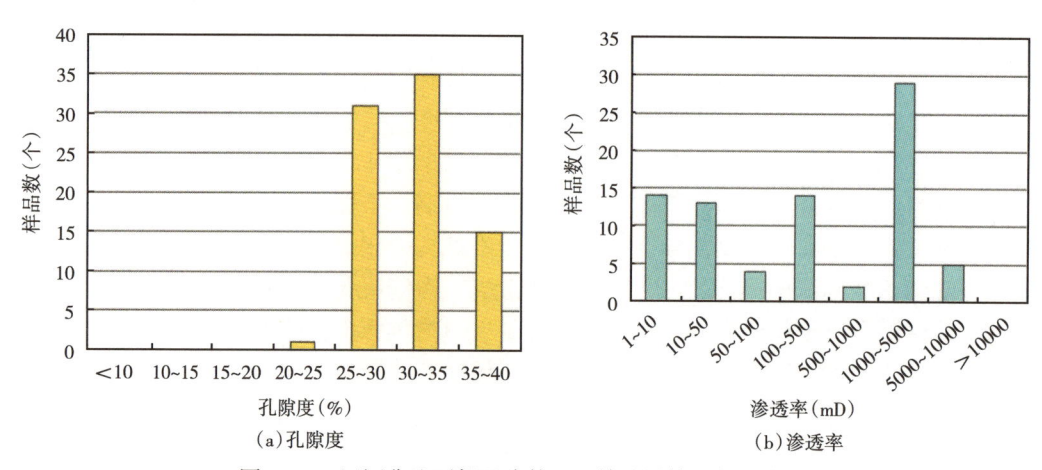

图 3-37 辽河盆地西部凹陷某区于楼油层储层物性特征
(a) 孔隙度　　(b) 渗透率

孔隙度为 31.25%；渗透率变化较大，分布于 1～5000mD 的范围内，平均渗透率为 1829.3mD，研究区目的层属于高孔隙度、高渗透率储层。主要依据岩心和镜下薄片资料等，从成因角度将研究区于楼油层孔隙划分为原生孔隙和次生孔隙 2 大类，同时进一步细分为粒间空隙、粒内孔隙、基质内微孔、解理缝、粒间溶孔、粒内溶孔、铸模孔、特大溶蚀粒间孔、构造缝和溶蚀缝 10 种亚类，每种亚类均有不同的成因（表3-6）。具体的划分标准，即每种储层孔隙结构的成因在表中均可见。同时，每种孔隙类型在镜下薄片上都有特征的反映（图3-38），总体上以粒间孔隙和粒间溶孔为主。

表 3-6　辽河盆地西部凹陷某区于楼油层孔隙结构成因分类特征表

孔隙类型		成　因
原生孔隙	粒间孔隙	在沉积时期形成的颗粒之间的孔隙
	粒内孔隙	一般为岩屑内的粒间微孔
	基质内微孔	黏土杂基中存在的微孔隙
	解理缝	主要是长石和云母等矿物中常见的片状或楔状解理缝，宽度大都小于 0.1μm，有的可达 0.2μm
次生孔隙	粒间溶孔	颗粒之间的溶蚀再生孔隙，主要是颗粒边缘及粒间胶结物和杂基溶解形成的分布于颗粒之间的孔隙
	粒内溶孔	由溶蚀作用在颗粒内部形成的孔隙
	铸模孔	颗粒、生屑或交代物等被完全溶解而形成的孔隙，其外形与原组分外形特征相同
	特大溶蚀粒间孔	孔径超过相邻颗粒直径的溶孔，一般颗粒、胶结物和交代物均被溶解
	构造缝	由构造作用形成的裂缝
	溶蚀缝	主要由溶蚀作用改造构造裂缝形成

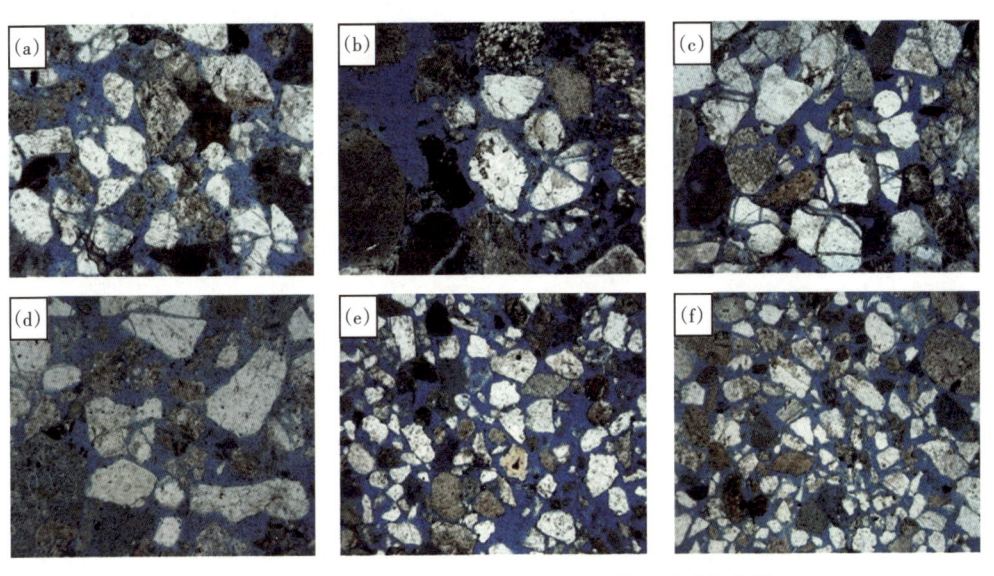

图 3-38　辽河盆地西部凹陷某区于楼油层储层孔隙结构特征
（a）A2 井，粒间孔隙，深度：945.3m，×50；（b）A2 井，特大溶蚀孔，深度：965.72m，×25；
（b）A2 井，构造缝，深度：974.56m，×25；（d）A2 井，基质微孔，深度：960.32m，×50；
（e）A2 井，铸模孔，深度：1022.72m，×25；（f）A2 井，解理缝，深度：1005.72m，×25

研究区目的层孔隙结构的发育还受到成岩作用的影响，主要包括胶结作用、溶蚀作用等（图3-39）。胶结作用既有碳酸盐岩胶结，也有黏土矿物胶结等。但是总体而言，储层成岩作用对孔隙结构的影响较小，储层孔隙结构的发育主要受沉积作用控制。

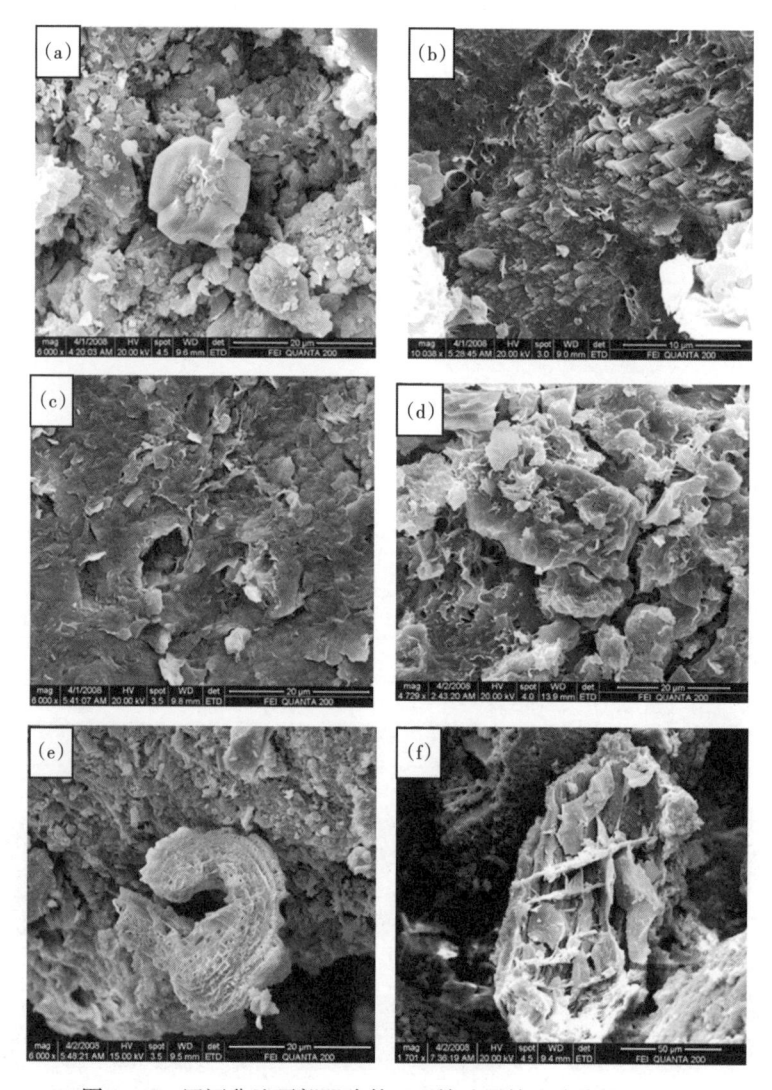

图3-39 辽河盆地西部凹陷某区于楼油层储层孔隙结构特征

（a）A2井，碳酸盐矿物，965.72m，砂岩，6000×；（b）A2井，长石次生加大达Ⅰ级，979.32m，砂岩，100038×；（c）A2井，粒表片状伊利石，984.35m，砂岩，6000×；（d）A2井，蒙皂石，989.18m，砂岩，4729×；（e）A2井，高岭石，蠕虫状，1005.72m，砂岩，6000×；（f）A2井，颗粒溶蚀现象，1022.72m，砂岩，1701×

2. 储层孔隙结构发育特征

宏观角度，根据400口井测井精细二次解释的储层物性参数，绘制了定量的孔隙度平面发育特征图（图3-40）。以单层 $yⅠ1_2^a$ 为例，储层孔隙度的分布呈北西—南东向条带状，对比相同层位的沉积微相分布图（图3-41），储层孔隙度发育特征明显受沉积微相控制，孔隙度较大的部位基本位于水下分流河道主流线的部位，反映该区域水动力较强，以砂砾等较粗颗粒沉积物为主，泥质沉积较少。对于镜下薄片样品所处的层位与孔隙度发育平面图，发现空间上储层孔隙以粒间孔隙和粒间溶孔为主，这与储层孔隙结构微观成因分析的总体认识一致。水下分流河道间的位置孔隙度较低，主要为薄层细砂岩和粉砂岩以及泥质粉砂岩等沉积。从宏观角度看，研究区储层孔隙度取值大于35%和大于30%同时小于35%的区域最多，而小于30%的区域分布很有限，这与目的层属于高孔隙度、高渗透率储层的微观成因分析结果一致。其余28个单层的分布规律与单层 yⅠ1_2^a 大体类似。

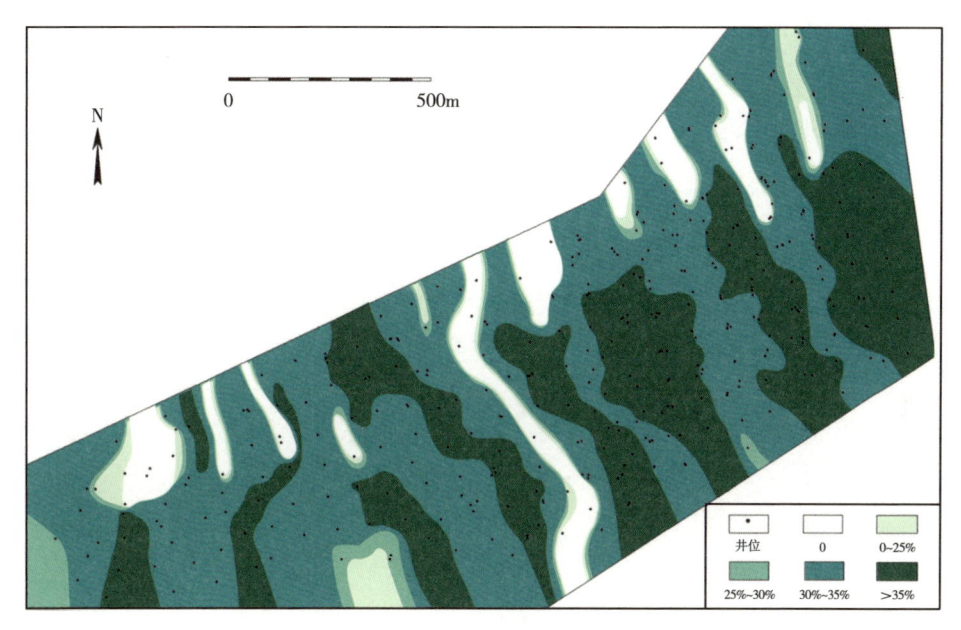

图3-40 辽河盆地西部凹陷某区于楼油层单层 yⅠ1_2^a 孔隙度平面分布图

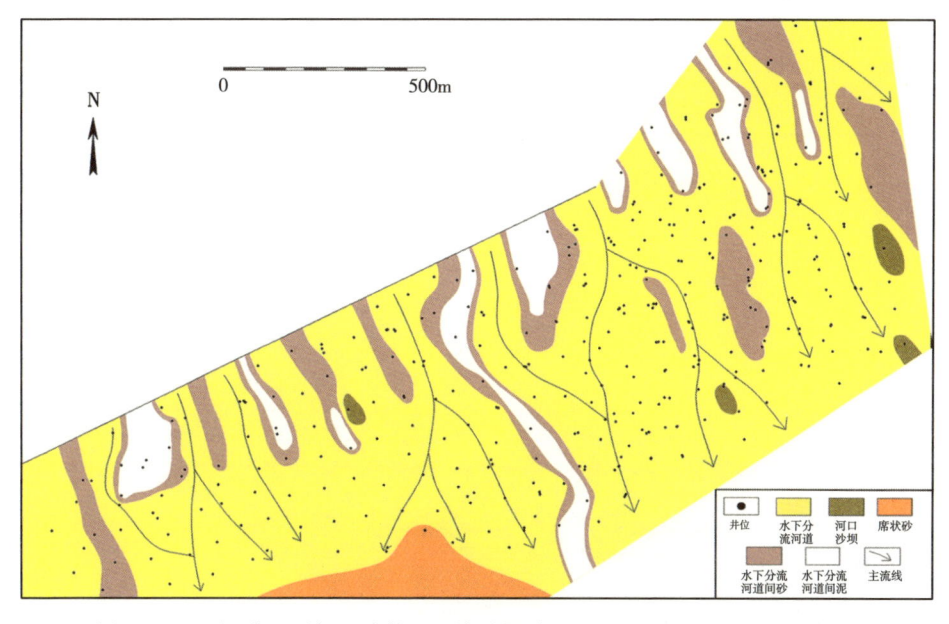

图3-41 辽河盆地西部凹陷某区于楼油层单层 yⅠ1_2^a 沉积微相平面分布图

3. 储层孔隙结构对开发的影响

储层的孔隙结构与储层性质密切相关。研究中依据 7 口取心井岩心分析物性数据，绘制了孔隙度和渗透率相关曲线（图 3-42），目的层孔隙度和渗透率具有较好的相关关系，随着孔隙度的增加，渗透率相应增加。从宏观角度看，以单层 yⅠ1_2^a 为例，对比目的层孔隙度与渗透率平面分布图（图 3-43），可以看出，孔隙度和渗透率具有很好的相关性。渗透率高值区也基本上位于水下分流河道主流线部位，大体上与孔隙度高值区一致。同时渗透率大于 500mD 的区域在研究区占主体，体现出目的层高孔隙度、高渗透率的特征（图 3-43）。研究区目的层其余小层也具有该特征。在转换开发方式时，应该充分考虑到孔隙度的影响作用。第一，注采井网上的注汽井和采油井应该尽量位于孔隙度高值区域。而在确定储层高孔

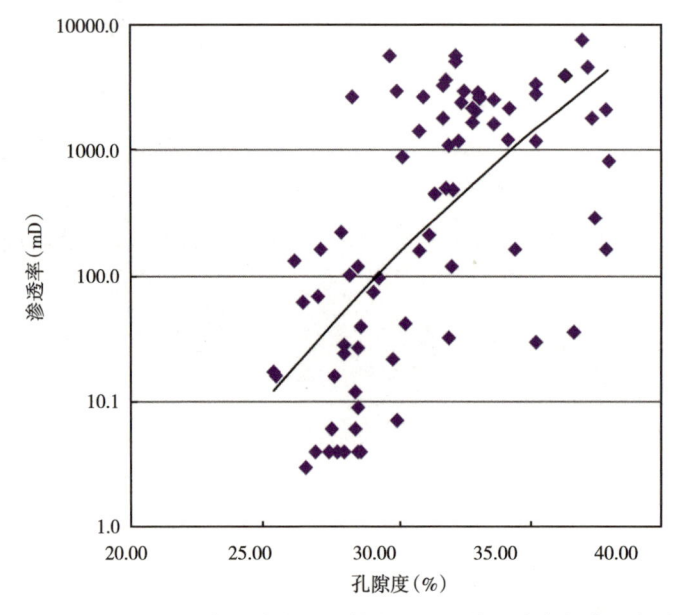

图 3-42 辽河盆地西部凹陷某区于楼油层取心井孔隙度与渗透率关系图

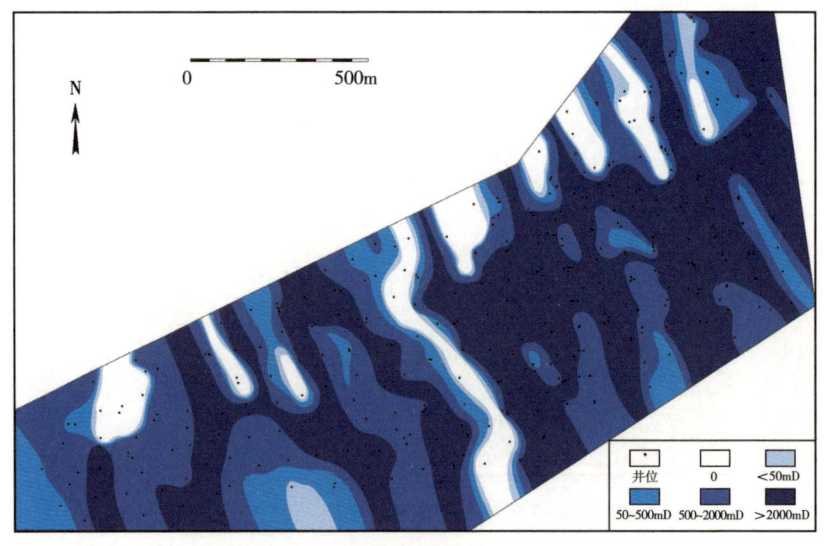

图 3-43 辽河盆地西部凹陷某区于楼油层渗透率平面分布特征图

隙度的区域时，应该充分参考储层微观和宏观孔隙度发育特征，使得注采井组尽量位于水下分流河道主流线的部位。第二，部署井网时，应该尽量保证同一个注采井组位于一个孔隙度高值区连片的区域，即同一条水下分流河道内部，使得注采井之间达到最好的注采对应关系。第三，应该在注蒸汽时保持适当的注入压力，防止蒸汽沿着高孔隙度的条带发生突进，扩大蒸汽驱波及体积，提高蒸汽驱驱油效率和石油采收率。而且，在实际操作时，应该尽量使得注蒸汽井对采油井的直线指向逆水下分流河道的水流方向，以提高措施效果。

第五节　储层非均质性研究

储层非均质性是指表征储层的参数在空间上的不均匀性，其是储层的普遍特性。在开发储层评价中，非均质性是指储层具有双重的非均质性，即赋存流体的岩石非均质性、岩石空间中赋存的流体性质和产状的非均质性（夏位荣等，1999）。对于储层非均质性的定义、研究内容和研究方法等，国内外学者开展了大量工作（Pettijohn等，1983；裘怿楠等，1992；陈永生，1993；裘怿楠等，1997；吴胜和等，1998；穆龙新等，2000；Amro等，2001；姚光庆等，2005；杨少春等，2006；Mikes，2006；Mahsanam等，2007；蔡传强等，2008；于兴河，2009；Nima等，2011；Peter等，2012；Benoît等，2013；毕君伟等；2014；尤源等，2015；Prem等，2016；孟宁宁等，2016；王越等，2016；谢惠丽等，2016）（图3-44）。总体上，储层非均质性自20世纪70年代提出后，在国外受到众多研究者的重视，研究内容包括非均质性的分类、非均质性对储层储集性能的影响、非均质性对油气开发的影响等，使用方法主要包括野外露头、室内实验、地质建模、数值模拟等。研究尺度既包括宏观也包括微观。随着研究的深入，精度和定量化水平逐渐提高。在国内，目前研究者使用较多的是裘怿

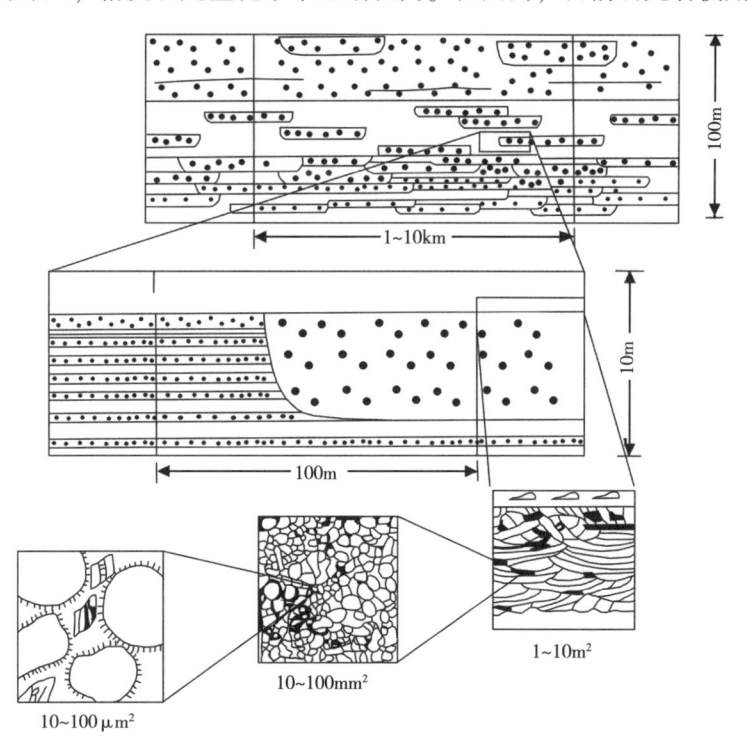

图3-44　Pettijohn（1973）的储层非均质性分类

楠（1992）关于储层非均质性的分类方案，研究内容主要集中在层内非均质性和平面非均质性，微观非均质性研究较少。

储层非均质性是影响地下油、气、水运动及油气采收率的主要因素，进行储层非均质性研究，对储层有效开发具有十分重要的意义（吴胜和等，1998；陈欢庆等，2011；陈欢庆等，2012）。M. L. Sweet 等（1996）利用地质统计方法建立了北海南部海德地区低渗透气田储层非均质模型。Madeleine Peijs-van Hilten 等（1998）以加拿大南艾伯塔 Countess YY 油藏下切谷储层为例，利用地质建模技术研究了不同尺度的储层非均质性。V. C. Tidwell 等（2000）主要运用渗透率分析测试资料对美国俄亥俄州马西隆砂岩的非均质性进行了分析。Matthew J. Pranter 等（2005）对美国怀俄明州绵羊峡谷密西西比河麦迪逊组白云岩露头的岩石物理数据特征进行了分析，指出白云岩模型中侧向上岩石物理性质循环造成的储层非均质性对于孔洞影响的重要性超过岩石物理差异性的 10%。Matthew J. Pranter 等（2007）通过美国科罗拉多州西部皮申斯盆地威廉姆森福克组河流相点坝露头模拟，对中观尺度的储层非均质性进行了建模研究，结果证实该尺度的储层非均质性研究对于河流相储层具有十分重要的意义。目前国外主要集中在利用野外露头、地质统计学方法以及地质建模的方法定量研究储层非均质性，具有明显定量化的特征。

国内也有众多研究者从事储层非均质性方面的研究工作（汪立君等，2003；鲁新便等，2003；范乐元等，2005；杨少春等，2006；唐俊伟等，2006；刘林玉等，2008；陈欢庆等，2011；陈欢庆等，2012）。汪立君等（2003）论述了在油田注水开发过程中，储层层内、层间及平面三个层次的宏观非均质性对剩余油的影响。鲁新便等（2003）应用变尺度分形技术对缝洞型碳酸盐岩储层的非均质性进行了研究。范乐元等（2005）以黄骅坳陷北大港构造带古近系沙河街组为例，研究了高分辨率层序地层格架对储层非均质性的影响和控制作用。杨少春等（2006）以济阳坳陷东营凹陷胜坨油田二区为例，阐述了非均质综合指数的计算、作用和意义，指出注水开发加剧了储层的非均质程度。唐俊伟等（2006）对苏里格低渗透强非均质性气田开发技术对策进行了探讨。刘林玉等（2008）通过真实砂岩微观模型实验，客观分析了鄂尔多斯盆地西峰地区长 8 段砂岩微观非均质性特征。国内对于储层非均质性研究使用的方法包括测井方法、层序地层学方法、微观实验方法、分形技术等，其中以基于测井解释孔隙度、渗透率等物性资料计算渗透率变异系数、级差和突进系数等分析储层非均质性特征为主。研究内容既包括储层层间、层内、平面和微观非均质性表征，又包括储层非均质性对于剩余油分布的控制作用以及注水开发的影响等方面。总体上，国内对于储层非均质性研究主要是基于钻井资料和各种实验分析，而对于野外露头的地质建模和数值模拟等方面研究甚少。纵观国内外对于储层非均质性的影响，还很少见到通过对稠油热采储层非均质性研究指导蒸汽吞吐转蒸汽驱热采开发方式转换提供参考方面研究的报道。

一、储层非均质性研究进展

1. 储层非均质性研究内容

储层非均质性既包括储层宏观发育特征非均质性，也包括储层微观孔隙结构非均质性等。储层非均质性研究的内容多种多样，主要包括储层非均质性分类、储层非均质性评价、储层非均质性成因分析、非均质性对储层性质和流体性质的影响、储层非均质性对油气田开发的影响等。非均质性是储层地质研究的核心问题，也是储层在发育过程中不同地质作用的结果。汪立君等（2003）论述了在油田注水开发过程中，储层层内、层间及平面三个层次的宏观非均质性对剩余油分布的影响，认为强非均质性区是剩余油分布的主要部位。Matthew等（2006）利用露头模拟研究对河流相沉积储层中碳酸盐胶结物对储层渗透率非均质性的影响进行了分析，研究指出，碳酸盐胶结物的空间展布是储层渗透率分布规律的主控因素。Timothy（2006）研究了储层非均质性对流体模拟的重要影响，结果表明，模型模拟为研究者认识储层非均质性提供了一种有力的工具。Brenda等（2007）利用反射光谱图来研究美国侏罗系纳瓦霍人砂岩成岩非均质性和储层水流通道特征，成果显示，研究区目的层砂岩储层非均质性主要受成岩作用控制，在露头尺度很难评价。曾联波等（2008）以鄂尔多斯盆地上三叠统延长组特低渗透砂岩储层为例，对岩层非均质性多裂缝发育的影响进行了研究。Heath等（2012）对浅层CO_2埋存介质的地质非均质性和经济不确定性进行了分析。Karen等（2013）以新西兰卡布尼油田为例，对含CO_2高压天然气储层中储层非均质性的变化进行了研究。结果表明，CO_2对储层非均质性的变化具有十分重要的影响作用，储层非均质性在纵向上的变化在甜点区取决于矿物的溶蚀作用强弱，在致密储层区取决于矿物的胶结作用强弱。本次在从事准噶尔盆地西北缘某区储层非均质性研究时，首先进行岩石类型分析（图3-45）。由于研究区目的层属于冲积扇砂砾沉积，岩石类型多样，空间变化很快。因此

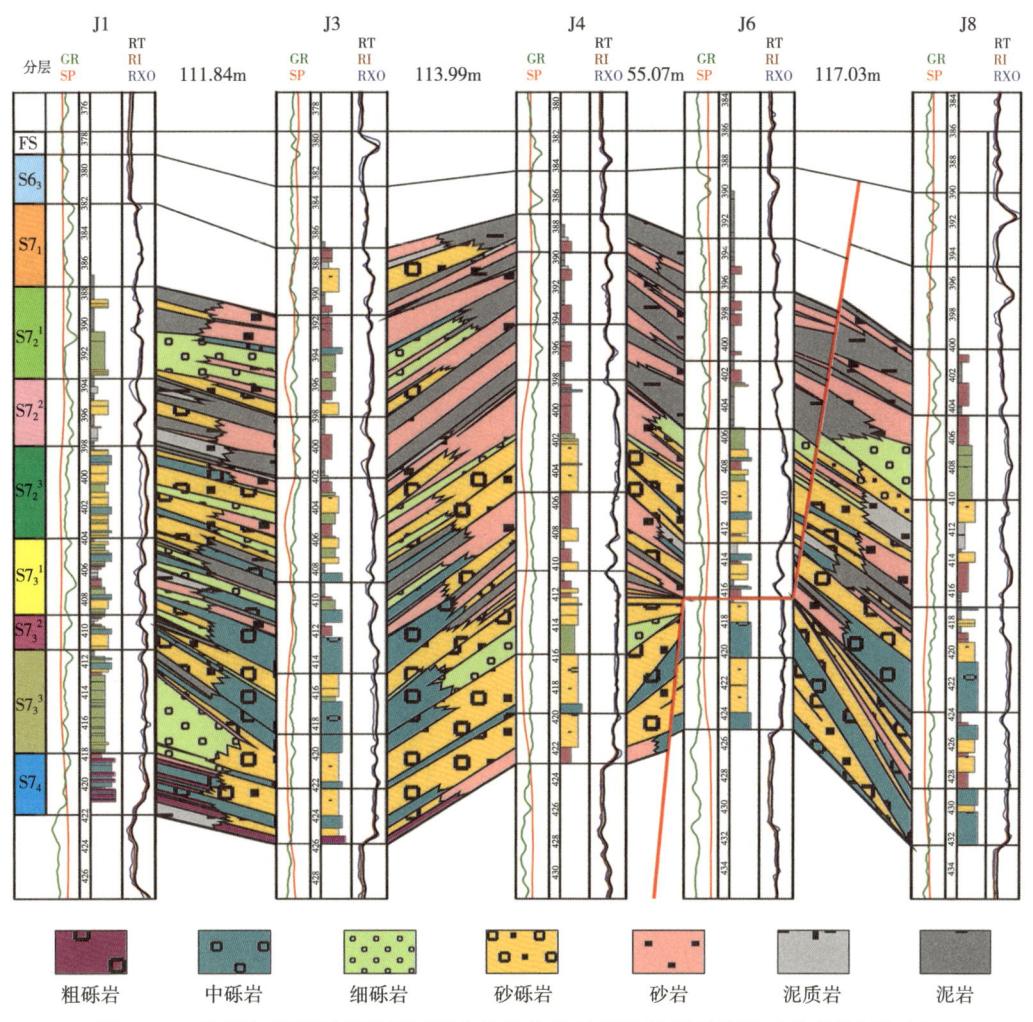

图3-45 准噶尔盆地西北缘某区下克拉玛依组砾岩岩性剖面特征（垂直物源方向）

可以通过了解岩性的变化来分析储层在空间上的非均质性变化规律。从中可以看出，受气候和物源以及地形等条件的综合影响，储层岩性在空间上变化很快，因此也直接导致了储层具有较强的非均质性。目前国外对于储层非均质性研究主要包括利用各种实验研究储层孔渗等物性特征及其对流体渗流规律的影响，利用野外露头资料开展地质建模和模拟研究进行储层非均质性定量分析。国内主要包括通过沉积学、成岩作用等地质成因分析研究储层非均质性和基于测井精细解释的渗透率等储层物性参数进行非均质性的定量评价等。

2. 储层非均质性研究的方法

储层非均质性研究方法多种多样。М·И·马克西莫夫（1980）对储层非均质性的研究方法进行了总结介绍，主要包括数学统计方法、参数对比法、随机函数方法、压力恢复曲线法等。本书将储层非均质性研究方法总结为地质成因分析法、层序地层学方法、各种实验研究方法、地质统计学方法、各种数学计算方法、测井解释方法、地质建模方法、地震预测方法、数值模拟方法和生产动态分析法等。并在每种研究方法最后指出该方法的优缺点，以期为同行开展相关工作选取适合的研究方法时提供参考（表3-7）。

表3-7 储层非均质性研究方法特征

方法名称	研究内容	优点	缺点
地质成因分析法	非均质性成因、宏观非均质性、微观非均质性	可以从成因上深刻认识非均质性	定量分析程度略显不足
层序地层学方法	层间非均质性、平面非均质性	主要描述宏观非均质性，重点指导油气勘探	在油气开发非均质性研究方面精度还需要提高
各种实验研究方法	微观非均质性、非均质性对油气开发效果的影响	可以获取最直观的非均质性信息	成本较高，受实验条件限制，部分结论与实际有一定的偏差
地质统计学方法	层内非均质性、微观非均质性等	参数求取方便，可以获得大量非均质性定量信息	成果的准确性受到储层物性解释数据可靠性的制约
各种数学计算方法	非均质性空间分布	提供定量化的成果	需要与地质分析方法结合使用
测井解释方法	非均质性空间分布、隔夹层特征	提供定量化的成果	成果的准确性受到测井解释数据成果可靠性的制约
地质建模方法	非均质性空间分布	刻画储层非均质性定量三维空间展布特征	模型的准确度和精度还有待提高
地震预测方法	隔夹层空间发育规律	定量刻画非均质性宏观发育特征	受方法技术和资料限制，精度有限
数值模拟方法	非均质性对油气开发效果的影响	综合多种资料进行预测	受人为因素影响
生产动态分析法	隔夹层发育特征	成果直接指导生产实践	容易将非非均质性因素当作非均质性因素考虑，产生偏差

1）地质成因分析法

地质成因分析法是储层非均质性研究最常用的方法，主要是从影响储层非均质性的地质成因入手，揭示非均质性的主要影响因素，刻画非均质性的强弱。一般而言，储层非均质性的影响因素多种多样，但占主导的还是构造因素、沉积因素和成岩作用三种。构造因素主要包括断层和裂缝，沉积因素主要是由于沉积相或者沉积微相的变化引起的储层性质（特别是储层非均质性）的强弱变化。成岩作用主要是压实作用、胶结作用、溶蚀作用等引起储层性质的差异，进而表现为储层非均质性的变化。杨帆等（2006）利用成岩岩相分析法对轮南东斜坡东河砂岩非均质性进行了分析。研究指出，广泛发育的碳酸盐致密胶结相及非致密胶结相在成岩早期就导致了储层强烈的非均质性；局部溶蚀作用发育的碳酸盐非致密胶结—弱溶蚀相、剩余原生孔隙—弱溶蚀相和剩余原生孔隙溶蚀相，是成岩晚期储集性得到改善的结果。张琴等（2007）从宏观和微观两方面分析了东营凹陷古近系沙河街组碎屑岩储层的非均质性特征，并分析了其沉积成因。马世忠等（2008）对河道单砂体"建筑结构控三维非均质模式"进行了研究，建立了"渗透率向凸岸、向上减小的新月形楔状侧积体，逐一斜列侧叠，其间被非渗透侧积薄夹层隔开"的曲流河道砂体"建筑结构控三维非均质模式"。Daniela 等（2010）在沉积构型研究基础上对巴西雷孔卡沃盆地上侏罗统塞尔吉组河流—风成储层非均质性进行了研究，结果表明，通过沉积构型和岩石物理分析可以加深对储层非均质性的认识。公繁浩等（2011）利用岩心和分析测试资料，对鄂尔多斯盆地姬塬地区上三叠统长 6 段储层成岩非均质性进行分析。成果显示，姬塬地区长 6 段是以长石砂岩为主的低孔超低渗储层；沉积伊始，受机械分异作用控制，形成原始沉积的孔隙非均质，使不同原始孔隙条件的储层在成岩演化过程中发生差异演化，并经历早期压实、早期酸性水注入、碳酸盐胶结受阻、有机酸及油气注入四个演化阶段，导致储层的成岩非均质性。Philippe 等（2012）以法国东南部沃克吕兹省巴雷姆阶—阿普特阶碳酸盐岩台地为例，分析了地层构型与多尺度储层非均质性之间的关系。在进行辽河盆地西部凹陷某区上楼油层储层非均质性研究时，就将储层非均质性的影响因素划分为构造因素、沉积因素和成岩作用因素三种类型，以前两种为主，成岩作用因素只是在目的层下部局部可以见到（图 3-46）（陈欢庆等，

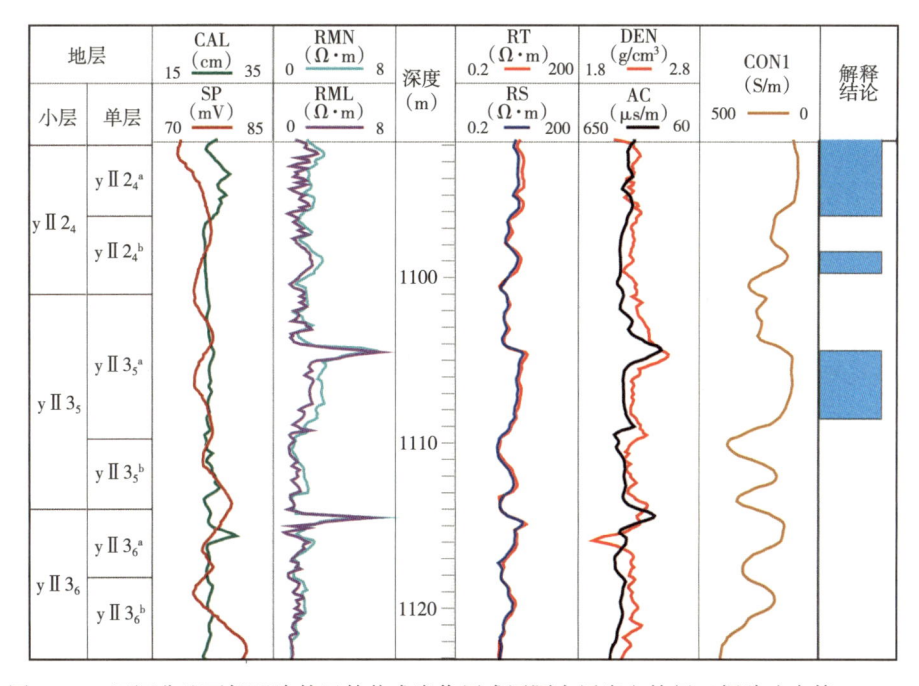

图 3-46 辽河盆地西部凹陷某区某井成岩作用成因隔夹层岩电特征（据陈欢庆等，2015）

深度：1104~1105m，1114~1115m；解释结论中蓝色代表水层

2015）。从图 3-46 中可以看到，在深度 1105m 和 1115m 时，由于钙质胶结，分别在测井曲线上出现了钙质尖，指示在该深度，地层性质受到成岩作用的影响，增强了地层非均质性。地质成因方法，具体而言，就是通过构造分析、沉积相或沉积微相划分以及成岩作用研究等，研究上述作用在储层形成过程中对非均质性的影响。具体的操作方法和构造、沉积和成岩作用研究等没什么差异，只是关注的焦点变成了储层非均质性而已。地质分析方法可以使研究者对于储层非均质性的成因具有深刻的认识，缺点是方法的定量分析程度略显不足。

2）层序地层学方法

层序地层学方法在储层非均质性研究中也有一些尝试性的应用。层序地层学方法主要是利用层序地层学理论来从成因角度分析储层非均质性的形成和分布规律，实现非均质性研究的目的。范乐元等（2005）对黄骅坳陷北大港构造带古近系沙河街组高分辨率层序地层格架及其对储层非均质性的控制作用进行了分析，研究认为短期基准面旋回控制了砂体内部的非均质模式，中—长期基准面旋回控制了储层砂体的层间非均质性特征。张世广等（2009）以松辽盆地朝阳沟油田朝 1—朝气 3 区块扶余油层为例，对高分辨率层序地层学在储层宏观非均质性研究中的应用进行了探索。通过不同级次基准面旋回成因的沉积动力学分析和表征储层宏观非均质性的各项岩心化验、统计学数据定量分析，指出随着长期基准面的上升，各短期基准面旋回层内非均质性变强，各中期基准面旋回层间非均质性变弱，各短期基准面旋回平面非均质变强；随着长期基准面的下降，各变化趋势正好相反。指出基准面旋回及其伴随的可容纳空间变化引起的沉积环境变化是储层宏观非均质特征差异的决定因素。利用层序地层学方法研究储层非均质性，一是该方法可以为非均质性研究提供高精度的等时地层格架；二是通过分析不同级别的基准面旋回，可以对储层非均质性的成因有更深入的理解，比如砂体在空间的分布规律，纵向上的沉积旋回和韵律等。层序地层学方法在非均质性研究中充分体现了非均质性的成因机制，但是受方法本身的局限，研究精度还需要进一步提高，目前该方法主要是描述储层宏观非均质性，指导油气勘探，而在油气田开发非均质性刻画方面还需要探索应用。

3）各种实验研究方法

各种实验方法是地质研究的重要基础和工具，对于储层非均质性而言，也不例外。通过各种基础实验分析，可以获得储层性质第一手的资料。特别是近年来，随着相关领域仪器设备和分析测试方法的不断发展和进步，实验研究方法在储层非均质性研究中发挥的作用越来越明显，重要性日益凸显。基于这些实验研究，可以提供一系列反映储层非均质性的特征参数，统计和分析这些参数分布和变化规律，进行储层非均质性研究。Shehadeh 等（2002）利用离心机分离技术研究了润湿性非均质对毛细管压力曲线的影响，结果表明储层润湿性的恢复程度随着含油饱和度的增大而减小。李中锋等（2005）运用人造物理模型制作技术制作了三维物理模型，并用恒速法对不同的三维非均质模型进行水驱油试验，分析了储层非均质性对水驱油采出程度的影响作用。刘林玉等（2009）利用真实砂岩微观模型对鄂尔多斯盆地白豹地区长 3 储层微观非均质性进行了研究，结果认为研究区目的层具有很强的微观非均质性，成岩作用和孔隙结构是影响储层微观非均质性的主要原因。王明等（2013）通过室内三维物理模拟驱油实验，量化研究了正韵律高含水油藏地质模型不同注入体积及不同驱替压差下含油饱和度与波及系数的变化特征。Jesús 等（2013）建立了利用深水储层非均质性来区分半深海和深海泥岩的认识标准，研究中主要利用电子显微镜扫描来开展工作。陈欢庆等（2013）在进行松辽盆地徐东地区营城组一段火山岩储层非均质性研究时，便利用CT图像扫描的技术来分析储层孔隙结构微观非均质性。目的层火山岩为多期次喷发形成，火山岩岩石类型繁多，经鉴定该区目的层火山岩岩石类型有火山熔岩和火山碎屑岩两大类、10种岩性，从CT图像扫描图像上来看（图3-47），不同岩性的孔隙度等物性特征差异很大，就是在同一种岩性内部，在极短距离内物性分布也很不均匀，有很大的变化。总体上，由于岩石性质和结构的差异，沉火山角砾岩等岩性的层内非均质性要明显强于凝灰岩等，不同火山岩性之间层内非均质性的差异很大。各种实验研究方法偏重的是储层微观非均质性研究，或者是储层非均质性对油气开发影响的研究。各种实验方法可以获取储层非均质性最为直观的成果信息，缺点是需要花费较多经费进行实验分析，增加了研究成本。同时取样受客观条件的限制，有些实验难以实施。

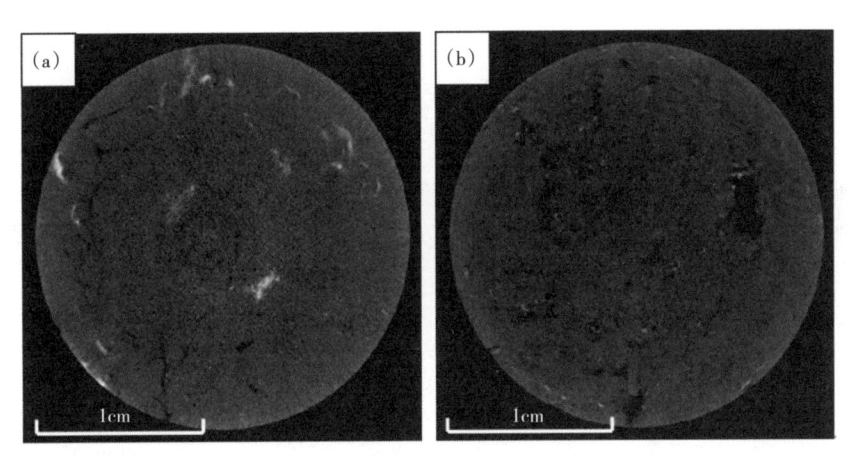

图3-47　松辽盆地徐东地区营城组一段不同岩石类型孔隙发育CT扫描特征（据陈欢庆等，2013）
（a）绿色流纹质凝灰岩，W21井，营一段，孔隙度9.2%，密度2.39g/cm³，渗透率0.437mD，孔隙较发育；
（b）绿灰色流纹岩；W14井，营一段，孔隙度14.3%，密度2.26g/cm³，渗透率1.097mD，孔隙发育

4）地质统计学方法

地质统计学方法主要是对储层渗透率等参数进行统计和运算，以此来分析储层非均质性的强弱。同时，还包括对储层内部隔夹层厚度以及侧向延伸规模长度等信息的统计和分析等。何琰等（2001）对储层非均质性描述的地质统计学方法进行了研究，认为该方法具有一定优越性和实用性。Peter等（2006）利用地质统计学方法对储层孔隙度非均质性进行了定量分析。地质统计学方法具有参数求取方便，可以获得储层非均质性定量信息的优点；缺点是成果的准确性受到储层物性解释数据可靠性的制约。陈欢庆等（2012）在进行松辽盆地徐东地区营城组一段火山岩储层非均质性研究时，通过统计对比储层层内垂直渗透率与水平渗透率的比值来分析储层层内非均质性，应用的就是地质统计学方法，取得了较好的效果（表3-8）。主要判别标准是K_v/K_h低，说明流体垂向渗透能力相对较低，反之则较高（吴胜和等，1998）。Peter等（2015）在文献调研的基础上利用地质统计学方法对储层非均质性进行了研究。地质统计学方法目前是储层非均质性研究中使用最为广泛的方法之一。需要特别指出的是，在利用岩心分析测试资料进行地质统计学研究储层非均质性时，需要保证统计样品具有一定的数量，同时在平面上和纵向上要能覆盖整个研究区目的层，确保能够充分代表研究区目的层非均质性发育特征。

表 3-8　松辽盆地徐东地区营城组一段火山岩储层层内垂直渗透率
与水平渗透率比值（据陈欢庆，2012）

分层	垂直渗透率与水平渗透率的比值					
	K_v/K_{h_1}			K_v/K_{h_2}		
	最大值	最小值	平均值	最大值	最小值	平均值
YC1 I$_1$（35）	4.33	0.03	0.69	0.03	15.62	1.17
YC1 I$_2$（3）	1.17	0.35	0.84	1.40	0.89	1.19
YC1 II$_1$（9）	8.51	0.02	1.58	1.72	0.18	0.67
YC1 II$_2$（9）	0.60	0.00	0.26	0.50	0.01	0.34

注：分层名称后括号中的数字代表的样品数。

5）各种数学计算方法

数学方法一直是解决储层地质问题的有力工具，在储层非均质性研究中也是如此。通过对于能够体现储层非均质性的各项特征参数进行特定的数学运算和分析，借助一定的成熟经验，可以对储层非均质性的发育程度做出判断，实现储层非均质性研究的目的。毕研斌等（2003）利用变差函数方法来分析储层平面非均质性，研究中通过构建一种定量表征储层平面非均质性的数学模型，来实现储层平面非均质性表征，结果表明该方法优于传统的数理统计方法。李祖兵等（2007）以双河油田V下油组为例，利用非均质综合指数法对砂砾岩储层非均质性进行了研究，采用主因子分析法选出了沉积微相、砂体厚度、孔隙度、渗透率、油层的顶底面微构造、目前的综合含水率和流动带指标7个参数作为反映储层非均质性的参数。现场实践证明，其结果比较真实地反映了储层非均质性的地下分布状况，符合率在90%以上。施东等（2009）利用灰色综合GIS评价系统对储层非均质性进行了研究，实现了储层非均质性研究的一体化评价。杨少春等（2016）以江苏省扬州市真武油田戴南组二段碎屑岩储层为研究对象，利用数据包络分析法表征碎屑岩储层非均质性。结果表明，真武油田戴南组二段砂岩分布范围内非均质指数主要分布在0.5~0.9之间，呈现中等—较强的非均质性，且非均质指数的分布与沉积微相展布有较好的相关性；非均质指数对注水开发效果有直接影响。各种数学方法可以提供定量的储层非均质性研究结果，但这需要建立在深入的地质分析基础之上；否则就只能是数字游戏，难以反映真实的储层非均质性信息。

6）测井解释方法

测井解释方法就是通过精细的测井解释，在井上划分砂层和泥岩层，结合精细的地层划分与对比成果，确定不同小层或单层之间隔层和层内夹层发育的位置，实现层间和层内非均质性的定量描述。由于测井资料在目前油气田储层表征中应用最为广泛，因此该方法在储层非均质性研究中应用也极为广泛。目前，利用测井解释方法研究储层非均质性，主要是利用测井解释的渗透率数据计算变异系数、突进系数、级差等，来定量对比储层的非均质性。还有就是结合岩心分析测试数据，确定储层和隔夹层的界线物性取值，利用测井数据划分隔夹层，达到研究储层非均质性的目的。本次在进行辽河盆地西部凹陷某区于楼油层储层非均质性研究时就运用该方法，对不同单层之间和单层内的隔夹层分别进行了识别，绘制了不同单层之间隔层和不同单层内部夹层的平面展布图，以此来刻画储层非均质性发育特征（图3-48）。

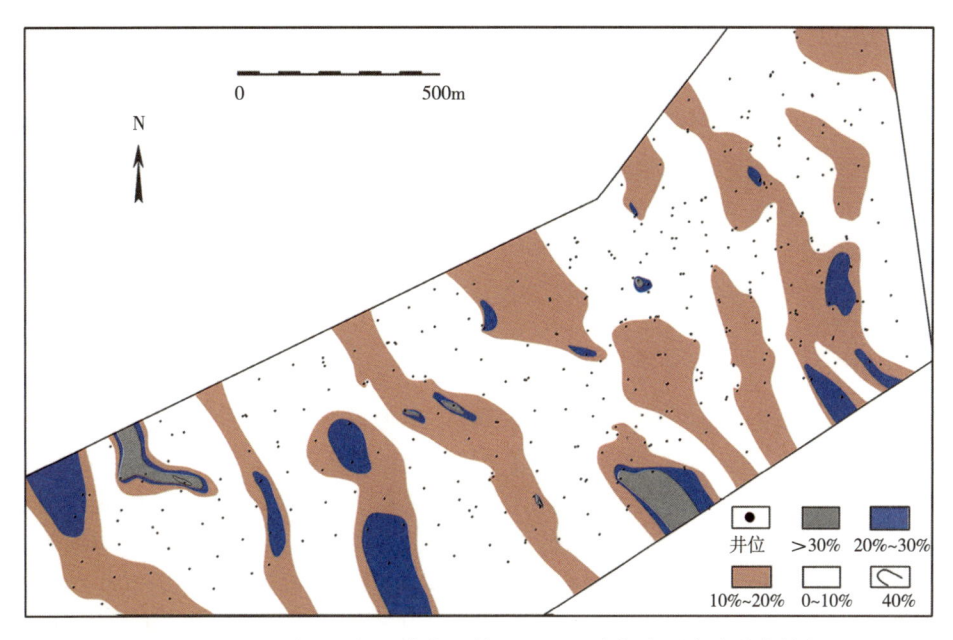

图3-48 辽河盆地西部凹陷某区单层yⅠ1₁ᵃ内部夹层密度分布特征

7) 地质建模方法

地质建模的方法在储层非均质性研究中应用较少，但有些研究者已经在这方面进行了有益的探索。地质建模方法研究储层非均质性包含的内容很多，比如建立储层隔夹层地质模型，建立储层渗透率级差、变异系数和突进系数模型等。和沉积微相建模等研究类似，储层地质建模研究非均质性，最大的优势还在于储层非均质性的井间预测和三维立体成果展示。邢正岩（2003）以胜利油田牛20、纯41、桩74和大芦湖等低渗透砂岩油藏为例，系统总结了胜利油区低渗透砂岩油藏储层非均质性地质模型的研究内容和方法。该非均质模型充分利用三维地震、地质、钻井、测井、测试等资料，实现了储层非均质性定量表征。Matthew等（2005）以美国怀俄明州绵羊峡谷密西西比河麦迪逊组白云石露头为例，利用储层建模方法对白云石储层岩石物理非均质性进行了研究，结果表明，露头建模可以为储层岩石物理性质的变化描述提供定量信息。杨少春等（2006）以济阳坳陷东营凹陷胜坨油田二区为例，建立了非均质综合指数三维模型，分析东营组开发初期、中期和后期的非均质综合指数变差函数和三维模型特征，得出了不同开发时期储层非均质性的变化规律。目前，利用地质建模的方法研究储层非均质性，其数据基础还是基于地震或者测井数据，通过这两种方法，获得体现储层非均质性的隔夹层数据或者渗透率变异系数、突进系数、级差等，基于变差函数等计算，在三维空间上实现储层非均质性的预测，建立储层非均质性模型。地质建模的方法可以提供直观和定量化的储层非均质性信息，但是受资料基础和建模算法的影响，模型的准确度和精度受到一定程度的制约，目前还处于发展阶段，还存在诸多未解的难题。

8) 地震预测方法

地震预测的方法目前在储层非均质性研究中的应用较少。地震预测方法主要是通过地震反演和解释储层砂泥岩含量或孔隙度、渗透率和含油气饱和度等信息，来刻画储层非均质性。王立锋等（2009）以东方气田为例，从沉积后地层受重力流冲刷的模式出发，主要利用地震资料,通过对泥流冲沟带中储层纵、横向分布规律的认识,描述了造成该气田气层气体组分差异的储层非均质性影响因素。同时选取多项地震属性与孔隙度的多维线性回归,在平面向上预测了各气组的平均孔隙度,对以物性渐变为特点的储层非均质性进行了半定量预测。利用地震预测方法研究储层非均质性,主要还是通过寻找储层孔隙度和渗透率与地震属性之间的对应关系,来进行储层物性的预测;其与一般的储层地震预测最大的区别是,前者关注的焦点是各类泥质隔夹层信息,后者关注的焦点是砂体等储层信息。利用地震预测的方法进行储层非均质性研究,是近年来储层非均质性研究比较有特色的尝试,受方法技术和资料精度的限制,地震方法在储层非均质性研究中还存在较多问题,需要加强这方面的攻关。

9) 数值模拟方法

数值模拟方法也可以有效分析储层非均质性。数值模拟的方法主要是模拟储层非均质性在不同开发方式下发生的变化,该方法具有十分重要的现实意义。研究者可以根据数值模拟的结果,及时调整相应措施,改善油气田的开发效果。元福卿(2005)以孤东油田为例,利用数值模拟方法,研究了储层非均质性对聚合物驱效果的影响作用。结果表明,纵向非均质、平面非均质和韵律性对聚合物驱效果的影响各不相同,同时层间连通性和大孔道对聚合物驱也有很大影响。由于数值模拟过程中受人为因素影响,在参数选择、模拟方法选择等方面存在差异,导致该方法在实践中的应用受到一定程度的限制,模拟结果还需要用地质静态和生产动态数据来验证其正确性。

10) 生产动态分析法

生产动态方法从动态角度为静态的储层非均质性研究提供了一种有效途径,注入水量、注入蒸汽量、产油量、产液量等各种生产动态信息直接反映了储层非均质性发育的强弱程度。笔者在进行辽河盆地西部凹陷某区储层非均质性研究时就利用产量数据来分析储层隔夹层的发育程度,以达到储层非均质性研究的目的。最终达到了预期目标,为稠油热采储层非均质性研究和储层蒸汽吞吐转蒸汽驱热采方式的转换提供坚实的地质依据。以研究区Well6井组为例(图3-49,表3-9),该井组共5口井,在于I油组油层发育,油层之间连通性好。对比地层厚度、隔夹层厚度、产油量和注气量发现,整个井组5口井的隔夹层均以沉积成因为主。Well7井和Well8井隔夹层厚度相对最小,注汽量最少,但是产油量最多,而其余3口井的情况恰恰相反。原因是随着隔夹层厚度的增大,蒸汽驱的热效率逐渐降低,同时注汽井和采油井之间的注采对应关系逐渐变差。从该井组生产实践说明,隔夹层对于稠油热采储层生产具有十分重要的控制和影响作用。生产动态分析法作为储层非均质研究的有效方法受到越来越多研究者的重视,但其也存在一定的缺陷。比如生产动态数据不但受静态储层非均质性的影响和制约,同时受到注水强度、注水压力以及地面工程等诸多因素的影响,在工作中应该全面分析,避免将一些非地质和油藏作用的影响归结为储层非均质性因素,造成不必要的错误结果。生产动态数据本身不能实现储层非均质性的直接刻画,例如无法利用生产动态数据完成隔夹层的识别。但是生产动态数据可以对利用测井方法等其他方法识别的隔夹层等储层非均质性进行验证。储层非均质性是储层性质的核心,非均质性的强弱直接影响了储层性质的优劣,因此可以通过储层对应生产状况的好坏来反证储层非均质性的强弱。当然,在这个过程当中,应该排除工程技术等方面的影响。

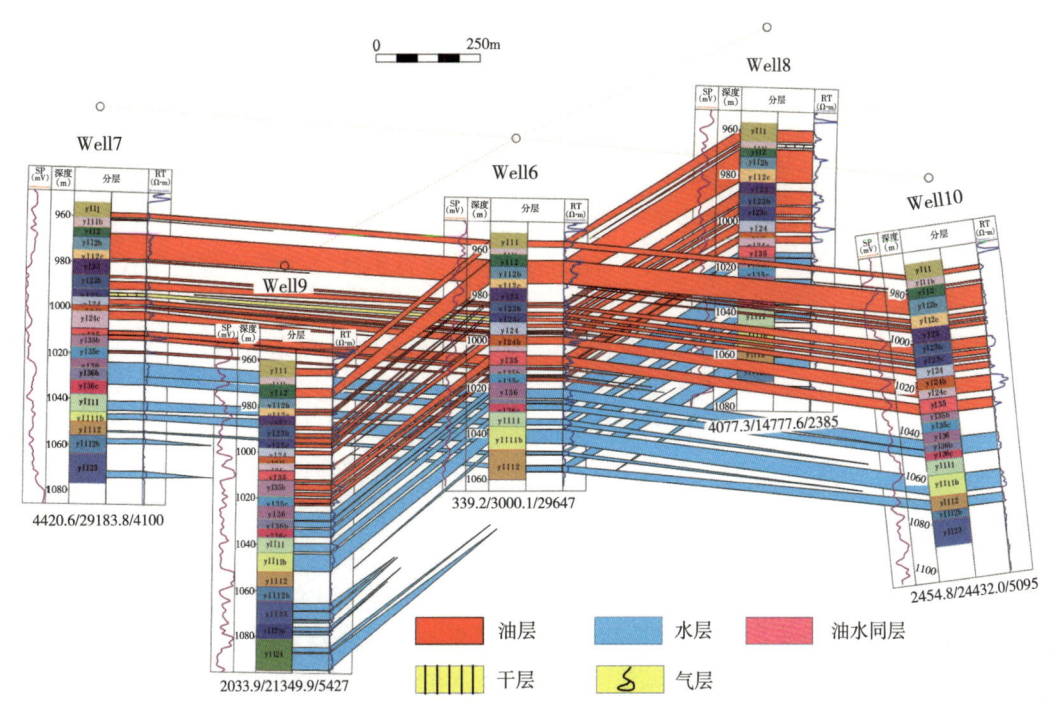

图 3-49　辽河盆地西部凹陷某区 Well6 井组于楼油层储层发育特征图

井下部的数字代表：产油量（10^4t）/产水量（10^4t）/注汽量（10^4m^3）

表 3-9　辽河盆地西部凹陷某区 Well6 井组于楼油层（单层 yⅠ1$_1^a$—yⅡ1$_2^a$）厚度与隔层厚度及生产数据对比表

项目＼井号	Well7	Well6	Well9	Well8	Well10
地层厚度（m）	101.091	106.986	97.793	104.478	106.37
隔夹层厚度（m）	43.76	47.78	61.43	33.51	57.49
产油量（10^4t）	4420.6	339.2	2033.9	4077.3	2454.8
注汽量（10^4m^3）	4100	29647	5427	2385	5095

3. 储层非均质性研究中存在的问题

虽然众多的研究者都注意到储层非均质性研究的重要性，也开展了众多富有成效的工作，但截至目前，储层非均质性研究中还存在着诸多未解的难题，主要表现在以下几方面：（1）储层非均质性定量研究方法较单一，特别是层内非均质性，主要通过计算渗透率变异系数、突进系数和级差来进行。因为目前测井解释渗透率准确性较差，所以严重影响了储层非均质性研究的精度和准确度。在这方面，国内的研究者应该多向国外学习，加强不同定量方法在储层非均质性研究中的应用探索。Benjamin 等（2014）以法国巴黎盆地中侏罗统为例，对浅海碳酸盐岩储层非均质性成因进行了分析，研究中综合用到了核磁共振、小岩心稳定同位素地球化学分析、三维地质建模等方法。（2）储层非均质性研究中流体非均质性研究较少，还需要加大攻关力度。尹伟等（2001）对辽河油田千 12 区块储层流体非均质性进行了研究，为油田开发方案的制订和调整提供了可靠依据。（3）受资料基础和方法技术等的限制，储层微观非均质性的研究程度还远远不及储层宏观非均质性。陈欢庆（2011）曾经利用地质统计分析、岩心描述和显微镜下薄片观察等方法对松辽盆地徐东地区营城组一段火山岩储层微观非均质性特征进行了分析。（4）受地质成因的复杂性和发育区域的局限性，国外碳酸盐岩储层非均质性研究较成熟，而国内碳酸盐岩储层非均质性研究还存在许多未解的难题。（5）目前储层非均质性研究中多采用测井精细二次解释资料，而地震资料极少应用，导致储层非均质性宏观发育特征的表征准确性很差。（6）各种基础实验在储层非均质性研究方面具有极大的优势，但是受样品提取，仪器设备精度以及测试成本等条件的限制，实验研究在储层非均质性研究方面的作用还没有充分发挥出来。（7）储层非均质性受众多地质因素的共同影响形成，目前在研究中综合性还不够，需要加强。（8）储层非均质性在开发过程中的变化研究还没有引起研究者的重视，这严重影响到油气田开发中—后期开发技术政策的调整和剩余油挖潜。随着油气田开发过程的不断深入，储层受速敏、水敏和盐敏等开发活动的影响，孔隙度和渗透率等性质随之发生变化，最终导致储层非均质性的改变，这种变化应该引起研究者的高度重视。

4. 储层非均质性研究发展方向

分析目前储层非均质性研究现状和存在的问题，结合自身研究实践，认为储层非均质性研究发展方向主要包括以下几大方面：（1）地质因素一直是影响储层非均质性的根本原因，应该加强层序地层学、沉积学和成岩作用等地质研究在认识储层非均质性研究方面的工作力度。陈景山等（2007）总结了富县探区低孔低渗砂体的成因类型与层内非均质模式。根据单砂体内粒度、孔隙度、渗透率等储层参数及其测井响应特征在垂向上的变化形式，区分出孔渗向上变差型、孔渗向上变好型、复合型和复杂型四种基本类型的层内非均质模式，分析并指出了前三种层内非均质性主要受控于砂体微相类型、沉积水动力、沉积物粒度、沉积序列等因素，而复杂型层内非均质性则主要与砂体内差异胶结作用、差异埋藏溶蚀作用等成岩改造因素有关。Samantha等（2010）对美国犹他州南部Cedar Mesa砂岩和侏罗系Page砂岩沉积露头进行了分析，在高精度等时地层格架内对储层非均质性进行了研究。（2）国外研究者在分析储层非均质性时，常通过野外露头观察，建立地质知识库来定量研究储层非均质性特征，而在国内，这方面的研究较少，应该加大工作力度。Matthew等（2007）利用露头模拟研究了美国科罗拉多州皮申思盆地威廉姆森福克组河流点坝砂岩中观尺度点坝砂岩储层非均质性特征。（3）流体非均质性是储层非均质性研究的重要组成部分。目前国外通过渗流场分析等在这方面做了许多探索性的工作，但国内研究特别是在近些年还甚少。杨池银（2004）对千米桥潜山凝析气藏流体非均质性控制因素进行了分析，认为双向供烃、多期成藏、总体成藏期晚和潜山断裂发育等是形成流体非均质性的主要原因。Lang Zhan等（2010）利用深电磁和压力监测设备对储层流体进行动态监测，以此来研究储层非均质性。流体非均质性必将成为储层非均质性研究一个十分重要的发展方向。（4）目前地震资料在储层非均质性研究中的应用还极少，由于地震资料在储层横向预测方面具有极大的优势，因此应该加强这方面的探索和攻关。（5）碳酸盐岩、火山岩等复杂岩石类型和致密储层非均质性目前在国内研究较少，以后应该会成为研究者关注的焦点之一。岳大力等（2005）对流花11-1油田礁灰岩油藏储层非均质性及剩余油分布规律进行了研究，取得了较好的效果。崔景伟等（2013）以鄂尔多斯盆地三叠系延长组长7段为例，对致密砂岩层内非均质性及含油下限进行了研究。结果表明，钙质胶结是导致致密砂岩储层非均质性的原因，残留烃含量相差约6倍，致密砂岩均主要发育纳米级喉道（直径<1m）。（6）利用数字岩心等各

种实验技术进行储层微观孔隙结构和非均质性研究，提高储层非均质性研究的精度和定量化水平。（7）目前储层非均质性定量研究主要基于测井解释的渗透率数据进行统计运算。应该加强各种先进的数理统计方法在储层非均质性研究中应用的力度，努力提高储层非均质性研究的定量化和准确化水平。鲍强等（2009）以苏北盆地高邮次凹陷某研究区为例，利用分形几何方法研究储层微观孔隙结构特征，在此基础上分析储层微观非均质性特征，取得了较好的效果。（8）储层非均质性对油气开发效果的影响是储层非均质性研究的主要目的之一，因此也必将成为非均质性研究的重要发展方向之一。Ali等（2012）研究了裂缝性储层非均质性对蒸汽驱辅助重力泄油的影响进行了分析，结果表明，顶部具有较高裂缝渗透率的储层驱油效率小于底部具有较高裂缝渗透率的储层。封从军等（2013）研究了扶余油田泉四段储层非均质性及对剩余油分布的控制作用。成果显示，研究区储层非均质性严重，层内主要发育泥质、钙质和泥砾三种夹层类型。层间砂体表现为五种垂向连通方式，平面上孔渗参数、非均质系数分布明显受沉积微相及砂体分布的影响。Meysam等（2015）研究了储层非均质性对注水开采天然气储层垂向大斜度水平井产量的影响，结果表明，渗透率在空间上的分布规律是水驱储层性质的主要影响因素。

二、辽河盆地西部凹陷某区于楼油层非均质性特征

本次针对扇三角洲前缘储层水下分流河道分流改道频繁，储层物性变化快的特点，综合岩心、镜下薄片、测井、分析测试等多种资料，开展稠油热采储层非均质性研究，为目的层开发开发方式的转换提供地质依据。研究区目的层地质概况在本章第一节已经详细介绍，在此不再赘述。

1. 储层非均质性发育特征

储层非均质性作为储层发育规律的核心问题，一直是研究者关注的焦点。因为陆相沉积储层相变快，资料比较有限，所以要准确认识储层非均质性难度很大。目前国内研究者分析储层非均质性，多采用直接计算渗透率变异系数、突进系数和级差的方法，来认识储层非均质性。本次除了统计分析和计算测井精细解释储层渗透率参数，重点参考沉积微相研究的方法，采用由点到线再到面的研究思路，来分析储层非均质性。点即是井点，线就是剖面，而面则是平面。

1）单井非均质性特征

井资料认识非均质性，既是第一步，也是基础。岩心提供了储层非均质性第一手的资料，从岩心观察看（图3-50），研究区目的层非均质性强烈，储层性质可以在很短的距离内就发生急剧变化。目的层非均质性受三方面因素影响，分别是沉积作用、成岩作用和构造作用，其中以沉积作用为主。沉积作用对储层非均质性的影响主要表现在两方面，一是随着沉积环境的变化，沉积物的粒度发生变化，进而岩性发生变化。因为研究区目的层属于扇三角洲前缘沉积，水下分流河道分流改道频繁，造成含砾砂岩、中砂岩、细砂岩、粉砂岩和泥岩等不同岩性在空间变化快，造成了空间上储层较强的非均质性。二是随着沉积过程中水动力条件的变化，形成了槽状交错层理、板状交错层理、砂纹交错层理、脉状层理、斜层理等众多层理构造［图3-50（a）］，这些层理构造虽然可能发育的厚度、规模等比较有限，但对于储层性质的影响却十分巨大，造成了储层性质在空间上的快速变化。成岩作用也对储层非均质性产生一定的影响，体现在多方面。例如目的层存在丰富的头足类化石发生钙化，使得储层物性变差［图3-50（b）］、储层非均质性增强；其次是在不同层理界面上沉积的植物

化石发生碳化,增强了储层非均质性;还有就是长石的次生加大以及黏土矿物的存在等也使得储层物性变差,非均质性增强。同时在局部可以看到裂缝的存在,由于后期裂缝被充填或者其他因素导致在裂缝附近储层性质发生变化,非均质性增强［图 3-50 (c)］。储层非均质性直接影响着储层含油性的好坏,从岩心观察可以看到,油浸的部位储层非均质性较弱,多为含砾细砂岩或细砂岩［图 3-50 (d)］,这与储层非均质性较强的部位储层含油性较差［图 3-50 (a)］形成了鲜明的对比。因此非均质性对储层含油性具有十分重要的控制作用,在实施稠油热采储层蒸汽驱时应该充分重视储层非均质性特征研究,为油藏热采开发提供坚实的地质依据支持。

图 3-50 辽河盆地西部凹陷某区于楼油层岩心储层非均质性特征
(a) J2 井,槽状层理,953.95~954.05m; (b) J2 井,钙化的动物介壳,965.04~965.14m;
(c) J2 井,裂缝,983.75~983.9m; (d) 22-10 井,油浸细砂岩,1005.58~1005.7m

从单井岩电剖面图上看,层内非均质性表现为砂层内部垂向上渗透率韵律、最高渗透层所处位置、非均质程度、单砂层规模宏观的垂直与水平渗透率的比值以及层内夹层的分布,它直接控制和影响一个单砂层垂向上的注入剂波及厚度。通过分析单井沉积韵律模式发现(图 3-51),研究区目的层受沉积作用控制,纵向上具有较强的非均质性。目的层可以看到三种沉积韵律模式,包括正韵律、反韵律和复合韵律,其中以正韵律和复合韵律为主。上述韵律性在纵向上的不断变化,造成储层较强的层内非均质性。对于这三种沉积韵律而言,蒸汽驱的效果差异很大。蒸汽驱时,一般射孔会选择油层下部 1/2 的位置。正韵律在蒸汽驱时,由于蒸汽驱的超覆作用,可能会造成较多的剩余油残留,效果较差;对于反韵律,由于蒸汽驱过程中的超覆作用，蒸汽在向前推进的过程中会有向上的运动，正好将上部物性较好储层中的稠油驱出，驱油效果最好；对于复合韵律，蒸汽在油层中的运动规律较复杂，要谨慎划分热采层系，保证驱油效果最佳。总体上，反韵律和复合韵律储层蒸汽驱生产效果要优于正韵律储层。

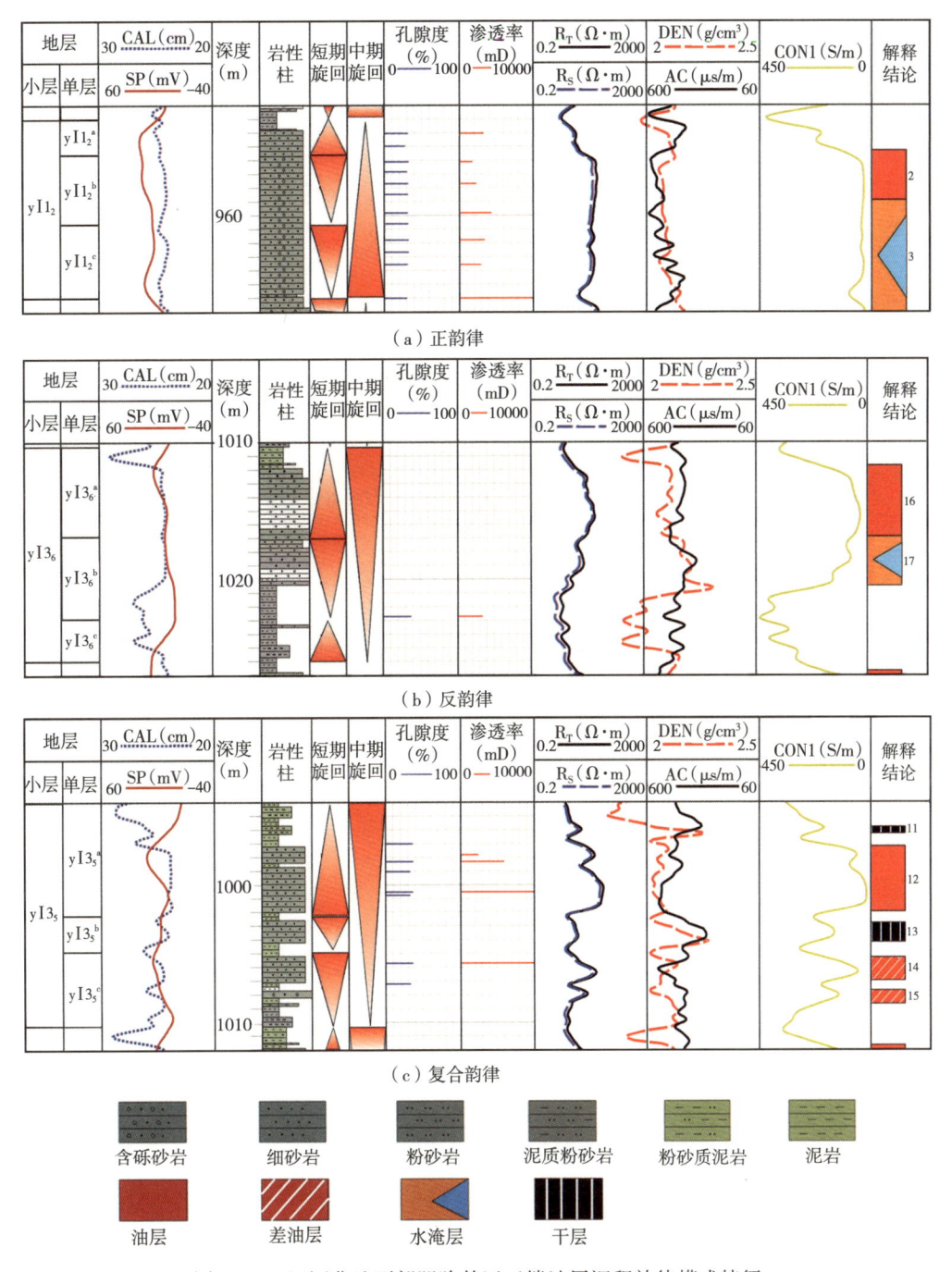

（a）正韵律

（b）反韵律

（c）复合韵律

图 3-51　辽河盆地西部凹陷某区于楼油层沉积韵律模式特征

2）剖面非均质性特征

目的层构造上属于单斜，成岩作用较弱，因此储层非均质性主要受控于沉积相发育特征。沉积微相研究发现，目的层扇三角洲前缘亚相可以进一步细分为水下分流河道、河口沙坝、水下分流河道间砂、水下分流河道间泥和前缘席状砂五种沉积微相类型，其中储层以水下分流河道、河口沙坝和水下分流河道间砂为主，前缘席状砂只是在研究区靠近西南部或南部较少看到（图3-52，图3-53）。从沉积微相剖面上看（图3-52），多数砂体在剖面上侧向延伸距离有限，砂体规模较小。在纵向上沉积微相相变快，水下分流河道间泥发育。侧向上砂体规模的限制和纵向上相变的迅速导致储层岩性和物性在空间上的急剧变化，最终加剧储层非均质性。剖面上主要体现的是储层层间非均质性特征。从图上看，不同单层间隔层发育，厚度多大于2m，而且在侧向上分布较稳定。根据辽河油田现场经验，对于泥质岩而言，隔层厚度在1m以上就可以对蒸汽形成有效的遮挡。因此在蒸汽驱过程中应该充分考虑这些厚隔层的影响。同时，那些侧向上延伸距离较短的水下分流河道间泥的存在也会对蒸汽驱的路径产生一定的影响，使得蒸汽驱蒸汽的推进路径进一步复杂化。同时会吸收相当数量的蒸汽热量，一定程度上降低蒸汽驱的热效率。

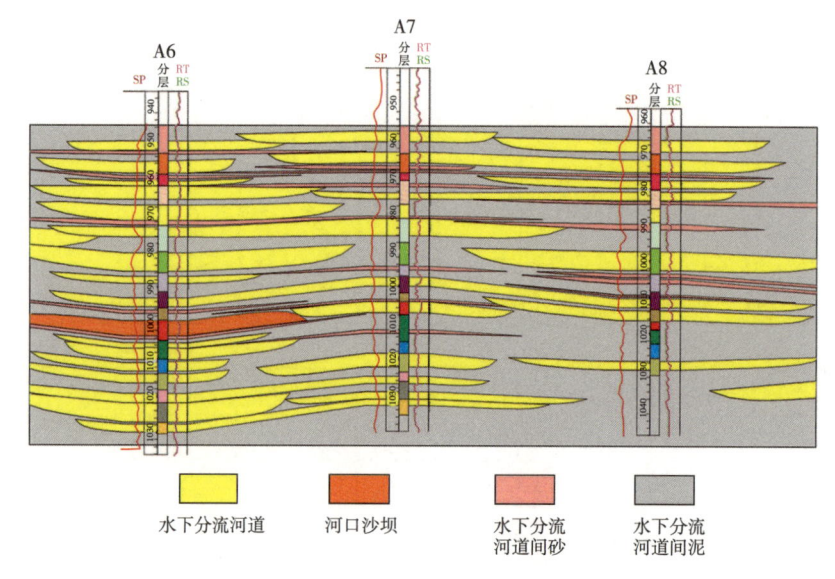

图3-52 辽河盆地西部凹陷某区于楼油层沉积微相剖面发育特征
近东西向，垂直于物源方向

3）平面非均质性特征

基于测井二次精细解释的物性成果，本次通过计算和统计不同单层渗透率变异系数（表3-10）。可以看出，目的层整体上非均质性较强。主力层yII_2^a、yII_2^b和yII_2^c的非均质性属于中等，其余均为强非均质性，这也和目前油田生产实践相吻合。研究中利用计算的渗透率非均质性参数，绘制了不同单层的渗透率变异系数平面分布图，通过变异系数在平面上的变化规律来分析不同单层层内非均质性特征。以单层$yI3_6^c$为例，对比渗透率变异系数平面分布图与沉积微相图（图3-53），储层非均质性明显受沉积微相的控制，非均质性强、中、弱的区域大体呈条带状北西—南东向展布，与物源方向基本一致。该单层中储层非均质性较弱的区域大体占研究区的1/3左右，整体上储层非均质性较强。对比其余28个单层，单层

y Ⅰ1₂ᵃ、y Ⅰ1₂ᵇ和y Ⅰ1₂ᶜ中储层非均质性最弱，渗透率变异系数小于0.5的区域面积接近试验区总面积的1/2；其次是单层y Ⅰ2₃ᵃ、y Ⅰ2₄ᵃ、y Ⅰ2₄ᵇ和y Ⅰ2₄ᶜ，储层渗透率变异系数取值小于0.5的区域面积接近试验区总面积的1/3；其余单层非均质性整体都较强，渗透率变异系数小于0.5的区域面积零星分布，这与孔隙度和渗透率的分布特征基本一致。这充分证明储层非均质性与物性关系密切，前者对后者产生十分重要的影响。从目前油田开发效果看，y Ⅰ1₂（y Ⅰ1₂ᵃ+y Ⅰ1₂ᵇ+y Ⅰ1₂ᶜ）、y Ⅰ2₃（y Ⅰ2₃ᵃ+y Ⅰ2₃ᵇ+y Ⅰ2₃ᶜ）和y Ⅰ2₄（y Ⅰ2₄ᵃ+y Ⅰ2₄ᵇ+y Ⅰ2₄ᶜ）均为主力油层，而其储层非均质性与其余各层相比明显较弱，这也说明储层非均质性直接影响到了油藏的开发效果，储层非均质性较弱的区域开发效果好。因此通过储层非均质性的研究，可以为油藏有效开发措施的实施提供有益的参考。

表3-10 辽河盆地西部凹陷某区于楼油层于Ⅰ油组渗透率非均质性参数特征

非均质性参数分层	渗透率突进系数 分布范围	均值	渗透率级差 分布范围	均值	渗透率变异系数 分布范围	均值
y Ⅰ1₁ᵃ	1~55.019	4.136	1~2016.243	132.144	0~6.012	0.944
y Ⅰ1₁ᵇ	1~14.827	3.084	1~1865.889	74.372	0~2.197	0.804
y Ⅰ1₂ᵃ	1~9.534	2.367	1~1890.263	55.508	0~2.177	0.619
y Ⅰ1₂ᵇ	1~12.349	2.411	1~1937.565	60.981	0~2.55	0.59
y Ⅰ1₂ᶜ	1~14.622	2.471	1~2009.335	113.937	0~2.356	0.639
y Ⅰ2₃ᵃ	1~19.905	3.104	1~1995.416	143.156	0~2.732	0.792
y Ⅰ2₃ᵇ	1~21.765	3.745	1~1999.619	462.418	0~3.237	1.007
y Ⅰ2₃ᶜ	1.011~29.011	3.573	1.104~2016.496	379.088	0.034~3.781	0.922
y Ⅰ2₄ᵃ	1~39.34	3.534	1~2015.274	215.589	0~4.606	0.84
y Ⅰ2₄ᵇ	1~18.622	3.118	1~1963.716	147.499	0~3	0.809
y Ⅰ2₄ᶜ	1~31.418	3.381	1~2017.05	196.971	0~4.193	0.835
y Ⅰ3₅ᵃ	1~10.325	3.197	1~2012.191	303.551	0~2.847	0.876
y Ⅰ3₅ᵇ	1~19.214	3.086	1~1972.341	276.334	0~2.511	0.816
y Ⅰ3₅ᶜ	1~12.749	2.827	1~2013.072	247.945	0~2.523	0.778
y Ⅰ3₆ᵃ	1~11.371	2.821	1~2010.65	199.597	0~2.784	0.74
y Ⅰ3₆ᵇ	1~12.903	2.863	1~1878.689	124.074	0~2.288	0.78
y Ⅰ3₆ᶜ	1~34.729	3.181	1~1821.182	104.367	0~3.94	0.771

2. 储层非均质性对稠油油藏蒸汽驱热采开发的影响

储层非均质性程度直接影响到油层的产能、注水效率及石油最终采收率。研究储层非均质性有利于揭示流体在储层中的运动规律，合理划分开发层系，选择注采系统，预测产能与生产动态，改善油田开发效果（张金亮等，2011）。从上述储层非均质性研究结果看，研究区目的层整体非均质性强烈。所以注入蒸汽在目的层和平面上均匀分布是很少见的。注入蒸汽要寻找阻力最小的通道，因此它将优先进入高渗透通道，例如水下分流河道主河道的部位等，很容易造成蒸汽汽窜。如果流动阻力不大，蒸汽将很快突破生产井。这将会对生产产生极大的负面影响。一是造成部分蒸汽从采油井直接采出，二是驱油效率变差，达不到预期的生产效果，造成剩余油在目的层局部富集。在蒸汽驱热采时应该充分考虑储层非均质性的影

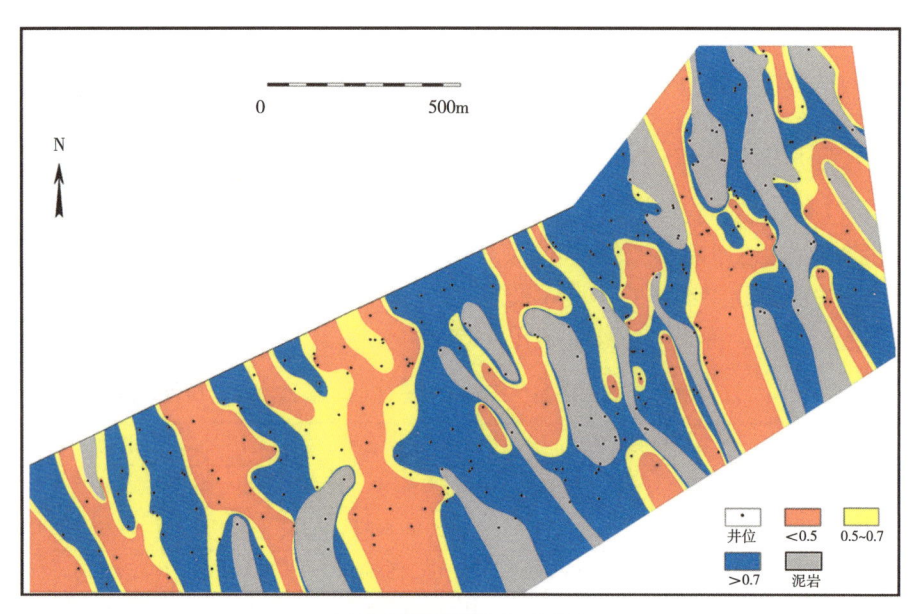

(a)渗透率变异系数平面分布图

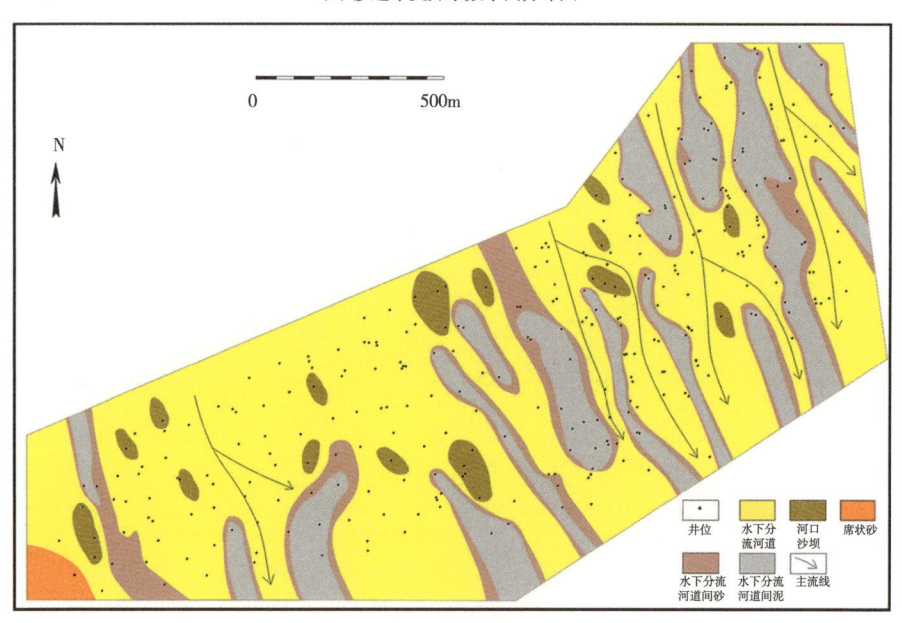

(b)沉积微相平面图

图 3-53　辽河盆地西部凹陷某区于楼油层单层 y I 3_6^c 渗透率变异系数平面分布图与沉积微相平面图对比

响。一方面，在注采井网的设计时，注采井应该尽量位于储层非均质性较弱的区域，例如相同的沉积微相带内，以保证储层注采关系对应好，蒸汽驱效果最佳。同时，储层非均质性较弱的区域隔夹层不甚发育，可以尽量减少蒸汽驱过程中的热量损失，使得蒸汽驱热采的经济效益最大化。另一方面，储层非均质性较弱的区域，蒸汽驱前缘可以均匀推进，扩大波及体积，驱油效率最高。以 K1 井组开发效果为例（表 3-11，图 3-54），该井组 5 口井中 G2 井钻井和生产时间与其余井不同，因此在比较时不予考虑（因为要对比注汽量和产油量等生产数据）。其中K1井在蒸汽驱阶段为注汽井，而W1井、W2井和W3井均为生产井。该井组的井经历了蒸汽吞吐和蒸汽驱两个生产阶段，目前正处于蒸汽驱生产阶段。分析发现，三口生产井整体注汽量差异不大，但产量差异较大。其中W1井虽然地层厚度较小，但产油量最大，而W2井和W3井的产量相对较小。分析原因，主要是W1井储层整体非均质性较弱。虽然W3井整体非均质性强于W2井，但其地层厚度和储层厚度大于后者，因此产量较W2井大。

表 3-11　辽河盆地西部凹陷某区于楼油层 K1 井组非均质性评价结果与生产效果对比图

井名	地层厚度（m）	非均质性评价结果（单层数） 强	中	弱	产油量（10^4t）	产水量（10^4m³）	注汽量（10^4m³）
K1	84	5	2	3	126.1	1759.6	23237
W1	56	2	3	5	11159	55278.26	31502
W2	49.6	5	4	2	5565.1	35479.91	25700
W3	105.6	8	2	4	7955.3	18784.69	25621
G2	79.7	8	4	2	9246.4	31372.84	24864

注：表中非均质性评价的结果来自于对井上相对应层位测井精细解释的渗透率变异系数、突进系数和级差的综合判断分析。

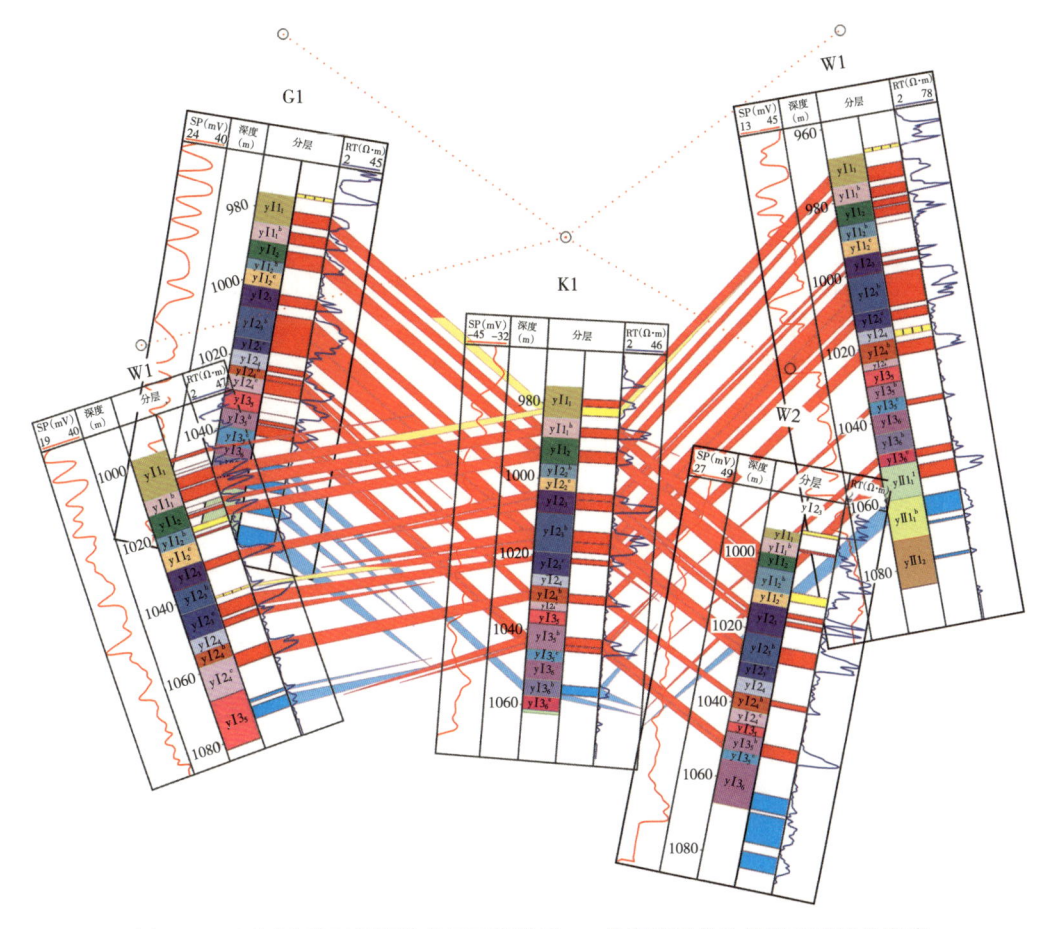

图 3-54　辽河盆地西部凹陷某区于楼油层 K1 井组储层非均质性对开发的影响

第六节　地质成因分析基础上的储层综合定量评价

储层评价就是对储层储集油气的能力进行评价，其评价结果能有效指导油田的开发（吕红华等，2006）。储层评价作为油气田勘探开发研究中一项十分重要的核心内容，一直是国内外研究者关注的焦点（罗蛰潭等，1991；李红雯等，1997；马乾等，2000；王建东等，2003；Dubost F 等，2004；刘吉余等，2005；梁西文等，2006；Mohsen Saemi 等，2007；杜旭东等，2009；Satoru Takahashi 等，2010；Ali Al-Ghamdi 等，2011；李武广等，2011；张仲宏等，2012；张佳佳等，2012；Ali Shafiei，2013）。国内外众多研究者从不同角度利用不同方法对储层进行评价。

一、储层评价研究进展

目前对储层评价的方法逐渐由定性向定量化发展，考虑的因素也越来越多，由传统的孔隙度、渗透率向多因素综合分析发展。William McCaffrey 等（2001）研究了狭窄的浊流沉积体系边缘地层圈闭开发潜力工艺控制及其对储层评价的帮助。王建东等（2003）利用层次分析的方法对大庆萨尔图油田北二区东部密井网试验区储层进行了评价。梁西文等（2006）以建南构造晚二叠世长兴组沉积期点礁和滩为例，对礁滩储层进行了评价。Mohsen Saemi 等（2007）利用遗传算法设计神经网络，对储层渗透率进行了评价，该方法在波斯湾南帕尔斯气田应用效果较好。兰朝利等（2008）以兴城气田火山岩为例，将有效渗透率、基质有效孔隙度、基质空气渗透率、平均孔喉半径和岩石密度等作为定量评价低渗透火山岩气藏储层的指标。Heinz Wilkes 等（2008）利用特定混合物稳定碳同位素对储层原油生物降解作用进行了评价。杜旭东等（2009）利用俄罗斯测井系列的测井曲线，系统评价了尤罗勃钦油田的碳酸盐岩储层。Rabi Bastia 等（2010）通过对印度东北部大陆边缘孟加拉扇中部和上部地层在板块碰撞之前和之后的沉积历史进行了分析，评价了该区深水储层的潜力。Satoru Takahashi 等（2010）等利用表面张力对低渗透硅质页岩的润湿性进行了评价。Ali Al-Ghamdi等（2011）以中东碳酸盐岩储层为例，改进了一种三重介质模型来评价天然裂缝储层。李武广等（2011）利用变差函数分析对杨家坝油田储层进行了评价。Gareth R. L. Chalmers 等（2012）开展了加拿大不列颠哥伦比亚省东北部 Groundbirch 地区三叠系 Half-waye-Montneye-Doig 页岩气和致密气混合储层地质评价，研究内容包括储层厚度、结构、总孔隙度、总有机碳含量、有机质成熟度、孔径分布、表面面积、矿物特征和渗透率等多方面。张仲宏等（2012）提出了用主流喉道半径、可动流体百分数、拟启动压力梯度、原油黏度和黏土矿物含量作为评价参数，提出了低渗透油区储层综合评价方法。张佳佳等（2012）利用波阻抗 $AlgR$ 重叠法、岩石物理反演法和地震多属性预测法等对油页岩的有机碳含量和含油率进行了有效评价。Ali Shafiei 等（2013）基于人工神经网络和粒子群算法，发展了一种评价天然裂缝碳酸盐岩储层蒸汽驱性能的筛选工具。

目前储层评价研究所使用的资料主要包括岩心、分析测试、测井以及地震等多种，研究方法逐渐由定性向定量化发展，而考虑的因素也越来越多，由传统的孔隙度、渗透率向多因素综合考虑发展。储层评价的对象也多种多样，从碎屑岩、碳酸盐岩到火山岩，甚至油页岩等都有。目前国外储层评价方面的研究主要集中在利用各种数学方法、地质学方法和实验方法等对孔隙度和渗透率等储层物性参数以及裂缝等进行评价。国内研究主要集中在优选储层评价参数，利用各种地质统计学或数学方法对储层综合分类，分析不同类型储层与油气分布的关系，指导油气勘探开发。综合分析前人对储层评价的研究，主要存在的问题是研究方法综合性略显不足。要么是以地质研究经验直接选择评价参数，缺乏地质统计分析，要么就是纯粹的数学方法分类，地质基础略显单薄，将定性的地质经验研究和定量的分类评价充分结合方面的研究实践还甚少见到。

1. 储层评价研究方法

储层评价方法的选择是每位研究者都必须面对的现实问题，目前储层评价的方法主要包括：地质经验法、权重分析法、层次分析法、模糊数学法、人工神经网络法、分形几何法、变差函数法、聚类分析法、灰色关联法、各种测井方法和地震方法等。笔者结合自身研究实践，对上述方法进行了简单介绍，并对不同方法的优缺点进行了归纳总结（表3-12）。

1）地质经验评价方法

地质经验评价的方法目前在储层评价研究中被广泛应用。该方法主要是根据研究区目的层以前积累的工作经验，选择对应的参数，确定不同储层类型的界线参数取值，开展储层分类评价研究。吴智勇等（2000）以辽河西部凹陷曙103块潜山为例，根据经验建立储层分类的测井系列标准。胡明毅等（2006）以川西前陆盆地上三叠统须家河组致密砂岩储层为例，根据前人研究及油田现场经验，确定了评价分类的标准。朱春俊等（2011）对大牛地气田低渗透储层进行了成因分析及评价，工作中根据地质经验，从岩石类型、物性、孔隙结构参数和孔隙类型四方面阐述了不同类型储层特征。地质经验评价方法最大的优点是充分体现储层成因影响因素，评价标准来源于勘探生产实践，在本地区应用效果好；缺点是评价研究中定量分析和统计计算不足，而且由于不同油田和不同区块储层地质特征差异大，评价方法和标准推广较难，效果很难保证。

2）权重分析法

权重分析法是一种较为简单的半定量储层评价方法（黄易等，2012）。该方法将研究对象全部原始变量的有关信息进行集中分析，确定不同因子的权重以及相应的评价标准，完成权重评价。刘克奇等（2005）利用权重法对东濮凹陷卫城81断块沙四段储层进行了评价研究，为开发方案的调整奠定了基础。黄易等（2012）以中拐五八区石炭系火山岩储层为例，详细地阐述了权重评价法在火山岩储集层评价中的作用。权重法的优点是比单纯的地质经验法向定量化方向迈进了一大步，缺点是不同参数权重的确定受人为经验因素影响较大，不同研究者确定的权重数可能差异较大，从而导致评价结果较大的差异性。

3）层次分析法

层次分析法是美国著名运筹学家、匹兹堡大学教授 Saaty T. L. 于20世纪70年代中期提出的。该方法是应用简单的数学工具结合运筹思想将复杂的问题分解为各个组成因素，并按支配关系分组形成层次结构，通过综合各因素之间的相互影响关系及其在系统中的作用，来确定各因素的相对重要性，在此基础上，实现储层质量的评价（王建东等，2003）。王建东等（2003）在进行大庆萨尔图油田北二区东部密井网试验区储层评价时，就用到了层次分析的方法。张凌云等（2009）利用层次分析法对百色盆地致密储层进行了定量评价研究。层次分析方法的最大优点是将一个复杂的系统结构分解为若干层次或子系统，确定系统中各因素的相对重要性，将复杂的问题简单化；缺点是层次划分具有较大的随意性，合理性不便验证。

4）模糊数学方法

模糊数学是引用隶属函数的概念建立的数学体系，隶属函数可以用［0，1］区间内的任意值来描述一个对象是否属于该集合，不仅仅局限于精确函数那样取 1（属于）或 0（不属于）。因此隶属函数具有描述事物渐变过度的能力。模糊数学在承认数学精确性的同时，向模糊性逼近（朱伟等，2013）。运用模糊数学综合评判法，确定储层评判对象因素集，即储层分类评价的特征参数，来开展储层综合定量分类评价。武春英等（2008）以鄂尔多斯盆地白于山地区延长组长 4+5 油层组为例，用模糊数学方法对储层进行了评价。朱伟等（2013）以哈萨克斯坦滨里海盆地东南部三叠系—侏罗系陆源碎屑岩地层为例，利用模糊数学方法开展了油气储层评价研究。模糊数学方法最大的优点是可以克服常规含油气性及其优劣程度评价过程中许多不确定因素带来的诸多不便，更客观评价储层。在运用模糊数学进行储层评价时，首先要建立地质因素模糊体系，结合研究者的地质经验等给出隶属度函数，确定不同地质要素的隶属度。该过程受多种因素影响，不确定性很强，一定程度上影响到储层评价结果的准确性。

5）人工神经网络方法

人工神经网络是一种用来模拟人脑思维过程的计算模型，它主要利用已知的学习样本集，用误差反向传播算法进行训练并建成网络，实现对储层描述和评价的目标（姜延武等，2001）。Mohsen Saemi 等（2007）利用遗传算法设计神经网络，对储层渗透率进行了评价，该方法在波斯湾南帕尔斯气田应用效果较好。任培罡等（2010）基于自组织神经网络的结构和原理，对储层岩性和流体进行了识别，获得了较好的效果。Ali Shafiei 等（2013）等基于人工神经网络和粒子群算法，发展了一种评价天然裂缝碳酸盐岩储层蒸汽驱性能的筛选工具。人工神经网络的优点是计算更省时、更客观、更准确，缺点是在神经网络的建模和预测时是以已知的先验知识为条件的，因此具有一定的局限性。

6）分形技术和方法

分形几何是 1975 年由著名的法国数学家曼德勃罗特（Mandelbrot）首次提出的，它为描述自然界不规则的、非线性的和复杂形态的事物提供了一种有效的数学工具（巩磊等，2012）。利用分形技术和方法评价储层，主要是通过分形维数研究结果，刻画储层孔隙结构或者裂缝等属性的发育特征，基于这些成果来评价储层的发育程度。张立强等（1998）根据分形几何学的基本原理，并依据压汞资料，计算了博格达山前带侏罗系储层孔隙结构的分形维数及分形下限，讨论了分形几何学在储层评价中的应用。刘丽丽等（2008）利用变尺度分形技术，预测了长庆铁边城油田元 48 井区长 $4+5_{1+2}$ 储层天然裂缝分布，根据裂缝相对发育区的分布特征及其地层系数，对储层进行了综合分类评价，分类结果与实际生产吻合性好。该方法最大的优点是可以定量评价储层分布规律和非均质性，缺点是要求研究对象具有自相似性和自反演性。

7）变差函数方法

变差函数在地质统计学中主要用来描述区域化变量的空间几何特性。变差函数不但是各种预测和模拟算法的基础，而且能通过变程、块金常数、基台值等参数以及变差图刻画区域变量的性质。李武广等（2011）以杨家坝油田为例，对变差函数在储层评价及开发中的应用进行了探索。研究中利用渗透率数据分沉积微相类型计算了不同层变差函数的变程，通过变程反映变量的影响范围，对储层进行精细的描述。变差函数方法最大的优点是将地质统计学方法应用至储层评价研究中，通过统计不同性质储层发育规模和规律的统计，借助变差函数工具实现未知区域的储层评价和预测，较好地实现了定性地质研究和定量统计预测在储层评价研究中的结合，缺点是研究结果受样本代表性的影响较大，具有一定的局限性。

8) 聚类分析方法

聚类分析方法是目前储层分类评价中应用比较广泛的方法之一，应用效果较好。聚类分析又称点群分析。它是按照客体在性质上或成因上的亲疏关系，对客体进行定量分析的一种多元统计分析方法（李汉林等，1998）。唐骏等（2012）利用 Q 型聚类分析和判别分析方法对鄂尔多斯盆地姬塬地区长 81 储层进行了综合评价，取得了较好的效果。本次在进行辽河盆地西部凹陷某区于楼油层储层定量评价时便使用的是聚类分析的方法。首先通过储层地质成因分析，确定储层发育主要控制因素，然后选取最能体现这些因素的特征参数，基于 SPSS 聚类分析然间平台进行统计分析，最终获取储层评价分类的结果。聚类分析方法评价储层，最大的优点就是将地质成因定性分析和聚类算法定量分类紧密结合，缺点就是需要在分类过程中不断调整参数选择、不同参数的权重以及聚类算法，工作量较大。

9) 灰色关联分析法

灰关联分析是灰色系统理论的重要组成部分。它是根据因素间时间序列曲线的相似程度来研究、分析事物之间关联性的一种方法，灰关联分析的目的是寻求系统中各个因素的主要关系，找出影响目标值的重要因素，从而掌握事物的主要特征（赵加凡等，2003）。刘吉余等（2005）采用灰色关联分析法对大庆萨尔图油田北二区储层进行了综合评价，解决了用单因素评价储层过程中出现的评价结果相互交叉、不唯一的问题。涂乙等（2012）利用灰色关联分析法对青东凹陷碎屑岩储层进行了综合评价。该方法目前在储层评价研究中应用较多，其最大的优点是将复杂的储层评价过程转化为系统的数学运算过程，增强了储层评价研究的定量特性；缺点是对储层成因影响因素缺乏系统深入的分析，在评价标准建立和指标权重确定时容易产生偏差，影响评价效果。

10) 各种测井技术和方法

测井技术作为评价和描述储层的一种十分有效的工具，在储层分类评价研究中一直发挥着十分重要的作用。特别是 FMI 测井、地层倾角测井等对于碳酸盐岩缝洞型储层具有常规方法无法比拟的优势。通过对孔隙度、渗透率等储层物性特征的精细测井解释，或者裂缝、孔洞等储层储集空间的表征，对储层的发育程度进行评价，分析不同类型储层在剖面和平面上的发育规律。韩晓渝等（1995）利用测井孔洞综合概率法对资阳地区震旦系白云岩储层进行了综合评价。杨斌等（2010）利用测井方法对川东沙罐坪石炭系气藏储层进行了评价。张晓明（2012）利用自然伽马能谱测井对玉北地区碳酸盐岩储层进行综合评价。各种测井方法在储层评价研究中已经广泛应用，该方法的优点是资料容易获取，评价结果体现定量化，可以批量处理数据，同时可以与其他方法紧密结合，扬长避短。当然该方法也存在一些缺陷，例如受测井仪器和解释人员经验的影响，评价结果可能与地质实际存在一定偏差，同时受成本和地质条件的限制，一些测井方法的应用和推广受到限制。

11) 各种地震技术和方法

地震技术作为储层表征和预测的重要工具，一直受到研究者的重视，但在储层评价研究中，地震技术和方法应用还很少。地震技术和方法对储层进行评价，涉及研究内容较多，主要包括对储层构造，特别是裂缝发育程度的刻画，对储层砂泥岩含量或者油气水等流体发育特征的反演预测和在开发过程中的变化特征进行监测等。这些地震方法和技术最大的特点和优势是对储层各种属性特征宏观发育特征的定量刻画。刘震等（1995）利用改进型的 DIVA

方法对 LD 构造进行了储层评价研究。魏小东等（2011）利用地震资料振幅谱梯度属性对储层进行了评价。Colin MacBeth 等（2006）利用四维地震数据对英国南部含气盆地陆架 Rotliegende 低孔致密气藏储层压降进行了监测评价，该研究提高了裂缝发育储层的地震响应，同时基于该项研究所提出的措施可以提高储层天然气产量。地震技术优点在于可以通过储层预测刻画不同性质储层在空间发育的宏观规律，缺点是地震资料在应用时必须用井资料标定，而且受技术本身分辨率的局限，目前在砂泥岩薄互层储层评价方面还存在诸多问题。

储层评价研究是一项系统工程，由于资料的多样性和研究目的差异性，研究方法也是多种多样，在实践中应该尽量综合多种资料，综合不同研究方法的优点，尽量避免不同方法的缺点，深入发掘不同类型资料中的有用信息，对储层性质特征作出正确评价。

表 3-12　不同储层评价方法特征

储层评价方法名称	基本原理	适用性	优点	缺点
地质经验评价方法	根据地质经验，选择岩性、物性等参数对储层综合分类评价	应用于研究较成熟老区	具有深入的地质成因分析基础，在本地区适用性强	定量的分析计算不足，评价方法和标准较难推广
权重分析法	将研究对象全部原始变量的有关信息进行集中分析，确定不同因子的权重，确定相应的评价标准	研究区基础资料较丰富、研究者经验丰富	定性化地质研究与定量化计算统计研究相结合	不同研究者确定的权重数差异大
层次分析法	应用简单的数学工具结合运筹思想将复杂的问题分解为各个组成因素，并按支配关系分组形成层次结构，通过综合各因素之间的相互影响关系及其在系统中的作用，来确定各因素的相对重要性	对储层性质主控因素具有明确认识的区域	将复杂的问题简单化	层次划分具有较大的随意性，合理性不便验证
模糊数学方法	引用隶属函数的概念建立的数学体系，用 [0, 1] 区间内的任意值来描述一个对象是否属于该集合，以此实现储层的分类和评价	资料丰富的地区，研究者数理基础扎实，效果好	可以克服常规含油气性及其优劣程度评价过程中许多不确定因素带来的诸多不便，更客观评价储层	地质因素模糊体系建立过程受多种因素影响，不确定性很强，一定程度上影响到储层评价结果的准确性
人工神经网络方法	主要利用已知的学习样本集，用误差反向传播算法进行训练并建成网络，实现对储层描述和评价的目标	对储层的基本性质有一定程度的认识，具有一定研究基础的地区	计算更省时、更客观、更准确	在神经网络的建模和预测时是以已知的先验知识为条件的，因此具有一定的局限性
分形技术和方法	用分数维度的视角和数学方法描述和研究客观事物，也就是用分形分维的数学工具来描述研究客观事物	研究者具备一定的计算机技术和数学基础	可以定量评价储层分布规律和非均质性	要求研究对象具有自相似性和自反演性

146

续表

储层评价方法名称	基本原理	适用性	优点	缺点
变差函数方法	通过变程、块金常数、基台值等参数以及变差图刻画区域变量的性质	储层沉积微相类型简单、规模稳定、变化小的区域	将地质统计学方法应用至储层评价研究中,通过统计不同性质储层发育规模和规律的统计,借助变差函数工具实现未知区域的储层评价和预测	研究结果受样本代表性的影响较大,具有一定的局限性
聚类分析方法	按照客体在性质上或成因上的亲疏关系,对客体进行定量分析的一种多元统计分析方法	井资料丰富、储层非均质性强、空间差异大、裂缝不发育的区域	将地质成因定性分析和聚类算法定量分类紧密结合	需要在分类过程中不断调整参数选择、不同参数的权重以及聚类算法,工作量较大
灰色关联分析法	根据因素间时间序列曲线的相似程度来研究、分析事物之间关联性的一种方法	储层性质控制因素以一种或两种为主,较简单	将复杂的储层评价过程转化为系统的数学运算过程,增强了储层评价研究的定量研究精度	对储层成因影响因素缺乏系统深入的分析,在评价标准建立和指标权重确定时容易产生偏差,影响评价效果
各种测井技术和方法	利用储层的岩电关系、声波、核磁等性质,刻画储层性质的优劣,实现储层分类与评价	测井资料丰富、测井系列齐全、测井物性解释符合率高的区域	资料容易获取,评价结果体现定量化,可以批量处理数据,同时可以与其他方法紧密结合,扬长避短	受测井仪器和解释人员经验的影响,评价结果可能与地质实际存在一定偏差,同时受成本和地质条件的限制,一些测井方法的应用和推广受到限制
各种地震技术和方法	利用储层岩性、孔隙度、渗透率、含流体性质、地震反射特征表征和预测储层,刻画储层物性及含油性的状况,实现储层分类评价	地震资料品质好、井震标定较准确的区域	可以通过储层预测刻画不同性质的储层在空间发育的宏观规律	地震资料在应用时必须用井资料标定,而且受技术本身分辨率的局限,目前在砂泥岩薄互层储层评价方面还存在诸多问题

2. 储层评价研究应该注意的问题

储层评价内容十分丰富,研究中需要注意的问题也很多,笔者认为以下三方面的问题尤其值得重视。

1) 储层评价资料的选择

资料的选择是储层评价研究的基础,从基础地质、测井、地震、分析测试以及生产动态等多种多样（康志宏等,2007；王艳忠等,2008；武英利等,2011；张立昆,2013）。研究资料的类型、丰富程度和可靠程度在一定程度上决定了储层评价的方案、研究方法,甚至在一定程度上决定了储层评价结果的正确性,因此在工作中应该引起足够的重视。

2) 储层评价参数的选择

储层评价研究中另一个十分重要的问题就是评价参数的选择,从某种意义上讲,参数选取的合理与否，直接决定了评价结果的合理性和正确性。杨正明等（2008）对低渗透含水气藏储层评价参数进行了研究，结果表明，喉道半径、束缚水饱和度和临界压力梯度这三个参数可以作为低渗透含水气藏储层评价的指标参数。根据资料不同和研究目的差异，不同研究者在选择储层评价参数时出发点不同，关注的重点也不同，因此储层评价参数的选择差别很大。当然，储层地质属性背景的复杂性、多样性和特殊性也决定了储层评价参数不可能完全一致，形成一套放之四海而皆准的标准。这就要求研究者在开展工作时要充分考虑到研究目的要求，同时考虑到资料现状，做出最适合的参数组合选择。需要特别指出的是，储层评价的参数并不是越多越好。因为一般情况下，影响储层性质的因素还主要是以构造作用、沉积作用和成岩作用三种地质作用为主。不同参数在储层评价研究中对这三种影响因素加以体现（表3-13）（陈欢庆等，2012），如果参数选择过多，会导致同一种影响因素由多个参数重复体现，人为增加了该项影响因素的权重，从而导致储层评价结果最终失真。

表3-13 松辽盆地徐东地区营城组一段火山岩储层评价参数特征

属性 分类	储层厚度 （m）	有效孔隙度 （%）	总渗透率 （mD）	含气饱和度 （%）	变异系数
Ⅰ类	8.8~164.1	5.83~14.48	5.01~17.44	35.68~70.46	0~1.01
Ⅱ类	11.2~97.7	4.74~9.21	0.06~4.11	43.71~64.08	0.52~1.71
Ⅲ类	5.9~240.8	4.97~8.14	0.13~7.12	2.20~50.42	0.80~5.24
Ⅳ类	1.5~70	3.90~7.95	0.017~4.79	2.53~57.2	0~1.04

3）储层评价结果合理性的验证

储层聚类分析评价是一项系统工程。除了在评价参数选择之前进行精细的地质成因分析，在参数选择时挑选最能体现储层属性影响因素的参数，分类过程中选择合适的计算方法，在完成储层评价时还应该对储层评价结果的合理性进行验证和分析。如果结果不合理，还应该调整评价参数、不同参数的权重等，这样多次反复修改，最终获取较合理的储层分类结果。笔者根据对松辽盆地徐东地区营城组一段火山岩储层和辽河盆地西部凹陷某区于楼油层储层评价的实践经验，提出了对储层评价结果进行合理性验证的原则：（1）首先在参数选择上，选择充分体现储层性质影响因素的参数。（2）分析过程中优选计算方法和数据标准化处理算法保证软件自带的分类评价结果正判率达到一定的数值，这个数值来自经验总结。（3）保证每种分类评价结果均有一定的数量比重，剔除少数奇异值的影响。（4）对比分类结果之间不同参数的关系，保证所有参数在聚类过程中均发挥作用，确保聚类分析的综合性和合理性。（5）将储层评价结果平面展布图与沉积微相平面展布图、构造发育图、成岩相图等对比（图3-55），如果两者具有很好的相关性和一致性，即证明本次储层评价结果的合理性。评价结果的合理性验证是储层评价研究中不可或缺的重要组成部分，目前还没有引起研究者的足够重视，应该在实践中加强这方面的工作。

3. 储层评价研究中存在的问题和发展趋势

1）储层评价中存在的问题

结合自身的科研实践，认为目前储层评价研究存在的问题主要包括：（1）缺乏公认的评价标准。受资料状况、地质特征以及研究目标等的影响，目前储层评价研究还没有建立公认规范的评价标准，不同地区评价标准差异很大，这对于已有研究成果的推广和引用十分不利。（2）缺乏公认的有效评价参数标准。目前储层评价参数中应用较多的是孔隙度和渗透

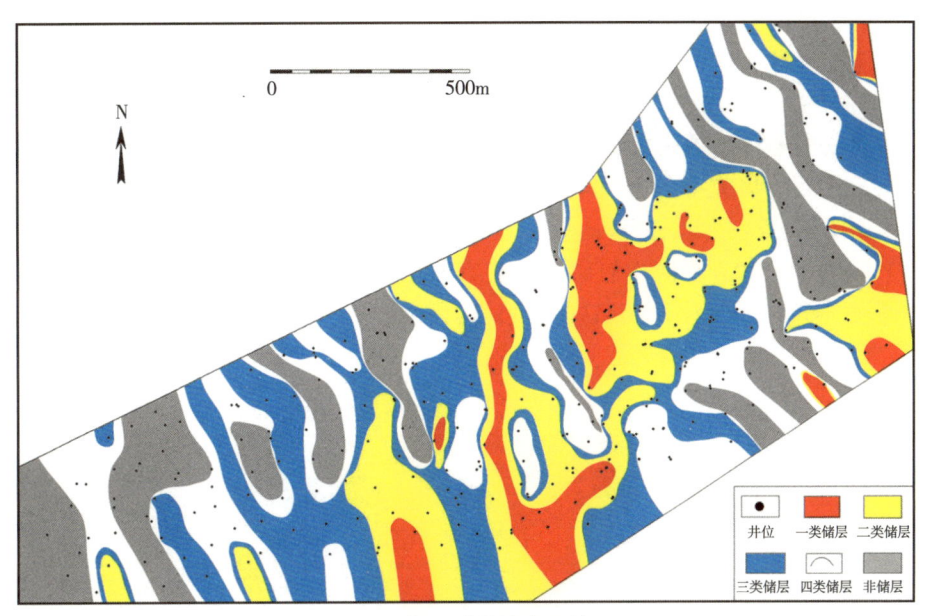

(a) yI1₂ᵇ储层评价结果平面展布

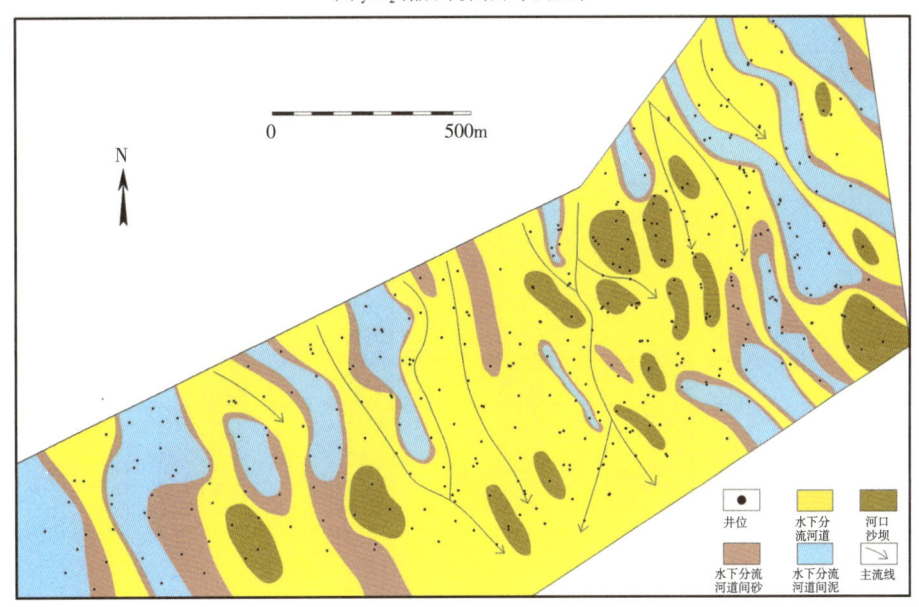

(b) yI1₂ᵇ沉积微相平面分布

图 3-55 辽河盆地西部凹陷某区于楼油层沉积微相与储层分类评价结果平面分布特征对比图

率，其他参数例如含油饱和度、有效厚度、泥质含量等也有使用，但评价参数地区差异性很大，还没有公认的参数标准。(3) 研究方法中定性和定量结合不足，综合性不强。目前多数研究者热衷于对模糊数学、灰色关联分析等数学方法的研究和探索，而真正将地质成因定性分析和数学统计定量运算紧密结合的研究实例还很少。(4) 研究多关注于储层整体性评价，对于某一项属性的研究较少，深入性不够。陈欢庆等（2013）主要利用孔隙度、渗透率和孔喉半径中值对松辽盆地徐东地区火山岩储层孔隙结构进行了评价和分类，为火山岩气藏有效开发提供依据（表3-14，图3-56）。孔隙度、渗透率、储层非均质性、裂缝等，作为储层性质的重要组成部分，对于储层性质具有十分重要的影响作用，然而目前储层评价研究主要集中于储层整体性质的评价，而对于上述各单项部分研究较少。（5）储层评价的研究对象主要集中在砂岩、碳酸盐岩等常规油气储层，而对于致密油和页岩气等研究甚少。由于致密油和页岩气等在储层孔隙结构以及油气渗流机理方面的特殊性，储层评价难度较大。（6）目前在储层评价研究中各种数学统计方法应用很多，也较成熟，而各种分析测试方法应用的力度还不够，这在储层评价研究中对储层微观性质发育特征和成因机理研究等都极为不利。（7）地震技术和方法作为储层表征的有力工具之一，在储层评价中应用太少，相关研究还很薄弱。（8）储层评价结果的合理化验证还没有引起研究者的足够重视，验证的方法较简单，还没有形成一定的规范。

表3-14 松辽盆地徐东地区营城组一段火山岩储层物性数据孔隙结构评价结果统计表

参数 分类	孔隙度 ϕ（%）			渗透率 K（mD）			孔喉中值 R_{50}（μm）		
	最大值	最小值	平均值	最大值	最小值	平均值	最大值	最小值	平均值
Ⅰ类	14.4	10.5	13.0	1.19	0.04	0.20	0.299	0.062	0.161
Ⅱ类	9.9	7.7	8.8	1.12	0.02	0.10	0.251	0.021	0.113
Ⅲ类	7.5	4.9	6.3	1.35	0.01	0.05	0.128	0.018	0.06
Ⅳ类	4.8	2.0	4.0	1.21	0.01	0.04	0.086	0.016	0.03

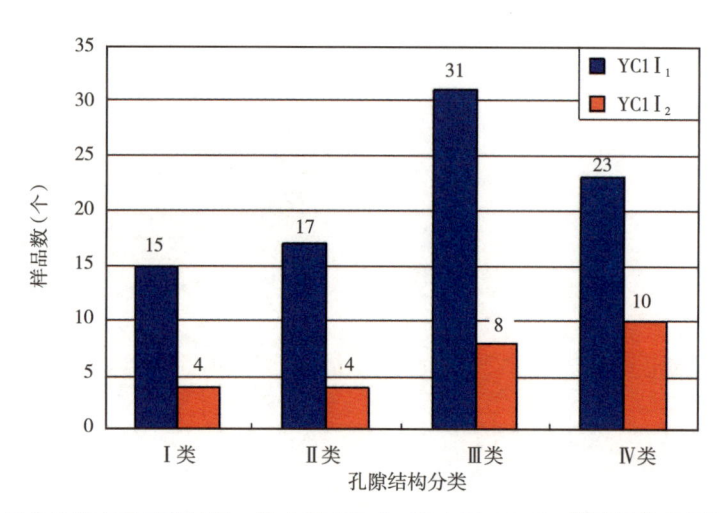

图3-56 松辽盆地徐东地区营城组一段小层YC1Ⅰ$_1$和小层YC1Ⅰ$_2$孔隙结构分类样品分布特征

2）储层评价研究发展趋势

综合分析前人储层评价工作，结合自身科研实践，总结储层评价研究的发展趋势主要包括以下几个方面：（1）储层评价的研究资料更加丰富，向综合化方向发展。朱宝峰等（2009）以塔中地区碳酸盐岩为例，综合试井曲线与物探资料对储层进行了综合评价。（2）储层评价的方法逐渐由过去偏向于定性或半定量化向定量化方向发展。（3）地质成因分析逐渐引起不同研究者的注意。该项研究一方面使得储层评价参数的选择更科学、更具代表性，另一方面使得评价方法的选择和评价结果更加合理，更符合地下地质实际。（4）储层评价向精细化方向发展，研究内容不仅仅局限于储层整体性质的评价，储层非均质性、储层孔隙结构等储层属性评价逐渐引起更多研究者的关注。F. X. Dubost等（2004）利用岩心分析测试和储层描述的方法对储层渗透率非均质性进行了评价，同时对评价结果进行了数值模拟和生产历史拟合。（5）随着科学技术的进步和常规储层油气勘探开发形势的日益严峻，致密砂岩、页岩气等非常规储层评价研究逐渐成为储层评价研究的前沿和热点领域。Mohammad A. Aghighi等（2010）研究了致密砂岩气储层横向渗透率各向异性对水力压裂缝和重复水力压裂缝的评价和设计的影响。（6）随着相关学科和技术的不断发展，储层评价研究的新方法和新技术不断出现。例如岩心CT扫描成像技术和恒速压汞分析测试技术等使得储层评价研究向微观和定量化有了很大进步。一些研究者也正在从事这方面的探索，比如施东等（2004）以苏里格气田为例，利用GIS技术进行油气储层评价研究。（7）应该加强地震方法和技术在储层评价研究中应用的力度，充分发挥地震资料对储层宏观发育特征定量刻画的作用，促进储层评价研究向定量化方向发展。（8）评价结果的合理性验证将是储层评价研究未来重要的发展方向之一，通过该项工作，一方面可以避免评价结果出现错误，另一方面可以进一步完善参数选取和评价方法选择等，极大地提升储层评价研究的水平。

二、辽河盆地西部凹陷某区于楼油层储层分类评价特征

本次通过对扇三角洲前缘储层成因影响因素的分析，选择特征的储层评价参数，运用SPSS聚类分析软件，借助400口井的精细测井解释成果，对研究区目的层储层进行综合定量评价。将储层定性的成因分析与定量的分类评价紧密结合，充分保证了参数选取的合理性与评价结果的可靠性，为扇三角洲前缘沉积成因油藏开发方式的转换提供地质依据。研究区目的层地质概况在本章第一节已详细介绍，在此不再赘述。

1. 储层发育特征

1）岩性特征

通过对6口取心井668m岩心的详细观察和描述（图3-57），同时结合233块粒度分析样品研究表明，研究区目的层岩石类型丰富多样，包括细砾岩、砂砾岩、粗砂岩、中砂岩、细砂岩、粉砂岩、泥质粉砂岩、粉砂质泥岩和泥岩等多种类型。颜色以灰色、灰黑色、灰绿色等为主。多砂砾混杂，泥质含量高。其中以中细砂岩为主。

2）沉积微相特征

综合地质、测井、岩心等资料，通过单井、剖面和平面沉积相分析，确定研究区目的层属扇三角洲前缘沉积，进一步细分为五种沉积微相类型，分别是水下分流河道、河口沙坝、水下分流河道间砂、水下分流河道间泥和前缘席状砂（图3-58）。其中储层以水下分流河道和河口沙坝为主。

3）储层孔隙结构发育特征

储层的孔隙结构是指岩石所具有的孔隙和喉道的几何形状、大小、分布及其连通关系。研究孔隙结构，深入揭示油气储层的内部结构，对油气田勘探和开发有着重要的意义（陈欢庆等，2013）。从压汞曲线来看（图3-59），研究区目的层压汞曲线偏向左下方，指示孔隙和喉道分选好，粗歪度；孔喉发育状况好，偏粗歪度，且孔喉分选好。本次主要依据岩心和镜下薄片资料等，将研究区于楼油层孔隙结构划分为原生孔隙和次生孔隙两大类，同时进一步细分为粒间空隙、粒内孔隙、基质内微孔、解理缝、粒间溶孔、粒内溶孔、铸模孔、特大溶蚀粒间孔、构造缝和溶蚀缝10种亚类，每种孔隙类型在镜下薄片上都有特征的反映（图3-60），总体上以粒间孔隙和粒间溶孔为主。

图 3-57　辽河盆地西部凹陷某区于楼油层岩性岩心照片特征

(a) A10 井，944.73~944.78m，灰褐色细砾岩；(b) A2 井，945.39~945.53m，灰褐色细砂岩；
(c) A2 井，948~948.1m，粉砂岩；(d) A22 井，1040.8~1041m，泥岩

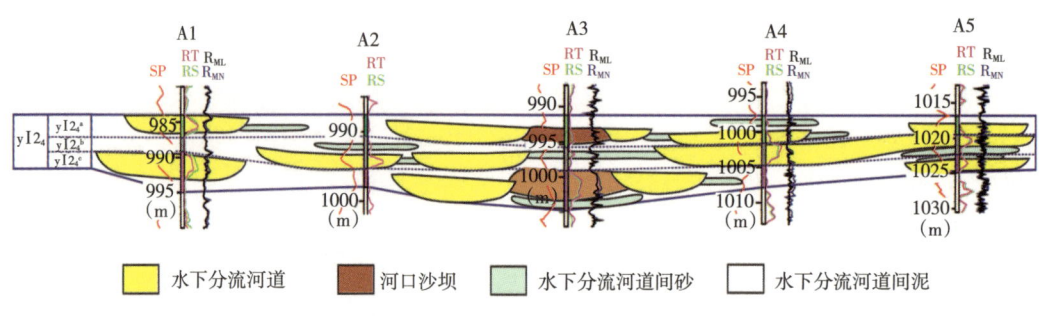

图 3-58　辽河盆地西部凹陷某区于楼油层沉积微相剖面发育特征

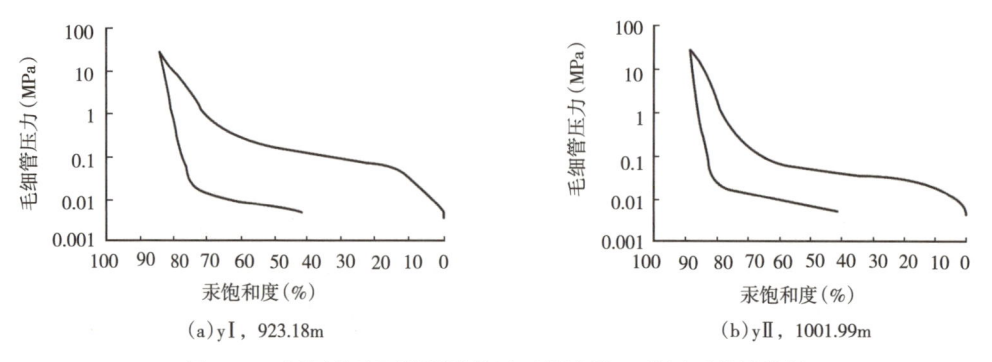

(a) yⅠ，923.18m　　(b) yⅡ，1001.99m

图 3-59　辽河盆地西部凹陷某区于楼油层 J1 井压汞曲线特征

图3-60 辽河盆地西部凹陷某区A2井于楼油层储层孔隙结构特征

(a) 粒间孔隙,945.3m;(b) 特大溶蚀孔,965.72m;(c) 构造缝,974.56m;
(d) 基质微孔,960.32m;(e) 铸模孔,1022.72m;(f) 解理缝,1005.72m

4)物性特征

150块岩心分析测试资料统计分析结果表明,研究区于楼油层孔隙度主要分布在25%~40%的范围内,平均孔隙度31.25%;渗透率变化较大,主要分布于1~5000mD的范围内,平均渗透率1829.3mD,研究区目的层属于高孔隙度、高渗透率储层。

5)成岩作用特征

成岩作用与储层性质密切相关(陈欢庆等,2013)。研究区目的层孔隙结构的发育还受到成岩作用的影响,主要包括胶结作用、溶蚀作用等(图3-61)。胶结作用既有碳酸盐胶结,也有黏土矿物胶结等。其中黏土矿物胶结要比碳酸盐胶结更加普遍。

6)储层非均质性特征

储层非均质性是影响地下油、气、水运动及油气采收率的主要因素,进行储层非均质性

图 3-61　辽河盆地西部凹陷某区 A2 井于楼油层储层成岩作用特征

(a) 碳酸盐矿物，965.72m，砂岩；(b) 长石次生加大达Ⅰ级，979.32m，砂岩；
(c) 粒表片状伊利石，984.35m，砂岩；(d) 蒙脱石，989.18m，砂岩；
(e) 高岭石，蠕虫状，1005.72m，砂岩；(f) 颗粒溶蚀现象，1022.72m，砂岩

研究，对油藏有效开发具有十分重要的意义（陈欢庆等，2012）。通过分析单井沉积韵律模式发现，研究区目的层受沉积作用控制，纵向上具有较强的非均质性。目的层可以看到三种沉积韵律模式，包括正韵律、反韵律和复合韵律，其中以正韵律和复合韵律为主。上述韵律性在纵向上的不断变化，造成储层有较强的层内非均质性。分析 yⅠ层各单层渗透率变异系数平面分布规律，储层非均质性明显受沉积微相的控制，单层 yⅠ1$_2^a$、yⅠ1$_2^b$ 和 yⅠ1$_2^c$ 中储

层非均质性最弱，渗透率变异系数小于 0.5 的区域接近试验区总面积的 1/2；其次是单层 yⅠ2_3^a、yⅠ2_4^a、yⅠ2_4^b 和 yⅠ2_4^c，储层渗透率变异系数取值小于 0.5 的区域面积接近试验区总面积的 1/3；其余单层非均质性整体都较强，渗透率变异系数小于 0.5 的区域面积零星分布，这与孔隙度和渗透率的分布特征基本一致。

2. 储层定量评价

1）储层定量评价参数的选择

评价参数的选择，是储层评价成败的最关键因素之一。影响储层性质的因素多种多样，因此评价参数的选择对于不同研究者而言也各异。本次研究认为，评价参数并不是越多越好，参数过多会导致部分评价因素重复考虑、储层质量主控因素难以体现等问题。依据上述成因性质综合分析结果，对储层综合评价的参数进行选择。构造作用主要通过裂缝对储层性质产生影响，这可以通过渗透率体现。沉积作用对储层性质起着十分重要的控制作用，水下分流河道的频繁分流和改道，进一步加剧了储层非均质性在空间上的展布特征，这可以通过储层非均质性，即渗透率变异系数来体现。同时泥质含量的数值也能反映目的层为水下分流河道沉积还是水道间泥沉积，因此也是一项十分重要的指标。孔隙度大值区域主要对应的是水下分流河道或者河口沙坝的部位，而小孔隙度的区域多对应水下分流河道间泥，因此孔隙度也是一项重要参数指标。厚度是储层性质的一个综合表现参数，它在一定程度上体现了岩性、岩相和成岩作用等因素。综合考虑后选择能充分反映储层影响因素的泥质含量、孔隙度、渗透率、储层厚度和非均质性渗透率变异系数五项参数对研究区目的层储层进行综合定量评价。

2）储层定量评价的方法

在聚类过程中选择 SPSS 软件提供的谱系聚类中的 Q 聚类，所谓对个案 Q 聚类是根据变量的特征进行聚类，凡是特征相近的个案，就将它们归入一类（蔡建琼等，2006）。本次研究即属于 Q 型聚类，根据储层泥质含量、孔隙度、渗透率、储层厚度和非均质性渗透率变异系数五项参数特征，进行聚类分析，划分储层类型。在聚类过程中，首先对上述五项变量进行标准化，从而使不同类型变量值之间能够进行大小比较和数学运算。SPSS 软件平台提供的聚类分析方法多种多样，在聚类方法的选择上，对比 Pearson correlation、Chebychev、Minkowski、Block 和 Ward's method 等方法，根据能有效分类，且五项参数的类别划分结果变化趋势一致而且符合目前开发现状的原则，选用 Ward's method 方法进行聚类。所谓有效分类，就是所划分的储层类别中没有任何一类的结果数量明显小于其他类别（数量级的差异），以此来体现划分参数选择、计算方法、分类结果等的合理性。五项参数的类别划分结果变化趋势一致是指在分类结果中保证孔隙度较大、渗透率较大、泥质含量较小的样点属于同一类，且属于Ⅰ类或者Ⅱ类这种好储层；而孔隙度较小、渗透率较小、泥质含量较大的样点属于同一类，且属于Ⅲ类或者Ⅳ类这种差储层。这样可以避免孔隙度较小，但受微裂缝影响，渗透率较大等一些奇异点对储层分类评价结果的影响。符合目前的开发现状是指储层分类评价结果中Ⅰ类和Ⅱ类好储层的部位目前开发效果较好，而Ⅲ类和Ⅳ类较差储层对应目前生产效果较差的部位。Ward's method 方法的选择是多次反复实验的结果，没有什么捷径可走，同时需要研究者具备一定的聚类分析研究经验。不同的研究区和资料基础，参数和计算方法的选择可能会有所差异。最后通过距离的远近和亲疏关系归并分类，最终得到分类结果（表 3-15，图 3-62）。

表3-15 辽河盆地西部凹陷某区于楼油层储层分类评价参数统计特征

参数 储层分类	孔隙度（%）最大值	最小值	平均值	渗透率（D）最大值	最小值	平均值	泥质含量（%）最大值	最小值	平均值	有效厚度（m）最大值	最小值	平均值	变异系数 最大值	最小值	平均值
Ⅰ类	39.000	35.170	38.590	6.057	4.618	5.520	39.980	0.660	17.650	7.260	0	2.870	0.522	0	0.194
Ⅱ类	38.240	23.730	36.580	4.615	2.709	3.594	44.990	1.240	21.520	8.450	0	2.920	1.030	0.147	0.635
Ⅲ类	37.110	23.140	34.350	2.748	1.001	1.751	49.970	1.160	24.710	10.980	0	2.560	1.780	0	0.917
Ⅳ类	35.030	6.180	30.050	1.346	0	0.355	54.840	0.310	27.300	8.660	0	1.450	6.012	0	0.921

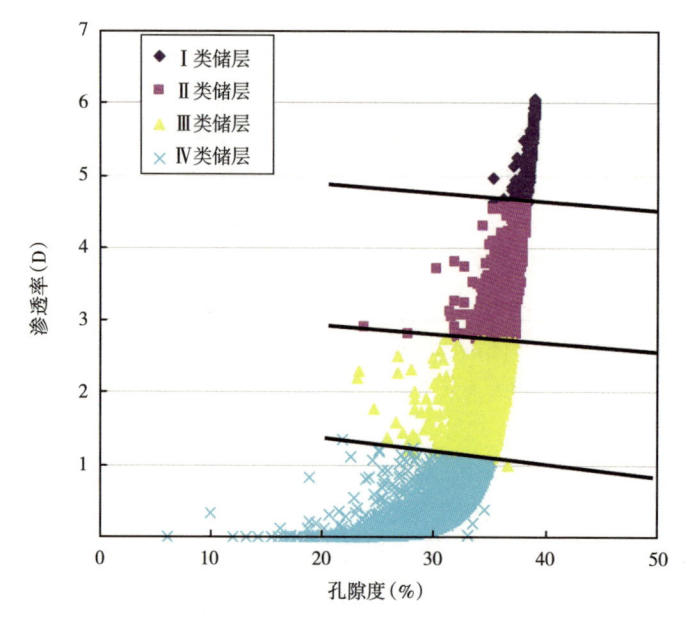

图3-62 辽河盆地西部凹陷某区于楼油层各单层储层评价分类结果孔渗关系特征

3）储层定量评价结果

本次研究将目的层储层划分为Ⅰ类、Ⅱ类、Ⅲ类和Ⅳ类四种类型。其中Ⅰ类和Ⅱ类储层物性好，为目前主要的开发对象；Ⅲ类和Ⅳ类储层物性较差，在目前的技术条件下，很难具有经济开发价值。不同类型储层发育明显受沉积相控制，Ⅰ类和Ⅱ类储层多位于水下分流河道和河口沙坝的位置，而Ⅲ类和Ⅳ类储层多位于水下分流河道间砂或前缘席状砂的位置。

4）不同类型储层发育特征

对比不同单层中不同类型储层在平面上的分布规律，沉积因素在储层形成过程中起着主导作用，四类储层平面上大体呈北西—南东条带状展布，延伸方向与沉积微相展布方向基本一致。纵向上，随着不同沉积期水下分流河道主水道在扇三角洲前缘上的迁移和不断改道，储层物性对应的区域也在不断变化着分布范围。对比yⅠ油组不同的储层类别分布区域发现，Ⅰ类和Ⅱ类储层主要在单层yⅠ1_2^a、yⅠ1_2^b、yⅠ1_2^c、yⅠ2_3^a、yⅠ2_3^b、yⅠ2_3^c、yⅠ2_4^a、yⅠ2_4^b和yⅠ2_4^c发育，其中尤以单层yⅠ1_2^a、yⅠ1_2^b和yⅠ1_2^c最好。

5）储层分类评价结果的合理性控制和验证

储层聚类分析评价是一项系统工程。本次研究从以下几点保证结果的合理性：（1）在参数选择上，选择充分体现储层性质影响因素的参数。（2）分析过程中优选计算方法和数据标准化处理算法保证软件自带的分类评价结果正判率超过 85%。（3）保证每种分类评价结果均有一定的数量比重，剔除少数奇异值的影响。（4）对比分类结果之间不同参数的关系，保证所有参数在聚类过程中均发挥作用，确保聚类分析的综合性和合理性。（5）将储层评价结果平面展布图与沉积微相平面展布图对比（图 3-63），两者具有很好的相关性和一致性，这也说明本次储层评价结果的合理性，充分体现了成因上沉积因素对储层性质的控制作用。

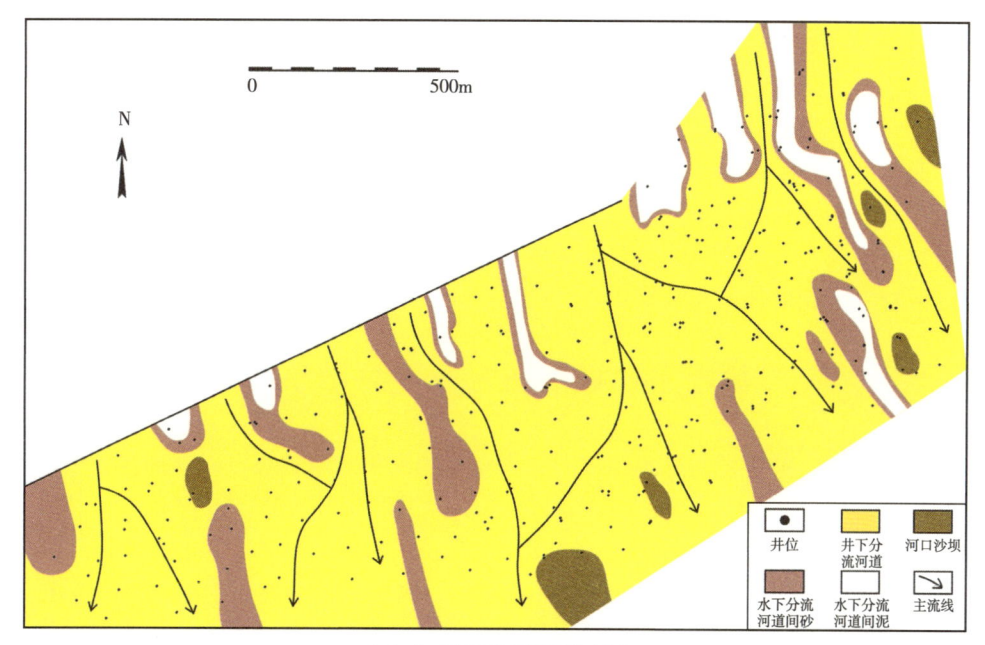

(a) yⅠ1$_2$^{b}沉积微相平面分布图

(b) yⅠ1$_2$^{b}储层评价结果平面展布图

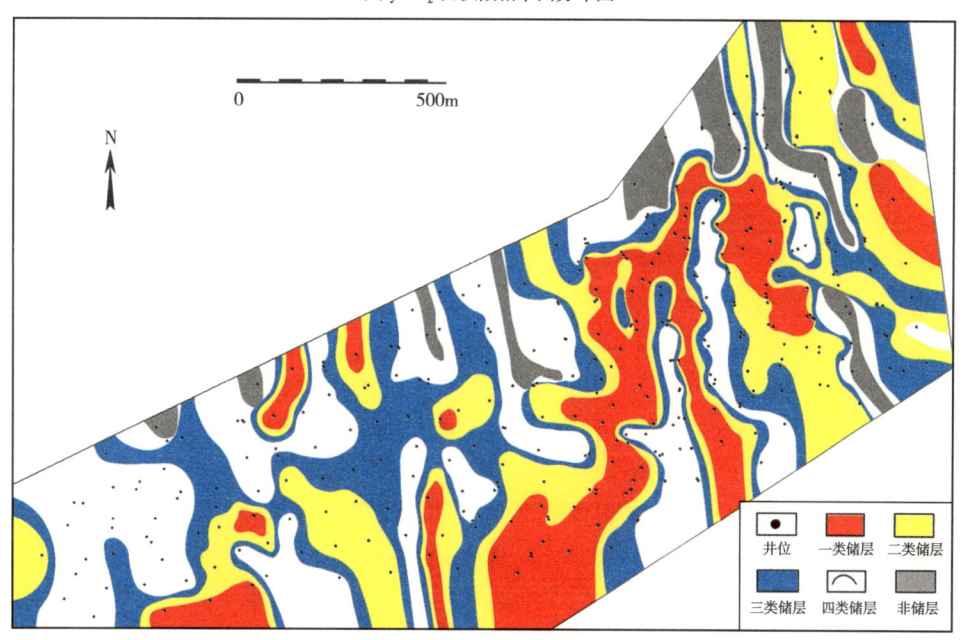

图 3-63　辽河盆地西部凹陷某区于楼油层沉积微相与储层分类评价结果平面分布特征对比

157

3. 储层分类评价结果对热采方式转换的影响

储层评价的结果可以为扇三角洲前缘储层稠油热采蒸汽吞吐转蒸汽驱提供坚实的地质依据。储层作为蒸汽驱的物质基础，其性质直接决定了蒸汽驱效果的好坏。前已述及，本次储层评价的目的就是为了给扇三角洲前缘储层蒸汽吞吐转蒸汽驱开发方式的转换提供地质依据。在蒸汽驱时应注意以下几点：（1）充分考虑到储层评价的成果，使注汽井和采油井尽量位于性质接近或者类似的物性较好区域内，以保证注汽井注汽，采油井能更好受效。具体到研究区，在注蒸汽时，尽量保证注汽井和采油井位于Ⅰ类储层和Ⅱ类储层的区域内，最好注采井之间储层分类属于同一类，而且连续，未发生变化。（2）应该根据储层性质特点，合理设计注采井之间的井距，防止井距过小发生汽窜，在转换开发方式时对不同类型储层应该在井网井距设计等方面区别对待。（3）纵向上由于于Ⅰ和于Ⅱ分两套层系开采，应该充分考虑这两套层系当中不同单层的储层评价成果，兼顾大多数，使尽量多的单层在蒸汽驱时见效。受目前开发现状的制约，考虑到蒸汽驱热采经济有效性，多数单层要合采，而不同单层间储层性质又会发生变化，因此要尽量保证一套注采系统中多数单层位于Ⅰ类和Ⅱ类等储层较好的区域，达到最优开发效果。

第七节　储层流动单元分类研究

扇三角洲作为一种典型的过渡相类型，在众多的沉积盆地中都可以见到，由于含油气丰富，因此一直是研究者十分重视的工作目标之一（王寿庆，1993；穆龙新等，2003；姜在兴，2003；陈欢庆等，2017；陈欢庆等，2017）。从定义上看，扇三角洲是由临近高地推进到海、湖等稳定水体中的冲积扇（姜在兴，2003）。由于扇三角洲沉积储层具有相变快、非均质性强、油水关系复杂等特点，因此对于油气田开发而言，通过流动单元分类评价，对生产实践提供指导就成为油田开发中十分重要的研究内容之一。在国外，Hearn 最早定义流动单元的概念为：垂向及侧向上连续，具有相似渗透率、孔隙度及层面特征的储集带（窦之林，2000；李阳等，2005）。Redha C. Aggoun 等（2006）刻画了阿尔及利亚哈西鲁迈勒油区泥质砂岩储层流动单元特征。研究中利用条件模拟来开展工作，并利用生产历史数据的详细分析来选择最优模型。D. Mikes 等（2006）利用标准相模型来表征不同沉积相类型在空间上的形状、尺度、延伸方向、相内部和相之间的边界等信息。该模型也将流动单元研究的内容纳入其中，为最终沉积相模型的准确建立提供信息基础支持。A. A. Taghavi 等（2007）对伊朗西南部白垩系 Sarvak 组碳酸盐岩储层地质建模中的流动单元进行了分类研究。结果表明，流动单元可以在储层表征和地质建模研究中应用，以描述储层孔隙度和渗透率在空间上分布的不确定性和变化。研究中通过沉积环境、成岩作用过程和孔隙度及渗透率等评价将目的层划分为 8 种流动单元类型，每种流动单元类型均利用孔隙度、渗透率、含水饱和度和孔喉分布特征来进行划分。Javad Ghiasi-Freez 等（2012）以伊朗波斯湾盆地南帕尔斯气田为例，提出了两种提高储层流动单元预测准确率的人工智能模型。Rahim Kadkhodaie-Ilkhchi 等（2013）以西澳大利亚珀斯盆地 Whicher 地区威勒斯比组致密砂岩为例，从沉积学和岩石地球物理两方面，对储层流动单元的电性特征进行了聚类和数理统计分析，将储层流动单元划分为 A、B、C、D 和 E 五类，其中后两类为储层性质较好的流动单元类型，前面三种反之。A. H. Enayati-Bidgoli 等（2014）对伊朗近海南帕尔斯气田二叠系—三叠系碳酸盐岩沉积储层流动单元特征进行了研究。成果显示，流动单元特征受沉积作用和成岩作用共同控制。Roberto Aguilera（2014）对常规储层、致密器、页岩气、致密油和页岩油储层等流动单元研究进行了系统总结。Amir Hatampour 等（2015）对伊朗南帕尔斯气田坎根组和兰瑶组的水力流动单元、沉积相类型和孔隙结构特征进行了研究。利用岩心资料的聚类分析来开展流动单元分类，将流动单元划分为6种类型。镜下薄片和岩心层理分析的结果表明，储层质量好的流动单元主要包括生物碎屑灰岩、鲕粒灰岩、粒内颗粒灰岩和凝块粘结灰岩等。Ramin Safaei Jazi 等（2015）以美国西佛吉尼亚州布恩县利克砂岩流域冲积扇沉积和发育裂缝、被风化的基岩带为例，对地下水流动体系进行了模拟研究。Seyed Kourosh Mahjour 等（2016）以伊朗南部塔布纳克气田为例，利用统计分带特征和应用地层改进的洛伦茨图对储层流动单元进行了研究。Amir Hossain Enayatie Bidgoli 等（2016）以伊朗近海石炭系—三叠系含气储层为例，研究了层序地层格架内储层成带状分布的地质基础，工作中对储层流动单元发育特征也进行了分析。G. P. Oliveira 等（2016）利用流动单元中心测量来确定钻井中射孔的优势位置。Bruno A. Lopez Jimenez 等（2016）对页岩凝析气储层流动单元进行了研究。结果表明，用渗透率和孔隙度的比值来作为页岩凝析气储层流动单元分类评价的指标，在生产实践中具有显著的应用潜力。

  国内，流动单元也一直是相关研究者关注的重点内容（陈欢庆等，2010；陈欢庆等，2011）。焦养泉等（1998）在研究碎屑岩储层物性非均质性层次结构时对储层流动单元之间孔隙度、渗透率值的差异进行了分析，认为流动单元与储层岩性关系密切，如果叠加成岩作用的影响，流动单元的物性将大大降低。刘吉余等（1998）对流动单元的研究方法及其研究意义进行了总结，介绍了岩心定性分析法和修改的 Kozeny-Carman 方程法两种流动单元研究方法。魏斌等（2000）应用储层流动单元研究成果，结合沉积微相分析，对高含水油田剩余油分布进行了刻画。赵汉卿（2001）认为，储层流动单元是以渗流特征为主导精细描述的储层非均质单元，是对储层结构模型（沉积模型）的进一步细化和定量表征。赵汉卿（2002）对储层非均质体系、砂体内部建筑结构和流动单元研究思路进行了探讨，结果认为流动单元的划分也是储层非均质性研究的一部分，它必须建立在结构单元划分的基础上。李阳等（2003）基于流动单元分类研究对储层剩余油分布规律进行表征。李少华等（2007）对地理信息系统辅助划分储层流动单元进行了研究，该项工作提高了储层流动单元划分的效率，增强了划分结果的真实性和客观性。宋子齐等（2007）针对陕北斜坡中部特低渗透储层储集性能和渗流结构差异大、流动层带复杂的特点，利用灰色系统对储层流动单元进行系统评价。窦松江等（2008）以黄骅坳陷官142断块中生界油藏为例，探讨了巨厚砂岩储层流动单元的研究方法。唐海发等（2009）以克拉玛依油田八道湾组油藏为例，对洪积扇相厚层砾岩储层流动单元进行了精细划分，研究中用到了 FZI 直方图和累计频率曲线作图法。贾庆升（2009）利用流动单元约束开展储层剩余油微观物理模拟实验研究，成果显示，剩余油分布规模与储层非均质程度及驱替条件密切相关。范子菲等（2014）以让纳若尔裂缝孔隙性碳酸盐岩油田Γ北油藏为例，在流动单元研究基础上，分析了碳酸盐岩油藏剩余油分布规律。罗超等（2016）基于高分辨率层序地层学研究，从成因角度对储层流动单元进行了分类评价。结果表明，沉积微相的平面分布与短期基准面旋回内流动单元区带具有良好的对应关系。

  本书从研究内容、方法和发展趋势等方面全面总结对比了国内外储层流动单元研究的优缺点（表3-16）（焦养泉等，1998；刘吉余等，1998；窦之林等，2000；魏斌等，2000；赵汉卿，2001；赵汉卿，2002；李阳，2003；李阳等，2005；Redha C. Aggoun 等，2006；

D. Mikes 等，2006；A. A. Taghavi 等，2007；李少华等，2007；宋子齐等，2007；窦松江等，2008；唐海发等，2009；贾庆升，2009；陈欢庆等，2010；陈欢庆等，2011；Javad Ghiasi–Freez 等，2012；Rahim Kadkhodaie–Ilkhchi 等，2013；A. H. Enayati–Bidgoli 等，2014；Roberto Aguilera 等，2014；范子菲等，2014；Amir Hatampour 等，2015；Ramin Safaei Jazi 等，2015；Seyed Kourosh Mahjour 等，2016；Amir Hossain EnayatieBidgoli 等，2016；G. P. Oliveira 等，2016；Bruno A. Lopez Jimenez 等，2016；罗超等，2016）。分析发现，储层流动单元研究可以定量刻画储层地下流体运动规律，为油田开发生产实践提供参考。尝试基于5口取心井岩心、镜下薄片和分析测试资料，400口井精细测井二次解释资料以及工区地震资料，通过对扇三角洲前缘流动单元发育特征进行综合分析评价，认识储层流体流动规律，为稠油热采油藏吞吐转蒸汽驱开发方式的转换提供地质依据。

表3-16 国内外储层流动单元研究状况对比表

	优　势	不足
国外	（1）研究内容涉及面广，主要包括流动单元的定义和内涵、流动单元分类、流动单元成因分析、流动单元地质建模、流动单元预测等； （2）研究方法多种多样，主要包括沉积学、层序地层学、岩石地球物理、数值模拟、地质建模、人工智能、数理统计分析、聚类分析、储层物性分析测试等； （3）关注页岩凝析气、致密油、页岩油等非常规储层流动单元研究	（1）流动单元对储层性质的影响、对油气田开发生产实践的影响等研究较少涉及； （2）较少利用各种测井方法开展工作
国内	（1）研究内容主要集中在流动单元的成因刻画、流动单元分类评价和流动单元对生产实践的影响三方面，涉及储层流动单元的成因分析、流动单元分类评价、流动单元对储层非均质性的影响、流动单元在空间上的发育特征、流动单元对剩余油分布等； （2）研究方法主要包括野外露头、沉积学、成岩作用分析、层序地层学、储层构型、各种测井资料聚类分析、灰色系统理论、微观物理模拟实验等； （3）研究关注的重点主要集中在基于流动单元分类评价基础上的储层剩余油分布规律研究等与生产实践密切相关的方向	（1）流动单元地质建模和三维空间发育特征预测等流动单元定量化研究内容需要加强； （2）研究方法的定量化水平还需要大幅度提高； （3）非常规储层流动单元相关研究需要充分重视

一、辽河盆地西部凹陷某区于楼油层油藏地质和开发概况

研究区构造上位于辽河盆地西部凹陷西斜坡南端，形态为东南倾的单斜构造（图3-64）（李明刚等，2010；陈欢庆等，2014），目的层为古近系沙河街组一段于楼油层，储层以扇三角洲前缘亚相碎屑岩沉积体为主，岩性多为厚层不等粒砂岩、中—细砂岩。研究区大体经历了四个开发阶段，分别是蒸汽吞吐试验阶段、全面蒸汽吞吐阶段、加密调整综合治理阶段和蒸汽吞吐中—后期蒸汽驱试验阶段。研究区于楼油层目前已进入蒸汽吞吐中—后期，生产效果越来越差，亟待转换开发方式。由于水下分流河道频繁摆动，使得不同期河道砂体和河道间砂体纵向上相互叠置，平面上条带状间互组合，导致储层非均质性强烈，制约该区块蒸汽驱进一步扩大实施。面对这一难题，本次拟通过系统的沉积学分析，深刻认识储层发育规律，为油藏有效开发提供参考。工作中将研究区于楼油层划分为29个单层，对应29个短期基准面旋回（陈欢庆等，2014）。综合地质、岩心、测井、地震、分析测试等多种资料，确定研究区目的层主要为扇三角洲前缘沉积，可以进一步细分为水下分流河道、河口沙坝、水下分流

(a) 西部凹陷构造区划图

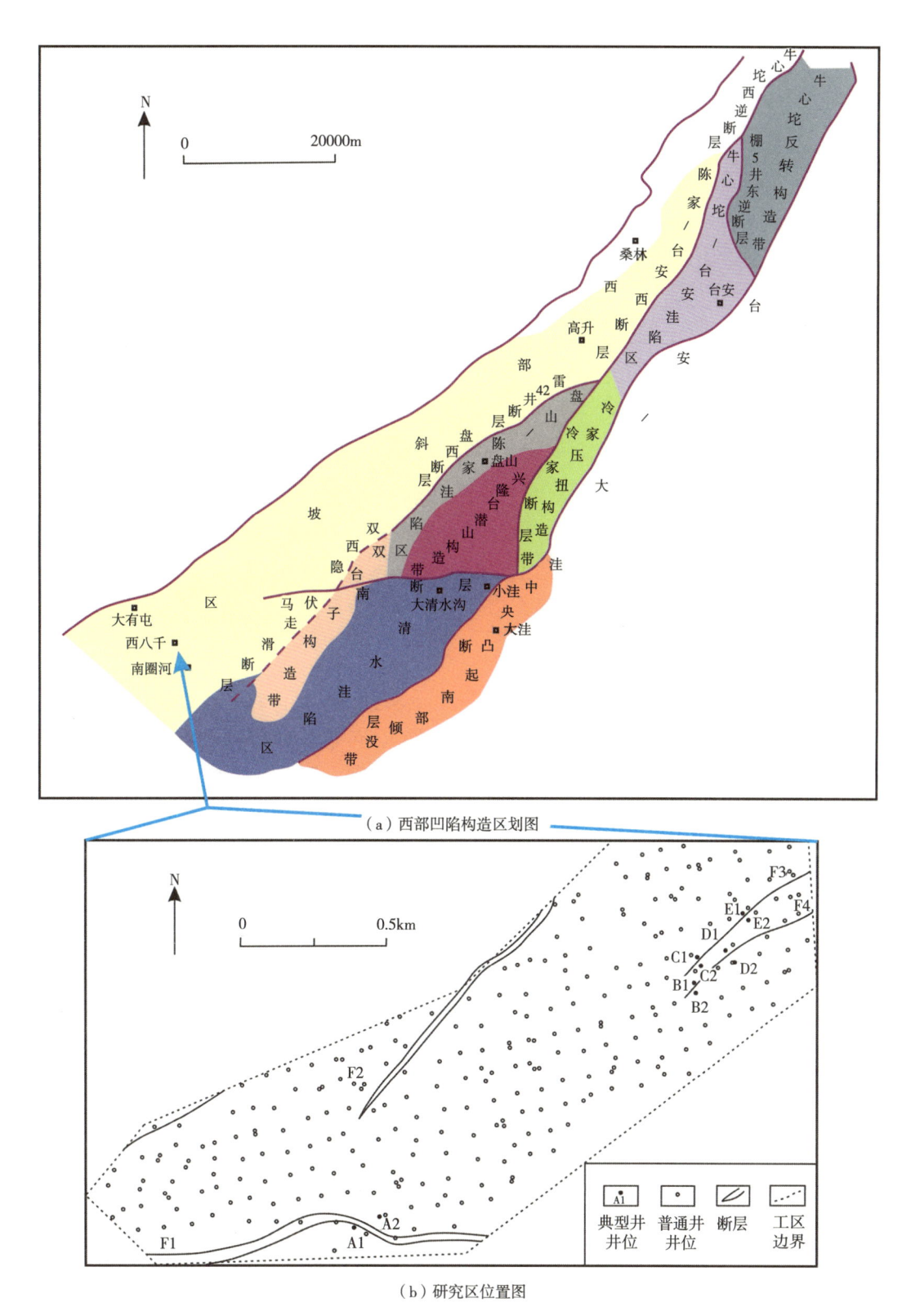

(b) 研究区位置图

图 3-64 辽河盆地西部凹陷构造划分与研究区位置图（据李明刚等，2010；陈欢庆等，2015）

河道间砂、水下分流河道间泥、前缘席状砂五种沉积微相类型。其中水下分流河道和河口沙坝为主要的储层沉积微相类型。岩心分析资料表明,研究区储层为高孔高渗,平均孔隙度为31.25%,平均渗透率为1829.3mD。由于水下分流河道分流改道频繁,同时受成岩作用的影响,储层非均质性强烈。目前研究区处于蒸汽吞吐末期,亟需由蒸汽吞吐转换为蒸汽驱。

二、储层流动单元研究思路

根据研究目的以及资料掌握的状况,设计了如下的工作思路(图3-65)。首先进行影响储层内部流体流动特征的主要因素分析,在此基础上优选储层流动单元分类评价参数;然后对取心井岩心分析测试数据进行聚类分析和判别分析,结合以往的工作经验,动静态数据紧密结合,反复实验,直至得到较满意的判别公式;利用该判别公式对非取心井精细测井解释物性数据进行计算和判别分析,最终得到整个研究区目的层流动单元分类评价结果,同时刻画不同类型储层流动单元空间发育特征。该方法的优点是将定性的成因机制分析与定量的数理运算有机结合,同时基于SPSS软件平台进行运算分析,提高了工作效率,可以快速得到较准确的研究结果。测井精细二次解释资料是本次研究最重要的资料基础,因此对其来源进行简单的讨论和介绍。研究区是老区,已有近40年的开发历史,积累了大量的测井资料,这些资料来自于不同年代和不同的测井公司,由不同的测井仪器测得,因此需要将这些

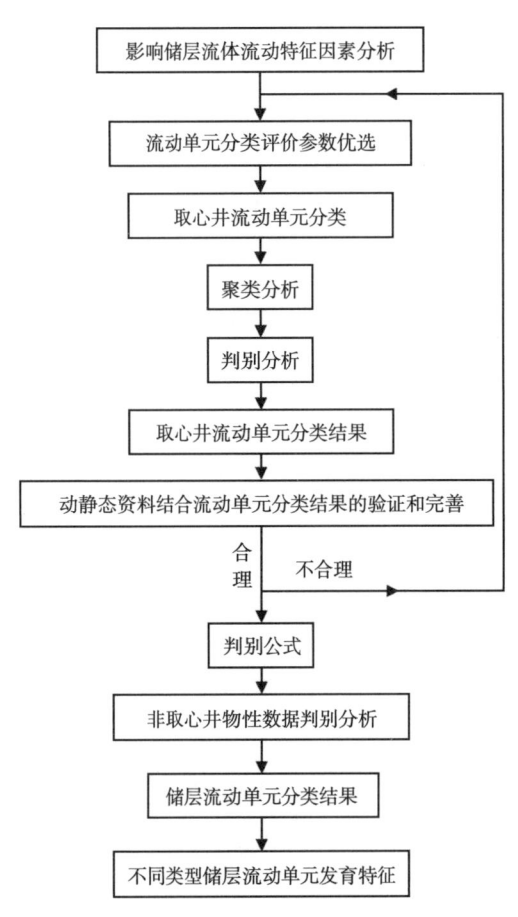

图3-65 储层流动单元分类评价流程图

资料统一起来。而且,随着取心井资料、动态监测资料和油田开发资料的不断增加丰富,需要将新获取的资料加入到测井解释成果中去,不断改进和完善原有的测井解释成果,因此进行测井精细二次解释。方法还是利用增加的分析测试资料,紧密结合测井电性资料,同时参考动态监测和油田开发等资料,对储层孔隙度、渗透率和油气水层等进行重新解释,将这些重新解释的资料应用至本次流动单元分类研究中,为流动单元准确分类判别提供坚实的资料基础。

三、储层流动单元分类参数的确定

分类评价参数的确定是储层流动单元研究的重点和难点,参数选取的成败直接决定了储层流动单元分类结果的准确与否。本次对影响储层内部流体流动特征的众多参数进行了分析比选。除选择能够体现储层内部流体流动特征的孔隙度和渗透率之外,加入储层水力单元流动分层指标FZI。主要利用上述三项参数来实现流动单元的分类。其中孔隙度所占聚类分析权重为0.2,渗透率和储层水利单元流动分层指标所占权重均为0.4。三类参数权重的确定根

据多次反复试验确定，试验中参数权重合理性的确定原则主要包括不同分类结果的数量对比、储层孔隙度、渗透率等性质的分布规律，以及以往的工作经验等。聚类分析和判别分析过程中根据经验，对参与计算的参数进行了标准化处理。在这里需要特别强调的是，流动单元分类评价与储层评价不同，参数并不是越多越好，选择最能体现储层内部流体流动特征的参数即可。

上述分类指标中，取心井孔隙度和渗透率等物性数据主要通过岩心分析测试获取；对于非取心井，物性数据主要来自储层精细测井二次解释的成果。FZI 参数的具体含义如下（于兴河等，2009）：

$$\text{水力单元流动分层指标 } FZI = \frac{RQI}{\phi_z} = 10^{-2} \cdot \pi \cdot \sqrt{\frac{K}{\phi} \cdot \frac{1-\phi}{\phi}} \tag{3-1}$$

其中，

$$\text{油藏品质指数 } RQI = 10^{-2} \cdot \pi \cdot \sqrt{\frac{K}{\phi}} \tag{3-2}$$

$$\text{孔隙体积与颗粒体积之比 } \phi_z = \frac{\phi}{1-\phi} \tag{3-3}$$

式中，ϕ 为孔隙度；K 为渗透率，mD；均可以通过储层精细测井二次解释获得。

需要特别指出的是，数据选取时一定要充分考虑到储层非均质性等因素，取心井的位置在平面上尽量分散，控制整个研究区域。同时在层位上要有一定的深度范围分布，所选择的样品点能充分代表整个研究区目的层的物性特征。

四、储层流动单元划分结果

1. 单井储层流动单元划分结果

根据上述确定的孔隙度、渗透率和 FZI 三项参数，基于 SPSS 聚类分析平台，对 5 口取心井约 150 块岩心分析的样品进行聚类分析。具体而言，采用的是二阶聚类。二阶聚类同时可以接纳标称变量和区间以上的变量。二阶聚类以 Cases 作为聚类的对象（相当于 Cases 的 Q 聚类），对一集不是显而易见的数据聚成几个自然组（或类）（蔡建琼等，2006）。聚类分析中采用 Ward's method 方法进行计算，在计算时对基础数据进行了质量控制。主要是利用 SPSS 软件平台，对不同分类参数进行了标准化处理，使其具有同样的数量级。Ward's method 离差平方和是各项与平均项之差的平方的总和，其物理意义是用于反映不同样本与平均项的差异，以此来确保将特征一致的流动单元划分为同一类别。对聚类分析的结果进行判别分析，得到判别公式，应用判别公式 [式（3-4）—式（3-7）]，对非取心井测井精细二次解释的物性数据进行计算和判别分析，最终完成整个研究区目的层的流动单元分类评价。聚类分析和判别分析中所选算法和数据处理方法由反复试验获得。研究将辽河盆地西部凹陷某区于楼油层储层划分为四种类型的流动单元，分别是 A 类流动单元、B 类流动单元、C 类流动单元和 D 类流动单元，性质分别对应最好、好、中和差（表3-17，图3-66）。SPSS 软件显示正判率达到 98.7%，证明本次流动单元分类评价结果真实可靠。不同类型流动单元的判别公式如下：

$$\text{A 类流动单元} = 2.133\phi - 0.346K + 0.449FZI - 103.222 \tag{3-4}$$

$$\text{B 类流动单元} = 1.879\phi - 0.284K + 0.294FZI - 68.035 \tag{3-5}$$

$$C 类流动单元 = 1.787\phi - 0.23K + 0.225FZI - 59.105 \tag{3-6}$$

$$D 类流动单元 = 1.66\phi - 0.193K + 0.181FZI - 50.557 \tag{3-7}$$

式中，ϕ 为孔隙度；K 为渗透率，mD；FZI 为水力单元流动分层指标。

表 3-17　辽河盆地西部凹陷某区取心井于楼油层储层流动单元分类结果表

参数 分类	孔隙度（%）最大值	最小值	平均值	渗透率（mD）最大值	最小值	平均值	FZI 最大值	最小值	平均值
A类流动单元	37.9	28.4	33.3	7531.00	887.00	2780.12	8.69	3.34	5.53
B类流动单元	38.0	26.2	30.7	818.00	61.00	254.80	2.64	1.22	1.80
C类流动单元	40.1	25.4	30.8	201.00	16.00	70.27	1.06	0.73	0.86
D类流动单元	36.7	21.9	28.8	35.87	1.00	11.03	0.67	0.14	0.39

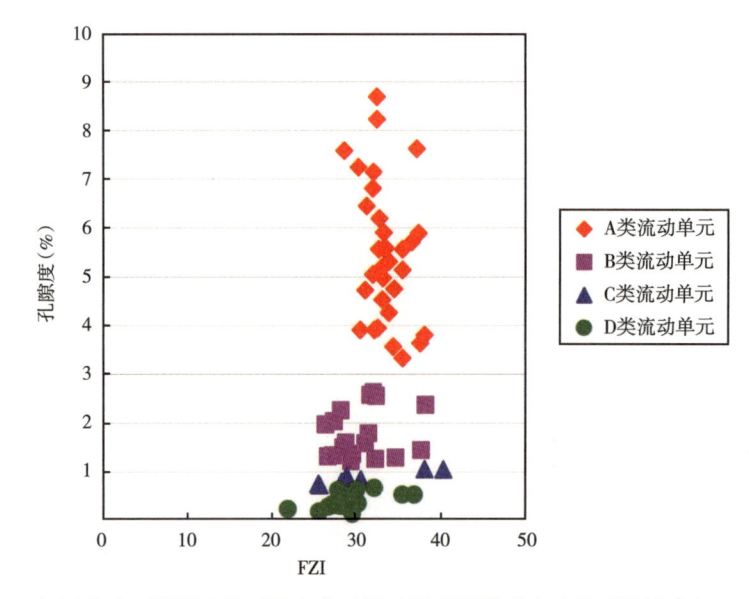

图 3-66　辽河盆地西部凹陷某区取心井于楼油层不同类型流动单元孔隙度与 FZI 关系图

上文提到，在流动单元分类评价过程中，对计算方法和数据处理方法进行反复试验，得到最终的流动单元分类结果。在该过程中主要依据以下原则来判断储层流动单元分类评价结果的合理性：（1）四种流动单元分类评价结果中有一类或者两类的数量明显远远小于其余流动单元类型，这可能是取心井物性数据中裂缝的存在导致奇异值，应该剔除并重新分类。（2）流动单元的分类结果与沉积微相的研究成果存在巨大矛盾，且无法从构造作用或成岩作用等地质成因角度加以解释，这可能就是聚类分析或判别分析的算法或者是数据处理方法选择有误所致，需要重新选择并处理计算。（3）流动单元分类评价的成果与目前油田开发生产实践不相符，A 类流动单元或 B 类流动单元所对应的井物性差，同时注汽量和产油量低等。（4）不同流动单元分类结果中各参数的取值有交叉，不存在截然的界线，确保三个参数在聚类分析和判别分析计算中都有所体现。（5）SPSS 软件自带的正判率显示小于 85%，证明参数的选择、聚类分析或判别分析或者参数的处理算法存在问题。

2. 流动单元剖面发育特征

研究中选取典型剖面，绘制了流动单元分布特征图（图 3-67）。从流动单元剖面图上看，流动单元在空间上的分布特征比较复杂。总体上，流动单元的类型还是以 A 类流动单元和 B 类流动单元为主，C 类流动单元和 D 类流动单元较少见。从层位上看，于楼油层自上而下 A 类流动单元和 B 类流动单元有逐渐减少的趋势，C 类流动单元和 D 类流动单元有逐渐增加的趋势，这和储层性质的分布规律基本一致。对比井距数据信息，流动单元的类别在 200~300m 范围内就可以发生较大的变化，体现地下流体也具有较强的非均质性，这为后期油藏开发方式转换和提高石油采收率提出巨大的挑战。

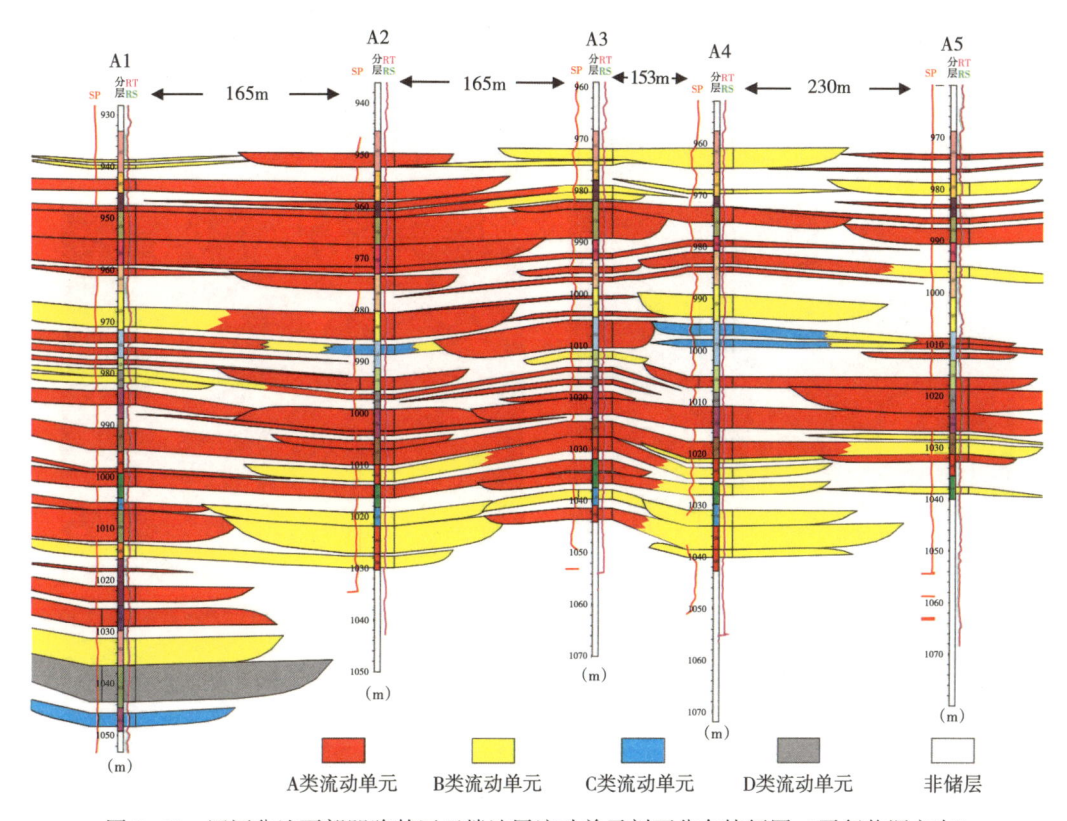

图 3-67　辽河盆地西部凹陷某区于楼油层流动单元剖面分布特征图（平行物源方向）

观察剖面流动单元分布特征，结合取心井岩心观察描述和分析测试资料，分析流动单元成因（图 3-68），不同类型流动单元在地下的分布规律主要受沉积微相控制，但局部受构造和成岩作用等因素影响，同种类型流动单元的分布范围有所减小。换言之，和沉积微相在剖面上的发育规律类似，沿着物源方向（北西—南东向），不同类型流动单元的连续性要明显好于垂直物源方向。从对应的沉积微相类型来看，A 类流动单元和 B 类流动单元主要对应水下分流河道和河口沙坝的位置，而 C 类流动单元和 D 类流动单元主要对应水下分流河道间砂沉积。从构造角度而言，由于一些较大规模三级断层的存在，同时加上断层附近裂缝的发育，在一定程度上优化了储层在空间上的连通性，对流动单元的分布起积极作用。同时，局部微构造的存在使得地下油水分布和开发过程中油水运动关系进一步复杂化。研究区还有压实作用、溶蚀作用和胶结作用等成岩作用的参与，在很大程度上影响了不同类型流动单元在空间上的分布规律。总体上成岩作用对流动单元的分布起消极作用，使得同类型流动单元在三维空间上的连通性变差。

图 3-68 辽河盆地西部凹陷某区于楼油层流动单元成因因素分析图

(a) J2井，灰黑色细砂岩；(b) 灰色粉砂岩，砂纹交错层理；(c) J2井，粒间孔隙，1022.72m，25×；(d) J2井，粒间孔隙，1027.19m，25×；(e) J2井，伊/蒙混层，991.02m；(f) J2井，长石次生加大达Ⅰ~Ⅱ级，1000.76m

3. 流动单元平面发育特征

根据不同单井流动单元分类结果，绘制了各单层流动单元发育特征平面图（图3-69），不同类型流动单元大体呈条带状沿北西—南东方向分布，29个单层中，以A类流动单元和B类流动单元为主，C类流动单元和D类流动单元较少分布。对比流动单元分布图和沉积微相平面分布图（图3-70），发现储层流动单元主要受沉积微相控制，这与流动单元剖面所体

(a) y Ⅰ 1$_1^a$

(b) y Ⅰ 1$_1^b$

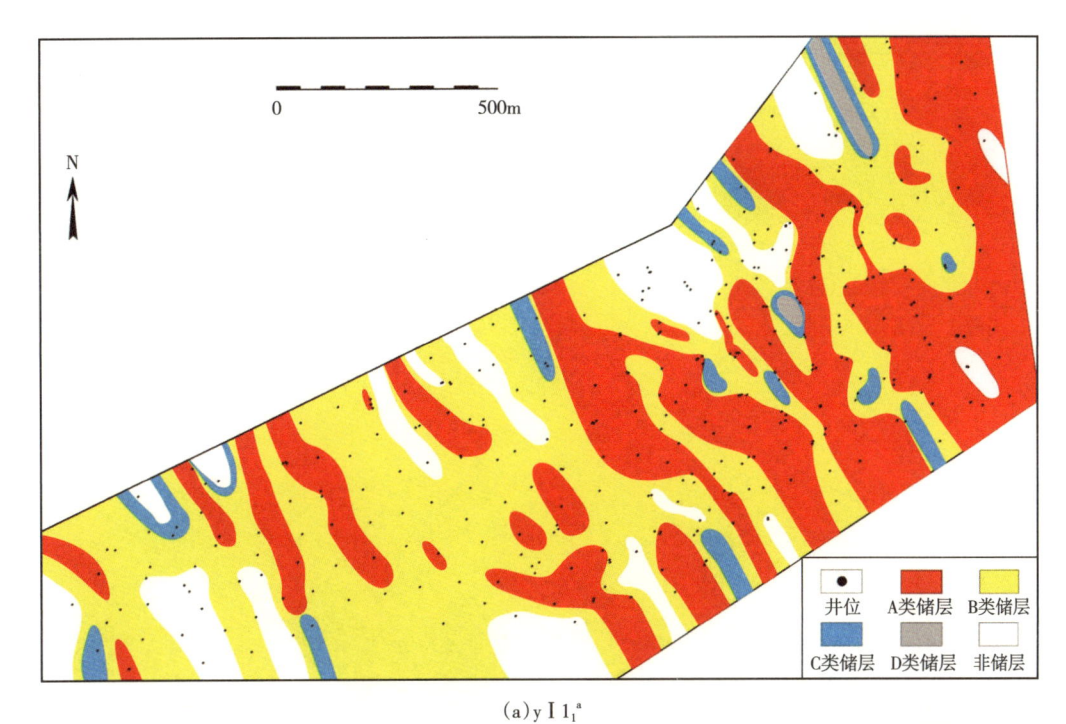

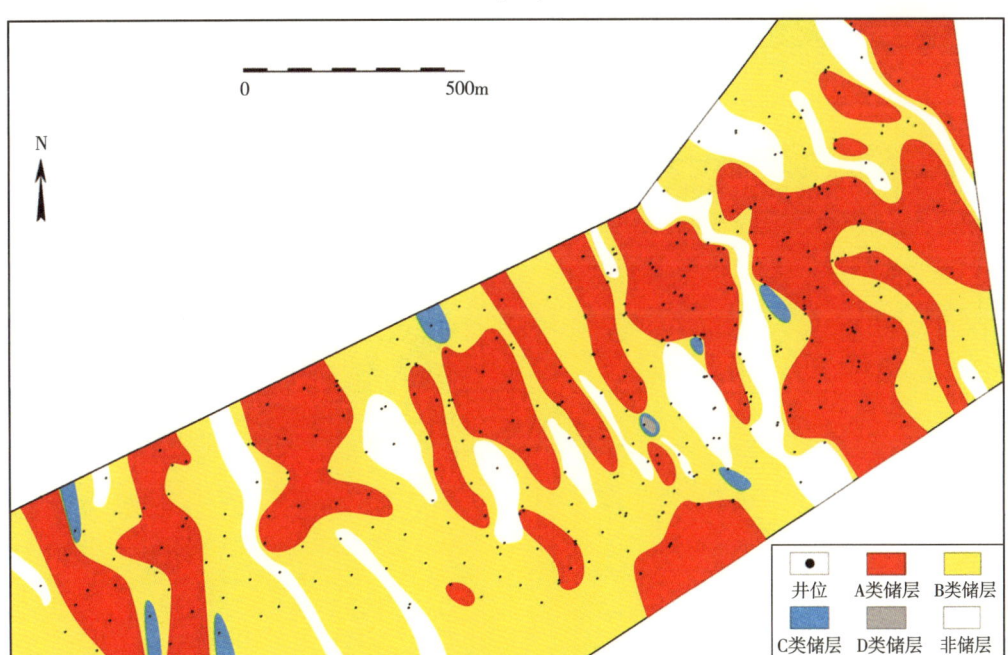

图 3-69 辽河盆地西部凹陷某区于楼油层单层流动单元平面分布特征图

现出的特征一致。但是在同一种沉积微相所对应的沉积储层范围内可以出现不同类型的流动单元，这主要是受前期不同部位的水动力条件差异地层岩性和物性发生变化以及后期成岩作用强弱程度不同影响所致。水动力条件较强且溶蚀作用较强，而压实作用和胶结作用较弱的位置，流动单元以 A 类和 B 类为主，反之则以 C 类和 D 类为主。从分布范围上看，A 类流

(a) yⅠ1₁ᵃ

(b) yⅠ1₁ᵇ

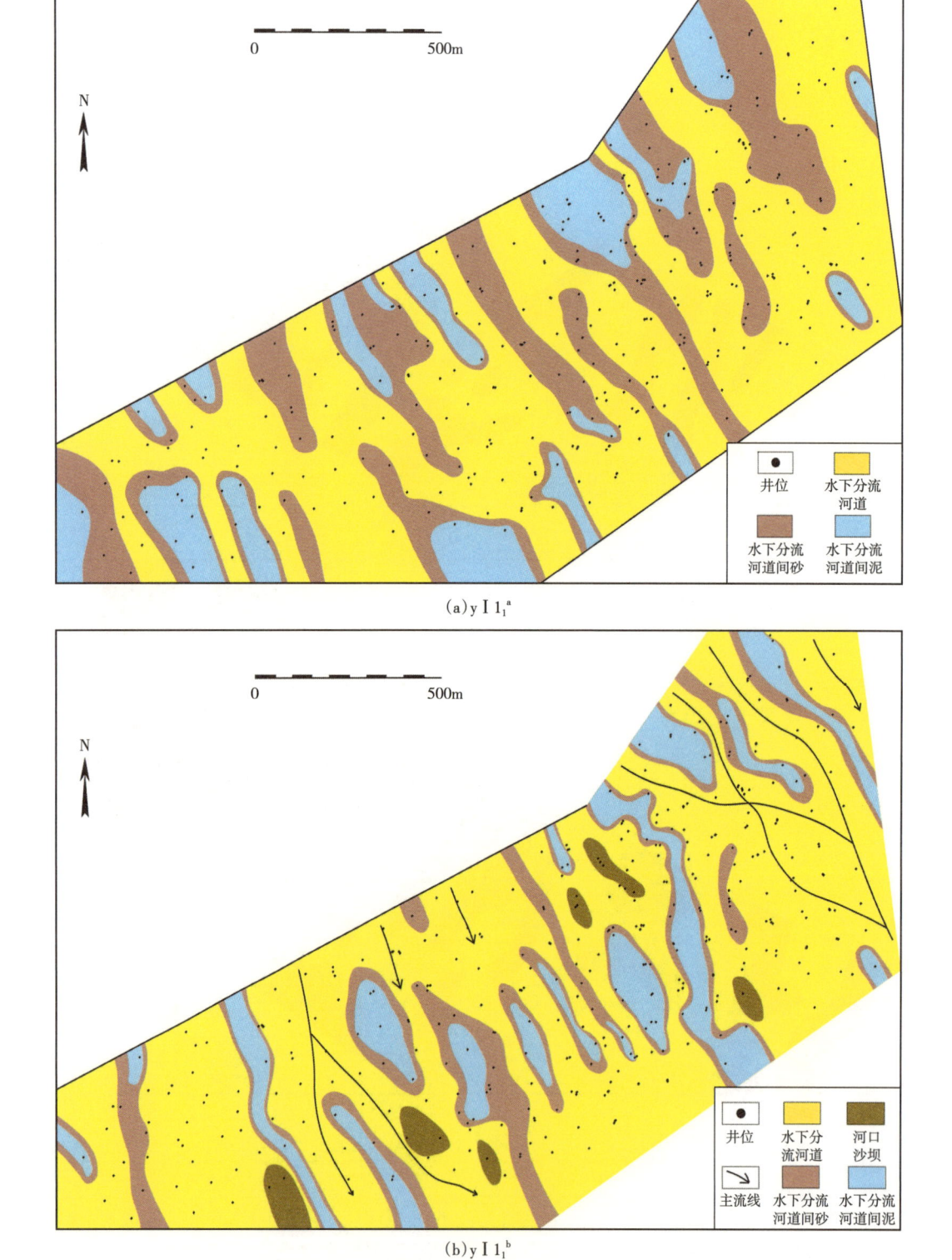

图 3-70　辽河盆地西部凹陷某区于楼油层单层沉积微相平面分布特征图

动单元和 B 类流动单元的分布范围之和超过整个研究区总面积的 2/3。29 个单层中，其余单层的流动单元发育特征基本与单层 $yI1_1^a$、$yI1_1^b$ 一致。

第八节　多点地质统计学建模技术

　　油藏描述的最终成果是建立定量的油藏地质模型，作为油藏模拟、油藏工程和采油工艺等研究的基础。一个完整的油藏地质模型包括构造模型、储层模型和流体模型三部分（裘怿楠等，1996）。根据油田不同开发阶段的任务，对油藏地质模型精细程度的要求不同，油藏地质模型可以划分为三类：概念模型、静态模型和预测模型，对于精细油藏描述而言，研究者关注的重点是预测模型。吴胜和等（1999）系统介绍了储层地质建模的概念、意义、储层地质模式、确定性建模、随机建模算法和地质建模软件等（表 3-18）。王家华等（2001）出版了专著《油气储层随机建模》，详细介绍了储层随机建模的地质应用、地质变量的空间差异性分析、随机模拟与地质统计学的基本原理，以及高斯场模型、指示模型、截断高斯模型、随机游走模型、示性点过程模型等内容。研究认为，沉积相带空间随机模拟是整个储层随机建模技术中的一个核心问题。朱仕军等（2005）在专著《储层定量建模》中系统介绍了如何将地震资料和相关的处理解释技术应用至地质建模研究中，建立储层定量模型的内容。贾爱林（2010）从随机模拟技术、储层原型模型技术和集成多种地质信息建立精细油藏地质模型三方面介绍了精细油藏描述中地质建模技术。杰夫·卡尔斯等（2014）详细介绍了石油地质统计学的内容，并介绍了其在地质建模中应用的相关内容。杰夫·卡尔斯等（2016）系统介绍了地球科学中不确定性建模的各种方法技术。本次从精细油藏描述中地质建模的意义、地质建模的研究现状等入手，总结了多点地质统计学建模现状、原理及其与传统地质建模方法的差异，介绍了多点地质统计学建模的研究实例，最后指出了多点地质统计学建模研究存在的问题和发展趋势。

表 3-18　主要随机模型、算法及方法（据吴胜和，2010）

随机建模方法＼算法及模型＼随机模型及性质		序贯模拟	误差模拟	概率场模拟	优化算法（模拟退火及迭代算法）	模型性质
基于目标的随机模型	示性点过程（布尔模型）				示性点过程模拟（布尔模拟）	离散
	随机成因模型				沉积过程模拟	离散
基于像元的随机模型	高斯域	序贯高斯模拟	转向带模拟	概率场高斯模拟	（模拟退火可用作后处理）	连续
	截断高斯域		截断高斯模拟		（模拟退火可用作后处理）	离散
	指示随机域	序贯指示模拟		概率场指示模拟	（模拟退火可用作后处理）	离散/连续
	分形随机域		分形模拟		（可应用模拟退火）	离散/连续
	马尔柯夫随机域				马尔柯夫模拟	离散/连续
	随机游走				随机游走模拟	离散
	多点统计	多点统计模拟			多点统计模拟	离散

一、地质建模研究现状

建立储层地质模型是油藏描述和储层表征最终成果的具体体现，也是目前油气储层地质学研究的核心内容与前缘（于兴河，2009）。本书对国内外地质建模的研究现状进行了调研。对于国外地质建模，分别从研究内容、研究方法、数据来源和地质建模在油气田开发中的应用四方面总结。（1）国外地质建模的研究内容主要包括构造和断裂体系建模、沉积储层建模、储层微观孔隙结构建模等，研究对象涉及碎屑岩、碳酸盐岩等多种类型储层。J. Escuder-Viruete 等（2004）利用断层带三维地质建模技术研究花岗岩中断层带的地质、地球物理和地球化学结构特征。P. Leroy 等（2007）对法国卡洛夫阶—牛津阶黏土岩地质层孔隙水的组成特征进行地质建模，该研究从微观角度计算渗流压力和孔隙水的离子组成。G. Caumon 等（2009）开展了基于地表地质构造三维建模研究，该工作提供了在地质建模研究中重点关注质量控制的关键概念、原则和程序。Francesco Emanuele Maesano 等（2013）以意大利北部亚平宁马尔什海岸带近海挤压带为例，利用地质建模方法研究断层的滑移率。（2）研究方法既包括确定性建模，也包括随机建模。Guillaume Caumon 等（2010）走向随机时变地质建模，通过对最新方法的对比，选择更优的同时满足随机和时移条件的地质建模方法，提出在应用反演方法时不仅要依靠随机域模型，同时要符合相应的地质概念和参数。Maksuda Lillah 等（2013）以加拿大北部某金矿床为例，探索利用曲线特征中体现的随机距离数据建立地质边界模型。Michael J. Pyrcz 等（2014）在专著《Geostatistical Reservoir Modeling（Second Edition）》中系统介绍了地质建模的原则、建模的先决条件、建模的方法以及建模的应用实例等内容。（3）数据来源包括野外露头、测井、地震、分析测试等多种类型。Glenn F. Hynes 等（2005）对加拿大西北部地区、丽亚德地区、Kotaneelee 和 Tlogotsho 地区进行地质测绘和模拟建模研究。Lewis Li 等（2015）以盐下储层地震成像为例，通过地质统计学来评价地震不确定性速度模型扰动和图像配准。这样，在地质建模流程中，地震资料的不确定性就可以在很大程度上被忽略。（4）地质建模研究在油气田开发中的应用。Mehdi Rezvandehy 等（2011）以伊朗北部戈尔平原为例，综合储层精细地质结构模型中的地震属性确定储层中的天然气储量。R. Deschamps 等（2012）利用储层地质建模研究进行曲流带沉积重油热采提高采收率分析。研究中利用露头数据分析储层结构和非均质性，通过不同尺度数据评价储层成因对非均质性的影响，同时通过蒸汽辅助重力泄油模拟评价储层非均质性对生产的影响作用。

总结国内地质建模，主要包括研究内容、研究方法、建模方法探索和研究数据四方面。（1）研究内容主要包括构造建模、沉积相和储层构型建模等，研究对象以碎屑岩为主，较少涉及碳酸盐岩和火山岩等储层。陈欢庆等（2008）对精细油藏描述中沉积微相建模进展进行了系统总结，将沉积微相建模方法总结为利用地质、地球物理、油田开发动态数据等信息基于目标和基于象元的各种随机建模方法和构型分析法、井间地震方法等。吴胜和（2010）系统介绍了储层插值建模、储层随机建模、储层建模的流程等内容，分析指出，局部变差函数建模、更有效整合先验地质知识的基于目标体的地质建模、多点地质统计学建模、基于沉积过程的建模方法等是今后地质建模研究的发展方向。（2）研究方法关注的焦点是随机建模。任殿星等（2012）结合砂泥岩类型油藏、火山岩类型油藏和碳酸盐岩油藏实例，系统介绍了多条件约束油藏地质建模方法。刘钰铭等（2016）以塔河油田奥陶系油藏为例，对缝洞型碳酸盐岩油藏三维地质建模方法进行了系统总结。（3）不同地质建模算法探索。李少华等（2012）对储层建模算法进行了系统总结和介绍，主要包括去丛聚方法、变差函数、克里金、序贯高斯模拟、序贯指示模拟、截断高斯模拟、模拟退火、基于目标的河道模拟、Snesim 模拟算法和相模型后处理等。王东辉等（2014）将多点地质统计学方法应用至东胜气田岩相模拟中，成果真实再现了河道砂体的空间展布形态，预测准确性较高。袁照威等（2017）利用基于目标的建模方法、序贯指示模拟法和多点地质统计学方法建立了苏里格气田不同沉积相模型。笔者曾经利用序贯指示方法，对辽河盆地西部凹陷某区于楼油层扇三角洲前缘沉积储层开展了地质建模研究（图3-71），建立了研究区目的层沉积微相和储层孔隙度、渗透率等物性模型，研究中主要利用变差函数拟合来进行沉积微相建模，在沉积相控制下建立储层物性模型，该方法也是目前国内研究者最常用的建模方法。（4）数据以测井解释为主，地震数据为辅，较少使用野外露头和分析测试等数据。冯文杰等（2015）以克拉玛依油田三叠系下克拉玛依组冲积扇储层为例，综合现代沉积特征与地下储层沉积微相解剖成果，提出了基于预模拟实现的模拟域地质矢量信息表征方法，采用基于矢量信息的多点地质统计学方法建立了冲积扇储层沉积微相模型。对比发现国外在断裂体系建模方面研究成果较多，在储层孔隙结构建模以及利用地震资料建模方面有很大进展，同时在碳酸盐岩缝洞型储层地质建模方面积累了丰富的经验，值得国内同行学习和借鉴。

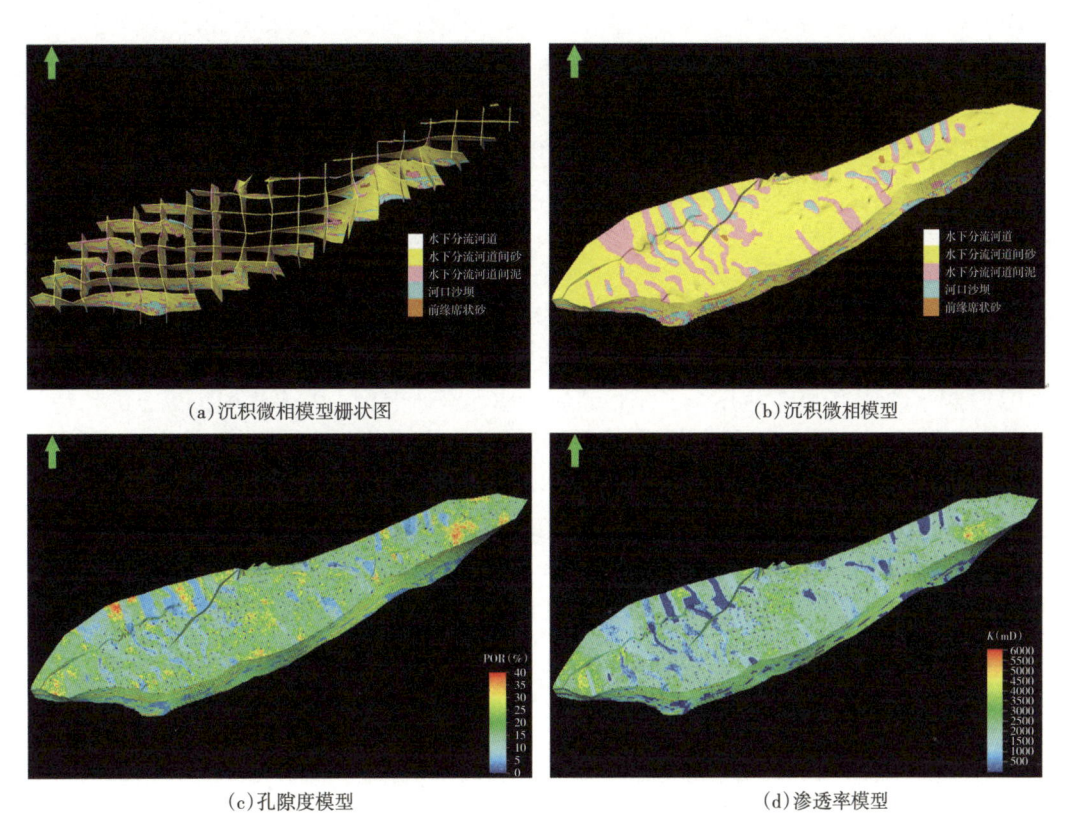

(a) 沉积微相模型栅状图 (b) 沉积微相模型

(c) 孔隙度模型 (d) 渗透率模型

图 3-71　辽河盆地西部凹陷某区于楼油层地质模型特征

二、多点地质统计学建模研究现状、原理及其与传统地质建模方法的差异

1. 多点地质统计学建模研究现状

多点地质统计学建模方法的提出始于 20 世纪 90 年代。该方法综合了基于像元与基于目

标方法的优点，利用训练图像描述空间各点之间的相互关系，显示了很好的应用前景（吴胜和，2010）。在国外，Tomomi Yamada 等（2007）在火山岩储层综合火山岩相地质建模和复杂压力系统历史拟合研究中，将扰动概率理论与多点地质统计学方法相结合，取得了很好的效果。Ezequiel F. González 等（2008）探索提出了一种新的地震反演方法，该方法将岩石地球物理和多点地质统计学相结合，描述储层地质信息，该方法具有较强的有效性和适用性。M. Le Ravalec-Dupin 等（2008）利用多点地质统计学方法重构地质模型，拟合生产动态数据。Olena Babak 等（2009）针对地质统计学地质建模研究中存在多重地震属性、地质趋势和结构控制等二次数据的特点，为了提高二次数据在建模中的实现，对协同克里金方法进行了改进，提出了一种新的混合二次变量方法。实践表明，所提出的方法可以得到与同时使用多个二次变量相同的结果。A. Comunian 等（2011）利用二维训练图像开展多点地质统计学模拟研究，结果表明，该思路切实可行。Gregoire Mariethoz 等（2015）在专著《Multiple-point Geostatistics：Stochastic Modeling with Training Images》中，详细介绍了多点地质统计学建模的概念和理论，同时介绍了该方法在非洲西海岸、矿山地质资源建模和穆雷—达林盆地气候建模等研究实例。

在国内，目前已有越来越多的研究者关注并从事多点地质统计学建模的探索和研究（李少华等，2007；王家华等，2007；尹艳树等，2008；张伟等，2008；周金应等，2010；王家华等，2011；尹艳树等，2011；石书缘等，2011；张宇焜等，2012；段冬平等，2012；乔辉等，2013；吴小军等，2015；张文彪等，2015；喻思羽等，2016）。李少华等（2007）认为，国外主流的算法 Snesim 和 Simpat 都存在不足，他提出了基于储层骨架的多点地质统计学随机建模方法，其更好地再现了河道形态及其分布规律。王家华等（2007）通过研究多点统计储层建模流程，提出构建基于工作流技术的储层建模流程系统框架，提高了多点地质统计学建模的效率，降低了建模成本。尹艳树等（2008）利用地质数据模式对多点地质统计学中 Simpat 方法地质建模进行约束。张伟等（2008）应用多点地质统计学和相控建模相结合的方法，以秘鲁 D 油田 V 层为例，进行地质条件约束下的建模研究。周金应等（2010）将多点地质统计学应用至滨海相储层地质建模研究中，结果表明，该方法比传统地质建模方法在再现储层空间结构特征方面具有明显的优越性。王家华等（2011）利用地震约束地质统计学建模，研究指出，该方法可以增加模型的井间确定性信息，降低因数学插值和模拟带来的井间不确定性，提高模型忠于地下实际情况的程度。尹艳树等（2011）总结了多点地质统计学研究进展，认为在应用领域，已经从河流相建模发展到扇环境建模，从储层结构建模发展到储层物性分布模拟，从宏观地质体预测发展到微观孔喉分布建模，从地质研究发展到地质统计反演。石书缘等（2011）建立了基于随机游走过程的多点地质统计学建模方法。张宇焜等（2012）结合地质认识将研究区深水浊积复合水道细分为主水道、水道侧缘、天然堤和侧积泥四类建筑结构要素，应用多点地质统计学与软概率属性协同约束方法随机模拟得到了深水浊积复合水道砂体内部建筑结构，在此基础上对建筑结构要素控制下的储层物性进行了模拟。段冬平等（2012）通过鄱阳湖三角洲现代沉积的研究确定水下分流河道与河口沙坝微相的平面形态与结构特征，结合永安镇油田密井网区资料统计的两种微相宽度建立定量的训练图像。利用多点地质统计学建立扇三角洲前缘地质模型。乔辉等（2013）对两种改进的多点地质统计学方法，即基于储层骨架的多点地质统计学建模方法和基于随机游走过程的多点地质统计学建模方法进行了对比。其中前者对于井网密度较小井区具有优势，后者对井网密度较大地区具有相对优势。吴小军等（2015）利用多点地质统计学开展克拉玛依油田某区块下克拉玛依组冲积扇扇中亚相的构型地质建模，成果较好地展现了不同类型构型在平面和垂向上的分布形态和接触关系。张文彪等（2015）基于浅层地震信息高精度反演获取具有代表性的定量化三维训练图像，建立深水沉积微相模型。喻思羽等（2016）提出了基于样式降维聚类的多点地质统计学建模算法，该方法在保证模拟质量基础上极大提高了基于样式的多点地质统计学建模算法的计算效率，并节省内存空间。根据文献调研分析，结合科研实践，本书对比分析了目前国内外多点地质统计学建模研究的差异（表3-19）。

表3-19 国内外多点地质统计学建模研究差异

	优 势	不 足
国外	（1）对地质统计学中协同克里金等方法的改进探索等； （2）将扰动理论等与多点地质统计相结合，优势互补； （3）应用地震资料约束，将岩石地球物理方法与多点地质统计学相结合； （4）多点地质统计学在碳酸盐岩储层、海相砂岩沉积储层等应用； （5）多点地质统计学在储层微观孔隙结构建模中的应用	（1）密井网测井资料在多点地质统计学建模中的应用； （2）多点地质统计学在储层构型建模中的应用
国内	（1）对多点地质统计学Sensim等算法的改进； （2）将多点地质统计学方法与随机游走等方法结合，优势互补； （3）河流相和冲积扇等沉积储层的地质建模研究； （4）多点地质统计学在储层构型建模中的应用； （5）密井网测井资料在多点地质统计学建模中的应用	（1）地震资料在建模中的应用； （2）野外露头和现代沉积资料在多点地质统计学建模中的应用； （3）多点地质统计学在碳酸盐岩储层、海相砂岩储层地质建模研究中的应用

2. 多点地质统计学建模原理简介

在传统的两点统计模拟中，需要假定空间变量服从多元高斯分布，并确定每个网格单元中条件分布的平均值和方差，这就需要求解一系列的克里金方程组。多点统计模拟则是直接通过扫描训练图像建立局部的条件分布。下面利用图例来详细说明怎样通过扫描训练图像计算局部条件分布（王家华等，2012）。

训练图像可以被看作是一种先验的结构模型，既定量化又可视化，它不必在对应位置上忠于井数据，仅仅显示了空间中模式之间是如何连接的。解释过的图片、远程遥感数据或手绘草图都可以当作训练图像或称为建立训练图像的来源。对于沉积相模型来说，训练图像代表的是相模式，只需要反映不同相类型的几何形态、接触关系、平面展布与垂向分布特征。

模拟开始前先确定一个搜索模板用于扫描训练图像。假定正在对网格中的位置进行模拟（图3-72）。在这个模板中（红圈），有4个数据值：两个反映为砂岩（黑色象元），两个反映为泥岩（白色象元）。所有的四个值连同其几何结构叫作一个数据事件；接着使用这个数据事件扫描河道训练图像来推断数据点处的砂岩概率。假定在训练图像中发现有4个重复的数据事件，其中模板中心位置是砂岩的数据事件有3个，而泥岩的有1个。因此，在网格结点处得到砂岩的概率是3/4，并进行抽样看作是1个模拟值。砂岩和泥岩都有可能，但是砂岩的机会更大一些，因为砂岩比泥岩有更高的概率。假想在这个实例中抽到砂岩，这个砂岩模拟值接着被添加到条件数据中去，以约束其他网格结点的模拟。接下来，模拟另外1个网格位置。继续这个过程直到模拟网络的所有节点都被访问到，就产生了一个完整的河道多点模拟。多点地质统计学随机模拟方法（如SNESIM算法）与传统的地质统计学随机模拟方法（如序贯指示模拟）的本质区别在于，未取样点处条件概率分布函数的求取方法不同。

前者应用多点数据样板扫描训练图像以构建搜索树，并从搜索树中求取条件概率分布函数，而后者通过变差函数分析并应用克里金方法求取条件概率分布函数。正是这一差别，使多点地质统计学克服了传统两点统计学难于表达复杂空间结构性和再现目标几何形态的不足（王家华等，2012）。

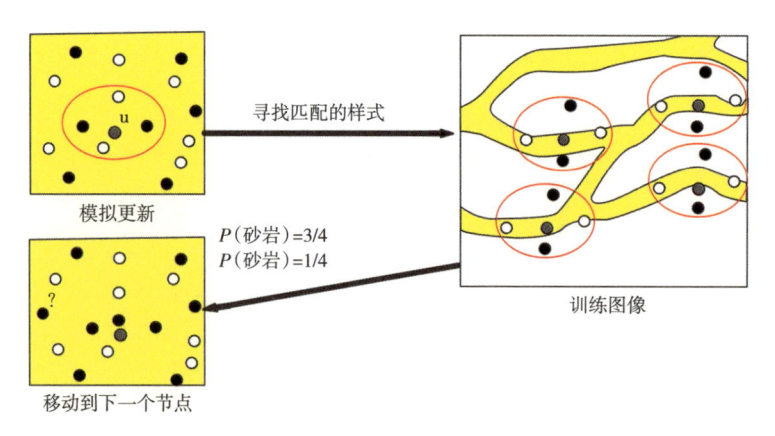

图 3-72　数据事件与训练图像示意图（据王家华等，2012）

3. 多点地质统计学与传统建模方法对比

多点地质统计学是相对于传统的两点地质统计学而言的。地质统计学是法国巴黎国立高等矿业学院马特隆（G. Matheron）于1962年创立的。传统的地质统计学在储层建模中主要应用于两方面：第一，应用各种克里金方法建立确定性的模型；第二，应用各种随机建模方法建立可选的、等可能的地质模型。这些方法均以变差函数为工具（吴胜和等，2005）。李少华等（2009）在开展河道砂体内部物性分布趋势模拟时将多点地质统计学方法和传统的地质建模方法进行了对比。基于变差函数的传统地质统计学随机建模是目前储层非均质性模拟和不确定性评价的常用方法。但该方法只能考虑空间中两点之间的相关性，因而难以再现具有复杂相组合关系的储层结构。多点地质统计学以训练图像为基本工具，着重表达空间中多点之间的相关性，能有效克服传统地质统计学在描述空间几何形态复杂的地质体方面的不足（王家华等，2013）。尹艳树等（2012）对曲流河储层地质建模方法进行了比较研究，结果表明，多点地质统计学方法优于指示克里金方法和序贯指示建模方法。较好地反映了砂体的连续性，体现了河流分布特征，同时避免了平滑效应。丁芳等（2017）根据沉积相接触关系、相比例、泥岩含量等参数选择最佳训练图像，开展地质统计学建模，结果表明，该方法与传统方法相比，对复杂叠置样式的砂体相建模具有较明显的优势。对比多点地质统计学与传统的地质建模方法，前者在运算时加入了地质模式的控制，同时用基于训练图像的多点相关取代传统的基于变差函数的两点相关分析，有效地提高了地质模型的井间预测准确度，具有明显的优势。同时通过序贯的算法，以象元节点为模拟单元，能够较好地忠于井上离散的硬数据。训练图像最大的优势是充分体现了不同沉积微相类型在空间上的定量分布模式，包括不同微相在空间上的叠置样式、规模、不同位置的变化等信息。使得研究者从基于两点的沉积微相平面分布特征把握变为对沉积微相发育特征的三维分布规律认识，认识程度更加深刻准确。传统地质建模方法中变差函数最大的特点是忠于井点等数据，而多点地质统计学建模中训练图像并不完全忠于井点数据，它只是井数据统计规律的体现。训练图像建立过程中可以充分加入研究者的地质思维，而这在变差函数分析过程中基本是无法实现的。

三、多点地质统计学建模实例

1. 多点地质统计学建模基础

要利用多点地质统计学建立储层模型，首先应该对工区目的层的构造、地层和沉积特征等充分认识。构造研究主要依靠井震结合地震精细解释进行（图3-73），通过合成地震记录，利用取心井资料标定地震数据，实现时深转化。结合区域地质背景，进行断裂体系的剖面解释和平面组合，实现构造分析的目标。结合研究区生产实践的要求，研究采用目前使用最为广泛的长期基准面旋回、中期基准面旋回和短期基准面旋回的分类体系。将目的层于楼油层细分为 yⅠ1_1^a、yⅠ1_1^b、yⅠ1_2^a、yⅠ1_2^b、yⅠ1_2^c、yⅠ2_3^a、yⅠ2_3^b、yⅠ2_3^c、yⅠ2_4^a、yⅠ2_4^b、yⅠ2_4^c、yⅠ3_5^a、yⅠ3_5^b、yⅠ3_5^c、yⅠ3_6^a、yⅠ3_6^b、yⅠ3_6^c、yⅡ1_1^a、yⅡ1_1^b、yⅡ1_2^a、yⅡ1_2^b、yⅡ2_3^a、yⅡ2_3^b、yⅡ2_4^a、yⅡ2_4^b、yⅡ3_5^a、yⅡ3_5^b、yⅡ3_6^a 和 yⅡ3_6^b 29个单层，分别对应29个短期基准面旋回（图3-74）（陈欢庆等，2014）。综合取心井岩心观察描述、非取心井测井曲线资料分析和钻井分析测试资料统计分析，从岩石类型、沉积成因、沉积构造和测井相等方面总结规律，将目的层扇三角洲前缘亚相细分为水下分流河道、河口沙坝、前缘席状砂、水下分流河道间砂和水下分流河道间泥五种沉积微相（图3-74），其中储层以水下分流河道和河口沙坝沉积为主。取心井物性分析资料统计结果表明，研究区于楼油层孔隙度主要分布在25%~40%的范围内，平均孔隙度31.25%；渗透率变化较大，分布于1~5000mD的范围内，平均渗透率1829.3mD，目的层属于高孔高渗储层（陈欢庆等，2016）。

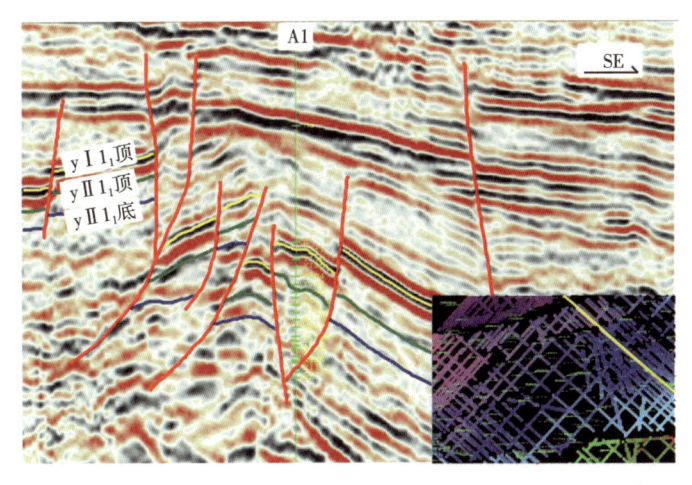

图3-73 辽河盆地西部凹陷某区于楼油层断裂发育特征

2. 训练图像的确定

上已述及，要利用多点地质统计学建模，首先必须确定训练图像，在训练图像的控制之下，建立不同层位的沉积相模型。在构造、地层和沉积相研究的基础上，绘制了不同单层的沉积微相平面图，将其作为制作训练图像的基础。对不同单层不同类型的沉积微相发育规模特征进行了定量统计分析（图3-75），总结研究区目的层沉积模式，为制作多点地质统计学建模中的训练图像做准备。图3-75所展示的就是主要储层之一，水下分流河道沉积微相在空间上发育规模的定量统计数据信息。

训练图像的确定是多点地质统计学建模中最关键的内容，其适合与否直接关系到建模研

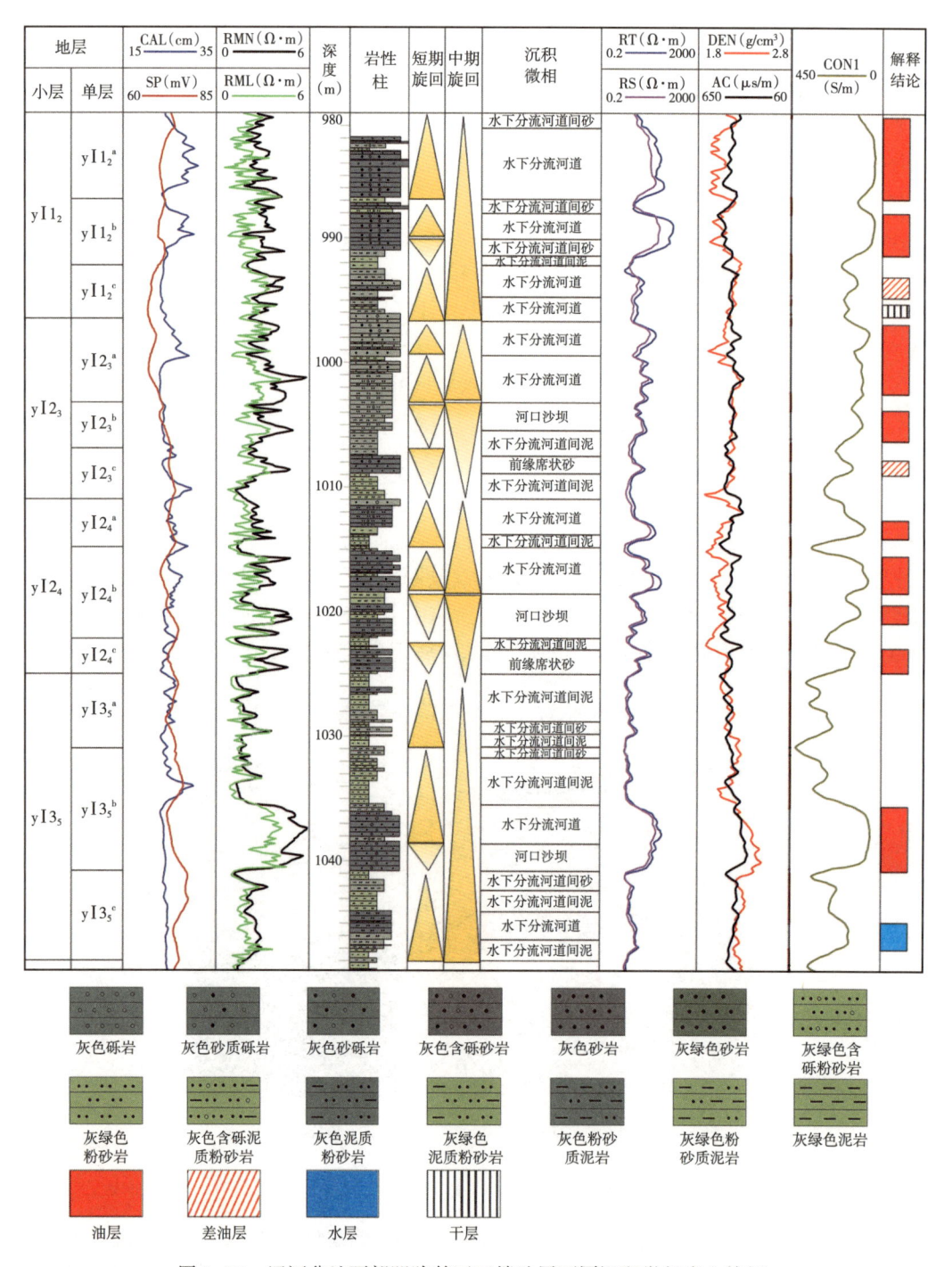

图 3-74 辽河盆地西部凹陷某区于楼油层不同沉积微相岩电特征

究的成败。训练图像本身也是一个相模型，本次建模使用的是确定性建模方法生成训练图像，通过以上统计分析的各微相几何形态参数，结合绘制的沉积微相平面图，建立了图 3-76 所展示的训练图像。该训练图像为一类小层所共用的训练图像，具有先验性、概括性的沉积微相模式。各微相的长宽比能够符合统计范围，并包含了所有可能出现的沉积微相类型及形态。

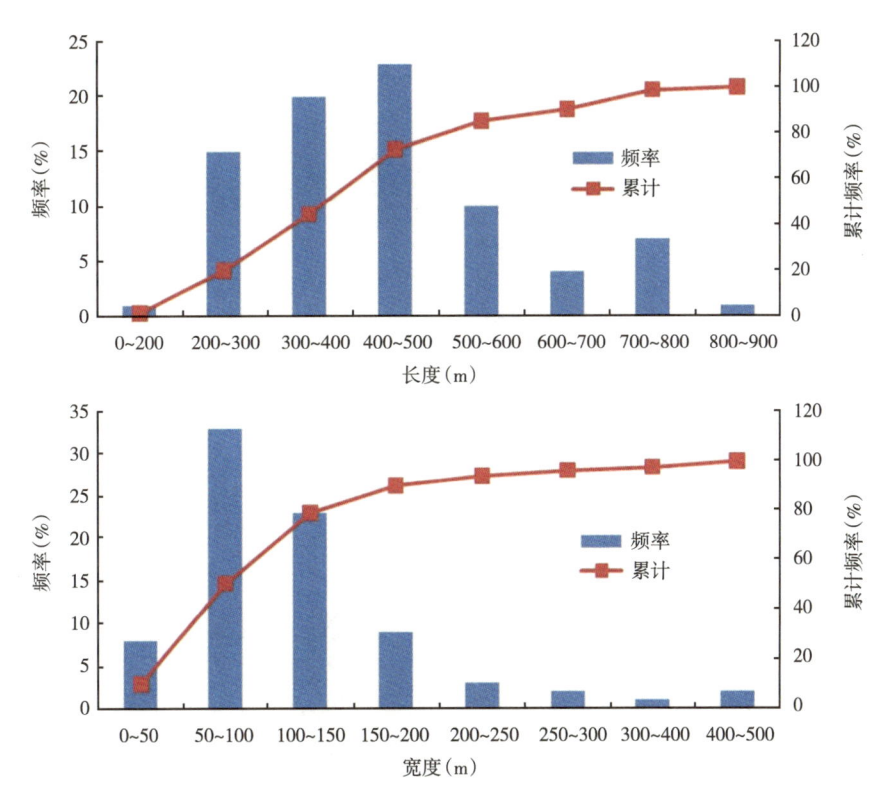

图 3-75 辽河盆地西部凹陷某区于楼油层水下分流河道长度和宽度统计数据特征

训练图像有二维和三维之分（图 3-76），三维训练图像可以充分反映不同沉积微相在横向上的迁移和垂向上的加积，能够更好地反映沉积体的空间结构。因此在实际工作中主要是应用三维训练图像。一般情况下，训练图像可以通过砂体等厚图、地质认识、人工划相、地质知识库统计、物理模拟实验和示性点过程等方法获得。本次三维训练图像的获得主要依靠对于不同沉积微相类型在不同层位上的定量统计数据，结合沉积模式来建立。三维训练图像建立过程中充分考虑不同沉积微相类型在空间上的叠置关系。

3. 地质模型的建立

在开展辽河盆地西部凹陷某区于楼油层储层地质建模研究时，分别使用传统地质建模方法和多点地质统计学建模方法来开展工作（图 3-77），从建模结果对比两种不同建模方法的差异。可以明显看出，对于扇三角洲沉积储层而言，利用多点地质统计学，基于多点之间训练图像相关分析基础之上所建立的地质模型，建模结果明显优于利用传统的序贯指示等基于两点之间变差函数拟合所建立的沉积微相模型。

四、多点地质统计学研究存在的问题和发展趋势

1. 多点地质统计学建模存在的问题

多点地质统计学虽然具有远超于常规地质建模方法的优势，但也受技术方法的制约，存在诸多问题。吴胜和等（2005）将多点地质统计学中存在的问题总结为三点，分别是：（1）训练图像平稳性问题。多点地质统计学中，要求训练图像平稳，即训练图像目标体的几何构型及目标形态在全区基本不变，不存在明显趋势或局部的明显变异性，这对于相变快、非均质性

(a)二维

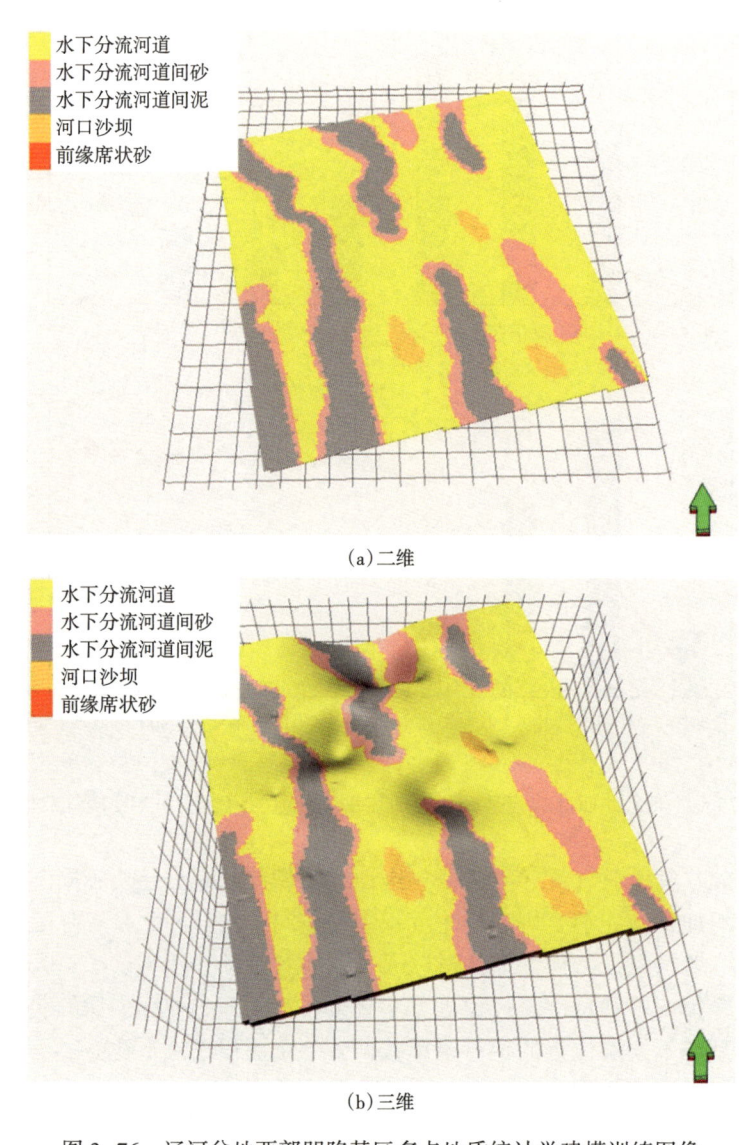

(b)三维

图 3-76 辽河盆地西部凹陷某区多点地质统计学建模训练图像

强的陆相沉积储层而言，难度很大。(2) 目标体连续性问题。目前的 Snesim 算法为序贯模拟算法，每个未取样点仅访问一次，已模拟值则"冻结"为硬数据。这一方法虽然保证快速且易忠实硬数据，但可能导致目标体的非连续性，例如模拟的河道体发生断开现象。(3) 综合地震信息的问题。分三种情况，第一，对地震信息进行地质解释，转化为训练图像，当软数据类型较多时，扫描训练图像所得的重复数太少，从而影响条件概率的推导。第二，分别应用井信息和地震信息计算条件概率，然后将两个概率综合为一个条件概率。这一方法的前提是两类数据是独立的，或即使不要求独立但须求取它们对综合条件概率贡献的权重。第三，应用类似于同位协同克里金的方式求取综合条件概率，将多点统计方法求取的基于硬信息的概率替换克里金方法求取的概率。这一方法要求地震信息的承载小（与模拟网格相同），而且硬信息和软信息对综合概率的权重仍取决于克里金方差。骆杨等（2008）以河流相储层地质建模为例，将多点地质统计学地质建模方法存在的问题总结为训练图像、目标体

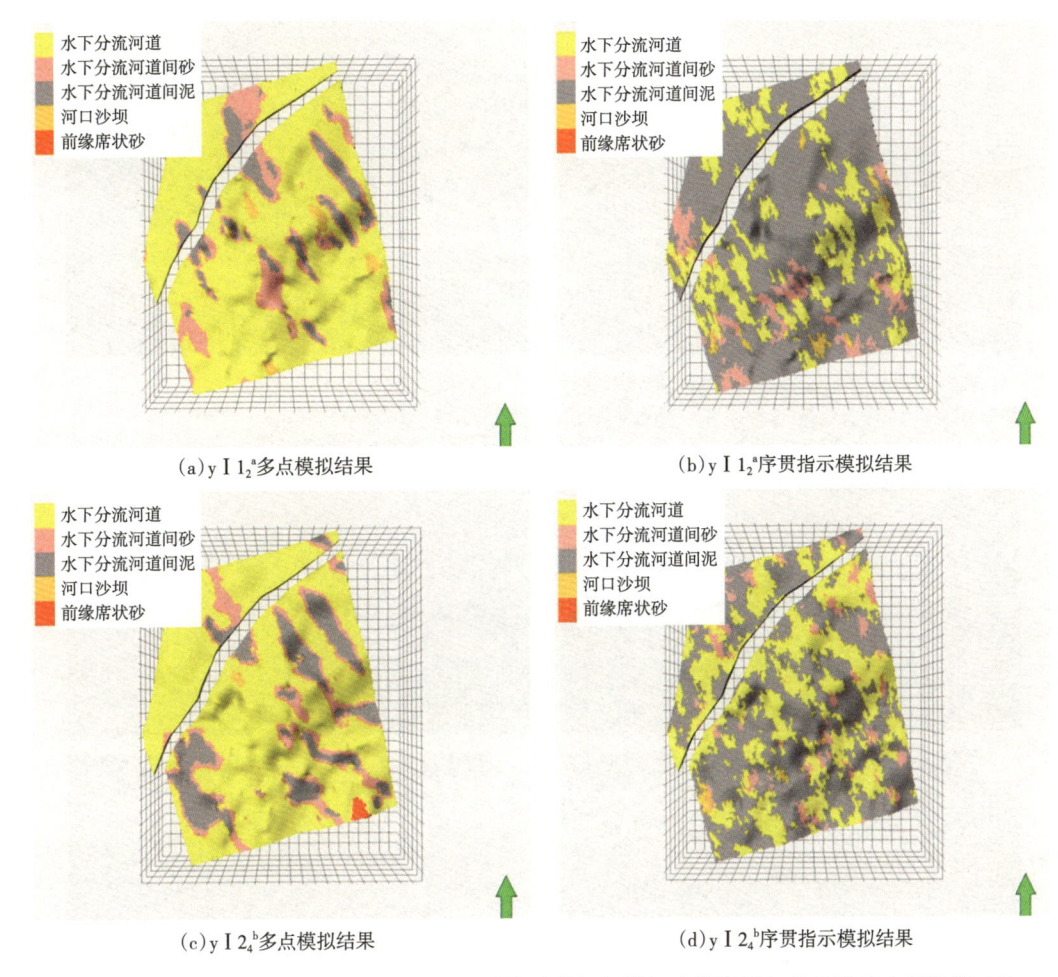

(a) y I 1₂ᵃ 多点模拟结果　　　　　　　　　(b) y I 1₂ᵃ 序贯指示模拟结果

(c) y I 2₄ᵇ 多点模拟结果　　　　　　　　　(d) y I 2₄ᵇ 序贯指示模拟结果

图 3-77　辽河盆地西部凹陷某区多点地质统计学沉积微相建模结果与序贯指示建模结果对比

连续性、数据样板选择和综合地震信息等多方面。笔者认为，多点地质统计学建模中存在的问题除上述以外，还包括训练图像的代表性等。由于陆相沉积地层相变快、储层非均质性强烈。如何把握不同沉积特征，选择适合的训练图像，问题还很大。本书认为比较可行的是分层位、分区块建立和选择适合的训练图像。

2. 多点地质统计学建模发展趋势

通过文献调研，结合自身的科研实践，笔者认为，多点地质统计学未来主要发展方向包括以下几个方面：（1）多信息综合地质成因分析基础上的训练图像获取（图 3-78）。训练图像的获取是多点地质统计学建模成败的关键，未来将成为该项研究重要的发展方向。许多研究者目前已经在开展该方面的工作。Tuanfeng Zhang 等（2008）在利用多点地质统计学建立地质模型时，将储层地质概念模型加入到训练图像建立过程中，有效提高了训练图像的精度。尹艳树等（2014）提出了基于沉积模式的多点地质统计学方法，通过距离函数将储层特征与沉积位置相关联，采用整体替换、结构化随机路径以及多重网格策略再现沉积模式。工作中应该加大地质成因分析力度，综合野外露头和现代沉积考察、地震、测井等多种信息，分区块、分层位建立更加接近地下地质实际的训练图像，为多点地质统计学提供坚实的

图 3-78　不同沉积和构造现象现代沉积或野外露头特征

（a）内蒙古呼伦贝尔彩带河曲流河特征；（b）西藏雅鲁藏布江曲流河特征（南迦巴瓦峰段）；
（c）甘肃敦煌地区欢乐谷沙漠冲积扇沉积；（d）甘肃敦煌地区黑山嘴子河流相沉积特征；
（e）北京延庆千家店地区辫状河沉积特征；（f）陕西鄂尔多斯盆地延河剖面延长组断裂发育特征

地质依据。（2）建模过程中，对多点地质统计学算法进行改进和完善，不断提高建模精度，弥补多点地质统计学不足。尹艳树等（2011）综合了随机游走过程和多点统计方法，建立河流相沉积储层地质模型。通过随机游走产生河道主流线，并利用河道主流线约束多点统计预测，克服了多点地质统计随机抽样导致河道不连续的问题。张丽等（2012）探索应用多点地质统计学建立三维岩心孔隙分布模型，结果表明，建立的孔隙结构模型与真实三维岩心孔隙分布十分接近，具有相似的均质性和孔隙连通性。沈忠山等（2013）利用多点地质统计学建模成果计算储量，结果表明多点地质统计学建模方法产生的沉积微相图和孔隙度、渗透率、含油饱和度模型等最具有地质意义，河道形态清晰、连续性好。利用多点地质统计学建模方法获得的储量方差最小，不确定性最小。同时探索将多点地质统计学与其他建模方法相结合，优势互补，提高多点地质统计学井间预测的精度。探索加强多点地质统计学在碳酸盐岩储层地质建模研究中应用的力度，充分借鉴国外的相关先进经验。石书缘等（2014）提出了一种以 GoogleEarth 影像数据为基础的古岩溶系训练图像制作方法（图 3-79）。李红凯等（2015）以塔河油田 S80 缝洞单元为例，采用分类建模的方法，开展碳酸盐岩缝洞型油藏溶蚀孔洞建模。其中，溶洞垮塌引起的溶蚀孔洞采用多点地质统计学建模方法，断裂周围发育的溶蚀孔洞采用断裂约束分区建模方法，风化壳表层层状溶蚀孔洞采用岩溶相控建模方法，揭示了不同成因溶蚀孔洞空间分布特征，提高了溶蚀孔洞地质建模的精度。（3）不断扩大多点地质统计学建模方法的应用领域，提高地质建模研究水平和研究精度。在重视三维沉积相建模的同时，加强储层微观孔隙结构建模研究，为井间微观剩余油分布预测提供定量数据依据。耿丽惠等（2015）探索了利用基于直接取样的多点地质统计学（DS-MPS）算法地质建模，该方法不用预先构建搜索树，节约了计算机内存，同时在目标体的连续性方面有较大的改进。文子桃等（2017）在进行多点地质统计学建模时对 Snesim 算法中重要的输入参数进行了敏感性分析。结果表明目标比率越接近训练图像的边缘相概率，模拟效果越好。推广多点地质统计学建模方法在致密油、页岩气等非常规储层地质建模研究中的应用，扩展多点地质统计学地质建模应用新领域。付斌等（2014）以 s48-17-64 区块为例，将多点地质统计学应用至致密砂岩气藏储层建模中，提出了"井—震—地质统计学规律"的综合一体化随机性地质建模的思路，提高了地质建模的精度。还有学者将多点地质统计学方法应用至储层构型建模、流动单元建模和裂缝建模等相关研究中，不断提高多点地质统计学建模解决精细油藏描述中储层不同属性地质特征在井间预测的能力。向传刚（2015）利用多点地质统计学方法对密井网区水下分流河道进行随机模拟，确定河道宽度及钻遇概率。刘可可等（2016）将多点地质统计学应用至点坝内部构型地质建模研究中，取得了较好的效果。建议充分利用密井网资料、不同沉积相或沉积微相发育规模统计定量数据，将其合理应用至多点地质统计学建模研究中，不断提高研究的定量化水平和研究精度。多点地质统计学是储层建模的核心方法之一，由于其具有井间预测精度高等特征，必将受到越来越多研究者的关注和重视。

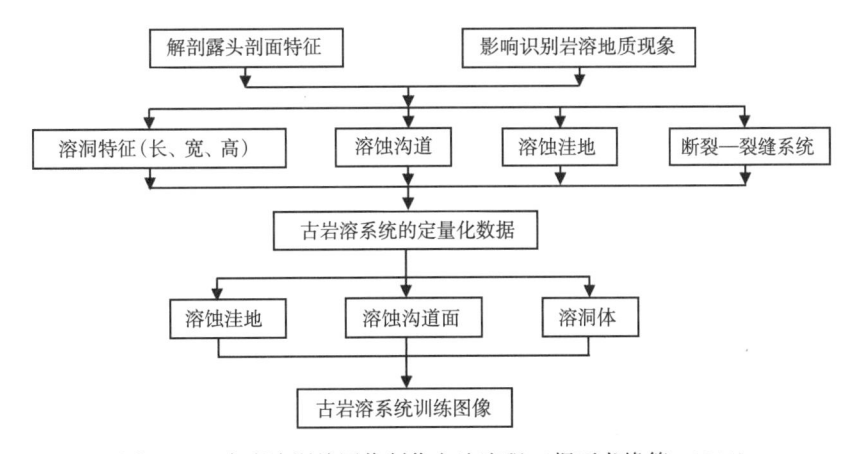

图 3-79 古岩溶训练图像制作方法流程（据石书缘等，2014）

第九节　剩余油表征技术

油藏中聚集的原油，在经历不同的开采方式或不同的开发阶段后，仍保存或滞留在油藏不同地质环境中的原油即为剩余油，这就是广义上的剩余油（徐守余，2005）。对于精细油藏描述而言，最重要的目标之一就是量化剩余油在空间上的分布特征。目前，剩余油研究的方法多种多样，包括地质方法、油藏工程、试井及数值模拟方法、室内实验技术等多种（郭平等，2004）。不同的研究者根据研究目标的差异和资料掌握状况，选择不同的剩余油表征方法。剩余油研究的基本问题是确定单井单层剩余油饱和度。密闭取心井，尤其是开发中—后期的检查井是观察和检验层内剩余油分布的最直接手段，饱和度测井技术则是矿场确定剩余油饱和度的主要手段（李阳等，2011）。韩大匡（2010）指出，中国油田基本为陆相储层，非均质性严重，原油黏度偏高，注水开发采收率较低，提高采收率有很大潜力。在高含水后期，剩余油呈现"总体高度分散，局部相对富集"的格局，因此研究难度很大。本书通过文献调研并结合自身科研实践，对剩余油研究的现状、主要研究内容、研究方法、存在问题和发展趋势等方面进行分析和总结，介绍了精细油藏描述中的剩余油表征技术。

一、剩余油研究现状

剩余油表征一直是油田开发中—后期研究者重点关注的内容。由于我国属于陆相沉积地层，储层非均质性强烈，随着油田开发工作的不断进展，地下油水关系更加复杂，剩余油在地下的分布特征也复杂化，这也增大了剩余油表征的难度。对于剩余油研究，国内外众多学者均开展过相关研究（张朝琛等，1995；俞启泰，1997；王乃举等，1999；林承焰，2000；谢俊等，2003；刘建民等，2003；孙友国等，2003；肖武，2004；Nigel Bonnett等，2006；Tayfun Babadagli，2007；Levin Barrios Vera等，2010；王志章等，2010；封从军等，2012；刘岩等，2013；张予生等，2015；赵伦等，2016）。张朝琛等（1995）系统介绍了用开发地质方法、地震技术、测井技术、示踪剂测试法、岩心分析法等确定剩余油饱和度的方法。俞启泰（1997）按照体积规模，将剩余油研究划分为微规模、小规模、大规模和宏规模四种类型。林承焰（2000）以孤岛油田中一区和孤东油田七区馆陶组河流砂沉积油藏为例，总结出剩余油形成与分布的理论、方法和技术。刘建民等（2003）以济阳坳陷沾化凹陷东部的孤岛油田和孤东油田馆陶组储层为例，研究了河流相储层沉积模式及其对剩余油分布的控制作用。结果表明，沉积模式是控制剩余油形成及分布的最重要因素。孙友国等（2003）分析了储层测井综合评价研究在剩余油分布中的应用。肖武（2004）对断块油藏剩余油分布的地质研究方法进行了探讨。Nigel Bonnett等（2006）以英国北海船长地区重油开发区为例，分析了利用钻井轨迹设计挖潜剩余油的相关问题。Tayfun Babadagli等（2007）对老油田研究进展进行了总结，分析指出，剩余油表征是油田开展提高采收率相关研究的基础。Levin Barrios Vera等（2010）以卡塔尔陆上Dukhan地区老油田为例，对流体运移和剩余油饱和度进行了定量评价。结果表明，油田开发生产的差异导致了流体穿越沉积边界在地下的迁移，这增加了剩余油在地下分布位置的不确定性。经典的物质平衡和体积检测技术可以用来观测流体迁移时储层的变化，刻画剩余油分布的位置，提高石油采收率，降低研究的局限性和不确定性。王志章等（2010）以火烧山油田 H_1^4 层为例，对复杂裂缝性油藏进行了分阶段数值模拟及剩余油分布预测。封从军等（2012）以扶余油田泉四段主力油层典型的湖盆沉积为例，基于单因素解析、多因素耦合对剩余油进行了预测，为老油田高含水期剩余油挖潜工作提供了新的研究思路。刘岩等（2013）以克拉玛依油田一东区克拉玛依组为例，探讨了高分辨率层序地层划分在陆相油藏剩余油分布研究中的应用。目前在油田生产实践中应用较为广泛的剩余油分布特征及规律相关研究主要集中在利用微构造研究成果、单砂体精细刻画成果以及水淹层测井解释等开展剩余油表征。张予生等（2015）以温西三块水淹层评价为例，研究了辫状河三角洲前缘评价剩余油分布的水淹模式。赵伦等（2016）以哈萨克斯坦南图尔盖盆地 Kumkol South 油田为例，基于砂体构型特征研究，总结了剩余油分布模式。

总结国内外剩余油研究相关进展，剩余油研究的内容从最初的剩余油分类（表3-20）（王乃举等，1999）、剩余油分布特征描述、剩余油分布模式总结，到现在的剩余油空间发育特征定量预测，研究的定量化水平不断提高。研究方法也从最初的开发地质学方法、测井解释方法、数值模拟方法等向密闭取心井的分析测试、物理模拟、数理统计分析等方向发展。剩余油描述对象也从水驱后剩余油描述逐渐向聚合物驱和气驱后剩余油特征描述转变。微观剩余油描述研究的力度逐渐加大（图3-80），而宏观剩余油描述逐渐降温。同时高分辨率层序地层学、储层非均质性研究、流动单元研究等也被应用至剩余油研究中来，在提高剩余油成因研究水平的同时也进一步提高了研究的精度。而且研究目标也由以往重点关注宏观剩余油分布，逐渐转变为深入研究微观剩余油的分布特征。

表3-20　1994年大庆喇萨杏油田高含水期剩余油分布类型（据王乃举等，1999）

有效厚度点总有效厚度（%）　　地区　类型	中区西部	北二区东部	喇嘛甸北块
井网未控制	3.1	8.4	2.0
低渗透层带	4.3	11.6	1.8
注采系统不完善	20.1	31.4	26.7
注水二线受效	11.0	4.4	5.9
油井单项受效	8.1	5.0	7.3
储层未动用	5.4	12.0	4.0
层间干扰	5.6	13.6	0.5
层内未水淹	30.0	0.0	40.1
隔层遮挡	12.3	13.6	11.0

二、剩余油表征的重点内容

由于剩余油研究主要集中在油田开发中—后期阶段，因此既要考虑储层因素，又要考虑油田开发过程的影响，涉及内容繁多。本次从中梳理出剩余油研究的重点内容，为精细油藏描述中剩余油表征提供参考。剩余油研究主要包括以下五项重点内容：（1）储层中剩余油类型和分布规律刻画。董冬等（1999）研究了河流相储层中的剩余油类型划分和分布规律特征。窦松江等（2003）以大港油田港东开发区为例，研究了复杂断块油藏剩余油分布特征及其配套挖潜措施。剩余油的类型主要包括宏观剩余油和微观剩余油。其中宏观剩余油主要指油藏规模剩余油的发育特征，微观剩余油主要指剩余油在孔隙结构中的分布规律。（2）剩余油形成和分布模式表征及控制因素分析（图3-81）。王志高等（2004）以辽河油田曙二区大凌河油藏为例，进行了稠油剩余油形成分布模式及控制因素分析。该项研究主要综合

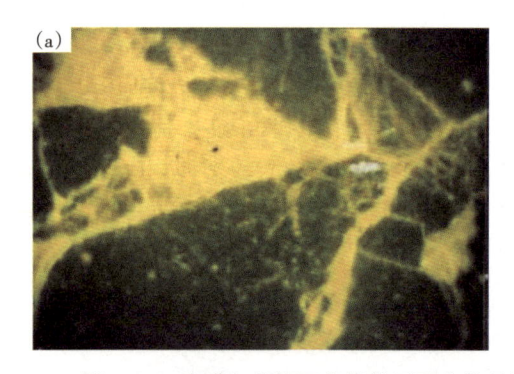

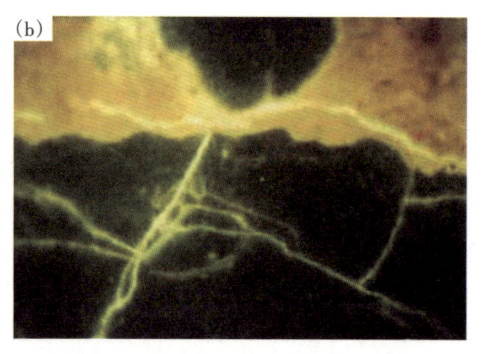

图 3-80　准噶尔盆地西北缘某区下克拉玛依组冲积扇沉积砂砾岩储层荧光薄片特征
(a) T16 井，褐色，油浸，砂砾岩，1069.23m；(b) T16 井，微裂缝中具有中亮兰色荧光显示，
灰色，油浸，砂砾岩，1074.18m

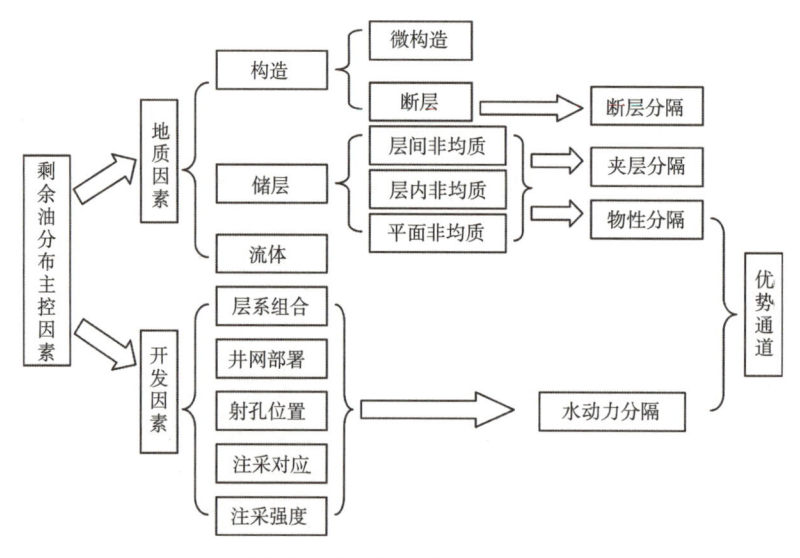

图 3-81　剩余油形成控制因素框图（据李阳，2011）

地质和开发特征，通过剩余油成因和分布位置特征，对剩余油进行分类描述及预测。(3) 地质、测井解释、地震监测、数值模拟、试井等多种方法描述剩余油。聂锐利等（2004）总结了过套管电阻率技术在大庆油田剩余油饱和度评价中的应用，结果表明，测量套管外地层电阻率可以评价储层的含油饱和度，监测流体的动态变化，其解释精度接近岩心分析的结果。尹太举等（2006）对利用地质综合法预测剩余油进行了分析，认为该方法主要包括三部分，分别是建立地质知识库，建立储层地质模型，以成因砂体为单元分析砂体开发特征、预测剩余油分布。(4) 层序地层学划分、构造精细解释、储层构型表征、储层非均质性研究、流动单元分类等在剩余油研究中的应用。汪益宁等（2015）研究了高精度构造模型在密井网储层预测及剩余油挖潜中的应用。胡望水等（2012）以白音查干凹陷锡林好来地区腾格尔组为例，分析了储层宏观非均质性及对剩余油分布的影响。陈程等（2012）以吉林扶余油田 S17-19 区块为例，研究了点沙坝内部水流优势通道分布模式及其对剩余油分布的控制。(5) 储层剩余油分布特征预测。尹太举等（2004）以马场油田为例，对复杂断块区高含水期剩余油分布进行了预测。研究认为剩余油预测包括井点剩余油预测和井间剩余油预

测两方面。（6）三次采油措施后剩余油分布特征描述。宋考平等（2004）分析了聚合物驱剩余油微观分布的影响因素，成果显示，聚合物溶液降低了流度比，在宏观上起到扩大波及体积的作用；聚合物溶液黏弹性加大了其与油膜之间的摩擦力，提高了微观驱油效率；不同水淹程度产生不同特征的剩余油，盲端状剩余油受聚合物驱影响最大；聚合物驱剩余油分布受不可及孔隙体积倍数影响，主要以簇状形式存在。

三、剩余油表征方法技术

剩余油研究的方法多种多样，主要包括开发地质方法、岩心观察描述和分析测试方法、水淹层测井解释方法、四维地震方法、各种数理统计学方法、油藏数值模拟方法、动态监测分析方法、油藏工程方法、试井解释方法等。

1. 开发地质学方法

1）基于储层宏观和微观描述的剩余油研究方法

储层发育特征是决定剩余油分布的物质基础，从宏观角度，砂体的沉积相类型、砂体的空间发育规模、连通性等，储层隔夹层的发育特征对剩余油分布规律都具有十分重要的影响和控制作用。从微观角度，储层孔隙结构的大小，孔隙结构类型和连通性，黏土矿物的类型等也可以对剩余油的分布产生重要影响。而上述这些问题，都可以通过开发地质学方法来解决。汪立君等（2003）研究了储层非均质性对剩余油分布的影响。陈欢庆等（2015）进行准噶尔盆地西北缘某区下克拉玛依组冲积扇储层构型研究时，对槽流砾石体等不同类型储层四级构型的长、宽等规模特征进行了统计分析。基于这些定量数据，就可以对砾岩储层剩余油分布的位置做出判断，一般剩余油多分布在不同沉积成因砂体的边部或者两套砂体的接触部位，根据剩余油分布位置的规律，可以选择部署开发调整井，实施剩余油挖潜措施，这也进一步说明开发地质学方法对剩余油表征的重要性。

2）基于构造分析的剩余油表征方法

除了储层对剩余油的影响作用，构造也可以对剩余油的分布规律产生重要影响。杜启振等（1998）以胜坨油田二区沙二段7、8砂组为例，进行了微型构造形态与剩余油分布关系研究。郭德志等（2003）分析了储层微型构造形成剩余油的水动力学原因。本次认为从构造解释角度研究剩余油，主要包括两个方面。一是三级及其以上断裂系统对剩余油分布的影响，二是微构造对剩余油发育规律的影响。由于以前认识的局限，钻井都是躲断层部井，导致靠近断层位置受断层封闭性遮挡的油气难以动用，形成剩余油。随着油田开发研究工作的深入，目前油田开发已经由躲断层向找断层方向发展。靠近断层布井已成为剩余油挖潜十分重要的方向之一。中国石油大庆油田等在这方面已经取得了显著的成效，其他油田也在积极开展类似方向的探索。微构造方面，既包括小的鼻状构造、小洼陷，也包括四级和五级等低级序断层。在微构造识别挖潜剩余油方面中国石化的胜利油田、中国石油辽河油田和长庆油田等均有明显的效果。

总体上开发地质学方法是剩余油研究的最基础方法，可以深入认识剩余油成因和分布模式。缺点是研究的定量化程度不足，往往需要与其他方法结合，才能实现剩余油描述的目标。

2. 岩心观察描述和分析测试方法

岩心是认识地下储层最直观的资料，通过岩心的观察描述，可以定性判断储层含油性的差异（图3-82）。岩心的含油级别主要根据含油产状、含油饱满程度和含油面积来确定，一般可以分为油砂、含油、油浸和油斑四个级别（操应长等，2003）。通过这四种级别的划分

图 3-82 辽河盆地西部凹陷某区于楼油层沉积相标志岩心照片特征
(a) J1井，浅棕褐色砂质砾岩，402.40~402.51m；(b) J1井，浅褐色砂质中砾岩，405.05~405.18m；
(c) J1井，深褐色细砾岩，407.20~407.30m；(d) J1井，浅灰色砂质中砾岩，407.90~408.00m；
(e) J2井，945.39~945.53m，灰黑色细砂岩，油砂；(f) J2井，982.2~982.33m，脉状层理，粉砂岩

可以对储层的含油性有初步的认识。还有就是对岩心进行分析测试，包括对储层物性和含油性的刻画。通过对比含油性以及储层物性之间的关系，可以确定有效储层的界线值，计算储量，表征剩余油。图 3-83 是笔者在进行辽河盆地西部凹陷某区于楼油层剩余油描述时对储层物性和含油性关系所做的分析，通过研究可以确定有效储层的物性界线，为认识储层含油性特征提供定量数据依据。李洁等（2004）以大庆油田葡I组为例，用岩心磨片荧光分析研究聚合物驱后剩余油微观分布。定量地测定水驱时存在簇状、膜状、盲端和角隅四种类型微

观剩余油在聚合物驱后剩余的比例，得出不同类型微观剩余油在聚合物驱后降低幅度不同的结论；并总结了高、中、低不同驱替强度部位的微观剩余油分布规律。岩心资料，特别是密闭取心井的岩心资料，目前已成为各油田开发中—后期剩余油描述最重要的资料之一，在生产实践中取得了很好的效果。该方法的缺点是并非所有研究区目的层都可以获取比较理想和符合剩余油研究目的的岩心资料和数据，而且由于取心和分析测试时人为或者仪器的误差，可能会导致错误的结果，这也限制了该方法的进一步应用和推广。同时，受陆相沉积储层严重非均质性的影响，岩心样品的代表性也比较有限，对该方法的使用也有一定的影响。

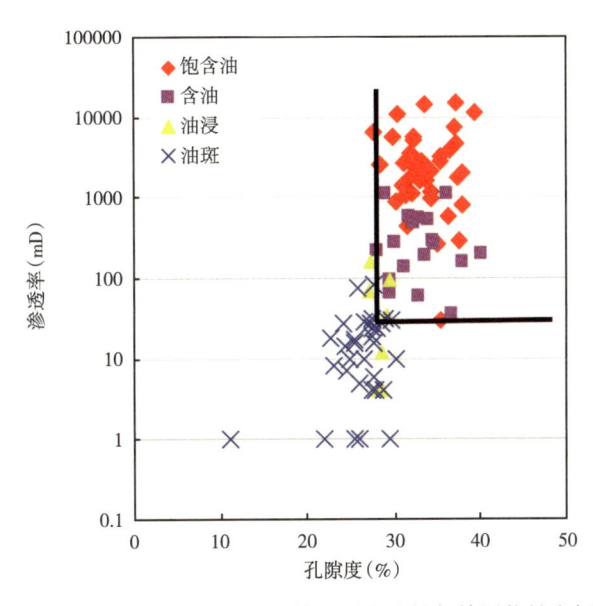

图 3-83　辽河盆地西部凹陷某区于楼油层含油性与储层物性之间的关系

3. 水淹层测井解释方法

利用水淹层测井解释结果，结合区域地质和生产数据，可以进行井间剩余油分布预测，指出剩余油分布富集区域及其变化规律，为油田开发方案调整、控水稳油、改善油田开发效果提供可靠依据（薛培华，2003）。谢俊等（2004）以海外河油田 H31 断块东二段注水开发油藏为例，在水淹层分析基础上刻画了剩余油分布规律。邵维志等（2004）对核磁共振测井评价水淹层方法的研究和应用进行了分析。通过水淹层的精细测井解释，可以提供定量化的剩余油研究成果。笔者在进行辽河盆地西部凹陷某区剩余油研究时，根据测井精细解释的成果，绘制了不同单层各井油水分布特征平面图（图 3-84），对比不同单层油水分布特征的变化规律。由于测井资料比较容易获得，因此该方法目前应用的比较广泛。缺点是受测井解释模型等的影响，在一些地区研究精度还不能满足生产实践的需要。比如对于新疆冲积扇沉积砂砾岩储层，测井水淹层解释的精度还低于 70%，这也在一定程度上限制了水淹层测井解释方法在剩余油研究中的应用和推广。

4. 四维地震方法

四维地震广义地说是一种时间推移的地球物理方法，即按照时间推移方式重复观测地震资料，监测油藏开采期间气体或液体的运动规律（王允诚等，2003）。王允诚等（2003）基于多个研究实例，详细介绍了四维地震方法在油田开发中—后期剩余油研究中的应用。石玉梅等（2003）对利用地震法监测水驱薄互层油藏剩余油的可行性进行了研究。甘利灯等

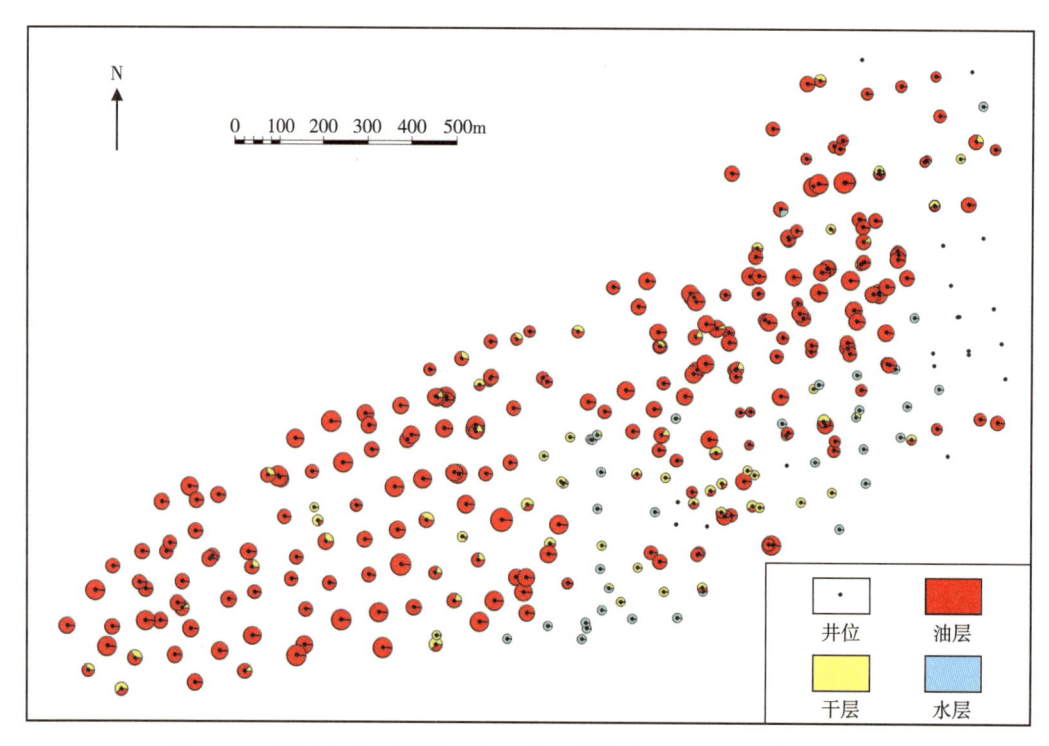

图3-84　辽河盆地西部凹陷某区于楼油层单层 y I 3$_5^a$ 油水分布平面图

（2010）以冀东油田某区为例，详细介绍了利用四维地震技术表征剩余油的研究思路和方法。利用四维地震方法开展剩余油研究目前在国外，例如英国北海油田等已被广泛应用，而且取得了很好的效果。在国内的辽河油田和冀东油田等也开展了一些工作，主要受技术条件和实施成本的限制，但效果不太明显。该方法的优点是可以很直观地获取剩余油在空间上分布的定量数据，缺点是该方法的研究精度还很难与国内这种非均质性强烈的陆相沉积储层相匹配，同时成本较高，不太适应目前低油价的国内和国际形势。

5. 各种数理统计学方法

各种数理统计方法由于可以获得定量化的研究成果，所以在剩余油研究中也有较广泛的应用。李胜利等（2003）以西江30-2油田HB油藏为例，利用灰色关联法对剩余油分布特征进行了研究，结果与实际生产吻合较好。付国民等（2004）在高含水期碎屑岩储层剩余油形成条件、分布规律及控制因素分析的基础上选取剩余油饱和度、储量丰度、砂体类型、砂体位置、所处位置、连通状况、微构造形态、注水距离、射开完善程度、注采完善程度和渗透率变异系数11项静态和生产动态指标组成剩余油潜力评价因素集，采用多级模糊综合评判方法，对复杂非均质油藏剩余油潜力进行定量评价。在剩余油研究中，各种数理统计方法众多，不同的方法都有其优缺点。总体上，利用数理统计学方法研究剩余油分布特征，是剩余油研究的发展方向之一，但是在使用时应该明确不同参数的地球物理意义，如果纯粹关注各种数理运算，只能使研究过程成为数字游戏，难以获得可以指导生产实践的有效成果。

6. 油藏数值模拟方法

油藏数值模拟方法是精细油藏描述中剩余油研究应用最广泛的方法之一，许多研究者均从事过相关的工作。郭鸣黎（2003）以复杂断块油田为例，利用数值模拟方法对剩余油分布特征开展研究，研究成果在文中老三块开发中取得较满意的应用效果。张彦辉等（2011）以萨北开发区为例，对大庆油田三类油层聚合物驱进行了数值模拟研究。结果表明，三类油层注聚合物开发，采用一期射开有效厚度小于0.5m油层聚合物驱，二期补开有效厚度大于0.5m油层聚合物驱，提高采收率幅度及含水率下降幅度最大。本次对辽河盆地西部凹陷某区剩余油分布特征进行了数值模拟研究（图3-85，图3-86），获得了不同时间段研究区目的层剩余油分布特征，为蒸汽吞吐转蒸汽驱开发方式转换措施的选择提供了依据。数值模拟方法是从油藏角度目前剩余油研究中应用最广泛的方法，该方法最大的特点是可以对剩余油的分布特征进行定量预测，不足之处在于研究的准确度和精度除了受资料基础和软件平台的限制，还和研究者的经验和水平密切相关。

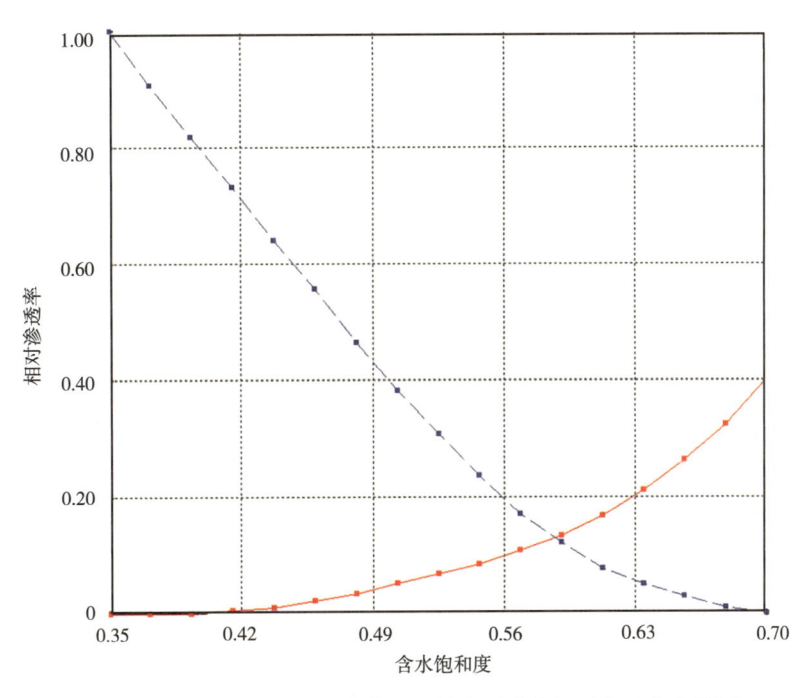

图3-85　辽河盆地西部凹陷某区于楼油层油水相对渗透率曲线图

7. 动态监测分析方法

对于油田开发而言，特别是开发中—后期，一般积累了大量的生产动态资料和动态监测资料，利用这些资料，可以对剩余油的分布特征进行研究。肖承文等（2004）针对塔里木盆地东河塘油田的超深高温地层，探索了超深超高温储层剩余油饱和度监测评价技术。郭宝玺等（2005）以大港油田港西三区二断块注水井组为例，对井间示踪剂监测确定水驱油藏剩余油饱和度技术进行了探索。张虎俊等（2007）以玉门老君庙油田M油藏为例，应用同位素示踪技术研究油藏剩余油分布规律，为老油田后期注水开发剩余油研究提供了一种简捷直观的有效方法。蔡明俊等（2009）以大港油区羊三木油田为例，根据羊13-32和羊13-14两个井组同位素示踪剂井间监测成果，进行流线模型数值模拟，得到了馆II3、馆II4、馆II5+6三个层的剩余油分布成果。动态监测资料分析方法可以提供表征剩余油分布特征丰富而直观的数据基础，但也应该充分认识到成果的多解性问题，要对资料进行必要的筛选和质量控制。同时，有些监测数据受方法本身和生产实践状况的限制，精度不一定能够满足目

(a) yI1₁ᵃ

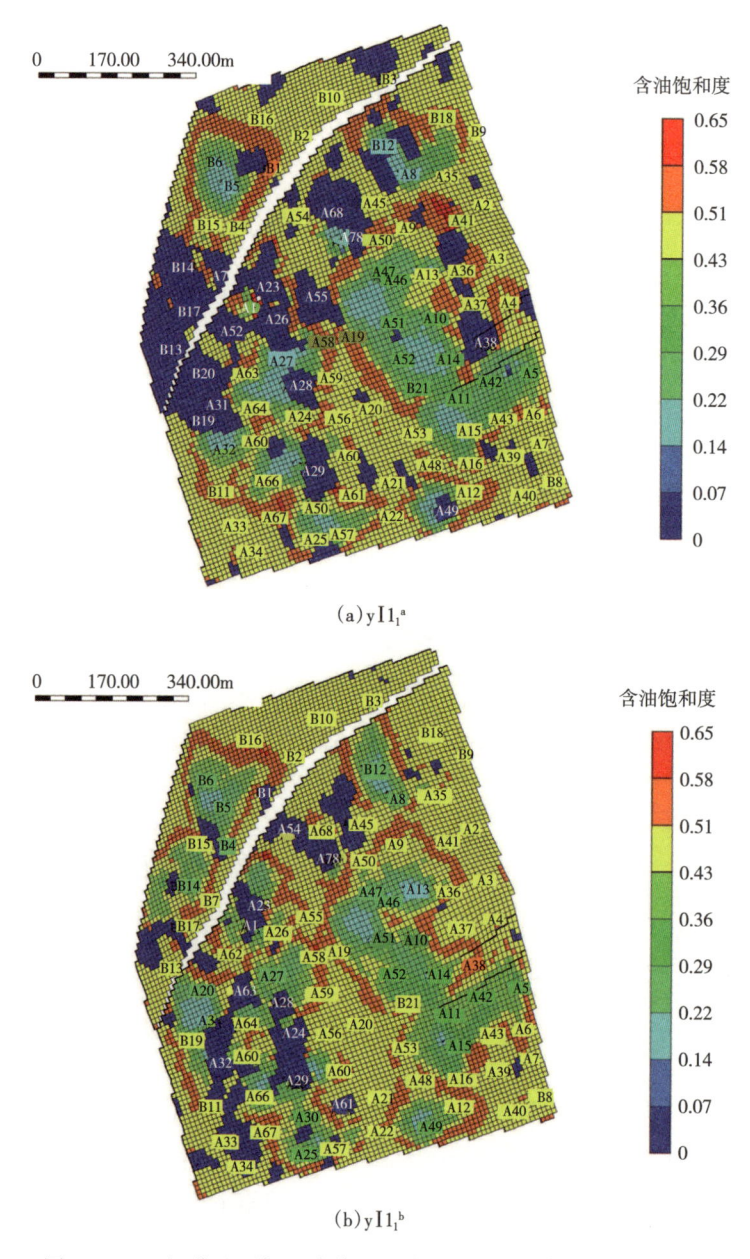

(b) yI1₁ᵇ

图3-86 辽河盆地西部凹陷某区于楼油层单层剩余油分布特征图

前开发中—后期地质分层单层级别的要求。例如笔者在辽河盆地西部凹陷某区于楼油层剩余油研究时，利用示踪剂资料进行相关的分析，注入井和采出井对应的数据段只能达到小层级别，精度无法满足工作要求中的单层级别，因此只有配合其他相关的分析，才能实现研究的目标。

8. 油藏工程方法

在所有确定剩余油饱和度方法中，油藏工程计算方法是一种定量描述剩余油分布的较为直观、简便的方法。利用油田开发数据，根据某一种或多种油藏工程计算方法进行剩余油指标预测，能够较为快速地了解地下情况（郭平等，2004）。焦霞蓉等（2009）利用油藏工程方法定量计算剩余油饱和度。结果表明，该方法实现了快速简单地评价剩余油，并且对数值模拟过程中的历史拟合有一定的指导作用。李阳（2011）对定量研究井点剩余油饱和度的多种油藏工程方法进行了系统总结（表3-21），该方法的优点在于开发动态特征实际上是储层特征和流体运动规律的综合反映，具体的优缺点参见表3-21，在此不再一一赘述。

表3-21 油藏工程方法适应条件及特点（据李阳，2011）

方法	使用条件	优缺点
相对渗透率曲线法	相对渗透率曲线资料较为齐全的层系或区块	取相对渗透率曲线井周围区域计算效果较好，远离该井区域计算效果相对较差
水驱特征曲线法	高含水期、特高含水期井	预测的单井水驱控制储量和剩余可采储量可能偏大或偏小
无因次注入采出法	井网规则、注采方式较为固定的油田	结果准确性高、研究参数少、应用简单，但涉及劈产问题
物质平衡方法	井网规则、注采方式较固定且地层压力高于饱和压力的油藏	计算公式相对简单，涉及纵向劈产和平面劈产。对于地层压力低于饱和压力、脱气严重的油藏，误差较大，不宜使用
水线推进速度法	研究层内不同均质段水线推进速度	借助取心井、C/O、同位素测井等矿场资料，来分析层间或层内水淹状况

9. 试井解释方法

试井就是对井（油井、气井或水井）进行测试（刘能强，2008）。李星等（2008）针对目前常用预测剩余油分布的方法存在局限性的实际，利用注水井压力落差试井资料，通过水驱前缘含水率导数、油水两相区流度分布导致的拟表皮因子与油水相对渗透率的关系，在没有油水相对渗透率资料的情况下，确定油水相对渗透率曲线，计算剩余油饱和度分布。吴明录等（2009）以双河油田437断块为例，应用流线数值试井方法研究了聚合物驱油藏剩余油分布特征，该方法适用于中—高含水期聚合物驱油藏。试井解释方法的优点是可以求取地层径向渗流参数等，进而计算获取含油饱和度定量数据；缺点是数据测量基础准确性较难保证，计算结果的精细程度需要花大力气提高。

四、剩余油研究存在的问题和发展趋势

1. 剩余油研究存在的问题

剩余油研究作为精细油藏描述最重要的内容之一，涉及面十分广泛。虽然经历了长时间的发展，但是还存在以下几方面的问题。（1）剩余油成因控制因素众多，主控因素的确定和分类评价难度大。剩余油分布特征受地质因素和开发过程的双重影响，如何在诸多的影响因素中确定主要控制因素，并划分剩余油分布类型，指导剩余油挖潜措施的实施，一直是目前剩余油研究中的重要内容，但构造解释、储层表征、储层在开发过程中的变化规律分析、渗流通道的描述等研究均存在很大问题，这也造成了剩余油成因分析中存在诸多问题。乐靖等（2016）以海上开发中—后期油田为例，分析了微构造精细表征在剩余油预测中的应用。（2）剩余油研究方法众多，但每种方法均具有优缺点。如何根据研究目标和掌握的资料基础，选择一种或多种适合的研究方法，达到剩余油表征的目的，难度很大。比如在岩心分析

方法中，如何选择能充分体现研究区目的层剩余油饱和度数据的样品点，同时又尽可能降低分析测试成本，这本身就是研究者需要面对的巨大挑战。又如，如何将开发地质学方法与数理统计学方法紧密结合，充分体现剩余油研究中定性和定量研究方法的有机统一，难度巨大。（3）如何提高剩余油描述的精度，减小剩余油研究方法的缺点，发挥其优点，难度很大。比如测井水淹层解释研究剩余油，如何建立更加精细的测井解释模型，提高砂砾岩等特殊岩性地层的测井水淹层解释精度，还面临很大的困难。（4）井点剩余油的刻画可以通过数值模拟、试井等多种方法较准确实现，但井间剩余油的预测还存在很大问题。尹太举等（2004）以马厂油田为例，对复杂断块区高含水期剩余油分布预测进行了探讨。（5）高分辨率层序地层学、储层构型、储层非均质性研究、流动单元研究、地质建模等相关学科的发展很快，如何将相关学科的研究成果充分应用至剩余油研究中来，还处于探索阶段。黄志洁等（2008）以海上M油田N油藏为例，探索了油藏相控剩余油分布四维模型的建立方法。靳文奇等（2016）以鄂尔多斯盆地白于山地区延长组储层为例，研究了基于应力隔夹层划分的特低渗透储层剩余油挖潜相关问题。胡荣强等（2016）基于点坝建筑结构控渗流单元划分，研究了剩余油分布规律。（6）水驱开发剩余油研究相对较多，积累了一定的成功经验，但聚合物驱、气驱等三次采油阶段剩余油研究还处于起步阶段，存在很大的问题。王凤兰等（2004）对萨中地区聚合物驱前后密闭取心井驱油效果和剩余油特征进行了分析。分析认为，聚合物驱调整了层间、层内剖面，提高了动用厚度；可通过提高水洗程度来提高驱油效率，但降低水驱残余油的难度很大。聚合物驱后剩余油很少，且分布十分零散，挖潜难度极大，进一步挖掘聚合物驱后剩余油的方向主要应以提高驱油效率为主。（7）国内剩余油研究的主要对象还是碎屑岩油藏，碳酸盐岩、火山岩、变质岩等复杂岩性油藏的剩余油研究受资料基础和技术方法等的限制，还存在诸多未解的难题。（8）目前国内的剩余油研究主要集中在定性和半定量方面，定量化研究水平还不高。（9）宏观剩余油研究较多，但微观剩余油研究还比较薄弱，存在很多问题。

2. 剩余油研究的发展趋势

根据上述文献调研分析的成果，结合实践经验，认为未来剩余油研究的发展趋势主要包括以下9方面：（1）成因分析和发育模式总结是剩余油研究最基本问题，需要充分考虑地质和开发2方面的因素，实现发育特征分类评价。冯文杰等（2015）以克拉玛依油田一中区下克拉玛依组为例，研究了冲积扇储层窜流通道及其控制的剩余油分布模式。（2）不断改进现有的剩余油研究方法，同时探索新方法，不断提高研究水平。李海波等（2016）对低渗透储层可动剩余油进行了核磁共振分析，定量获得了储层目前剩余油饱和度、采出油相对量、可动油饱和度及驱油效率上限等参数。何中盛等（2016）利用碳氢比测井技术评价了剩余油及水淹程度。结果表明，该方法可有效评价油层水淹程度、含油饱和度和油水界面，为寻找遗漏油层和堵水等措施提供有效资料，在砂泥岩剖面中适用范围较广，无论是砂岩、砾岩以及低阻油藏均可取得显著的地质效果。何巧林等（2017）根据铸体薄片、常规物性、扫描电镜、压汞等分析结果，对塔里木盆地轮南2油田下侏罗统阳霞组JIV油藏储层孔隙结构类型进行了划分，选取主要的4类孔隙结构储层进行砂岩岩心微观水驱实验，研究了微观剩余油分布特征。（3）在应用数理统计分析方法研究剩余油发育特征时，应该充分认识不同参数对应的物理意义，同时提高成果在生产实践中的应用效果。（4）充分优化各种定量研究方法的数据处理方式和运算方法，提高井间剩余油预测的准确性和精确性。乐友喜等（2004）利用分形条件模拟和流线模型预测剩余油气饱和度分布，结果表明该方法在保证运算精度的同时可以大幅度加快运算速度，具有十分广阔的应用前景。刘雯林（2010）探索了水驱油田剩余油分布预测的岩石物理依据和方法。应用时间推移地震求取水驱开采前后两次三维地震的振幅差异时，由于突出了流体的地震响应差异，比直接应用常规地震油气检测技术预测剩余油分布更为有效，而模型和实例也证明了该方法的可行性。（5）探索将高分辨率层序地层学、储层构型表征、水流优势通道描述、流动单元研究、地质建模等相关学科成果应用至剩余油研究中，不断提高研究水平。陈烨菲等（2003）以东营凹陷梁家楼油田北区沙三段中亚段油藏为例，应用流动单元方法研究高含水油田剩余油的分布规律。岳大力等（2013）针对复合曲流带点坝砂体，对点坝内部构型控制的剩余油分布进行了物理模拟。陈欢庆等（2015）在研究辽河盆地西部凹陷某区于楼油层蒸汽吞吐末期剩余油分布特征时，在渗流屏障研究的基础上开展工作。首先进行研究区目的层渗流屏障发育规律的精细刻画，在此基础上分析渗流屏障与剩余油分布的对应关系，最终实现从地质角度认识剩余油发育特征的目标（图3-87）。孟宁宁等（2016）以黑46断块为例，对低渗透油藏非均质性特征及其对剩余油分布的影响进行了研究。（6）根据聚合物驱、气驱等三次采油的实际情况，不断改进剩余油研究的相关方法，增加相应的研究内容和模拟实验，探索建立三次采油阶段剩余油研究的方法技术体系。李国（2010）利用 Eclipse 软件，对大庆油田聚合物驱后利用残余聚合物挖潜剩余油技术探索。（7）加大碳酸盐岩、火山岩等非常规油藏剩余油研究的力度，分析其与碎屑岩储层在地质特征和开发措施方面的差异，不断改进和完善剩余油研究的相关方法和技术，开拓剩余油研究新领域。谢世文等（2015）以珠江口盆地 X3 油田 H4C 薄油藏为例，开展了海上油田开发后期多学科集成化剩余油深挖潜研究。郑泽宇等（2016）以塔河油田碳酸盐岩缝洞型油藏为例，开展了物理可视化实验研究。直观展示了缝洞型油藏气驱后剩余油的分布情况，并探讨了相关的影响因素。（8）加强测井解释、四维地震、数理统计、地质建模和试井解释等相关方法在剩余油研究中的应用力度，地质和开发充分结合，地质和工程充分结合，不断提高剩余油研究的定量化水平，是研究者应该关注的重点发展方向。常少英等（2017）以塔里木盆地 YM32 白云岩油藏为例，分析了地质工程一体化在剩余油高效挖潜中的实践效果。（9）探索微观模拟实验、分析测试等剩余油研究方法，不断提高微观剩余油研究的水平和精度。李振泉等（2005）建立了油水两相三维网络模拟模型，通过微观模拟分析了储层微观参数对剩余油分布的影响。

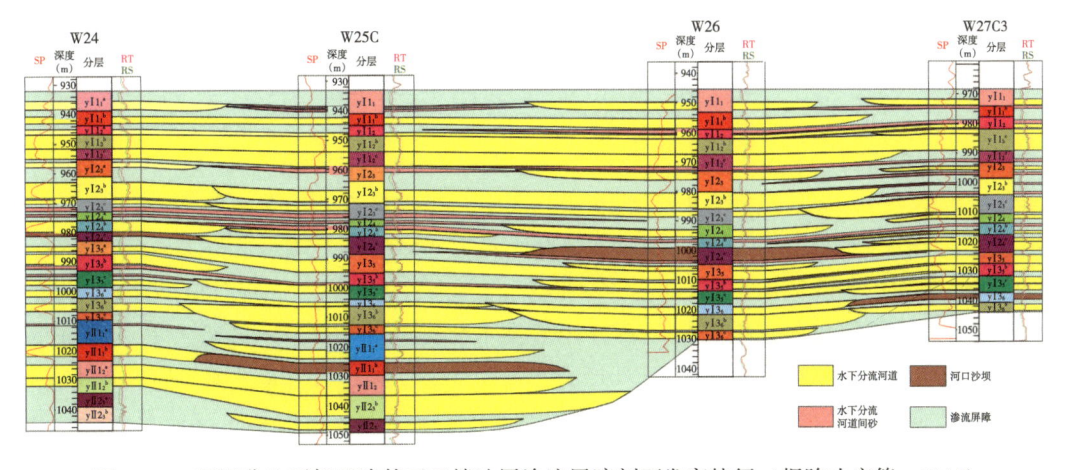

图 3-87　辽河盆地西部凹陷某区于楼油层渗流屏障剖面发育特征（据陈欢庆等，2015）

第四章 精细油藏描述研究问题思考与对策

中国石油早在 2003 年就做出了规模开展精细油藏描述的部署，要求所有油田在投入开发之前必须进行油藏描述。而且对于已开发的高含水老油田，要求进行第二轮甚至更多轮次的精细油藏描述研究。经过十多年的发展，目前这项新技术已在生产中广泛应用，获得了显著经济效益和社会效益（刘泽容等，1993；裘怿楠等，1996；王捷，1996；王志章等，1999；穆龙新等，2006；贾爱林等，2012；陈欢庆等，2015）。然而，自 2014 年下半年以来，国际油价持续走低，虽然近两年稍有回升，但还是处于 60 美元/桶的低位附近（图 4-1）（余岭，2014；许坤等，2015；陈欢庆，2016）。随着世界油价的持续走低，整个世界石油工业都受到了严重的冲击，包括石油物探行业（周涛等，2015）、深水油气勘探（郭晓霞等，2015）、致密油开发等（张焕芝等，2015），精细油藏描述研究也遭遇到前所未有的严峻挑战。

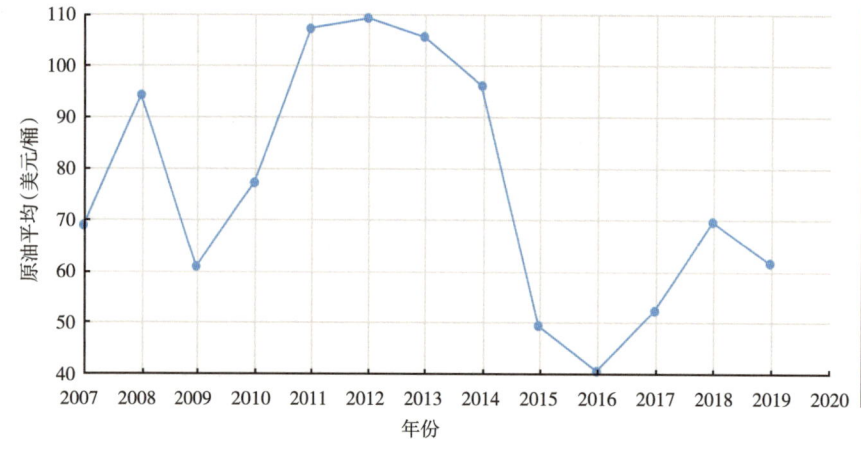

年份	原油价格（美元/桶）
2019	61.74
2018	69.78
2017	52.43
2016	40.76
2015	49.49
2014	96.29
2013	105.87
2012	109.45
2011	107.46
2010	77.45
2009	61.06
2008	94.45
2007	69.08
2006	61.08

图 4-1 原油平均价走势图（据 OPEC，2019）
图中数据截至 2019 年 3 月 11 日

第一节 精细油藏描述研究面临的困难

受国际油价下降的影响，国内油价也一直呈下降趋势（荆克尧等，2015）。2016 年 1 月 16 日，国际油价 12 年来首次跌破每桶 30 美元大关。国内外石油企业随着利润的急剧下滑，大多提出了"降本增效"的口号，大幅削减勘探和生产投资，来应对油价下跌的严峻考验。受投资缩减状况影响，油田开发研究工作遭遇到前所未有的挑战。众所周知，目前我国的油气消费量有大半需要进口。根据中国石油经济技术研究院 2016 年 1 月 26 日在北京发布的《2015 年国内外油气行业发展报告》，2015 年我国石油净进口量 3.28 亿吨，增长 6.4%，增速比 2014 年高 0.6 个百分点。我国石油消费持续中低速增长，对外依存度首破 60%，达到 60.6%（陈欢庆等，2016）。为了保证国家能源安全，国内的油气生产产量不可能随油价的下跌而缩减，相反，还需要稳定在一定的水平。然而由于国际油价持续下跌，如果保持目前的产量，石油公司将面临巨大的亏损。为了应对这一困局，国际上各大石油公司纷纷采取裁员、降低投资等措施。国内三大石油公司也提出了"降本增效"的应对策略。以中国石油为例，在这一大背景下，相应的精细油藏描述研究项目和经费也大幅缩减，然而，作为油田合理高效开发的核心基础工作，精细油藏描述研究所承担的责任却丝毫没有减轻，反而大大加重了。如何在大幅度压缩投资的背景下，为提高和稳定原油产量服好务，是摆在精细油藏描述研究者面前需要解决的紧迫问题。

总结目前低油价下精细油藏描述研究面临的困难主要包括以下几个方面：（1）项目数和项目经费大幅度减少，基础资料的录取数量、部分研究方向和研究内容受到压缩，精细油藏描述研究的广度和全面性受到一定影响。比如基础资料录取的丰富程度、新方法新技术的探索研究等。精细油藏描述包括构造研究和储层研究两大部分。以储层研究为例，其中又可以细分为地层的精细划分与对比、沉积微相和储层构型研究、储层非均质性研究、储层综合定量评价等内容。如何在投资锐减的前提下，保证对资料录取能够满足研究需要、油藏描述核心问题研究内容不缩减等？这些问题都需要研究者科学地设计和谋划。（2）新老油田的精细描述难度陡增。对于我国开展精细油藏描述研究的油田而言，多数都为老油田，开发历史多超过30年。受陆相沉积储层非均质性严重、油田开发技术水平限制、高含水等客观因素影响，地下油水关系复杂，剩余油大面积分散，局部集中，储层静态和动态特征很难准确认识，特别是在投资减少的前提下技术难度必然增加。对于新发现的油田，开展精细油藏描述，要实现所有区块的全覆盖，在资金条件有限的前提下，如何科学规划，有所为、有所不为，对油田的动静态特征有全面的客观认识，难度增大。（3）人力和物力投入的减少，影响了精细油藏描述研究的发展。精细油藏描述研究，一般都要建立在大量的数据信息统计和分析计算基础之上进行，需要依靠一定规模的研究团队，利用先进的计算机技术开展协同工作，人力和设备投入的缩减，给研究的顺利进行造成了相当大的不利影响，不利于研究水平的提高。

第二节　精细油藏描述研究对策

针对精细油藏描述研究目前存在的问题和降本增效的客观要求，笔者结合自身科研实践，思考提出了科学谋划基础资料录取、合理设置研究项目、突出重点研究内容、注重研究成果在生产中的应用实效、数字化油藏建设提高精细油藏描述研究信息化水平、加强研究过程和成果的质量控制、利用新方法新技术降本增效、充分重视经济有效性问题等几点对策。

一、科学谋划基础资料录取

从资料录取方面，随着投资的减少，资料录取方面的费用也大大减少。本书认为，在资料录取时应该在保证全面的基础上突出重点，把有限的投资用在"刀刃"上。众所周知，丰富的动、静态资料是进行精细油藏描述研究，准确认识油藏基本地质情况的基础。而投资的大幅度减少又客观限制了资料丰富程度的增加。如何解决这一矛盾？这就要求研究者一方面加强对勘探和开发早期资料的重新梳理和信息挖掘，另一方面要在确定精细油藏描述研究现状和研究目标的前提下，合理设计资料录取方案，尽量减少资料录取费用在科研总经费中的占比，用最少的科研经费，获取最大和最丰富的资料信息量，为研究目标的实现提供坚实的资料基础。对于基础性的常规资料，重点在梳理和挖掘现有资料信息，而对于关键瓶颈问题，一定要保证必要的资料录取费用，为研究提供坚实的资料基础。陈欢庆等（2013）在进行松辽盆地徐东地区营城组一段火山岩储层微观孔隙结构分析时，利用有限的资料，选取典型井的岩样，做CT扫描分析，获取了储层孔隙结构直观资料，通过对这些资料的对比分析，在认识火山岩储层微观孔隙结构特征方面取得了较好的效果。

二、合理设置研究项目

在精细油藏描述研究项目设置方面，根据研究的阶段，主要包括两种类型。一种是首次精细油藏描述研究项目，针对油藏的基本情况，全面开展地层精细划分与对比、断裂系统表征、沉积微相研究、储层综合评价、地质建模、流动单元研究等。另一种是在首次精细油藏描述研究基础上进行的第二次甚至更多次的精细油藏描述研究。与首次精细油藏描述研究相比，该类项目中增加了裂缝研究、储层构型表征、测井精细二次解释、隔夹层研究、渗流屏障研究等内容，研究内容更加丰富，研究程度更加深入。首次精细油藏描述应该取全和取准各种相关资料，在此基础上对油藏进行全面分析和描述，为开发方案的设计和顺利实施提供支持。因为其重要性，所以在研究时一定要保质保量完成，在低油价的大背景下也应该如此。而对于第二次及其之后的精细油藏描述，在项目设置时应该充分考虑到油田生产实践中面临的各种难题，突出工作的重点，定点突破。以中国石油为例，在该类项目实施时，建议应该组织具有相同或者类似问题的油田开展联合攻关研究，一方面能够集思广益，形成科研优势互补，协同攻关；另一方面也避免了在公司层面上项目设置的重复性，有效降低研究成本。同时取得的成果还能在不同油田间相互借鉴和共享。笔者在进行新疆油田准噶尔盆地西北缘某区下克拉玛依组砂砾岩储层精细油藏描述时就将储层构型表征作为研究重点，专门设置了储层构型表征的专题研究项目，通过对储层构型的成因分类、储层构型空间发育规律的刻画、不同类型储层构型在空间上的发育规模刻画等，为深刻认识砂砾岩储层分布规律提供了坚实的依据（图4-2）。

三、突出重点研究内容

在项目的研究内容规划方面，由于投资的减少，项目数量和经费大幅缩减。然而，由于老油田滚动扩边和新发现油田需要建产，均需要开展精细油藏描述研究，因此这方面的研究必不可少。这就要求研究者在工作时应该找到相应的降本增效方法。例如减少新资料的录取量，重视勘探资料的重新梳理和信息挖潜等。需要特别指出的是，虽然油田生产需要降本增效，但是应该做的工作一定要做，而且要保证质量。通过精细油藏描述研究，力争为油田开发调整方案的设计优化和石油采收率的提高提供一个坚实的基础。同时，精细油藏描述是一个动态的研究过程，贯穿油田开发的整个过程。我国大部分油田，特别是中西部油田均已开发30年以上，成为老油田，多数要进行第二次甚至第三次精细油藏描述，不断加深对油藏的认识，不断挖潜剩余油和提高石油采收率。因此需要反复进行精细油藏描述工作。建议在该类油藏描述研究时应该突出重点，分析和明确油田不同开发阶段中存在的关键瓶颈问题，实施重点攻关。这样一方面使得项目的设置更加贴近生产实践，解决生产中亟待解决的问题，另一方面也避免所有问题都重新来过，降低固定资产和人力资源成本。同时由于之前进行过精细油藏描述研究，以前的部分成果可以继续利用，在缩短研究周期的同时降低研究成本。以中国石油相关油田为例，由于油田多为断块油田，断裂系统的发育特征与油气的分布密不可分，同时断裂系统还控制着大量剩余油的分布规律。但是受地质条件复杂性和资料基础以及技术方法水平等诸多因素的限制，断裂系统，特别是四级和五级断裂系统的精细刻

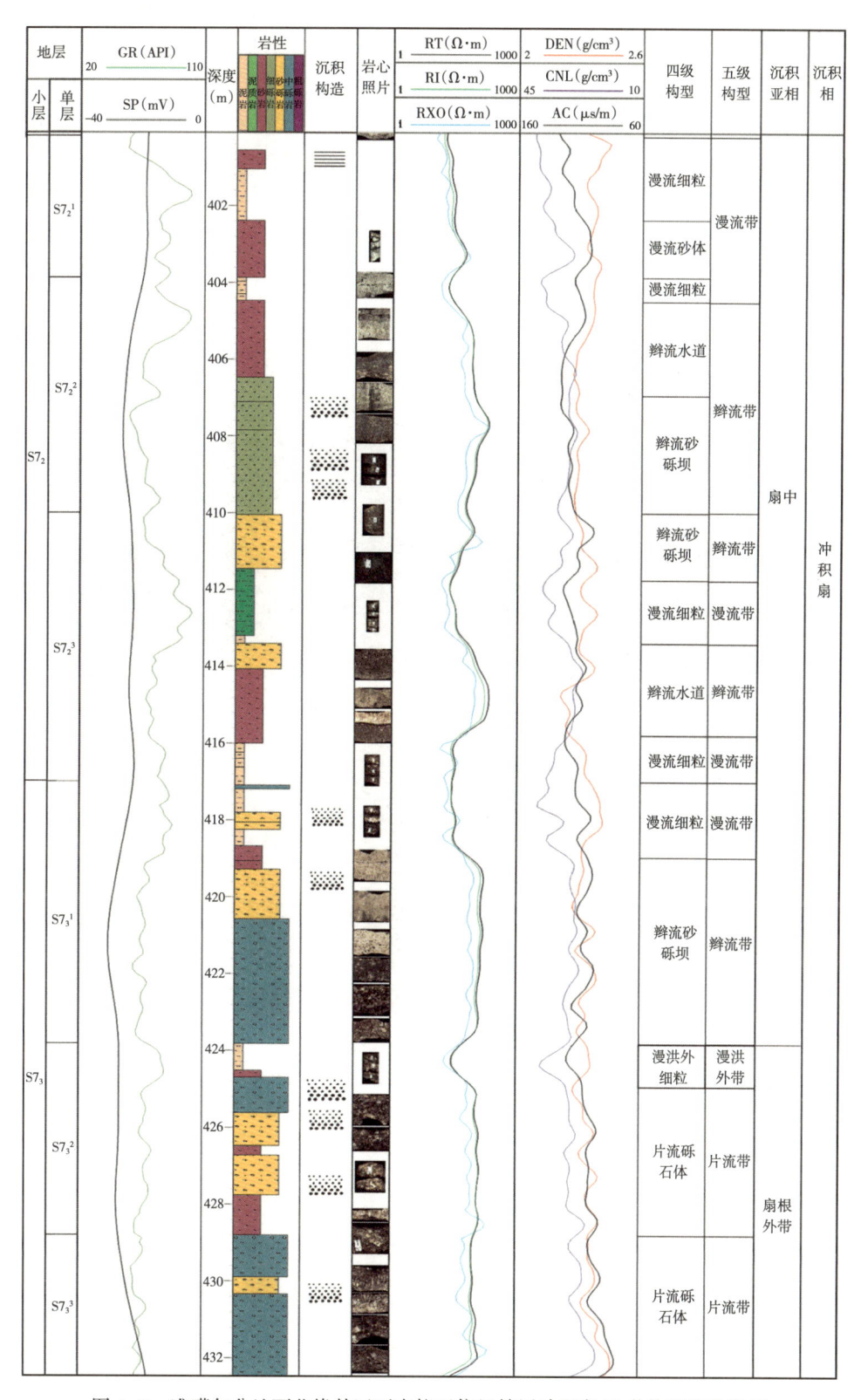

图 4-2 准噶尔盆地西北缘某区下克拉玛依组储层冲积扇 J8 井构型划分特征

画，还存在着极大的困难，断裂系统的精细刻画已成为影响高含水老油田剩余油挖潜的重要难题之一。建议可以将井震资料结合断裂体系的精细刻画作为油田二次精细油藏描述或者三次精细油藏描述的重点攻关内容，设立应力场分析、低级序断层、裂缝型油藏井震结合精细描述等项目，争取在关键瓶颈问题上获得突破。在条件允许的情况下，还可以联合几个具有相同问题的油田，协同攻关，发挥各自的技术和人员优势，做到紧密合作，成果共享，这也可以在油公司内部大大降低项目和研究经费的投入，达到降本增效的目的。陈欢庆等（2015）在进行辽河盆地西部凹陷某区于楼油层精细油藏描述研究时，将储层渗流屏障作为研究的重点内容。通过刻画渗流屏障在空间上的分布规律，为稠油热采油藏整体吞吐转蒸汽驱开发方式的转换提供支持，取得了较好的效果（图4-3）。

图4-3 辽河盆地西部凹陷某区于楼油层成岩渗流屏障特征（据陈欢庆等，2015）
（a）高岭石向伊利石转化，成岩渗流屏障，997.02m，×2400；（b）长石次生加大Ⅰ级，成岩渗流屏障，990.18m，×6000；（c）颗粒点—线接触，压实作用，954.04m，成岩渗流屏障，×100；（d）J93井，1033.84~1033.94m，中砂岩，硅质胶结，成岩渗流屏障

四、注重研究成果在生产中的应用实效

精细油藏描述的最终目的就是深刻认识油藏静态和动态特征，为开发方案或者调整方案的设计、油田高效开发和提高石油采收率服务。因此，在进行精细油藏描述研究时，要始终明确生产实践需要精细油藏描述解决什么问题，精细油藏描述研究的成果如何能在生产实践中应用，取得怎样的效果。以中国石油为例，为了提高油田开发水平和改善开发效果，推出了老油田二次开发、重大开发试验、水平井规模应用等众多措施。精细油藏描述研究成果在上述工作中应用，已经取得了良好的生产实践效果，为相关的措施实施提供了技术支持，目

前有些相关的应用实施还在进行当中。陈欢庆等（2015）在进行新疆油田准噶尔盆地西北缘某区下克拉玛依组砂砾岩储层构型表征时，统计了不同类型储层构型在空间上的发育规模定量信息，为高含水砂砾岩油藏开发后期井网加密调整井位部署提供了坚实的依据。

五、数字化油藏建设提高精细油藏描述研究信息化水平

信息化是社会进步的必然要求，油田开发也是如此。目前，随着计算机技术的不断进步，油田开发工作的信息化水平不断提高，许多油田甚至提出了"数字油田"的口号。与油气勘探和评价工作相比，油田开发研究数据量巨大。毋庸置疑，信息化（数字化）程度的提高，极大地提高了油田开发工作的效率。1999年末，大庆油田首次提出了数字油田的概念。2000年6月，数字油田的概念和建设目标被正式确认，并被作为企业发展的一个战略目标，其基本理念得到了业内普遍认同（高志亮等，2011）。数字油田是"数字化了的油田"，它是一项系统工程（图4-4）。其主要从IT基础设施和空间数据基础设施建设出发，支撑整个油田勘探开发以及采油和地面集输等方方面面。保证油田生产经营的全过程中所涵盖的油气勘探业务、开发生产管理、钻井、测井、采油工程、井下作业、油田化学、油藏地质、油藏工程、法律和规范、经济评价、土地、HSE、地面集输、油田管理、企业战略和经营等不同环节都能实现信息化。其主要包括三方面的内容：(1) 数字地表，数字地下（数字构造、数字圈闭、数字油藏、数字井筒），数字地面建设（数字管网、数字集输、数字油库等）。(2) 油气勘探开发研究过程的数字化。(3) 油田经营管理过程的数字化（ERP等）（李剑锋等，2006）。

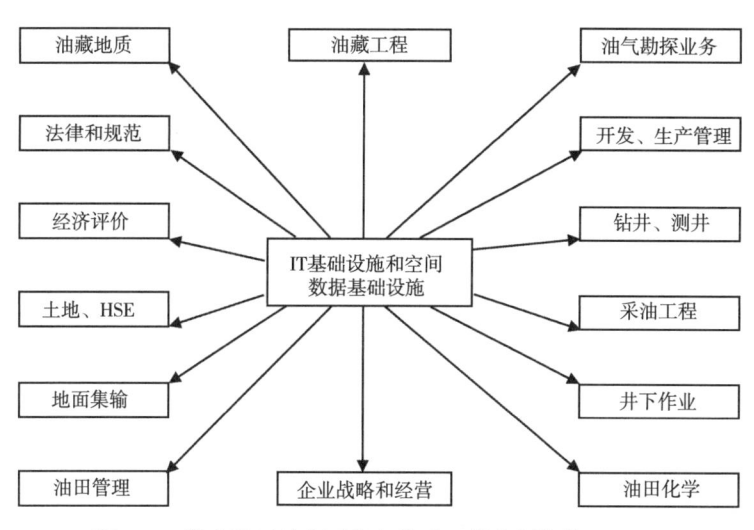

图4-4 数字油田的主要业务构成（据李剑锋等，2006）

伴随着计算机水平的提高，以及相关软硬件水平的不断提高，数字化油藏建设逐渐在国内各大油田展开。目前，新疆油田已经初步建成国内第一家数字化油藏平台，中国石油所属大港油田、大庆油田等在数字化油藏建设方面也取得了巨大的进步，其余油田也都起步或者规划这方面的工作。中国石化和中国海油等国内大型石油公司也都在积极开展这方面的研究工作。数字化油藏的建设，为精细油藏描述信息化水平的提高，提供了一个广阔的发展平台。以中国石油新疆油田为例，通过数字化油藏建设，精细油藏描述研究中所用到的静态地质数据、动态生产数据和油田生产监测数据等均可以存储在一个平台之上，所有相关研究者

都可以实现资料的共享,同时成果也可以相互借鉴。精细油藏描述中应用的软件 Petrel、Discovery、Forward、Eclipse、Geomap 等均可以在一个平台上共享,这样可以充分利用软件资源,降低购买软件的投资成本,提高了软件的利用效率。同时,不同研究单位的研究者可以通过这个平台实现远程互动,充分节约了人力和物力成本,实现了降本增效的目标。

六、加强研究过程和成果的质量控制

质量管理与控制是企业管理的中心环节,其职能是质量方针、质量职责和质量目标的制定、实施和实现(J. M. 朱兰等,1979;朗志正,1984;施国洪等,2005)。质量控制在机械、航空、电子信息等其他行业应用广泛,在石油行业也有应用,但并不广泛。笔者认为,在精细油藏描述研究中,特别是在当前低油价的形势下,更应该加强质量控制在精细油藏描述研究中的应用。首先,在资料的录取过程中应该对各种资料的准确性进行质量控制,剔除掉奇异值,为研究提供真实的资料基础。其次在研究过程中应该根据不同内容的特点,制定相应的质量控制流程,明确不同的质量控制节点,最后在提交成果时还应该进行质量控制,保证成果的准确、规范。笔者在进行辽河盆地西部凹陷某区于楼油层地层精细划分对比时,制定了相应的质量控制流程,确定了相应的质量控制节点(图 4-5)。这样做一方面节约了时间成本,在研究中少走弯路;另一方面充分保证了研究成果的准确性。目前,质量控制的

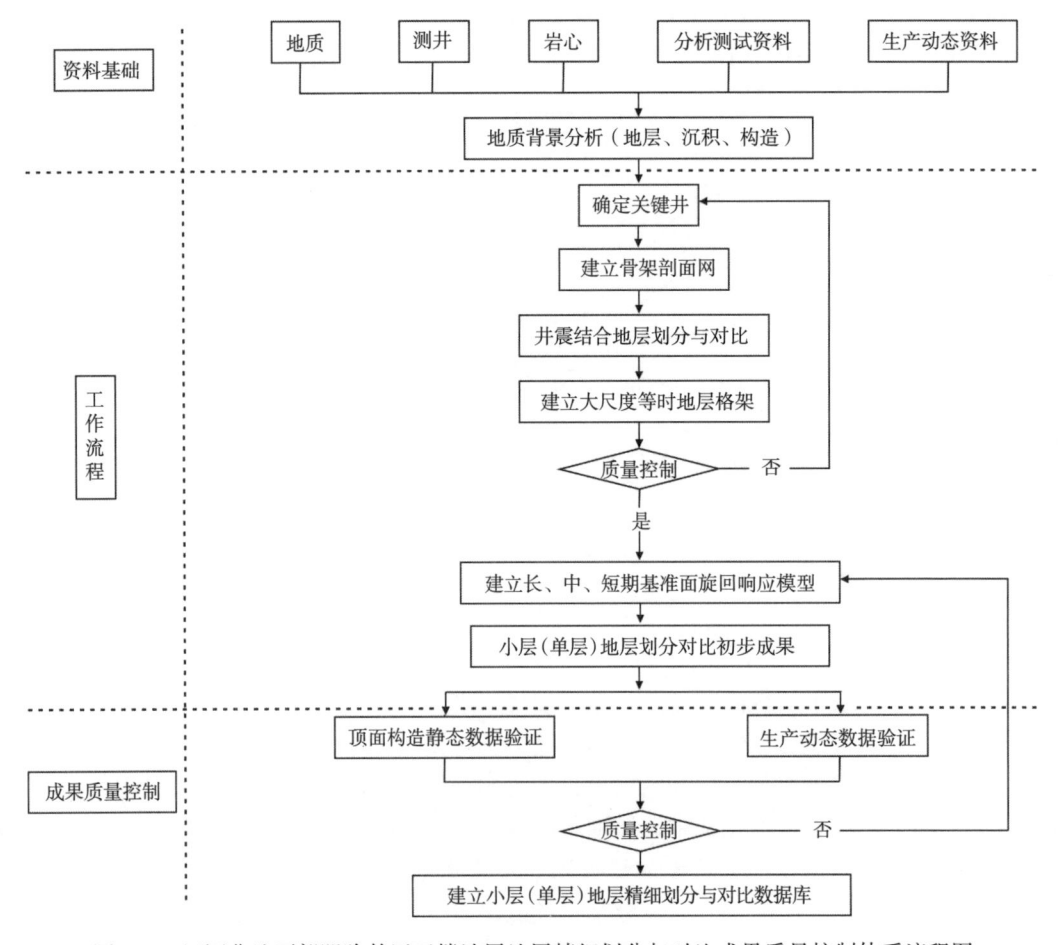

图 4-5 辽河盆地西部凹陷某区于楼油层地层精细划分与对比成果质量控制体系流程图

做法在国外各大石油公司中应用比较广泛，而在国内，这方面的研究还没有引起足够的重视。从事精细油藏描述的研究者应该探索应用质量控制体系，对工作各个关键点进行控制，不断提高研究的规范性和研究水平。

七、利用新方法新技术降本增效

精细油藏描述研究是一项系统工程，涵盖了储层地质研究的各个方面，同时还涉及油藏工程的内容。要完成上述研究内容，就涉及数学、化学、计算机技术等多种学科协同研究。随着数学、化学、计算机技术等相关方法技术的进步，精细油藏描述研究也不断发展进步。通过新方法、新技术的持续攻关，可以解决油田生产实践迫切需要解决的关键瓶颈问题，同时通过技术进步降低人工成本，缩短研究周期来降低成本，为降本增效的目标服务。建议对探地雷达在储层建筑结构研究中的应用、恒速压汞实验和CT扫描技术分析储层微观孔隙结构、四维地震技术监测剩余油的变化等新技术和新方法进行探索，努力用技术和方法的进步降本增效，促进精细油藏描述研究的发展和进步。以四维地震监测技术为例，可以通过方法技术攻关，为油田开发过程中剩余油分布变化规律分析提供有效的研究工具（甘利灯等，2010）。陈欢庆等（2011）在进行松辽盆地徐东地区营城组一段火山岩储层裂缝表征时，将传统的相干体分析与蚂蚁追踪技术相结合，取得了较好的效果。这为无井区（或少井区）裂缝的精细刻画提供了十分有效的研究手段。利用蚂蚁追踪的新技术，使得断裂系统的刻画比传统的相干体分析更加精细，同时错误率降低。

八、充分重视经济有效性问题

精细油藏描述中还涉及经济有效性的问题。在油价相对较高的情况下，经济有效性的重要性并没有引起多数研究者的重视。但是随着油价的持续走低，经济有效性的评价和分析就显得格外重要。众所周知，精细油藏描述研究的主要目标之一就是制定油田开发方案或者开发调整方案。在方案设计过程中有一项关键因素就是经济有效性评价，在低油价的背景下，以前可行的开发方案现在也变得不可行，主要是方案实施后无法获得经济效益。建议在开展精细油藏描述研究时，充分重视经济有效性的评价，在方法技术的选择上，充分考虑降低成本的因素。这样可以保证在较低的油价水平下，基于精细油藏描述研究所涉及的开发方案或者开发调整方案仍然具有可实施性，而不至于最终设计的方案经济上不可行，精细油藏描述研究的成果无法实施，前功尽弃。

目前低油价对精细油藏描述研究提出了挑战，同时也带来了转型发展的机遇。前已述及，精细油藏描述研究是一项系统工程，需要地质、油藏工程等多学科协同攻关。在低油价的大背景下，笔者认为最关键的就是始终坚持"降本增效"的原则，在项目设置和管理中抛弃过去粗犷的管理和发展模式，科学规划设计。在新油田精细油藏描述研究时做到研究内容全覆盖，在老油田精细油藏描述研究时做到重点攻关制约生产实践的瓶颈问题，坚持以技术进步实现降本增效的目标。只有这样，才能在低油价的大背景下，实现油田科学高效开发，应对低油价的严峻挑战。

参 考 文 献

鲍强, 王娟茹. 2009. 分形几何在储层微观非均质性研究中的应用. 石油地质与工程, 23 (3): 122-124.

毕君伟, 张巨星, 宁松华, 等. 2014. 大民屯泥页岩非均质性及对页岩油分布的控制. 特种油气藏, 21 (5): 29-33.

毕研斌, 麻成斗, 石红萍, 等. 2003. 变差函数在描述储集层平面非均质性中的应用. 新疆石油地质, 24 (3): 251-253.

蔡传强, 严科, 杨少春, 等. 2008. 浊积砂体沉积微相及储层非均质性研究以东营胜坨油 KIT74 地区古近系沙河街组三段中亚段浊积砂体为例. 高校地质学报, 14 (3): 419-425.

蔡建琼, 于惠芳, 朱志洪, 等. 2006. SPSS 统计分析实例精选. 北京: 清华大学出版社.

蔡军, 张恒荣, 曾少军, 等. 2016. 随钻电磁波电阻率测井联合反演方法及其应用. 石油学报, 37 (3): 371-381.

蔡明俊, 侯加根. 2009. 高含水油藏复合驱剩余油分布——以大港油区羊三木油田为例. 北京: 石油工业出版社.

蔡忠. 2000. 储集层孔隙结构与驱油效率关系研究. 石油勘探与开发, 27 (6): 45-46, 49.

操应长, 姜在兴. 2003. 沉积学实验方法和技术. 北京: 石油工业出版社.

常少英, 朱永峰, 曹鹏, 等. 2017. 地质工程一体化在剩余油高效挖潜中的实践及效果——以塔里木盆地 YM32 白云岩油藏为例. 中国石油勘探, 22 (1): 46-52.

陈程, 宋新民, 李军. 2012. 曲流河点砂坝储层水流优势通道及其对剩余油分布的控制. 石油学报, 33 (2): 257-263.

陈欢庆, 曹晨, 梁淑贤, 等. 2013. 储层孔隙结构研究进展. 天然气地球科学, 24 (2): 227-237.

陈欢庆, 丁超, 杜宜静, 等. 2015. 储层评价研究进展. 地质科技情报, 34 (5): 66-74.

陈欢庆, 杜宜静, 王珏. 2016. 储层孔隙结构特征及其对开发的影响——以辽河盆地西部凹陷某试验区于楼油层为例. 科学技术与工程, 32 (16): 28-35.

陈欢庆, 胡永乐, 靳久强, 等. 2011. 多信息综合火山岩储层裂缝表征: 以徐深气田徐东地区营城组一段火山岩储层为例. 地学前缘, 18 (2): 294-303.

陈欢庆, 胡永乐, 靳久强, 等. 2011. 松辽盆地徐东地区下白垩统火山岩储层流动单元研究. 中国地质, 38 (6): 1430-1439.

陈欢庆, 胡永乐, 冉启全, 等. 2012. 松辽盆地徐东地区营城组一段火山岩储层储集空间特征. 大庆石油地质与开发, 31 (3): 7-12.

陈欢庆, 胡永乐, 冉启全, 等. 2011. 徐东地区营城组一段火山岩储层微观非均质性特征. 断块油气田, 18 (1): 9-13.

陈欢庆, 胡永乐, 石成方. 2016. 松辽盆地火山岩单要素表征与定量评价. 北京: 石油工业出版社.

陈欢庆, 胡永乐, 田昌炳. 2012. CO_2 驱油与埋存研究进展. 油田化学, 29 (1): 116-121, 127.

陈欢庆, 胡永乐, 闫林, 等. 2010. 储层流动单元研究进展. 地球学报, 31 (6): 875-884.

陈欢庆, 胡永乐, 闫林, 等. 2016. 徐东地区营城组一段火山岩储层综合定量评价. 特种油气藏, 23 (1): 21-24.

陈欢庆, 胡永乐, 赵应成, 等. 2012. 火山岩储层地质研究进展. 断块油气田, 19 (1): 75-79.

陈欢庆, 蒋平, 张丹锋, 等. 2013. 火山岩储层孔隙结构分类与分布评价——以松辽盆地徐东地区营城组一段火山岩储层为例. 中南大学学报 (自然科学版), 44 (4): 1453-1463.

陈欢庆, 梁淑贤, 荐鹏, 等. 2015. 稠油热采储层渗流屏障特征——以辽河盆地西部凹陷某试验区于楼油层为例. 沉积学报, 33 (3): 616-624.

陈欢庆, 梁淑贤, 舒治睿, 等. 2015. 冲积扇砾岩储层构型特征及其对储层开发的控制作用——以准噶尔盆地西北缘某区克下组冲积扇储层为例. 吉林大学学报 (地球科学版), 45 (1): 13-24.

陈欢庆, 林春燕, 张晶, 等. 2013. 储层成岩作用研究进展. 大庆石油地质与开发, 32 (2): 1-9.

陈欢庆，穆剑东，王珏，等．2017．扇三角洲沉积储层特征与定量评价——以辽河西部凹陷某试验区于楼油层为例．吉林大学学报（地球科学版），47（1）：14-24．

陈欢庆，石成方，曹晨．2015．精细油藏描述研究进展．地质评论，61（5）：1135-1146．

陈欢庆，石成方，曹晨．2016．精细油藏描述研究中的几个问题探讨．石油实验地质，38（5）：569-576．

陈欢庆，石成方，胡海燕，等．2017．低油价下精细油藏描述研究的思考与对策．地质科技情报，36（5）：85-91．

陈欢庆，王珏，衣丽萍，等．2017．稠油热采储层非均质性及其对开发的影响——以辽河西部凹陷某试验区于楼油层为例．地质科学，52（3）：998-1009．

陈欢庆，赵应成，高兴军，等．2014．高分辨率层序地层学在地层精细划分与对比中的应用——以辽河西部凹陷某试验区于楼油层为例．地层学杂志，38（3）：317-323．

陈欢庆，赵应成，李树庆，等．2014．岩性分析对砾岩储层构型研究的意义——以准噶尔盆地西北缘六区克下组冲积扇储层为例．天然气地球科学，25（5）：721-731．

陈欢庆，赵应成，舒治睿，等．2013．储层构型研究进展．特种油气藏，20（5）：7-13．

陈欢庆，朱筱敏，董艳蕾，等．2009．深水断陷盆地层序地层分析与岩性—地层油气藏预测．石油与天然气地质，30（5）：626-634．

陈欢庆，朱筱敏．2008．精细油藏描述研究中的沉积微相建模进展．地质科技情报，27（2）：73-79

陈欢庆，朱玉双，李庆印，等．2006．安塞油田杏河区长6油层组沉积微相研究．西北大学学报（自然科学版），36（2）：295-300．

陈欢庆．2006．靖安油田大路沟一区长2储层精细油藏描述．西安：西北大学．

陈欢庆．2012．火山岩储层层内非均质性定量评价——以松辽盆地徐东地区营城组一段为例．中国矿业大学学报，41（4）：641-649，685．

陈欢庆．2016．低油价背景下油田开发研究的几点思考．西南石油大学学报（社会科学版），18（3）：19-26．

陈景山，周彦，彭军，等．2007．富县探区低孔低渗砂体的成因类型与层内非均质模式．沉积学报，25（1）：53-58．

陈丽华，王家华，李应．2000．油气储层研究技术．北京：石油工业出版社．

陈平，陆永潮，杜学斌，等．2010．准噶尔盆地腹部压性背景下"二元体系域"层序构型特征及其形成机理．地质科学，45（4）：1078-1087．

陈烨菲，彭仕宓，宋桂茹．2003．流动单元的井间预测及剩余油分布规律研究．石油学报，24（3）：74-77．

陈永生．1993．油田非均质对策论．北京：石油工业出版社．

程启贵，陈恭洋．2010．低渗透砂岩油藏精细描述与开发评价技术．北京：石油工业出版社．

程时清，唐恩高，谢林峰．2007．复杂岩性多底水断块油藏合理开发方式研究．特种油气藏，14（3）：62-65．

崔景伟，朱如凯，吴松涛，等．2013．致密砂岩层内非均质性及含油下限——以鄂尔多斯盆地三叠系延长组长7段为例．石油学报，34（5）：877-882．

崔茂蕾，丁云宏，薛成国，等．2013．特低渗透天然砂岩大型物理模型渗流规律．中南大学学报（自然科学版），44（2）：695-700．

戴俊生，徐建春，孟召平，等．2003．有限变形法在火山岩裂缝预测中的应用．石油大学学报（自然科学版），27（1）：1-3，10．

淡卫东，张昌民，尹太举，等．2007．川西白马庙气田上侏罗统蓬莱镇组高分辨率层序地层对比．沉积学报，25（5）：708-715．

邓刚，刘传平，殷树军．2014．海拉尔盆地复杂岩性储层的产能预测．大庆石油地质与开发，33（2）：158-160．

邓宏文，王洪亮，李小孟．1997．高分辨率层序地层对比在河流相中的应用．石油与天然气地质，18（2）：90-95，114．

邓宏文，王洪亮，祝永军，等．2002．高分辨率层序地层学：原理及应用．北京：地质出版社．

邓攀，陈孟晋，高哲荣，等．2002．火山岩储层构造裂缝的测井识别及解释．石油学报，23（6）：32-36．

丁芳，陆嫣，段冬平，等．2017．多点地质统计学建模方法在复杂叠置样式砂体表征中的应用．复杂油气藏，10（1）：34-38．

丁娱娇，吴淑琴，李庆合，等．2000．介电测井资料校正方法及油水层的定性识别．测井技术，24（2）：130-134．

董冬，陈洁，邱明文．1999．河流相储集层中剩余油类型和分布规律．油气采收率技术，6（3）：39-46．

董凤娟，卢学飞，琚惠姣，等．2012．基于熵权TOPSIS法的低渗透砂岩储层流动单元划分．地质科技情报，31（6）：124-128．

窦松江，王庆魁，倪金钟，等．2008．大港油田官142断块巨厚砂岩的储层流动单元．现代地质，22（1）：76-80，142．

窦松江，周嘉玺．2003．复杂断块油藏剩余油分布及配套挖潜对策．石油勘探与开发，30（5）：90-93．

窦之林．2000．储层流动单元研究．北京：石油工业出版社．

窦之林．2014．碳酸盐岩缝洞型油藏描述与储量计算．石油实验地质，36（1）：9-15．

杜启振，刘泽容，杨少春．1998．胜坨油田微型构造研究．石油大学学报（自然科学版），22（6）：31-33．

杜新龙，康毅力，游利军，等．2013．低渗透储层微流动机理及应用进展综述．地质科技情报，32（2）：91-96．

杜旭东，赵齐辉，倪国辉，等．2009．俄罗斯尤罗勃钦油田储层评价与油气分布规律．吉林大学学报（地球科学版），39（6）：968-975．

段春节，魏旭光，李小东，等．2013．深层高压低渗透砂岩油藏储层敏感性研究．地质科技情报，32（3）：94-99．

段冬平，侯加根，刘钰铭，等．2012．多点地质统计学方法在三角洲前缘微相模拟中的应用．中国石油大学学报（自然科学版），36（2）：22-26．

段佩君．2013．双河油田特高含水期水淹层测井曲线响应特征．油气田地面工程，32（5）：19-20．

樊爱萍，赵娟，杨仁超，等．2011．苏里格气田东二区山1段、盒8段储层孔隙结构特征．天然气地球科学，22（3）：482-487．

范乐元，朱筱敏，宋鹍，等．2005．黄骅坳陷北大港构造带古近系沙河街组高分辨率层序地层格架及其对储层非均质性的控制．地层学杂志，29（4）：355-361，367．

范小秦，姚振华，徐春华，等．2008．RMT测井在克拉玛依油田中低渗透率砾岩油藏注水开发中的应用．测井技术，32（2）：180-184．

范子菲，李孔绸，李建新，等．2014．基于流动单元的碳酸盐岩油藏剩余油分布规律．石油勘探与开发，41（5）：578-584．

方少仙，侯方浩．1998．石油天然气储层地质学．青岛：中国石油大学出版社．

封从军，鲍志东，陈炳春，等．2012．扶余油田基于单因素解析多因素耦合的剩余油预测．石油学报，33（3）：465-471．

封从军，单启铜，时维成，等．2013．扶余油田泉四段储层非均质性及对剩余油分布的控制．中国石油大学学报（自然科学版），37（1）：1-7．

冯其红，陈存良，王森．2013．低渗透油藏井间动态连通性研究方法．特种油气藏，20（5）：100-102．

冯文杰，吴胜和，夏钦禹，等．2015．基于地质矢量信息的冲积扇储层沉积微相建模：以克拉玛依油田三叠系克下组为例．高校地质学报，21（3）：449-460．

冯文杰，吴胜和，许长福，等．2015．冲积扇储层窜流通道及其控制的剩余油分布模式：以克拉玛依油田一中区下克拉玛依组为例．石油学报，36（7）：858-870．

付斌，石林辉，江磊，等．2014．多点地质统计学在致密砂岩气藏储层建模中的应用：以s48-17-64区块为例．断块油气田，21（6）：726-729．

付国民，马力宁，屈信忠．2004．采用多级模糊综合评判法对剩余油潜力定量评价．地球科学与环境学报，26（2）：39-41．

付晶,吴胜和,付金华,等.2013.鄂尔多斯盆地陇东地区延长组储层定量成岩相研究.地学前缘,20(2):86-97.

甘利灯,戴晓峰,张昕,等.2012.高含水油田地震油藏描述关键技术.石油勘探与开发,39(3):365-377.

甘利灯,邹才能,姚逢昌,等.2010.实用四维地震监测技术.北京:石油工业出版社.

冈秦麟.1999.高含水油田改善水驱效果新技术(上).北京:石油工业出版社.

高宝国,滑辉,丁文阁,等.2013.低渗透油田特高含水期开发技术对策.油气地质与采收率,20(6):97-99,103.

高春宁,武平仓,南珺祥,等.2011.特低渗透油田注水地层结垢矿物特征及其影响.油田化学,28(1):28-31.

高永利,张志国.2011.恒速压汞技术定量评价低渗透砂岩孔喉结构差异性.地质科技情报,30(4):73-76.

高志亮,等.2011.数字油田在中国.北京:科学出版社.

耿丽慧,侯加根,李宇鹏,等.2015.多点地质统计学DS-MPS算法在储层沉积相建模中的应用.大庆石油地质与开发,34(1):24-29.

公繁浩,鲍志东,季汉成,等.2011.鄂尔多斯盆地姬塬地区上三叠统长6段储层成岩非均质性.吉林大学学报(地球科学版),41(3):639-646.

巩磊,曾联波,苗凤彬,等.2012.分形几何方法在复杂裂缝系统描述中的应用.湖南科技大学学报(自然科学版),27(4):6-10.

苟波,郭建春.2013.基于精细地质模型的大型压裂裂缝参数优化.石油与天然气地质,34(6):809-815.

关振良,谢丛姣,董虎,等.2009.多孔介质微观孔隙结构三维成像技术.地质科技情报,28(2):115-121.

郭宝玺,王秀琴,王喜梅.2005.井间示踪监测确定水驱油藏剩余油饱和度技术应用.测井技术,29(3):240-243.

郭德志,王怀民,李翠玲.2003.储层微型构造形成剩余油的水动力原因.大庆石油地质与开发,22(1):32-34.

郭鸣黎.2003.数值模拟技术表征复杂断块油田剩余油分布的几种方法.断块油气田,10(2):48-50.

郭平,徐艳梅,等.2004.剩余油分布研究方法.北京:石油工业出版社.

郭小波,黄志龙,涂小仙,等.2013.马朗凹陷芦草沟组致密储集层复杂岩性识别.新疆石油地质,34(6):649-652.

郭晓霞,李万平,田洪亮,等.2015.低油价对全球深水油气勘探开发的影响.国际石油经济,4:63-67.

郭秀蓉,程守田,刘星.2001.油藏描述中的小层划分与对比——以垦西油田K71断块东营组为例.地质科技情报,20(2):55-58.

韩大匡.2010.关于高含水油田二次开发理念、对策和技术路线的探讨.石油勘探与开发,37(5):583-591.

韩晓渝,包强.1995.测井孔洞综合概率法在资阳地区震旦系储层评价中的应用.钻采工艺,18(4):44-46.

郝以岭,赵字芳,周明顺,等.2004.基于测井资料计算孔渗比的储层评价方法.测井技术,28(2):135-137.

何金钢,康毅力,游利军,等.2013.特低渗透砂岩油藏压裂液损害实验评价.油田化学,30(2):173-178.

何巧林,关增武,左小军,等.2017.轮南2油田dIV油藏水驱实验及微观剩余油分布特征.新疆石油地质,38(1):81-84.

何维庄,等.1990.低渗透油气田开发译文集:上册(油藏描述).北京:石油工业出版社.

何文祥,杨乐,马超亚,等.2011.特低渗透储层微观孔隙结构参数对渗流行为的影响——以鄂尔多斯盆地长6储层为例.天然气地球科学,22(3):477-481,517.

何琰,殷军,吴念胜.2001.储层非均质性描述的地质统计学方法.西南石油大学学报,23(3):13-15.

何琰,张引来,吴念胜.2005.氯能谱测井方法在卫城油田的应用研究.西南石油学院学报,27(1):5-7.

何雨丹,毛志强,肖立志,等.2005.核磁共振T2分布评价岩石孔径分布的改进方法.地球物理学报,48(2):373-378.

何中盛, 崔志刚, 陈光辉, 等. 2016. 利用碳氢比测井技术评价剩余油及水淹程度. 西南石油大学学报（自然科学版）, 38（5）: 41-49.

洪淑新, 邵红梅, 王成, 等. 2007. 砾岩储层微观测试技术在徐家围子气藏研究中的应用. 大庆石油地质与开发, 26（4）: 43-46, 50.

洪忠, 刘化清, 苏明军, 等. 2012. 地震沉积学在复杂岩性地区的应用——以歧北凹陷沙二段为例. 岩性油气藏, 24（4）: 40-44.

侯加根, 刘钰铭, 徐芳, 等. 2008. 黄骅坳陷孔店油田新近系馆陶组辫状河砂体构型及含油气性差异成因. 古地理学报, 10（5）: 459-464.

胡明毅, 李士祥, 魏国齐, 等. 2006. 川西前陆盆地上三叠统须家河组致密砂岩储层评价. 天然气地球科学, 17（4）: 456-458, 462.

胡荣强, 马迪, 马世忠, 等. 2016. 点坝建筑结构控渗流单元划分及剩余油分部研究. 中国矿业大学学报, 45（1）: 133-140, 156.

胡望水, 雷秋艳, 李松泽, 等. 2012. 储层宏观非均质性及对剩余油分布的影响——以白音查干凹陷锡林好来地区腾格尔组为例. 石油地质与工程, 26（6）: 1-4.

胡文瑞. 2009. 低渗透油气田概论（上册）. 北京: 石油工业出版社.

胡晓庆, 范廷恩, 王晖, 等. 2015. 厚层复杂岩性油藏的储层精细表征及对开发的影响——以渤海湾石臼坨地区A油田沙一、沙二段油藏为例. 石油与天然气地质, 36（5）: 835-841.

黄海平, Ian Gates, Steve Larter. 2010. 储层流体非均质性在重油评价及开发生产上的应用. 中外能源, 15（10）: 34-42.

黄思静, 杨永林, 单钰铭, 等. 2000. 注水开发对砂岩储层孔隙结构的影响. 中国海上油气（地质）, 14（2）: 122-128.

黄易, 秦启荣, 范存辉, 等. 2012. 权重评价法在火山岩储层评价中的应用——以中拐五八区石炭系火山岩储层为例. 石油地质与工程, 26（3）: 25-27, 31.

黄志洁, 张一伟, 熊琦华, 等. 2008. 油藏相控剩余油分布四维模型的建立方法. 石油学报, 29（4）: 562-566.

纪友亮, 吴胜和, 张锐. 2012. 自旋回和异旋回的识别及其在油藏地层对比中的作用. 中国石油大学学报（自然科学版）, 36（4）: 1-6.

纪友亮, 张立强. 2007. 油气田地下地质学. 上海: 同济大学出版社.

贾爱林, 程立华. 2010. 数字化精细油藏描述程序方法. 石油勘探与开发, 37（6）: 709-715.

贾爱林, 程立华. 2012. 精细油藏描述程序方法. 北京: 石油工业出版社.

贾爱林. 2010. 精细油藏描述与地质建模技术. 北京: 石油工业出版社.

贾庆升. 2009. 流动单元约束的剩余油微观物理模拟实验. 油气地质与采收率, 16（3）: 90-91.

江怀友, 鞠斌山, 江良冀, 等. 2011. 世界火成岩油气勘探开发现状与展望. 特种油气藏, 18（2）: 1-6.

江怀友, 沈平平, 等. 2008. 世界石油工业CO_2埋存现状与展望. 国外油田工程, 24（7）: 50-54.

姜延武, 尹桂林, 孔郁琪, 等. 2001. 人工神经网络系统在储层评价中的应用. 录井技术, 12（2）: 8-12.

姜在兴. 2003. 沉积学. 北京: 石油工业出版社.

焦霞蓉, 江山, 杨勇, 等. 2009. 油藏工程方法定量计算剩余油饱和度. 特种油气藏, 16（4）: 48-50.

焦养泉, 李思田, 李祯, 等. 1995. 曲流河与湖泊三角洲沉积体系及典型骨架砂体内部构成分析. 武汉: 中国地质大学出版社.

焦养泉, 李思田, 李祯, 等. 1998. 碎屑岩储层物性非均质性的层次结构. 石油与天然气地质, 19（2）: 89-92, 98.

焦养泉, 吴立群, 荣辉. 2015. 聚煤盆地沉积学. 武汉: 中国地质大学出版社.

杰夫·卡尔斯. 2014. 石油地质统计学. 陈军斌, 程国建, 双立娜, 译. 北京: 石油工业出版社.

杰夫·卡尔斯. 2016. 地球科学中的不确定性建模. 程国建, 李小和, 陈军斌, 译. 北京: 石油工业出版社.

J·M·朱兰, 小弗兰克 M·格里纳, 小 R·S·宾厄姆. 1979. 质量控制手册（上）.《质量控制手册》编译组, 译. 上海: 上海科学技术文献出版社.

靳文奇, 杜书恒, 路向伟, 等. 2016. 基于应力隔夹层划分的特低渗储层剩余油挖潜——以鄂尔多斯盆地白于山地区延长组储层为例. 北京大学学报（自然科学版）, 52（6）: 1034-1040.

靳文奇, 王小军, 何奉朋, 等. 2010. 安塞油田长 6 油层组长期注水后储层变化特征. 地球科学与环境学报, 32（3）: 239-244.

荆克尧, 胡燕, 缪莉, 等. 2015. 低油价对上游的影响及对策建议. 国际石油经济, 23（4）: 59-62.

康志宏, 郭春华, 伍文明. 2007. 塔河碳酸盐岩缝洞型油藏动态储层评价技术. 成都理工大学学报（自然科学版）, 34（2）: 143-146.

寇彧, 师永民, 李珀任, 等. 2010. 克拉美丽气田石炭系火山岩复杂岩性岩电特征. 岩石学报, 291-301.

匡建超, 徐国盛, 王允诚, 等. 2001. 致密碎屑岩储层裂缝和产能预测的单井建模——以 XZ 气田沙溪庙组为例. 矿物岩石, 21（2）: 62-67.

匡立春, 孙中春, 欧阳敏, 等. 2013. 吉木萨尔凹陷芦草沟组复杂岩性致密油储层测井岩性识别. 测井技术, 37（6）: 638-642.

赖锦, 王贵文, 柴毓, 等. 2014. 致密砂岩储层孔隙结构成因机理分析及定量评价——以鄂尔多斯盆地姬塬地区长 8 油层组为例. 地质学报, 88（11）: 2119-2130.

兰朝利, 王金秀, 杨明慧, 等. 2008. 低渗透火山岩气藏储层评价刍议. 油气地质与采收率, 15（6）: 32-34.

兰朝利, 吴峻, 张为民, 等. 2001. 冲积沉积构型单元分析法: 原理及其适用性. 地质科技情报, 20（2）: 37-40.

兰立新. 2006. 储层地质建模技术及其在油藏描述中的重要作用——以南堡油田为例. 西北大学学报（自然科学版）, 36（6）: 988-991.

兰叶芳, 黄思静, 吕杰. 2011. 储层砂岩中自生绿泥石对孔隙结构的影响——来自鄂尔多斯盆地上三叠统延长组的研究结果. 地质通报, 30（1）: 134-140.

朗志正. 1984. 质量控制方法与管理. 北京: 国防工业出版社.

乐靖, 蔡文涛, 高云峰, 等. 2016. 微构造精细表征及其在剩余油预测中的应用. 科学技术与工程, 16（3）: 143-148, 161.

乐友喜, 王才经. 2004. 利用分形条件模拟和流线模型预测剩余油气饱和度分布. 天然气地球科学, 15（1）: 42-46.

李春林, 刘立, 王丽. 2004. 辽河坳陷东部凹陷火山岩构造裂缝形成机制. 吉林大学学报（地球科学版）, 34（5）: 46-50.

李道品. 1997. 低渗透砂岩油田开发. 北京: 石油工业出版社.

李道品. 1999. 低渗透油田开发. 北京: 石油工业出版社.

李道品. 2003. 低渗透油田高效开发决策论. 北京: 石油工业出版社.

李国. 2010. 大庆油田聚合物驱后利用残余聚合物挖潜剩余油技术探索. 油田化学, 27（2）: 192-195.

李海波, 郭和坤, 周尚文, 等. 2016. 低渗透储层可动剩余油核磁共振分析. 西南石油大学学报（自然科学版）, 38（1）: 119-127.

李海燕, 岳大力, 张秀娟. 2012. 苏里格气田低渗透储层微观孔隙结构特征及其分类评价方法. 地学前缘, 19（2）: 133-140.

李汉林, 赵永军. 1998. 石油数学地质. 东营: 石油大学出版社.

李红凯, 康志江. 2015. 碳酸盐岩缝洞型油藏溶蚀孔洞分类建模. 特种油气藏, 22（5）: 50-54.

李红雯, 邹红. 1997. 测井分析软件系统及其在储层评价中的应用. 石油与天然气地质, 18（1）: 45-49.

李继红, 陈清华. 2001. 孤岛油田储层微观结构特征及其影响因素. 西北大学学报（自然科学版）, 31（3）: 241-244, 276.

李继红, 曲志浩, 陈清华. 2001. 注水开发对孤岛油田储层微观结构的影响. 石油实验地质, 23（4）: 424-428.

李剑锋,李恕中,张志檩.2006.数字油田.北京:化学工业出版社.

李洁,李亚,周丛丛.2009.孔隙结构参数对聚合物驱采收率的影响——应用三维孔隙网络模型.大庆石油地质与开发,28(3):110-115.

李洁,谭艳宜.2004.用岩心磨片荧光分析研究聚合物驱后剩余油微观分布——以大庆油田葡Ⅰ组为例.油气地质与采收率,11(6):64-66.

李明刚,漆家福,童亨茂,等.2010.辽河西部凹陷新生代断裂构造特征与油气成藏.石油勘探与开发,37(3):281-288.

李庆昌,吴虻,赵立春,等.1997.砾岩油田开发.北京:石油工业出版社.

李少华,尹艳树,张昌民.2007.储层随机建模系列技术.北京:石油工业出版社.

李少华,张昌民,何幼斌,等.2009.河道砂体内部物性分布趋势的模拟.石油天然气学报(江汉石油学院学报),31(1):23-25.

李少华,张昌民,尹太举,等.2007.地理信息系统辅助划分储层流动单元.石油学报,28(5):114-117.

李少华,张昌民,尹艳树.2012.储层建模算法剖析.北京:石油工业出版社.

李胜利,于兴河,高兴军,等.2003.剩余油分布研究新方法——灰色关联法.石油与天然气地质,24(2):175-179.

李天太,张明,赵金省,等.2005.克依构造带气藏储层特征及伤害因素分析.钻采工艺,28(6):55-58.

李武广,杨胜来,绍先杰,等.2011.变差函数在储层评价及开发中的应用:以杨家坝油田为例.地质科技情报,30(4):83-87.

李兴国.1994.应用微型构造和储层沉积微相研究油层剩余油分布.油气采收率技术,1(1):68-80.

李兴丽,陆云龙,齐奕.2015.利用ECS测井资料评价复杂岩性储层渗透率.测井技术,39(6):720-723,728.

李星,张公社,曹琴,等.2008.应用试井资料研究水驱油藏剩余油饱和度分布.油气井测试,17(2):1-4.

李雄炎,周金昱,李洪奇,等.2012.复杂岩性及多相流体智能识别方法.石油勘探与开发,39(2):243-248.

李雪松,宋保全,姜岩,等.2015.特高含水老油田断层附近高效井优化设计.大庆石油地质与开发,34(1):56-58.

李阳,刘建民.2005.流动单元研究的原理和方法.北京:地质出版社.

李阳,刘建民.2007.油藏开发地质学.北京:石油工业出版社.

李阳.2003.储层流动单元模式及剩余油分布规律.石油学报,24(3):52-55.

李阳.2011.陆相水驱油藏剩余油富集区表征.北京:石油工业出版社.

李振泉,侯健,曹绪龙,等.2005.储层微观参数对剩余油分布影响的微观模拟研究.石油学报,26(6):69-73.

李志鹏,林承焰,董波,等.2012.影响低渗透油藏注水开发效果的因素及改善措施.地学前缘,19(2):171-175.

李中锋,何顺利,门成全,等.2005.非均质三维模型水驱剩余油试验研究.石油钻采工艺,27(4):41-44.

李中冉,牛彦山,薛凤玲,等.2004.测井约束储层反演技术在低渗透油藏描述中的应用.大庆石油学院学报,28(6):89-91.

李祖兵,颜其彬,罗明高.2007.非均质综合指数法在砂砾岩储层非均质性研究中的应用——以双河油田Ⅴ下油组为例.地质科技情报,26(6):83-87.

连承波,钟建华,杨玉芳,等.2010.松辽盆地龙西地区泉四段低孔低渗砂岩储层物性及微观孔隙结构特征研究.地质科学,45(4):1170-1179.

梁西文,郑荣才,张涛,等.2006.建南构造晚二叠世长兴期点礁和滩的高精度层序地层与储层评价.成都理工大学学报(自然科学版),33(4):407-413.

梁永光.2015.复杂岩性储层流体识别方法研究.长江大学学报（自然版），12（29）：36-39.

廖明光，蔡正旗.2000.吐哈胜北地区储层孔喉体积分布预测模型的建立.西南石油学院学报，22（2）：8-10，53.

林承焰，孙廷彬，董春梅，等.2013.基于单砂体的特高含水期剩余油精细表征.石油学报，34（6）：1131-1136.

林承焰.2000.剩余油形成与分布.东营：石油大学出版社.

林玉保，贾忠伟，侯战捷，等.2014.高含水后期油水微观渗流特征.大庆石油地质与开发，33（1）：70-74.

林玉保，张江，刘先贵，等.2008.喇嘛甸油田高含水后期储集层孔隙结构特征.石油勘探与开发，35（2）：215-219.

蔺景龙，聂晶，李鹏举，等.2009.基于BP神经网络的储层微孔隙结构类型预测.测井技术，33（4）：355-359.

刘红现，许长福，覃建华，等.2010.砾岩油藏孔隙结构与驱油效率.石油天然气学报（江汉石油学院学报），32（4）：189-191.

刘吉余，郝景波，伊万泉，等.1998.流动单元的研究方法及其研究意义.大庆石油学院学报，22（1）：5-7.

刘吉余，彭志春，郭晓博.2005.灰色关联分析法在储层评价中的应用——以大庆萨尔图油田北二区为例.油气地质与采收率，12（2）：13-15.

刘建民，徐守余.2003.河流相储层沉积模式及其对剩余油分布的控制.石油学报，24（1）：58-62.

刘江，李广菊，刘江玉，等.2013.高含水后期水淹层测井解释难点及研究方向.大庆石油地质与开发，32（3）：126-130.

刘俊华，金云智，龚时雨，等.2008.最优化方法在复杂岩性储层测井解释中的应用.测井技术，32（6）：542-561.

刘可可，侯加根，刘钰铭，等.2016.多点地质统计学在点坝内部构型三维建模中的应用.石油与天然气地质，37（4）：577-583.

刘克奇，徐俊杰，杨喜峰.2005."权重法"在东濮凹陷卫城81断块沙四段储层评价中的应用.特种油气藏，12（1）：46-48，55.

刘立，焦立娟，等.2003.辽河断陷盆地东部凹陷新生代火山岩裂缝成因探讨.特种油气藏，10（1）：18-21.

刘丽丽，赵中平，李亮，等.2008.变尺度分形技术在裂缝预测和储层评价中的应用.石油与天然气地质，29（1）：31-37.

刘林玉，曹金舟，王震亮，等.2009.白豹地区长3储层微观非均质性的实验研究.西北大学学报（自然科学版），39（2）：269-272.

刘林玉，曹青，柳益群，等.2006.白马南地区长81砂岩成岩作用及其对储层的影响.地质学报，80（5）：712-717.

刘林玉，王震亮，柳益群.2008.鄂尔多斯盆地西峰地区长8砂岩微观非均质性的实验分析.岩矿测试，27（1）：29-32，36.

刘能强.2008.实用现代试井解释方法（第五版）.北京：石油工业出版社.

刘卫，肖忠祥，杨思玉，等.2009.利用核磁共振（NMR）测井资料评价储层孔隙结构方法的对比研究.石油地球物理勘探，44（6）：773-778.

刘文岭，王大星，萧希航，等.2016.复杂油藏井震联合等时地层对比技术与应用.石油物探，55（4）：540-549.

刘雯林.2010.水驱油田剩余油分布预测的岩石物理依据和方法.岩性油气藏，22（3）：91-94，123.

刘显太，李军，王军，等.2013.低序级断层识别与精细描述技术研究.特种油气藏，20（1）：44-47.

刘岩，丁晓琪，李学伟.2013.高分辨率层序地层划分在陆相油藏剩余油分布研究中的应用——以克拉玛依油田—东区克拉玛依组为例. 油气地质与采收率，20（2）：15-20.

刘杨，付志，李杰，等. 2012. 微地震波人工裂缝实时监测技术在低渗透储集层改造中的应用. 新疆石油地质，33（4）：500-501.

刘义坤，梁爽，赵春森，等. 2015. 复杂断块油田中高含水期油水渗流规律研究. 科学技术与工程，15（17）：141-144.

刘玉明，梁灿. 2014. 复杂岩性储层核磁共振测井岩心分析. 石油天然气学报（江汉石油学院学报），36（6）：75-78.

刘钰铭，侯加根. 2016. 缝洞型碳酸盐岩油藏三维地质建模——以塔河油田奥陶系油藏为例. 北京：石油工业出版社.

刘泽容，信荃麟，王伟锋，等. 1993. 油藏描述原理与方法技术. 北京：石油工业出版社.

刘震，代建春，张万选. 1995. 利用改进型DIVA方法对LD构造进行储层评价的尝试. 石油物探，34（4）：53-58.

刘之的，刘红歧，代诗华，等. 2008. 火山岩裂缝测井定量识别方法. 大庆石油地质与开发，27（5）：132-134.

刘宗堡，闫力，高飞，等. 2014. 油田高含水期断层边部剩余油富集规律及挖潜方法——以松辽盆地杏南油田北断块葡萄花油层为例. 东北石油大学学报，38（4）：52-58.

卢明国，童小兰. 2007. 江汉盆地新沟嘴组砂岩孔隙结构与产油潜力. 大庆石油地质与开发，26（4）：31-34.

鲁新便，王士敏. 2003. 应用变尺度分形技术研究缝洞型碳酸盐岩储层的非均质性. 石油物探，42（3）：309-312.

吕红华，任明达，柳金诚，等. 2006. Q型主因子分析与聚类分析在柴达木盆地花土沟油田新近系砂岩储层评价中的应用. 北京大学学报（自然科学版），42（6）：740-745.

罗超，罗水亮，窦丽玮，等. 2016. 基于高分辨率层序地层的储层流动单元研究. 中国石油大学学报（自然科学版），40（6）：22-32.

罗国平，关振良，高振峰. 2010. 高仿真三维数字岩心建模及数字图像分析方法. 大庆石油地质与开发，29（3）：101-106.

罗劲，李铭华，郭丽彬，等. 2016. 盐湖盆地复杂岩性区储层预测方法研究. 石油实验地质，38（2）：273-277.

М·И·马克西莫夫. 1980. 油田开发地质基础（第二版）. 魏智，何庆森，译. 北京：石油工业出版社.

M. Le Ravalec-Dupin, L. Y. Hu, F. Roggero. 2008. 用于拟合生产动态数据的现有储层模型重构. 地学前缘，15（1）：176-186.

罗月明，刘伟新，谭学群，等. 2007. 鄂尔多斯大牛地气田上古生界储层成岩作用评价. 石油实验地质，29（4）：384-390.

罗蛰潭，崔秉荃，黄思静，等. 1991. 粘土矿物对碎屑岩储层评价的控制理论探讨及应用实例. 成都地质学院学报，18（3）：1-12.

罗蛰潭，王允诚. 1986. 油气储集层的孔隙结构. 北京：科学出版社.

骆杨，赵彦超. 2008. 多点地质统计学在河流相储层建模中的应用. 地质科技情报，27（3）：68-72.

马乾，鄂俊杰，李文华，等. 2000. 黄骅坳陷北堡地区深层火成岩储层评价. 石油与天然气地质，21（4）：337-340，344.

马世忠，吕桂友，闫百泉，等. 2008. 河道单砂体"建筑结构控三维非均质模式"研究. 地学前缘，15（1）：57-64.

马晓峰，王琪，史基安，等. 2012. 准噶尔盆地陆西地区石炭—二叠系火山岩岩性岩相特征及其对储层的控制. 特种油气藏，19（1）：54-57.

马旭鹏. 2010. 储层物性参数与其微观孔隙结构的内在联系. 勘探地球物理进展，33（3）：216-219.

马瑶，李文厚，刘哲. 2016. 低渗透砂岩储层微观孔隙结构特征——以鄂尔多斯盆地志靖—安塞地区延长组长9油层组为例. 地质通报，35（2-3）：398-405.

孟宁宁，刘怀山，张金亮，等. 2016. 黑46断块低渗油藏非均质性研究及其对剩余油分布的影响. 海洋地质与第四纪地质，36（1）：143-150.

穆龙新，贾爱林，陈亮，等．2000．储层精细研究方法——国内外露头储层和现代沉积及精细地质建模研究．北京：石油工业出版社．

穆龙新，贾爱林．2003．扇三角洲沉积储层模式及预测方法研究．北京：石油工业出版社．

穆龙新，裘怿楠．1999．不同开发阶段的油藏描述．北京：石油工业出版社．

穆龙新，周丽清，郑小武，等．2006．精细油藏描述及一体化技术．北京：石油工业出版社．

聂凯轩，陆正元，王怀中，等．2007．岩石龟裂系数法在火山岩裂缝储集层预测中的应用．石油地球物理勘探，42（2）：186-189.

聂锐利，谢进庄，李洪娟，等．2004．过套管电阻率技术在大庆油田剩余油饱和度评价中的应用．大庆石油学院学报，28（5）：16-18，27.

牛丽娟．2014．压力敏感性对低渗透油藏弹性产能影响．科学技术与工程，14（3）：137-140.

庞河清，曾焱，刘成川，等．2017．川西坳陷须五段储层微观孔隙结构特征及其控制因素．中国石油勘探，22（4）：48-60.

庞振宇，孙卫，李进步，等．2013．低渗透致密气藏微观孔隙结构及渗流特征研究：以苏里格气田苏48和苏120区块储层为例．地质科技情报，32（4）：133-138.

蒲秀刚，吴永平，周建生，等．2005．低渗油气储层孔喉的分形结构与物性评价新参数．天然气工业，25（12）：37-39.

乔辉，王志章，李海明，等．2013．两种改进的多点地质统计学方法对比研究．复杂油气藏，6（3）：10-14.

裘怿楠，薛叔浩，等．1997．油气储层评价技术（修订版）．北京：石油工业出版社．

裘怿楠，陈继新，叶良苗，等．1993．国外储层描述技术．北京：中国石油天然气总公司．

裘怿楠，陈子琪．1996．油藏描述．北京：石油工业出版社．

裘怿楠，薛叔浩，应凤祥．1997．中国陆相油气储集层．北京：石油工业出版社．

曲志浩，于庄敬，赵圣亮，等．1994．火山岩油藏描述．西安：西北大学出版社．

冉启全，王拥军，孙圆辉，等．2011．火山岩气藏储层表征技术．北京：科学出版社．

饶资，陈程，李军．2011．扶余X10-2区块点坝储层构型刻画及剩余油分布．特种油气藏，18（6）：40-43.

任殿星，田昌炳，等．2012．多条件约束油藏地质建模．北京：石油工业出版社．

任殿星，周久宁，田昌炳，等．2015．复杂逆断块油藏地质建模及其数值模拟网格粗化的一种解决方案——以英东一号油藏为例．中国石油勘探，20（6）：29-38.

Reed A J 等．1992．电阻率测井在西罗田油田油气勘探开发中的应用．国外油气勘探，4（5）：76-87.

任怀强，刘金华，杨少春，等．2008．吐哈盆地红台地区辫状河三角洲砂岩储层微观特征．中国石油大学学报（自然科学版），32（5）：12-17.

任培罡，夏存银，李媛，等．2010．自组织神经网络在测井储层评价中的应用．地质科技情报，29（3）：114-118.

闫伟林，郑建东，张朴旺，等．2012．塔木察格盆地复杂岩性储层流体识别．大庆石油地质与开发，31（1）：158-162.

邵维志，丁娱娇，刘亚，等．2009．核磁共振测井在储层孔隙结构评价中的应用．测井技术，33（1）：52-56.

邵维志，梁巧峰，丁娱娇，等．2004．核磁共振测井评价水淹层方法的研究及应用．测井技术，28（1）：34-38，44.

沈平平，廖新维．2009．二氧化碳地质埋存与提高石油采收率技术．北京：石油工业出版社．

沈平平，宋新民，曹宏．2003．现代油藏描述新方法．北京：石油工业出版社．

沈忠山，马雪晶，王家华，等．2013．多点地质统计学建模在大庆密井网油田储量计算中的应用．西安石油大学学报（自然科学版），28（4）：64-68.

师永民，霍进，张玉广．2004．陆相油田开发中后期精细油藏描述．北京：石油工业出版社．

施东，陈军，朱庆．2004．应用GIS技术进行油气储层评价的实现过程．江汉石油学院学报，26（1）：23-24.

施东, 张春生, 许静. 2009. 储层非均质性灰色综合GIS评价研究. 物探化探计算技术, 31 (1): 48-52.

施国洪, 杨丽春, 贡文伟. 2005. 质量控制与可靠性工程基础. 北京: 化学工业出版社.

石书缘, 乔辉, 张旋, 等. 2014. 古岩溶系统训练图像制作. 复杂油气藏, 7 (4): 6-10.

石书缘, 尹艳树, 和景阳, 等. 2011. 基于随机游走过程的多点地质统计学建模方法. 地质科技情报, 30 (5): 127-131, 138.

石玉梅, 刘雯林, 姚逢昌, 等. 2003. 用地震法监测水驱薄互层油藏剩余油的可行性研究. 石油学报, 24 (5): 52-56.

首皓, 王维红, 刘洪, 等. 2005. 复杂储层三重孔隙结构评价方法及其应用. 石油大学学报 (自然科学版), 29 (6): 23-26.

司马立强. 2002. 测井地质应用技术. 北京: 石油工业出版社.

宋考平, 杨钊, 舒志华, 等. 2004. 聚合物驱剩余油微观分布的影响因素. 大庆石油学院学报, 28 (2): 25-27.

宋秋强, 张占松, 张冲, 等. 2013. 测井相—岩相分析在复杂岩性中的应用. 石油天然气学报 (江汉石油学院学报), 35 (7): 78-81.

宋万超. 2003. 高含水期油田开发技术和方法. 北京: 地质出版社.

宋延杰, 张剑风, 闫伟林, 等. 2007. 基于支持向量机的复杂岩性测井识别方法. 大庆石油学院学报, 31 (5): 18-20, 46.

宋子齐, 杨立雷, 王宏, 等. 2007. 灰色系统储层流动单元综合评价方法. 大庆石油地质与开发, 26 (3): 76-81.

苏建栋, 黄金山, 邱坤态, 等. 2013. 改善聚合物驱效果的过程控制技术——以河南油区双河油田北块H3 Ⅳ1-3 层系为例. 油气地质与采收率, 20 (2): 91-94, 98.

孙海成, 田助红, 马哲斌. 2008. 核磁共振技术在复杂岩性储层改造中的应用. 长江大学学报 (自然科学版), 5 (3): 48-50.

孙明, 李治平. 2009. 注水开发砂岩油藏优势渗流通道识别与描述技术. 新疆石油天然气, 5 (1): 51-56.

孙仁远, 马自超, 张建山, 等. 2013. 蒸汽驱对低渗透稠油油藏岩心润湿性的影响. 特种油气藏, 20 (6): 69-71.

孙友国, 王敬群, 王绍华, 等. 2003. 储层测井综合评价在剩余油分布中的应用. 国外测井技术, 18 (2) 26-28.

孙玉红, 王建功, 高淑梅, 等. 2006. 介电测井在二连地区的应用. 测井技术, 30 (2): 158-160.

汤小燕, 王兴元, 朱永红. 2009. 综合概率法评价火山岩裂缝发育程度. 天然气勘探与开发, 32 (1): 26-27, 38.

汤永梅, 颜泽红, 侯向阳, 等. 2010. 准噶尔盆地五八区复杂岩性与油气层识别. 石油天然气学报 (江汉石油学院学报), 32 (1): 257-260.

唐海发, 彭仕宓, 史彦尧, 等. 2009. 洪积扇相厚层砾岩储层流动单元精细划分——以克拉玛依油田八道湾组油藏为例. 石油实验地质, 31 (3): 307-311.

唐海发, 彭仕宓, 赵彦超. 2006. 大牛地气田盒2+3段致密砂岩储层微观孔隙结构特征及其分类评价. 矿物岩石, 26 (3): 107-113.

唐洪明, 赵敬松, 陈忠, 等. 2000. 蒸汽驱对储层孔隙结构和矿物组成的影响. 西南石油大学学报, 22 (2): 11-14.

唐俊伟, 贾爱林, 何东博, 等. 2006. 苏里格低渗强非均质性气田开发技术对策探讨. 石油勘探与开发, 33 (1): 107-110.

唐骏, 王琪, 马晓峰, 等. 2012. Q型聚类分析和判别分析法在储层评价中的应用——以鄂尔多斯盆地姬塬地区长8储层为例. 特种油气藏, 19 (6): 28-31.

唐玮, 唐仁骐, 白喜俊. 2008. 分形理论在油层物理学中的应用. 石油学报, 29 (1): 93-96.

唐曾熊. 1994. 油气藏的开发分类及描述. 北京: 石油工业出版社.

涂乙，谢传礼，刘超，等 . 2012. 灰色关联分析法在青东凹陷储层评价中的应用 . 天然气地球科学，23（2）：381-386.

汪立君，陈新军 . 2003. 储层非均质性对剩余油分布的影响 . 地质科技情报，22（2）：71-73.

汪益宁，何晓军，桂琳，等 . 2015. 高精度构造模型在密井网储层预测及剩余油挖潜中的应用 . 西安石油大学学报（自然科学版），30（6）：17-21.

王滨涛，高艳芳，樊玉秀，等 . 2014. 喇嘛甸油田剩余油测井评价方法研究 . 石油天然气学报（江汉石油学院学报），36（7）：84-88.

王东辉，张占杨，李君 . 2014. 多点地质统计学方法在东胜气田岩相模拟中的应用 . 石油地质与工程，28（3）：27-30.

王凤兰，白振强，朱伟 . 2011. 曲流河砂体内部构型及不同开发阶段剩余油分布研究 . 沉积学报，29（3）：512-519.

王凤兰，王天智，李丽娟 . 2004. 萨中地区聚合物驱前后密闭取心井驱油效果及剩余油分析 . 大庆石油地质与开发，23（2）：59-60.

王家华，陈涛 . 2013. 储层沉积相多点地质统计学建模方法研究 . 石油化工应用，32（8）：57-59.

王家华，何健 . 2007. 基于工作流技术的多点地质统计学储层建模方法研究 . 西安石油大学学报（自然科学版），22（6）：101-103，109.

王家华，于海茂 . 2012. 多点地质统计学建模方法研究 . 石油化工应用，31（10）：72-74.

王家华，张团峰 . 2001. 油气储层随机建模 . 北京：石油工业出版社 .

王家华，赵巍 . 2011. 基于地震约束的地质统计学建模方法研究 . 吐哈油气，16（1）：1-5.

王建东，刘吉余，于润涛，等 . 2003. 层次分析法在储层评价中的应用 . 大庆石油学院学报，27（3）：12-14.

王建江，郭建国 . 2013. 硼（钆）—中子寿命测井技术在油田开发中的应用 . 新疆石油科技，2（23）：17-21.

王捷 . 1996. 油藏描述技术——勘探阶段 . 北京：石油工业出版社 .

王敬瑶，张珈铭 . 2011. CO_2 驱油中岩石物性的变化规律 . 大庆石油地质与开发，30（4）：141-143.

王克文，李宁 . 2009. 储层特性与饱和度对核磁 T_2 谱影响的数值模拟 . 石油学报，30（3）：422-426.

王立锋，马光克，周家雄，等 . 2009. 东方气田储层非均质性描述 . 天然气工业，29（1）：38-40.

王美娜，李继红，郭召杰，等 . 2004. 注水开发对胜坨油田坨 30 断块沙二段储层性质的影响 . 北京大学学报（自然科学版），40（6）：855-863.

王敏，赵跃华 . 2002. 宝浪苏木构造带储集层特殊地质特征探讨 . 成都理工学院学报，29（1）：31-36.

王明，杜利，国殿斌，等 . 2013. 层间非均质大型平面模型水驱波及系数室内实验研究 . 石油实验地质，35（6）：698-701.

王乃举，等 . 1999. 中国油藏开发模式总论 . 北京：石油工业出版社 .

王璞珺，冯志强，等 . 2008. 盆地火山岩岩性、岩相、储层、气藏、勘探 . 北京：科学出版社 .

王寿庆 . 1993. 扇三角洲模式 . 北京：石油工业出版社 .

王行信，周书欣 . 1992. 砂岩储层黏土矿物与油层保护 . 北京：地质出版社 .

王艳忠，操应长，宋国奇，等 . 2008. 试油资料在渤南洼陷深部碎屑岩有效储层评价中的应用 . 石油学报，29（5）：701-706，710.

王翊超，王怀忠，李炼民，等 . 2011. 恒速压汞技术在大港油田孔南储层流动单元微观孔隙特征研究中的应用 . 天然气地球科学，22（2）：335-339.

王英南，郝玉清 . 2009. 松辽盆地兴城地区营一段火山岩岩性、岩相及孔隙结构特征研究 . 中国石油勘探，1：24-29.

王拥军，胡永乐，冉启全，等 . 2007. 深层火山岩气藏储层裂缝发育程度评价 . 天然气工业，27（8）：31-34.

王拥军，闫林，冉启全，等 . 2007. 兴城气田深层火山岩气藏岩性识别技术研究 . 西南石油大学学报，29（2）：78-81.

王勇，鲍志东，刘虎 . 2007. 低孔低渗储层评价中数学方法的应用研究 . 西南石油大学学报，29（5）：8-12.

王友净, 宋新民, 田昌炳, 等. 2015. 动态裂缝是特低渗透油藏注水开发中出现的新的开发地质属性. 石油勘探与开发, 42 (2): 222-228.

王玉普, 刘义坤, 邓庆军, 等. 2014. 中国陆相砂岩油田特高含水期开发现状及对策. 东北石油大学学报, 38 (1): 1-9.

王越, 陈世悦. 2016. 曲流河砂体构型及非均质性特征——以山西保德扒楼沟剖面二叠系曲流河砂体为例. 石油勘探与开发, 43 (2): 209-218.

王允诚, 张永贵, 胡宗全. 2003. 油气藏开发地震. 成都: 四川科学技术出版社.

王志高, 徐怀民, 杜立东, 等. 2004. 稠油剩余油形成分布模式及控制因素分析——以辽河油田曙二区大凌河油藏为例. 安徽理工大学学报 (自然科学版), 24 (3): 19-23.

王志章, 蔡毅, 杨蕾. 1999. 开发中后期油藏参数变化规律及变化机理. 北京: 石油工业出版社.

王志章, 等. 1999. 裂缝性油藏描述及预测. 北京: 石油工业出版社.

王志章, 韩海英, 刘月田, 等. 2010. 复杂裂缝性油藏分阶段数值模拟及剩余油分布预测——以火烧山油田 H_4^1 层为例. 新疆石油地质, 31 (6): 604-606.

王志章, 杨金华. 1999. 低幅度构造油藏描述及预测. 北京: 石油工业出版社.

魏斌, 陈建文, 郑俊茂, 等. 2000. 应用储层流动单元研究高含水油田剩余油分布. 地学前缘, 7 (4): 403-410.

魏虎, 孙卫, 屈乐, 等. 2011. 靖边气田北部上古生界储层微观孔隙结构及其对生产动态影响. 地质科技情报, 30 (2): 85-90.

魏小东, 张延庆, 曹丽丽, 等. 2011. 地震资料振幅谱梯度属性在 WC 地区储层评价中的应用. 石油地球物理勘探, 46 (2): 281-284.

文浩, 刘德华, 李红茹, 等. 2015. 高含水期油藏剩余油分布规律定量评价——以赵凹油田安棚区核桃园组三段 4 层 2 小层为例. 长江大学学报 (自然版), 12 (29): 66-70, 86.

文子桃, 林承焰, 陈仕臻, 等. 2017. 多点地质统计学建模参数敏感性分析. 西安石油大学学报 (自然科学版), 32 (1): 44-51.

吴丰, 司马立强, 杨洪明, 等. 2014. 柴西地区复杂岩性核磁共振 T_2 截止值研究. 测井技术, 38 (2): 144-149.

吴河勇, 杨峰平, 任延广, 等. 2002. 松辽盆地北部徐家围子断陷徐深 1 井区气藏评价. 北京: 石油工业出版社.

吴剑锋, 周明顺, 贺忠文, 等. 2008. 二连盆地复杂岩性油层测井解释评价技术. 中国石油勘探, 2: 71-73, 89.

吴明录, 姚军, 黎锡瑜, 等. 2009. 应用流线数值试井方法研究聚合物驱油藏剩余油分布. 石油钻探技术, 37 (3): 95-98.

吴胜和, 范峥, 许长福, 等. 2012. 新疆克拉玛依油田三叠系克下组冲积扇内部构型. 古地理学报, 14 (3): 331-340.

吴胜和, 金振奎, 黄沧钿, 等. 1999. 储层建模. 北京: 石油工业出版社.

吴胜和, 李文克. 2005. 多点地质统计学——理论、应用与展望. 古地理学报, 7 (1): 137-144.

吴胜和, 熊琦华, 等. 1998. 油气储层地质学. 北京: 石油工业出版社.

吴胜和. 2010. 储层表征与建模. 北京: 石油工业出版社.

吴小军, 李晓梅, 谢丹, 等. 2015. 多点地质统计方法在冲积扇构型建模中的应用. 岩性油气藏, 27 (5): 87-91.

吴元燕, 吴胜和, 蔡正旗. 2005. 油矿地质学 (第三版). 北京: 石油工业出版社.

吴智勇, 郭建华, 吴东胜, 等. 2000. 基于测井资料的碳酸盐岩储层评价方法——以辽河西部凹陷曙 103 块潜山为例. 石油与天然气地质, 21 (2): 157-160.

武春英, 韩会平, 蒋继辉, 等. 2008. 模糊数学法在储层评价中的应用——以鄂尔多斯盆地白于山地区延长组长 4+5 油层组为例. 地球科学与环境学报, 30 (2): 156-160.

武英利, 朱建辉, 张欣国. 2011. 东北地区石炭—二叠系储层特征与评价. 石油实验地质, 33 (5): 499-504.

席胜利，李荣西，朱德明，等.2013.鄂尔多斯盆地姬塬地区延长组长4+5低渗透储层成因.地质科学，48（4）：1164-1176.

夏庆龙，沈章洪，等.2010.稠油油田储层精细描述技术.北京：石油工业出版社.

夏位荣，张占峰，程时清.1999.油气田开发地质学.北京：石油工业出版社，10-27.

向传刚.2015.运用多点地质统计学确定水下分流河道宽度及钻遇概率.断块油气田，22（2）：164-167.

肖承文，袁仕俊，吴刚，等.2004.超深超高温储层剩余油饱和度监测评价技术.测井技术，28（1）：68-70.

肖武.2004.断块油藏剩余油分布的地质研究方法探讨.油气地质与采收率，11（1）：58-60.

肖毅，王洪亮，邓宏文，等.2008.辽河清水洼陷东营组高分辨率层序格架下沉积演化特征及有利区带预测.沉积学报，26（6）：1014-1020.

谢丛姣，关振良，姜山.2005.基于微观随机网络模拟法建立的储层孔隙结构模型.地质科技情报，24（2）：97-100.

谢刚，胡振平，罗利，等.2007.基于约束最小二乘理论的复杂岩性测井识别方法.测井技术，31（4）：354-356.

谢惠丽，吴立群，焦养泉，等.2016.鄂尔多斯盆地罕台庙地区铀储层非均质性定量评价指标体系.地球科学，41（2）：279-292.

谢俊，张金亮.2004.砂体构型特征与剩余油分布模式——以哈萨克斯坦南图尔盖盆地Kumkol South油田为例.山东科技大学学报（自然科学版），23（1）：108-111.

谢俊，张金亮.2003.剩余油描述与预测.北京：石油工业出版社.

谢世文，张伟，李庆明，等.2015.海上油田开发后期多学科集成化剩余油深挖潜——以珠江口盆地X3油田H4C薄油藏为例.中国海上油气，27（5）：68-75.

谢武仁，杨威，杨光，等.2010.川中地区上三叠统须家河组砂岩储层孔隙结构特征.天然气地球科学，21（3）：435-440.

谢晓永，唐洪明，孟英峰，等.2009.气体泡压法在测试储集层孔隙结构中的应用.西南石油大学学报（自然科学版），31（5）：17-20.

邢正岩.2003.低渗透砂岩油藏储层非均质性地质模型研究.石油实验地质，25（5）：505-507，512.

邢志贵，蒋学君，许小红.1998.微量元素在变质岩地层对比中的应用.特种油气藏，5（1）：10-13.

熊敏，王勤田.2003.盘河断块区孔隙结构与驱油效率.石油与天然气地质，24（1）：42-44.

徐安娜，董月霞，韩大匡，等.2009.地震、测井和地质综合一体化油藏描述与评价——以南堡1号构造东营组一段油藏为例.石油勘探与开发，36（5）：541-551.

徐春华，侯加根，赵喜元，等.2008.过套管电阻率测井在克拉玛依低渗储层的应用.西南石油大学学报（自然科学版），30（4）：55-59.

徐守余.2005.油藏描述方法原理.北京：石油工业出版社.

许坤，胡广文，王世洪，等.2015.低油价下我国石油企业发展策略探讨.石油科技动态，4：1-4.

薛培华.2003.油田开发水淹层测井技术.北京：石油工业出版社.

闫伟林，郑建东，张朴旺.2012.塔木察格盆地复杂岩性储层流体识别.大庆石油地质与开发，31（1）：158-162.

严科.2014.三角洲前缘储层特高含水后期剩余油分布特征.特种油气藏，21（5）：20-23.

杨斌，刘晓东，徐国盛，等.2010.川东沙罐坪石炭系气藏测井储层评价.物探化探计算技术，32（1）：35-40.

杨超，许晓明，齐梅，等.2015.高含水老油田注采连通判别及注水量优化方法.中南大学学报（自然科学版），46（12）：4592-4601.

杨池银.2004.千米桥潜山凝析气藏流体非均质性控制因素.天然气工业，24（11）：34-37.

杨帆，孙玉善，申银民，等.2006.用成岩岩相分析法剖析轮南东斜坡东河砂岩非均质性储集层.石油勘探与开发，33（2）：136-140.

杨少春，王瑞丽，王改云，等．2006．油田开发阶段储层平面非均质性变化特征：以胜坨油田二区东营组三段为例．高校地质学报，12（4）：493-499．

杨少春，王瑞丽．2006．不同开发时期砂岩油藏储层非均质性三维模型特征．石油与天然气地质，27（5）：652-659．

杨少春，温雅茹，李媛媛，等．2016．利用数据包络分析法表征碎屑岩储层非均质性．中南大学学报（自然科学版），47（1）：218-224．

杨玉卿，潘福熙，田洪，等．2010．渤中25-1油田沙河街组低孔低渗储层特征及分类评价．现代地质，24（4）：685-693．

杨正明，霍凌静，张亚蒲，等．2010．含水火山岩气藏气体非线性渗流机理研究．天然气地球科学，21（3）：371-374．

杨正明，姜汉桥，朱光亚，等．2008．低渗透含水气藏储层评价参数研究．石油学报，29（2）：252-255．

姚光庆，蔡忠贤．2005．油气储层地质学原理与方法．武汉：中国地质大学出版社．

姚江，李岩，孙宜丽，等．2014．注水开发前后储层优势通道变化特征——以双河油田Ⅶ下层系为例．科学技术与工程，23（14）：168-173．

伊振林，吴胜和，杜庆龙，等．2010．冲积扇储层构型精细解剖方法——以克拉玛依油田六中区下克拉玛依组为例．吉林大学学报：地球科学版，40（4）：939-946．

尹大庆，陈弘，黄勇．2013．喇嘛甸油田精细构造描述及调整挖潜．大庆石油地质与开发，32（4）：48-52．

尹太举，张昌民，赵红静，等．2004．复杂断块区高含水期剩余油分布预测．石油实验地质，26（3）：267-272．

尹太举，张昌民，赵红静．2006．地质综合法预测剩余油．地球物理进展，21（5）：539-544．

尹伟，林壬子，金晓辉．2001．辽河油田千12区块储层流体非均质性研究．江汉石油学院学报，23（1）：14-16．

尹艳树，冯舒，尹太举．2012．曲流河储层建模方法比较研究．断块油气田，19（1）：44-46，64．

尹艳树，吴胜和，翟瑞，等．2008．利用Simpat模拟河流相储层分布．西南石油大学学报（自然科学版），30（2）：19-22．

尹艳树，张昌民，李少华，等．2014．一种基于沉积模式的多点地质统计学建模方法．地质论评，60（1）：217-221．

尹艳树，张昌民，石书缘，等．2011．综合随机游走过程与多点统计河流相建模新方法．石油天然气学报（江汉石油学院学报），33（8）：44-47．

应凤祥，杨式升，张敏，等．2002．激光扫描共聚焦显微镜研究储层孔隙结构．沉积学报，20（1）：75-79．

尤源，刘建平，冯胜斌，等．2015．块状致密砂岩的非均质性及对致密油勘探开发的启示．大庆石油地质与开发，34（4）：168-174．

于兰兄．2011．辽河Ng油藏SAGD生产过程中储层变化及影响．特种油气藏，18（6）：86-88．

于雯泉，李丽，方涛，等．2010．断陷盆地深层低渗透天然气储层孔隙演化定量研究．天然气地球科学，21（3）：397-405．

于兴河，等．2004．辫状河储层地质模式及层次界面分析．北京：石油工业出版社．

于兴河．2009．油气储层地质学基础．北京：石油工业出版社．

余岭．2015．2014年主要资源国国家石油公司经营状况与战略动向．国际石油经济，23（8）：63-68．

余烨，张昌民，张尚锋，等．2011．应用岩性统计方法判别沉积相——以珠江口盆地三角洲沉积为例．古地理学报，13（3）：271-277．

俞启泰．1997．关于剩余油研究的探讨．石油勘探与开发，24（2）：46-50．

喻思羽，李少华，何幼斌，等．2016．基于样式降维聚类的多点地质统计建模算法．石油学报，37（11）：1403-1409．

元福卿．2005．非均质性对聚合物驱效果影响数值模拟研究．石油天然气学报（江汉石油学院学报），27（2）：239-241．

袁少阳, 张占松, 李权, 等.2016.利用贝叶斯判别法识别岩性基础上的孔隙度评价.测井技术, 40（3）: 281-285.

袁士义, 宋新民, 冉启全.2004.裂缝性油藏开发技术.北京: 石油工业出版社.

袁新涛, 沈平平.2007.高分辨率层序框架内小层综合对比方法.石油学报, 28（6）: 87-91.

袁照威, 强小龙, 高世臣, 等.2017.苏里格气田不同沉积相建模方法及空间结构特征评价.特种油气藏, 24（1）: 32-37.

岳大力, 吴胜和, 林承焰, 等.2005.流花11-1油田礁灰岩油藏储层非均质性及剩余油分布规律.地质科技情报, 24（2）: 90-96.

岳大力, 吴胜和, 刘建民.2007.曲流河点坝地下储层构型精细解剖方法.石油学报, 28（4）: 99-103.

岳大力, 吴胜和, 温立峰, 等.2013.点坝内部构型控制的剩余油分布物理模拟.中国科技论文, 8（5）: 473-476.

岳湘安, 王尤富, 王克亮.2007.提高石油采收率基础.北京: 石油工业出版社.

臧士宾, 崔俊, 郑永仙, 等.2012.柴达木盆地南翼山油田新近系油砂山组低渗微裂缝储集层特征及成因分析.古地理学报, 14（1）: 133-141.

曾凡辉, 郭建春.2011.东河油田C_{III}油组低渗储层的伤害及改造.油田化学, 28（3）: 296-299, 304.

曾联波, 柯式镇, 刘洋.2010.低渗透油气储层裂缝研究方法.北京: 石油工业出版社.

曾联波, 赵继勇, 朱圣举, 等.2008.岩层非均质性对裂缝发育的影响研究.自然科学进展, 18（2）: 216-220.

曾联波.2008.低渗透砂岩储层裂缝的形成与分布.北京: 科学出版社.

曾祥平.2010.储集层构型研究在油田精细开发中的应用.石油勘探与开发, 37（4）: 483-489.

翟营莉.2008.稠油水淹层测井解释方法研究.国外测井技术, 23（4）: 26-31.

张超谟, 陈振标, 张占松, 等.2007.基于核磁共振T_2谱分布的储层岩石孔隙分形结构研究.石油天然气学报（江汉石油学院学报）, 29（4）: 80-86.

张朝琛, 王文祥.1995.确定剩余油分布技术.中国石油天然气总公司信息研究所.

张冲, 张超谟, 张占松, 等.2016.低渗透砂砾岩储层饱和度测井评价方法及其应用——以王府断陷小城子地区登娄库组储层为例.西安石油大学学报（自然科学版）, 31（2）: 11-17.

张冲, 张占松, 张超谟, 等.2014.基于测井相分析技术的复杂岩性识别方法研究.科学技术与工程, 14（29）: 157-161.

张创, 孙卫, 解伟.2011.苏北盆地沙埝油田阜三段储层微观特征及其与驱油效率的关系.现代地质, 25（1）: 70-77.

张锋, 王新光.2009.脉冲中子—中子测井影响因素的数值模拟.中国石油大学学报（自然科学版）, 33（6）: 46-51.

张凤莲, 曹国银, 李玉清, 等.2007.地震属性分析技术在松辽北徐东地区火山岩裂缝中的应用.大庆石油学院学报, 31（2）: 12-14.

张虎俊, 刘亚君, 杨会, 等.2007.应用同位素示踪技术研究油藏剩余油分布规律——以玉门老君庙油田M油藏为例.新疆石油地质, 28（1）: 97-100.

张焕芝, 何艳青, 邱茂鑫, 等.2015.低油价对致密油开发的影响及其应对措施.石油科技论坛, 3: 68-71.

张佳佳, 李宏兵, 姚逢昌.2012.油页岩的地球物理识别和评价方法.石油学报, 33（4）: 625-632.

张金亮, 谢俊, 等.2011.油田开发地质学.北京: 石油工业出版社.

张军华.2012.断块、裂缝型油气藏地震精细描述技术.东营: 中国石油大学出版社.

张立昆.2013.PNN测井在完井资料缺失评价中的应用.石油仪器, 27（1）: 52-54.

张立强, 纪友亮, 马文杰, 等.1998.博格达山前带砂岩孔隙结构分形几何学特征与储层评价.石油大学学报（自然科学版）, 22（5）: 31-33.

张丽, 孙建孟, 孙志强, 等.2012.多点地质统计学在三维岩心孔隙分布建模中的应用.中国石油大学学报（自然科学版）, 36（2）: 105-109.

张林, 赵喜民, 郝世彦. 2013. 低渗透储层油藏描述核心问题研究. 北京: 石油工业出版社.

张凌云, 徐炳高. 2009. 用层次分析法定量评价百色盆地致密储层. 国外测井技术, 总第172期, 46-48.

张琴, 朱筱敏, 李桂秋. 2007. 东营凹陷古近系沙河街组碎屑岩储集层非均质性与油气意义. 古地理学报, 9 (6): 661-668.

张庆国, 鲍志东, 宋新民, 等. 2008. 扶余油田扶余油层储集层单砂体划分及成因分析. 石油勘探与开发, 35 (2): 157-163.

张善文, 王永诗, 彭传圣, 等. 2003. 济阳坳陷罗家—垦西地区砂砾岩体深层稠油油藏描述. 北京: 石油工业出版社.

张世广, 卢双舫, 张雁, 等. 2009. 高分辨率层序地层学在储层宏观非均质性研究中的应用——以松辽盆地朝阳沟油田朝1—朝气3区块扶余油层为例. 沉积学报, 27 (3): 458-469.

张淑娟, 王延斌, 顾雪梅, 等. 2011. 高含水期碳酸盐岩潜山油藏描述新技术. 大庆石油地质与开发, 30 (6): 71-74.

Zhang Tuanfeng. 2008. 在储层建模中利用多点地质统计学整合地质概念模型及其解释. 地学前缘, 15 (1): 26-35.

张伟, 林承焰, 董春梅. 2008. 多点地质统计学在秘鲁D油田地质建模中的应用. 中国石油大学 (自然科学版), 32 (4): 24-28.

张玮, 张宁生. 2000. 固相颗粒在分形多孔介质中运移的网络模拟. 西安石油学院学报 (自然科学版), 15 (2): 15-17.

张文彪, 段太忠, 郑磊, 等. 2015. 基于浅层地震的三维训练图像获取及应用. 石油与天然气地质, 36 (6): 1030-1037.

张宪国, 张涛, 林承焰, 等. 2015. 塔南凹陷复杂岩性低渗透储层测井岩性识别. 西南石油大学学报 (自然科学版), 37 (1): 85-90.

张晓莉, 谢正温. 2006. 鄂尔多斯盆地陇东地区三叠系延长组长8储层特征. 矿物岩石, 总第106期, 26 (4): 83-88.

张晓明. 2012. 自然伽马能谱测井在玉北地区碳酸盐岩储层评价中的应用. 国外测井技术, 190 (4): 35-36, 39.

张学汝, 陈和平, 张吉昌, 等. 1999. 变质岩储集层构造裂缝研究技术. 北京: 石油工业出版社.

张彦辉, 曾雪梅, 王颖标, 等. 2011. 大庆油田三类油层聚合物驱数值模拟研究. 断块油气田, 18 (2): 232-234.

张一伟, 熊琦华, 王志章. 1997. 陆相油藏描述. 北京: 石油工业出版社.

张予生, 孙万明, 叶志红, 等. 2015. 辫状河三角洲前缘评价剩余油分布的水淹模式——以温西三块水淹层评价为例. 西北大学学报 (自然科学版), 45 (3): 453-459.

张宇焜, 高博禹, 卜范青. 2012. 深水浊积复合水道砂体内部建筑结构随机模拟——基于多点地质统计学与软概率属性协同约束方法. 中国海上油气, 24 (4): 38-40.

张玉. 2016. 新民油田民3区块高含水期开发对策分析. 长江大学学报 (自科版), 13 (20): 56-61.

张仲宏, 杨正明, 刘先贵, 等. 2012. 低渗透油藏储层分级评价方法及应用. 石油学报, 33 (3): 437-441.

章凤奇, 宋吉水, 沈忠悦, 等. 2007. 松辽盆地北部深层火山岩剩磁特征与裂缝定向研究. 地球物理学报, 50 (4): 1167-1173.

赵澄林, 刘孟慧, 胡爱梅, 等. 1997. 特殊油气储层. 北京: 石油工业出版社.

赵澄林. 1998. 现代油气勘探理论和技术培训教材 (三), 储层沉积学. 北京: 石油工业出版社.

赵汉卿. 2002. 储层非均质体系、砂体内部建筑结构和流动单元研究思路探讨. 大庆石油地质与开发, 21 (6): 16-18, 43.

赵汉卿. 2001. 对储层流动单元研究的认识与建议. 大庆石油地质与开发, 20 (3): 8-10.

赵汉卿. 2005. 高分辨率层序地层学对比与我国的小层对比. 大庆石油地质与开发, 24 (1): 5-9, 12.

赵加凡, 陈小宏, 张勤. 2003. 灰关联分析在储层评价中的应用. 勘探地球物理进展, 26（4）：282-286.
赵军龙, 曹军涛, 李传浩, 等. 2013. 中高含水期剩余油测井评价技术综述与展望. 地球物理学进展, 28（2）：838-845.
赵伦, 梁宏伟, 张祥忠, 等. 2016. 砂体构型特征与剩余油分布模式——以哈萨克斯坦南图尔盖盆地Kumkol South油田为例. 石油勘探与开发, 43（3）：433-441.
赵明, 章成宁. 2002. 两种评价剩余油饱和度的测井方法应用研究. 石油学报, 23（5）：73-77, 82.
赵培华. 2003. 油田开发水淹层测井解释. 北京：石油工业出版社.
赵伟, 王海文, 刘延梅, 等. 2007. 硼中子寿命测井技术应用研究. 新疆石油地质, 28（3）：372-374.
郑荣才, 文华国, 李凤杰. 2010. 高分辨率层序地层学. 北京：地质出版社.
郑荣才, 吴朝荣, 任作伟, 等. 1999. 辽河坳陷西部凹陷深层沙河街组层序地层与生储盖组合. 复式油气田, 4：48-53.
郑荣才, 周祺, 王华, 等. 2009. 鄂尔多斯盆地长北气田山西组2段分辨率层序构型与砂体预测. 高校地质学报, 2009, 15（1）：69-79.
郑小杰, 梁宏刚, 娄大娜, 等. 2015. 塔河低幅大底水油藏高含水期剩余油分布. 科学技术与工程, 15（5）：86-90.
郑泽宇, 朱倜仟, 侯吉瑞, 等. 2016. 碳酸盐岩缝洞型油藏注氮气驱后剩余油可视化研究. 油气地质与采收率, 23（2）：93-97.
郑占, 吴胜和, 许长福, 等. 2010. 克拉玛依油田六区克下组冲积扇岩石相及储层质量差异. 石油与天然气地质, 31（4）：463-471.
中国石油勘探与生产分公司. 2009. 火山岩油气藏测井评价技术及应用. 北京：石油工业出版社.
中国石油勘探与生产分公司. 2009. 深层火山岩地球物理勘探关键技术及应用. 北京：石油工业出版社.
仲维维, 卢双舫, 张世广, 等. 2010. 火成岩储层物性特征及其影响因素——以松辽盆地南部英台断陷龙深1井区为例. 沉积学报, 28（3）：563-571.
周灿灿, 刘堂晏, 马在田, 等. 2006. 应用球管模型评价岩石孔隙结构. 石油学报, 27（1）：92-96.
周金应, 桂碧雯, 林闻. 2010. 多点地质统计学在滨海相储层建模中的应用. 西南石油大学学报（自然科学版）, 32（6）：70-74.
周涛, 牟春英, 郝文元, 等. 2015. 低油价对石油物探行业的影响及应对策略. 国际石油经济, 23（7）：60-65, 97.
朱宝峰, 曾小江, 何乃琴, 等. 2009. 试井曲线与物探资料相结合的储层评价技术. 油气井测试, 18（5）：20-22.
朱春俊, 王延斌. 2011. 大牛地气田低渗储层成因及评价. 西南石油大学学报（自然科学版）, 33（1）：49-56.
朱丽红, 杜庆龙, 姜雪岩, 等. 2015. 陆相多层砂岩油藏特高含水期三大矛盾特征及对策. 石油学报, 36（2）：210-216.
朱仕军, 杜志敏, 沈昭国, 等. 2005. 储层定量建模. 北京：石油工业出版社.
朱伟, 顾韶秋, 曹子剑, 等. 2013. 基于模糊数学的滨里海盆地东南油气储层评价. 石油与天然气地质, 34（3）：357-362.
庄锡进, 胡宗全, 朱筱敏. 2002. 准噶尔盆地西北缘侏罗系储层. 古地理学报, 4（1）：90-96.
邹才能, 陶士振, 侯连华, 等. 2011. 非常规油气地质. 北京：地质出版社.
A A Taghavi, A Mørk, E Kazemzadeh. 2007. Flow unit classification for geological modelling of a heterogeneous carbonate reservoir: cretaceous sarvak formation, dehluran field, SW Iran. Journal of Petroleum Geology, 30（2）：129-146.
A Comunian, P Renard, J Straubhaar. 2011. 3D multiple-point statistics simulation using 2D training images. Computer & Geoscience, 1-17.
A H Enayati-Bidgoli, H Rahimpour-Bonab, H Mehrabi. 2014. Flow unit characterisation in the Permian-Triassic

carbonate reservoir succession at South Pars gasfield, offshore Iran. Journal of Petroleum Geology, 37 (3): 205-230.

A J Mallon, R E Swarbrick. 2008. Diagenetic characteristics of low permeability, non-reservoir chalks from the Central North Sea. Marine and Petroleum Geology, 25: 1097-1108.

A Khidir, O Catuneanu. 2010. Reservoir characterization of Scollard-age fluvial sandstones, Alberta foredeep. Marine and Petroleum Geology, 27: 2037-2050.

A Qazvini Firouz, B Y Jamaloei, F Torabi, et al. 2012. The relationship between the productivity index and the diffusivity coefficient and its application in reservoir characterization. Petroleum Science and Technology, 30: 1789-1801.

Abdelkader Kouider El Ouahed, Djebbar Tiab, Amine Mazouzi. 2005. Application of artificial intelligence to characterize naturally fractured zones in Hassi Messaoud Oil Field, Algeria. Journal of Petroleum Science and Engineering. 49: 122-141.

Abdul Razag Y Zekri, Shedid A Shedid, Reyadh A Almehaideb. 2013. Experimental investigations of variations in petrophysical rock properties due to carbon dioxide flooding in oil heterogeneous low permeability carbonate reservoirs. Journal of Petroleum Exploration and Production Technology, 3 (4): 265-277.

Adrian Cerepi, Claudine Durand, Etienne Brosse. 2002. Pore microgeometry analysis in low-resistivity sandstone reservoirs. Journal of Petroleum Science and Engineering, 35: 205-232.

Ahmed Adeniran, Moustafa Elshafei, Gharib Hamada. 2010. Artificial intelligence techniques in reservoir characterization-functional networks softsensor for formation porosity and water saturation in oil Wells. USA: VDM Verlag Dr. Muller.

Ali Al-Ghamdi, Bo Chen, Hamid Behmanesh, et al. 2011. An improved triple-porosity model for evaluation of naturally fractured reservoirs. SPE132879: 397-404.

Ali F, Hamed A, Nawi D M, et al. 2012. Inpact of reservoir heterogeneity on steam assisted gravity drainage in heavy oil fractured reservoirs. Energy Exploration &Exploitation, 30 (4): 553-566.

Ali Shafiei, Maurice B Dusseault, Sohrab Zendehboudi, et al. 2013. A new screening tool for evaluation of steamflooding performance in naturally fractured carbonate reservoirs. Fuel, 108: 502-514.

Amir Hatampour, Mahin Schaffie, Saeed Jafari. 2015. Hydraulic flow units, depositional facies and pore type of Kangan and Dalan Formations, South Pars Gas Field, Iran. Journal of Natural Gas Science and Engineering, 23: 171-183.

Amir Hossain EnayatieBidgoli, Hossain RahimpoureBonab. 2016. A geological based reservoir zonation scheme in a sequence stratigraphic framework: a case study from the Permo-Triassic gas reservoirs, Offshore Iran. Marine and Petroleum Geology, 73: 36-58.

Amro E, Michel D. 2001. A Markov chain model for subsurface characterization: theory and applications. Mathematical Geology, 33 (5): 569-589.

Anna Berger, Susanne Gier, Peter Krois. 2009. Porosity-preserving chlorite cements in shallow-marine volcaniclastic sandstones: Evidence from Cretaceous sandstones of the Sawan gas field, Pakistan. AAPG Bulletin, 93 (5): 595-615.

Annika W Hesselinka, Henk J T Weertsb, Henk J A Berendsen. 2003. Alluvial architecture of the human-influenced river Rhine, The Netherlands. Sedimentary Geology, 161: 229-248.

Arnab Ghosh, R. K. Singh, Viraj Nangia, et al. 2012. Multi-dimensional NMR technique for wireline formation tester sampling optimization and perforation strategy determination in a Brown Field, India. SPE 153657, 28-30.

Ayato Kato, Shigenobu Onozuka, Toru Nakayama. 2008. Elastic property changes in a bitumen reservoir during steam injection. The Leading Edge, 1124-1131.

B T Hoffman, A R Kovscek. 2004. Efficiency and oil recovery mechanisms of steam Injection into low permeability, hydraulically fractured reservoirs. Petroleum Science and Technology, 22 (5): 537-564.

Bassem S Nabawy, Yves Géraud, Pierre Rochette, et al. 2009. Pore-throat characterization in highly porous and permeable sandstones. AAPG Bulletin, 93 (6): 719-739.

Benjamin B, Benoît V, Christophe D, et al. 2014. Characterization and origin of permeabilityeporosity heterogeneity in shallow-marine carbonates: from core scale to 3D reservoir dimension (Middle Jurassic, Paris Basin, France). Marine and Petroleum Geology, 57: 631-651.

Benoît I, Simon F, Yann L G, et al. 2013. Modelling of CO_2 injection in fluvial sedimentary heterogeneous reservoirs to assess the impact of geological heterogeneities on CO_2 storage capacity and performance. Energy Procedia, 37: 5181-5190.

Benyamin Yadali Jamaloei, Riyaz Kharrat, Koorosh Asghari, et al. 2011. The influence of pore wettability on the microstructure of residual oil in surfactant-enhanced water flooding in heavy oil reservoirs: Implications for pore-scale flow characterization. Journal of Petroleum Science and Engineering, 77: 121-134.

Binh T T Nguyen, Stuart J Jones, Neil R Goulty, et al. 2013. The role of fluid pressure and diagenetic cements for porosity preservation in Triassic fluvial reservoirs of the Central Graben, North Sea. AAPG Bulletin, 97 (8): 1273-1302.

Bradford E Prather. 2003. Controls on reservoir distribution, architecture and stratigraphic trapping in slope settings. Marine and Petroleum Geology, 20: 529-545.

Brenda B B, Brigette A. M, Marjorie A. C, et al. 2007. Reflectance spectroscopic mapping of diagenetic heterogeneities and fluid-flow pathways in the Jurassic Navajo Sandstone. AAPG Bulletin, 91 (2): 173-190.

Brenton L Crawford, Peter G Betts, Laurent Aillères. 2010. An aeromagnetic approach to revealing buried basement structures and their role in the Proterozoic evolution of the Wernecke Inlier, Yukon Territory, Canada. Tectonophysics, 490: 28-46.

Brett T McLaurin, Ron J Steel. 2007. Architecture and origin of an amalgamated fluvial sheet sand, lower Castlegate Formation, Book Cliffs, Utah. Sedimentary Geology 197: 291-311.

Bruno A Lopez Jimenez, Roberto Aguilera. 2016. Flow Units in Shale Condensate Reservoirs. SPE178619, 1-16.

C R Clarkson, F Qanbari, J D Williams-Kovacs. 2014. Innovative use of rate-transient analysis methods to obtain hydraulic-fracture properties for low-permeability reservoirs exhibiting multiphase flow. The leading edge, 10: 1108-1122.

C R Clarkson, F Qanbari. 2016. A semi-analytical method for forecasting wells completed in low permeability, undersaturated CBM reservoirs. Journal of Natural Gas Science and Engineering, 30: 19-27.

Caren Chaika, Jack Dvorkin. 2000. Porosity reduction during diagenesis of diatomaceous rocks. AAPG Bulletin, 84 (8): 1173-1184.

Cathy Hollis, Volker Vahrenkamp, Simon Tull, et al. 2010. Pore system characterisation in heterogeneous carbonates: An alternative approach to widely-used rock-typing methodologies. Marine and Petroleum Geology, 27: 772-793.

Colin MacBeth, Jan Stammeijer, Mark Omerod. 2006. Seismic monitoring of pressure depletion evaluated for a United Kingdom continental-shelf gas reservoir. Geophysical Prospecting, 54: 29-47.

D Mikes, C R Geel. 2006. Standard facies models to incorporate all heterogeneity levels in a reservoir model. Marine and Petroleum Geology, 23: 943-959.

D E Bougiolo, C M S Scherer. 2010. Facies architecture and heterogeneity of the fluvial-aeolian reservoirs of the Sergi formation (Upper Jurassic), Reconcavo Basin, NE Brazil. Marine and Petroleum Geology, 27: 1885-1897.

Dario Grana, Tapan Mukerji. 2015. Bayesian inversion of time-lapse seismic data for the estimation of static reservoir properties and dynamic property changes. Geophysical Prospecting, 63, 637-655.

David W Morrow. 2001. Distribution of porosity and permeability in platform dolomites: insight from the Permian of west Texas: discussion. AAPG Bulletin, 85 (3): 525-529.

Donselaar M E, Geel C R. 2007. Facies architecture of heterolithic tidal deposits: the Holocene Holland Tidal Basin.

Netherlands Journal of Geosciences, 86 (4): 389-402.

Dubost F X, Zheng S Y, Corbett P W M. 2004. Analysis and numerical modelling of wireline pressure tests in thin-bedded turbidites. Journal of Petroleum Science and Engineering, 45: 247-261.

E Artun, S Mohaghegh. 2011. Intelligent seismic inversion workflow for high-resolution reservoir characterization. Computers & Geosciences, 37: 143-157.

E d'Huteau, Repsol YPF, E Breda, et al. 2001. Stimulation with hydraulic fracture of an Upper Cretaceous fissured tuff system in the San Jorge Basin, Argentina. SPE69586: 1-11.

Emilson Pereira Leite, Alexandre Campane Vidal. 2011. 3D porosity prediction from seismic inversion and neural networks. Computers &Geosciences, 37: 1174-1180.

Emily L Stoudt, Paul M H. 1995. Hydrocarbon reservoir characterization-geologic framework and flow unit modeling. Tulsa, Oklahoma: SEPM (Society for Sedimentary Geology).

Ezat Heydari. 2000. Porosity loss, fluid flow, and mass transfer in limestone reservoirs: application to the Upper Jurassic Smackover Formation, Mississippi. AAPG Bulletin, 84 (1): 100-118.

Ezequiel F González, Tapan Mukerji, Gary Mavko. 2008. Seismic inversion combining rock physics and multiple-point geostatistics. Geophysics, 73 (1): 11-21.

F X Dubost, S Y Zheng, P W M Corbett. 2004. Analysis and numerical modelling of wireline pressure tests in thin-bedded turbidites. Journal of Petroleum Science and Engineering, 45: 247-261.

Francesco Emanuele Maesano, Giovanni Toscani, Pierfrancesco Burrato, et al. 2013. Deriving thrust fault slip rates from geological modeling: Examples from the Marche coastal and offshore contraction belt, Northern Apennines, Italy. Marine and Petroleum Geology, 42: 122-134.

G Caumon, P Collon-Drouaillet, C Le Carlier de Veslud, et al. 2009. Surface-based 3D modeling of geological structures. Mathematical Geosciences, 41: 927-945.

G P Oliveira, W L Roque, E A Araújo, et al. 2016. Competitive placement of oil perforation zones in hydraulic flow units from centrality measures. Journal of Petroleum Science and Engineering, 147: 282-291.

G Ercilla S García-Gil, F Estrada, et al. 2008. High-resolution seismic stratigraphy of the Galicia Bank Region and neighbouring abyssal plains (NW Iberian continental margin). Marine Geology, 249: 108-127.

Gareth D Jones, Yitian Xiao. 2005. Dolomitization, anhydrite cementation, and porosity evolution in a reflux system: Insights from reactive transport models. AAPG Bulletin, 89 (5): 577-601.

Gareth R L Chalmers, R Marc Bustin. 2012. Geological evaluation of Halfway-Doig-Montney hybrid gas shale-tight gas reservoir, northeastern British Columbia. Marine and Petroleum Geology, 38: 53-72.

Gary J Hampson, Peter J Sixsmith, Howard D Johnson. 2004. A sedimentological approach to refining reservoir architecture in a mature hydrocarbon province: the Brent Province, UK North Sea. Marine and Petroleum Geology, 21: 457-484.

Giovanni Rusciadelli, Salvatore Di Simone. 2007. Differential compaction as a control on depositional architectures across the Maiella carbonate platform margin. Sedimentary Geology, 196: 133-155.

Glenn F Hynes, John M Dixon. 2005. Geological mapping and analogue modeling of the Liard, Kotaneelee and Tlogotsho ranges, Northwest Territories. Bulletin of Candian petroleum geology, 53 (1): 67-83.

Gouw M J P. 2007. Alluvial architecture of fluvio-deltaic successions: a review with special reference to Holocene settings. Netherlands Journal of Geosciences, 83 (3): 211-227.

Gregoire Mariethoz, Jef Caers. 2015. Multiple-point geostatistics-stochastic modeling with training images. Printed and bound in Malaysia by Vivar Printing Sdn Bhd, New Delhi, India.

Guillaume Caumon. 2010. Towards Stochastic Time-Varying Geological Modeling. Mathematical Geosciences, 42: 555-569.

H Darabi, A Kavousi, M Moraveji, et al. 2010. 3D fracture modeling in Parsi oil field using artificial intelligence tools. Journal of Petroleum Science and Engineering, 71: 67-76.

Heath J E, Kobos P H, Roach J D, et al. 2012. Geologic heterogeneity and economic uncertainty of subsurface carbon dioxide storage. SPE 158241: 32-41.

Heinz Wilkes, Andrea Vieth, Rouven Elias. 2008. Constraints on the quantitative assessment of in-reservoir biodegradation using compound-specific stable carbon isotopes. Organic Geochemistry, 39: 1215-1221.

Hill E J, Griffiths C M. 2008. Formal description of sedimentary architecture of analogue models for use in 2D reservoir simulation. Marine and Petroleum Geology, 25: 131-141.

Hisafumi A, Katsuaki K, Toru Y, Shinichi T. 2006. Magnetotelluric resistivity modeling for 3D characterization of geothermal reservoirs in the Western side of Mt. Aso, SW Japan. Journal of Applied Geophysics, 58: 296-312.

Hyemin Park, Jinju Han, Wonmo Sung. 2015. Effect of polymer concentration on the polymer adsorption-induced permeability reduction in low permeability reservoirs. Energy, 84: 666-671.

Ida L Fabricius, Lars Gommesen, Anette Krogsbøll, et al. 2008. Chalk porosity and sonic velocity versus burial depth: Influence of fluid pressure, hydrocarbons, and mineralogy. AAPG Bulletin, 92 (2): 201-223.

Isha S, Roland N H. 2005. Multiresolution wavelet analysis for improved reservoir description. SPE87820, 53-69.

J Escuder-Viruete, R Carbonell, C Prez-Soba, et al. 2004. Geological, geophysical and geochemical structure of a fault zone developed in granitic rocks: Implications for fault zone modeling in 3-D. Int J Earth Sci (Geol Rundsch), 93: 172-188.

Jaco H Baas, Wessel Van Kesteren, George Postma. 2004. Deposits of depletive high-density turbidity currents: a flume analogue of bed geometry, structure and texture. Sedimentology, 51: 1053-1088.

Javad Ghiasi-Freez, AliKadkhodaie-Ilkhchi, MansurZiaii. 2012. Improving the accuracy of flow units prediction through two committee machine models: An example from the South Pars Gas Field, Persian Gulf Basin, Iran. Computers & Geosciences, 46: 10-23.

Jerry L F. 2007. Carbonate reservoir characterization-an integrated approach (2nd edition). Berlin: Springer-Verlag Berlin Heidelberg.

Jesús O, Jeannette W, Michael H. G. 2013. Recognition criteria for distinguishing between hemipelagic and pelagic mudrocks in the characterization of deep-water reservoir heterogeneity. AAPG Bulletin, 97 (10): 1785-1803.

Jo H R, Chough S K. 2001. Architectural analysis of fluvial sequences in the northwestern part of Kyongsang Basin (Early Cretaceous), SE Korea. Sedimentary Geology, 144: 307-334.

Jonathan P Allen, Christopher R Fielding. 2007. Sedimentology and stratigraphic architecture of the Late Permian Betts Creek Beds, Queensland, Australia. Sedimentary Geology, 202: 5-34.

Julianne Fic, Per Kent Pedersen. 2013. Reservoir characterization of a "tight" oil reservoir, the middle Jurassic Upper Shaunavon Member in the Whitemud and Eastbrook pools, SW Saskatchewan. Marine and Petroleum Geology, 44: 41-59.

Justine A Sagan, Bruce S Hart. 2006. Three-dimensional seismic-based definition of fault-related porosity development: Trenton - Black River interval, Saybrook, Ohio. AAPG Bulletin, 90 (11): 1763-1785.

Jutta Weber, Werner Ricken. 2005. Quartz cementation and related sedimentary architecture of the Triassic Solling Formation, Reinhardswald Basin, Germany. Sedimentary Geology, 175: 459-477.

K Remeysen, R Swennen. 2008. Application of microfocus computed tomography in carbonate reservoir characterization: Possibilities and limitations. Marine and Petroleum Geology, 25: 486-499.

Karen E Higgs, Rob H Funnell, Agnes G Reyes. 2013. Changes in reservoir heterogeneity and quality as a response to high partial pressures of CO_2 in a gas reservoir, New Zealand. Marine and Petroleum Geology, 48: 293-322.

Keith W Shanley, Robert M Cluff. 2015. The evolution of pore-scale fluid-saturation in low permeability sandstone reservoirs. AAPG Bulletin, 99 (10): 1957-1990.

Kris U Raju, Muhammad H Al-Buali, Turki F Al-Saadoun, et al. 2010. Scale inhibitor squeeze treatments based on modelling studies. SPE130280: 26-27.

L jia, C M Ross, A R Kovscek. 2007. A Pore-network-modeling approach to predict petrophysical properties of diatomaceous reservoir rock. SPE: 597-608.

Larry W Lake, Dan Hartmann, Thomas A Hewett, et al. 1989. SPE reprint series No. 27 Reservoir characterization-1. U. S. A: Society of Petroleum Engineers Richardson, TX.

Larry W Lake, Herbert B Carroll. 1986. Reservoir characterization. Orlando, Florida: Academic Press, INC.

Lars H, Petter M, Bjørn F N, et al. 2003. Stochastic structural modeling. Mathematical Geology, 35 (8): 899-914.

Lewis Li, Jef Caers, Paul Sava. 2015. Assessing seismic uncertainty via geostatistical velocity-model perturbation and image registration: An application to subsalt imaging. The Leading Edge, 9: 1064-1070.

Levin Barrios Vera, Tajjul Ariffin, Ali Trabelsi, et al. 2010. Assessing fluid migration and quantifying remaining-oil saturation in a mature carbonate reservoir. JPT: 46-48.

M Chekani, R Kharrat. 2012. An Integrated reservoir characterization analysis in a carbonate reservoir: A case study. Petroleum Science and Technology, 30: 1468-1485.

M J Pyrcz, J B Boisvert, C V Deutsch. 2009. Alluvsim: A program for event-based stochastic modeling of fluvial depositional systems. Computers & Geosciences, 35: 1671-1685.

M L Sweet, C J Blewden, A M Carter, et al. 1996. Modeling heterogeneity in a low-permeability gas reservoir using geostatistical techniques, Hyde Field, Southern North Sea. AAPG Bulletin, 80 (11): 1719-1735.

Madeleine Peijs-van Hilten, Timothy R Good, Brian A Zaitlin. 1998. Heterogeneity modeling and geopseudo upscaling applied to waterflood performance prediction of an incised valley reservoir: Countess YY Pool, Southern Alberta, Canada. AAPG Bulletin, 82 (12): 2220-2245.

Mahsanam M, Diganta B D. 2007. Dynamic effects in capillary pressure - saturations relationships for two-phase flowin 3Dporous media: Implications of micro-heterogeneities. Chemical Engineering Science, 62: 1927-1947.

Mai Britt E Mørk. 2013. Diagenesis and quartz cement distribution of low-permeability Upper Triassic-Middle Jurassic reservoir sandstones, long year by en CO_2 lab well site in Svalbard, Norway. AAPG Bulletin, 97 (4): 577-596.

Maksuda Lillah, Jeff B Boisvert. 2013. Stochastic distance based geological boundary modeling with curvilinear features. Mathematical Geosciences 45: 651-665.

Maksuda Lillah, Jeff B Boisvert. 2013. Stochastic distance based geological boundary modeling with curvilinear features. Mathematical Geosciences, 45: 651-665.

Manichand R N, Mogollón J L, Bergnijn S S, et al. 2010. Preliminary assessment of tambaredjo heavy oilfield polymer flooding pilot test. SPE138728: 1-3.

Maria Mastalerz, Arndt Schimmelmann, Agnieszka Drobniak, et al. 2013. Porosity of Devonian and Mississippian New Albany Shale across a maturation gradient: insights from organic petrology, gas adsorption, and mercury intrusion. AAPG Bulletin, 97 (10): 1621-1643.

Mark E Deptuck, Gary S Steffens, Mark Barton, et al. 2003. Architecture and evolution of upper fan channel-belts on the Niger Deltaslope and in the Arabian Sea. Marine and Petroleum Geology, 20: 649-676.

Masoud N, Aminzadeh F. 2001. Past, present and future intelligent reservoir characterization trends. Journal of Petroleum Science and Engineering, 31: 67-79.

Matthew D Jackson, Per H Valvatne, Martin J Blunt. 2003. Prediction of wettability variation and its impact on flow using pore- to reservoir-scale simulations. Journal of Petroleum Science and Engineering 39: 231-246.

Matthew J D, Nicole D R, Peter S M, et al. 2006. The effect of carbonate cementation on permeability heterogeneity in fluvial aquifers: An outcrop analog study. Sedimentary Geology, 184: 267-280.

Matthew J P, Colette B H, David A B. 2005. Scales of lateral perophysical heterogeneity in dolomite lithofacies as determined from outcrop analogs: implications for 3-D reservoir modeling. AAPG Bulletin, 89 (5): 645-662.

Matthew J Pranter, Amanda I Ellison, Rex D Cole, et al. 2007. Analysis and modeling of intermediate-scale reservoir heterogeneity based on a fluvial point-bar outcrop analog, Williams Fork Formation, Piceance Basin, Colorado. AAPG Bulletin, 91 (7): 1025-1051.

Matthew J Pranter, Colette B Hirstius, David A Budd. 2005. Scales of lateral petrophysical heterogeneity in dolomite lithofacies as determined from outcrop analogs: implications for 3-D reservoir modeling. AAPG Bulletin, 89 (5): 645-662.

McHargue T, Pyrcz M J, Sullivan M D, et al. 2011. Architecture of turbidite channel systems on the continental slope: Patterns and predictions. Marine and Petroleum Geology, 28: 728-743.

Mehdi Rezvandehy, H Aghababaei, S H Tabatabaee Raissi. 2011. Integrating seismic attributes in the accurate modeling of geological structures and determining the storage of the gas reservoir in Gorgan Plain (North of Iran). Journal of Applied Geophysics, 73: 187-195.

Meysam N, Behzad R, Maryam K. 2015. Effect of heterogeneity on the productivity of vertical, deviated and horizontal wells in water drive gas reservoirs. Journal of Natural Gas Science and Engineering, 23: 481-491.

Miall A D. 1985. Architectural-element analysis: a new method of facies analysis applied to fluvial deposits. Earth Science Reviews, 22: 261-308.

Miall A D. 1996. The geology of fluvial deposits, sedimentary facies, basin analysis, and petroleum geology. Springer-Verlag, Berlin Heidelberg. Printed in Italy.

Michael J Pyrcz, Clayton V Deutsch. 2014. Geostatistical reservoir modeling (Second Edition). New York: Oxford University Press.

Mikes D. 2006. Sampling procedure for small-scale heterogeneities (crossbedding) for reservoir modelling. Marine and Petroleum Geology, 23: 961-977.

Mohammad A Aghighi, Sheik S Rahman. 2010. Horizontal permeability anisotropy: Effect upon the evaluation and design of primary and secondary hydraulic fracture treatments in tight gas reservoirs. Journal of Petroleum Science and Engineering, 74: 4-13.

Mohammad Zafari, Albert C Reynolds. 2007. Assessing the uncertainty in reservoir description and performance predictions with the ensemble kalman filter. SPE95750: 382-391.

Mohsen Saemi, Morteza Ahmadi, Ali Yazdian Varjani. 2007. Design of neural networks using genetic algorithm for the permeability estimation of the reservoir. Journal of Petroleum Science and Engineering, 59: 97-105.

Nicolas Backert, Mary Ford, Fabrice Malartre. 2010. Architecture and sedimentology of the Kerinitis Gilbert-type fan delta, Corinth Rift, Greece. Sedimentology, 57: 543-586.

Nigel Bonnett, John Dalton, peter Van Dijk. 2006. Infill dring on captain targets remaining oil pockets. Offshore: 52-54.

Nima R, Ioannis C. 2011. Characterization of heterogeneities in porous media using constant rate air injection porosimetry. Journal of Petroleum Science and Engineering, 79: 113-124.

Olariu M I, Aiken C L V, Bhattacharya J P. 2011. Interpretation of channelized architecture using three-dimensional photo real models, Pennsylvanian deep-water deposits at Big Rock Quarry, Arkansasq. Marine and Petroleum Geology, 28: 1157-1170.

Olena Babak, Clayton V. Deutsch. 2009. Improved spatial modeling by merging multiple secondary data for intrinsic collocated cokriging. Journal of Petroleum Science and Engineering, 69: 93-99.

P Leroy, A Revil, S Altmann, et al. 2007. Modeling the composition of the pore water in a clay-rock geological formation (Callovo-Oxfordian, France). Geochimica et Cosmochimica Acta, 71: 1087-1097.

Palash Panja, Tyler Conner, Milind Deo. 2013. Grid sensitivity studies in hydraulically fractured low permeability reservoirs. Journal of Petroleum Science and Engineering, 112: 78-87.

Patricia Sruoga, Nora Rubinstein. 2007. Processes controlling porosity and permeability in volcanic reservoirs from the Austral and Neuquén basins, Argentina. AAPG Bulletin, 91 (1): 115-129.

Patrick W M Corbett, Jerry L Jensen. 2000. Lithological and zonal porosity-permeability distributions in the Arab-D reservoir, Uthmaniyah Field, Saudi Arabia: discussion. AAPG Bulletin, 84 (9): 1365-1367.

Peter A F, Eloisa S B, Cristina S, et al. 2012. Estimating reservoir heterogeneities from pulse testing. Journal of Petroleum Science and Engineering, 86-87: 15-26.

Peter G T, David A, Asbjorn G. 2006. Quantitative analysis of porosity heterogeneity: Application of geostatistics to norehole images. Mathematical Geology, 38 (2): 155-174.

Philip H. Nelson. 2009. Pore-throat sizes in sandstones, tight sandstones, and shales. AAPG Bulletin, 93 (3): 329-340.

Philippe L, Jean B, Jean-Pierre M, et al. 2012. Relation between stratigraphic architecture and multi-scale heterogeneities in carbonate platforms: The Barremian-lower Aptian of the Monts de Vaucluse, SE France. Sedimentary Geology, 265: 87-109.

Prem B, Jiamin W, Yongman K, et al. 2016. Influence of wettability and permeability heterogeneity on miscible CO_2 flooding efficiency. Fuel, 166: 219-226.

Qifeng Dou, Yuefeng Sun, Charlotte Sullivan. 2011. Rock-physics-based carbonate pore type characterization and reservoir permeability heterogeneity evaluation, Upper San Andres reservoir, Permian Basin, west Texas. Journal of Applied Geophysics, 74: 8-18.

R Deschamps, N Guy, C Preux, et al. 2012. Analysis of heavy oil recovery by thermal EOR in a meander belt: from geological to reservoir modeling. Oil & Gas Science and Technology, 67 (6): 999-1018.

Rabi Bastia, Suman Das, M. Radhakrishna. 2010. Pre- and post-collisional depositional history in the upper and middle Bengal fan and evaluation of deepwater reservoir potential along the northeast Continental Margin of India. Marine and Petroleum Geology, 27: 2051-2061.

Ralf J Weger, Gregor P Eberli, Gregor T Baechle, et al. 2009. Quantification of pore structureand its effect on sonic velocity and permeability in carbonates. AAPG Bulletin, 93 (10): 1297-1317.

Rahim Kadkhodaie-Ilkhchi, Reza Rezaee, Reza Moussavi-Harami, et al. 2013. Analysis of the reservoir electrofacies in the framework of hydraulic flow units in the Whicher Range Field, Perth Basin, Western Australia. Journal of Petroleum Science and Engineering, 111: 106-120.

Rajesh J P, Edwin B E, Earl M W. 2001. Geostatistical characterization of the Carpinteria Field, California. Journal of Petroleum Science and Engineering, 31: 175-192.

Ramin Safaei Jazi, Yoram Eckstein. 2015. Simulation of groundwater flow system in alluvium and fractured weathered bedrock zone: Sand Lick watershed, Boone County, West Virginia, USA. Environ Earth Sci, 74: 2247-2258.

Raymond L Skelly, Charlie S Bristow, Frank G Ethridge. 2003. Architecture of channel-belt deposits in an aggrading shallow sandbed braided river: the lower Niobrara River, northeast Nebraska. Sedimentary Geology, 58: 249-270.

Redha C Aggoun, Djebbar Tiab, Jalal F Owayed. 2006. Characterization of flow units in shaly sand reservoirs-Hassi R'mel Oil Rim, Algeria. Journal of Petroleum Science and Engineering, 50: 211-226.

Remeysen K, Swennen R. 2008. Application of microfocus computed tomography in carbonate reservoir characterization: Possibilities and limitations. Marine and Petroleum Geology, 25: 486-499.

Peter J R F, Mike A L, Sarah J D, et al. 2015. An integrated and quantitative approach to petrophysical heterogeneity. Marine and Petroleum Geology, 63: 82-96.

Richard A S, John F J. 1999. Reservoir Characterization-Recent Advances. AAPG Memoir 71. Tulsa, Oklahoma, U. S. A: The American Association of Petroleum Geologists.

Roberto Aguilera. 2014. Flow units: from conventional to tight-gas to shale-gas to tight-oil to shale-oil reservoirs. SPE165360.

Roberto Aguilera. 2006. Sandstone vs. carbonate petroleum reservoirs: A global perspective on porosity-depth and porosity-permeability relationships: discussion. AAPG Bulletin, 90 (5): 807-810.

Ryan Thomas Lemiski, Dr. Jussi Hovikoski, Dr. S. George Pemberton, et al. 2011. Sedimentological, ichnological and reservoir characteristics of the low-permeability, gas-charged Alderson Member (Hatton gas field, southwest Saskatchewan): Implications for resource development. Bulletin of Canadian petroleum geology, 59 (1): 27-53.

S Bhattacharya, M Nikolaou, M J Economides. 2012. Unified fracture design for very low permeability reservoirs. Journal of natural gas science and engineering, 9: 184-195.

S N Ehrenberg, G P Eberli, M Keramati, et al. 2006. Porosity-permeability relationships in interlayered limestone-dolostone reservoirs. AAPG Bulletin, 90 (1): 91-114.

S N Ehrenberg, P H Nadeau. 2005. Sandstone vs. carbonate petroleum reservoirs: A global perspective on porosity-depth and porosity-permeability relationships. AAPG Bulletin, 89 (4): 435-445.

S N Ehrenberg, P H Nadeau, Ø Steen. 2009. Petroleum reservoir porosity versus depth: influence of geological age. AAPG Bulletin, 93 (10): 1281-1296.

Salman Bloch, Robert H. Lander, Linda Bonnell. 2002. Anomalously high porosity and permeability in deeply buried sandstone reservoirs: origin and predictability. AAPG Bulletin, 86 (2): 301-328.

Samantha T, Gary J H, Matthew D J. 2010. High-resolution stratigraphic architecture and lithological heterogeneity within marginal aeolian reservoir analogues. Sedimentology, 57: 1246-1279.

Sanghamitra Ray, Tapan Chakraborty. 2002. Lower gondwana fluvial succession of the Pench-Kanhan Valley, India: stratigraphic architecture and depositional controls. Sedimentary Geology, 151: 243-271.

Satoru Takahashi, Anthony R. Kovscek. 2010. Wettability estimation of low-permeability, siliceous shale using surface forces. Journal of Petroleum Science and Engineering, 75: 33-43.

Satyajit Taware, Torsten Friedel, Akhil Datta-Gupta. 2011. A Practical approach for assisted history matching using grid coarsening and streamline-based inversion: experiences in a giant carbonate reservoir. SPE141606: 21-23.

Saurabh Datta Gupta, Rima Chatterjee, M. Y. Farooqui. 2012. Rock physics template (RPT) analysis of well logs and seismic data for lithology and fluid classification in Cambay Basin. Int J Earth Sci (Geol Rundsch), 101: 1407-1426.

Seyed Kourosh Mahjour, Mohammad Kamal Ghasem Al-Askari, Mohsen Masihi. 2016. Flow-units verification, using statistical zonation and application of Stratigraphic Modified Lorenz Plot in Tabnak gas field. Egyptian Journal of Petroleum, 25: 215-220.

Shedid A. Shedid. 2007. A Novel technique for determining microscopic pore size distribution of heterogeneous reservoir rocks. Petroleum Science and Technology, 25: 899-914.

Shehadeh K M. 2002. Studying the effect of wettability heterogeneity on the capillary pressure curves using the centrifuge technique. Journal of petroleum science and engineering, 33: 29-38.

Srimoyee Bhattacharya, Michael Nikolaou. 2016. Comprehensive optimization methodology for stimulation design of low-permeability unconventional gas reservoirs. SPE Journal, 6: 947-964.

Stephen N Ehrenberg, Olav Walderhaug, Knut Bjørlykke. 2012. Carbonate porosity creation by mesogenetic dissolution: reality or illusion? AAPG Bulletin, 96 (2): 217-233.

T M Daley, M A Schoenberg, J Rutqvist, et al. 2006. Fractured reservoirs: an analysis of coupled elastodynamic and permeability changes from pore-pressure variation. Geophysics, 71 (5): 033-041.

T O Odunowo, G J Moridis, T A Blasingame, et al. 2013. Evaluation of well performance for the slot-drill completion in low- and ultra low-permeability oil and gas reservoirs. SPE164547, 748-760.

Tayfun Babadagli. 2007. Development of mature oil fields-a review. Journal of Petroleum Science and Engineering 57: 221-246.

Thomas Ramstad, Pai-Eric Øren, Stig Bakke. 2010. Simulation of Two-Phase Flow in Reservoir Rocks Using a

Lattice Boltzmann Method. SPE124617: 923-933.

Timothy T E. 2006. On the importance of geological heterogeneity for flow simulation. Sedimentary Geology, 184: 187-201.

Tomomi Yamada, Yoshiyuki Okano. 2007. A volcanic reservoir: integrated facies-distribution modeling and history matching of a complex pressure system. SPE Reservoir Evaluation & Engineering, 77-85.

V C Tidwell, J L Wilson. 2000. Heterogeneity, permeability patterns, and permeability upscaling: physical characterization of a block of massillon sandstone exhibiting nested scales of heterogeneity. SPE Reservoir Evaluation & Engineering. 3 (4): 283-291.

W E Galloway, D K Hobday. 1983. Terrigenous clastic depositional systems-applications to petroleum, coal, and uranium exploration. New York : Spring-Verlag, New York, Inc.

Wang Gaofeng, Zheng Xiongjie, Zhang Yu, et al. 2015. A new screening method of low permeability reservoirs suitable for CO_2 flooding. Petroleum exploration and development, 42 (3): 358-363.

Wayne K Camp. 2011. Pore-throat sizes in sandstones, tight sandstones, and shales: Discussion. AAPG Bulletin, 95 (8): 1443-1447.

Wayne Narr, David W. Schechter, Laird B. Thompson. 2006. Naturally fractured reservoir characterization. USA: Sosiety of Petroleum Engineers.

Weiguo Li , Janok Bhattacharya, Yijie Zhu. 2011. Architecture of a forced regressive systems tract in the Turonian Ferron "Notom Delta", southern Utah, U. S. A. Marine and Petroleum Geology, 28: 1517-1529.

Williams Brianp J, Hillier Robertd. 2004. Variable Alluvial Sandstone Architecture within the Lower Old Red Sandstone, Southwest Wales. Geological Journal, 39: 257-275.

William McCaffrey, Benjamin Kneller. 2001. Process controls on the development of stratigraphic trap potential on the margins of confined turbidite systems and aids to reservoir evaluation. AAPG Bulletin, 85 (6): 971-988.

Zhan L, Kuchuk F, AI-Shahri A M, et al. 2010. Characterization of reservoir heterogeneity through fluid movement monitoring with deep electromagnetic and pressure measurements. SPE116328: 509-522.

Zoltán Sylvester, Carlos Pirmez, Alessandro Cantelli. 2011. A model of submarine channel-levee evolution based on channel trajectories: Implications for stratigraphic architecture. Marine and Petroleum Geology, 28: 716-727.